중등수학 개념으로 한번에 내신 대비까지!

일차함수

개념이 먼저다 2

안녕~ 만나서 반가워!
지금부터 함수 공부 시작!

책의 구성과 특징

책 소개를 해 줄게.
이렇게 활용해 봐~

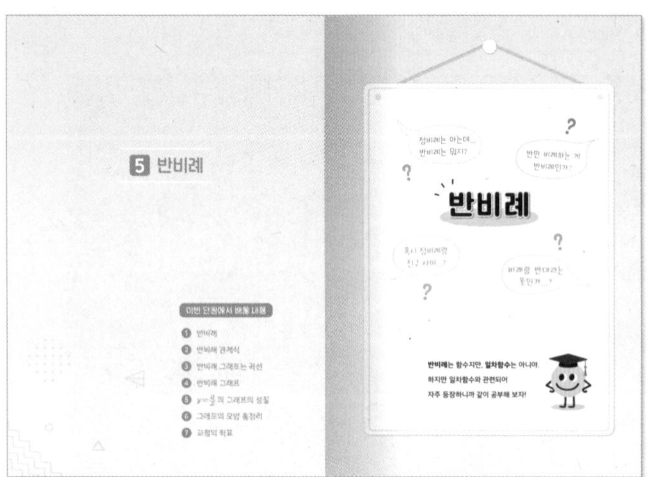

1 단원 소개

이 단원에서 배울 내용을

간단히 알 수 있어.

그냥 넘어가지 말고 꼭 읽어 봐!

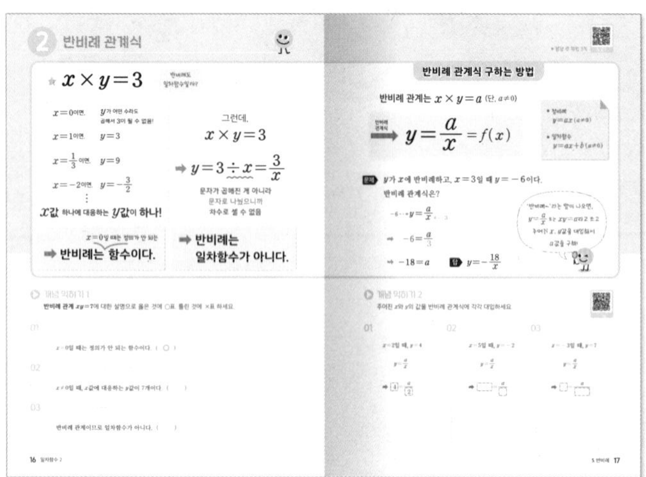

2 개념 설명, 개념 익히기

꼭 알아야 하는 중요한 개념이

여기에 들어있어.

꼼꼼히 읽어 보고, 개념을 익힐 수 있는

문제도 풀어 봐!

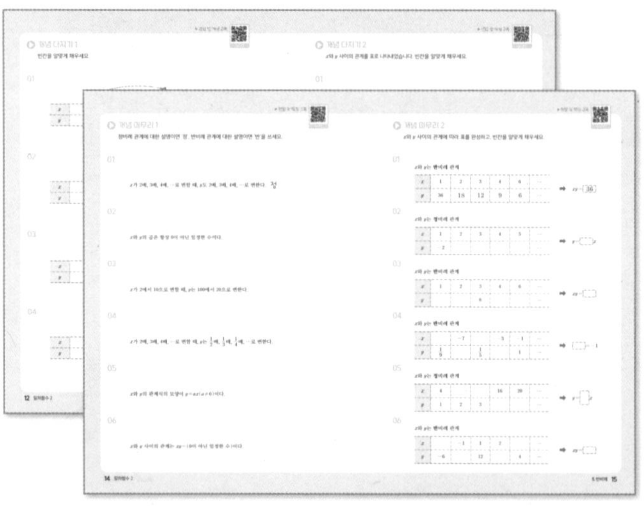

3 개념 다지기, 개념 마무리

배운 개념을 문제를 통하여 우리 친구의

것으로 완벽히 만들어주는 과정이야.

아주아주 좋은 문제들로만 엄선했으니까

건너뛰는 부분 없이 다 풀어봐야 해~

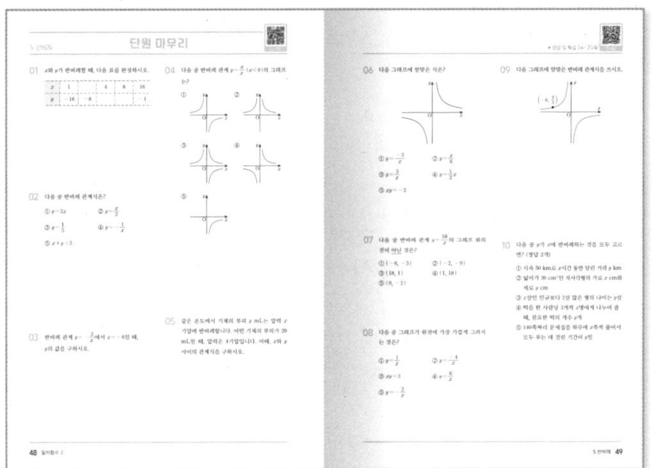

4 단원 마무리

한 단원이 끝날 때 얼마나

잘 이해했는지 스스로 확인해 봐~

서술형 문제도 있으니까

진짜 시험이다~ 생각하면서 풀면,

학교 내신 대비도 할 수 있어!

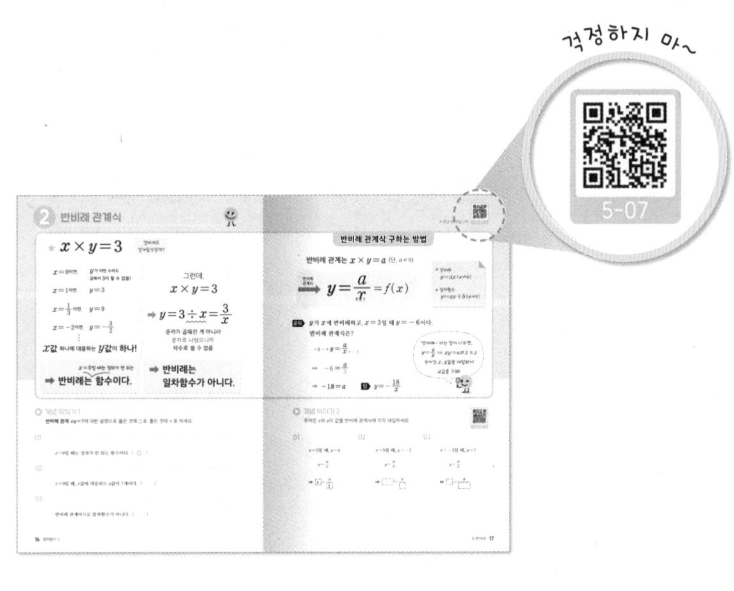

★ QR코드

매 페이지 구석구석에

개념 설명과 문제 풀이 강의가

QR코드로 들어있다구~

혼자 공부하기 어려운 친구들은

QR코드를 스캔해 봐!

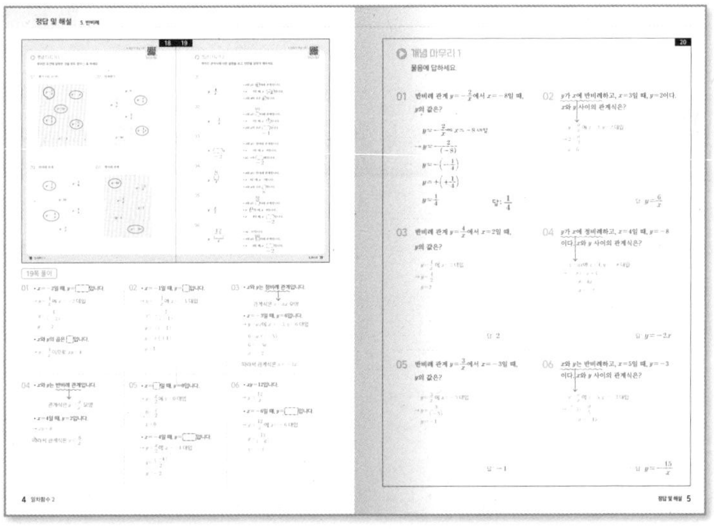

★ 친절한 해설

바로 옆에서 선생님이 설명해주는

것처럼 작은 과정 하나도 놓치지 않고

자세하게 풀이를 담았어.

틀린 문제의 풀이를 보면

정확히 어느 부분에서 틀렸는지

쉽게 알 수 있을 거야~

My study scheduler

학습 스케줄러

5. 반비례			
1. 반비례	2. 반비례 관계식	3. 반비례 그래프는 곡선	4. 반비례 그래프
___월 ___일	___월 ___일	___월 ___일	___월 ___일
성취도 : ☺😐☹	성취도 : ☺😐☹	성취도 : ☺😐☹	성취도 : ☺😐☹

6. $y=ax+b$			
1. $y=ax+b$의 그래프	2. 기울기와 평행이동	3. x절편과 y절편	4. 일차함수의 식 구하기
___월 ___일	___월 ___일	___월 ___일	___월 ___일
성취도 : ☺😐☹	성취도 : ☺😐☹	성취도 : ☺😐☹	성취도 : ☺😐☹

7. 일차함수와 일차방정식의 관계			
1. 미지수가 2개인 일차방정식	2. 일차함수와 일차방정식	3. 직선의 방정식	4. 연립방정식
___월 ___일	___월 ___일	___월 ___일	___월 ___일
성취도 : ☺😐☹	성취도 : ☺😐☹	성취도 : ☺😐☹	성취도 : ☺😐☹

학습한 날짜와 중요한 내용을 메모해 두고,
스스로 성취도를 표시해 봐!

5. 반비례

5. $y=\frac{a}{x}$의 그래프의 성질	6. 그래프의 모양 총정리	7. 교점의 좌표	▷ 단원 마무리
___월 ___일	___월 ___일	___월 ___일	___월 ___일
성취도 : ☺😐☹	성취도 : ☺😐☹	성취도 : ☺😐☹	성취도 : ☺😐☹

6. $y=ax+b$

5. 그래프와 식	6. 일차함수 그래프의 성질	7. y축 방향 평행이동	8. x축 방향 평행이동	▷ 단원 마무리
___월 ___일	___월 ___일	___월 ___일	___월 ___일	___월 ___일
성취도 : ☺😐☹	성취도 : ☺😐☹	성취도 : ☺😐☹	성취도 : ☺😐☹	성취도 : ☺😐☹

7. 일차함수와 일차방정식의 관계

5. 연립방정식의 해와 그래프 (1)	6. 연립방정식의 해와 그래프 (2)	7. 연립방정식의 해와 그래프 (3)	8. 그래프 3개로 삼각형 만들기	▷ 단원 마무리
___월 ___일	___월 ___일	___월 ___일	___월 ___일	___월 ___일
성취도 : ☺😐☹	성취도 : ☺😐☹	성취도 : ☺😐☹	성취도 : ☺😐☹	성취도 : ☺😐☹

함수가 중요한 이유

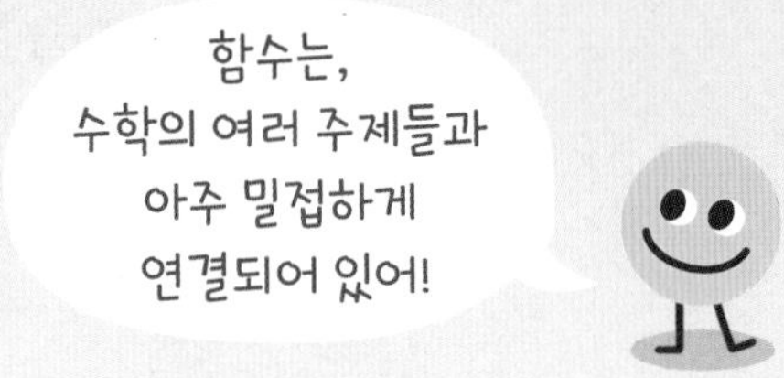

함수는,
수학의 여러 주제들과
아주 밀접하게
연결되어 있어!

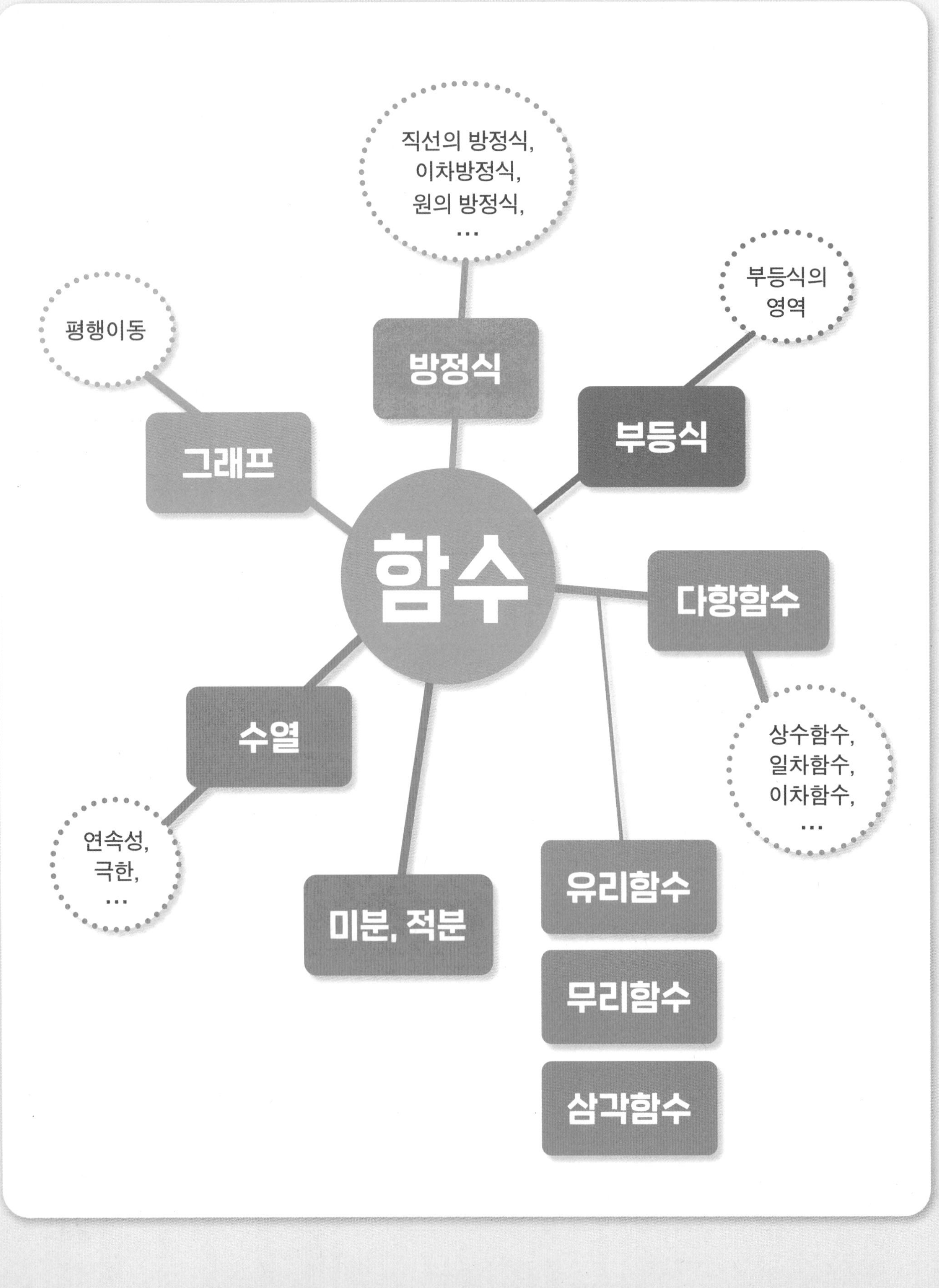

함수

방정식
직선의 방정식,
이차방정식,
원의 방정식,
...

부등식
부등식의 영역

그래프
평행이동

다항함수
상수함수,
일차함수,
이차함수,
...

수열
연속성,
극한,
...

미분, 적분

유리함수

무리함수

삼각함수

차 례

5 반비례

6 $y=ax+b$

7 일차함수와 일차방정식의 관계

총정리 문제

* 1 ~ 4 는 1권의 내용입니다.

5 반비례

이번 단원에서 배울 내용

1. 반비례
2. 반비례 관계식
3. 반비례 그래프는 곡선
4. 반비례 그래프
5. $y=\frac{a}{x}$의 그래프의 성질
6. 그래프의 모양 총정리
7. 교점의 좌표

정비례는 아는데...
반비례는 뭐지?

반만 비례하는 게
반비례인가?

반비례

혹시 정비례랑
친구 사이...?

비례랑 반대라는
뜻인가...?

반비례는 함수지만, **일차함수**는 아니야.
하지만 일차함수와 관련되어
자주 등장하니까 같이 공부해 보자!

1 반비례

→ 반대되는 비례

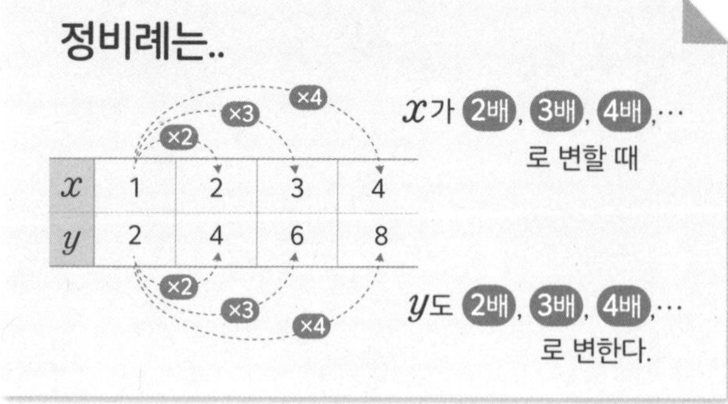

정비례는..
×2
×3
×4
x 1 2 3 4
y 2 4 6 8
x가 2배, 3배, 4배, …
로 변할 때
y도 2배, 3배, 4배, …
로 변한다.

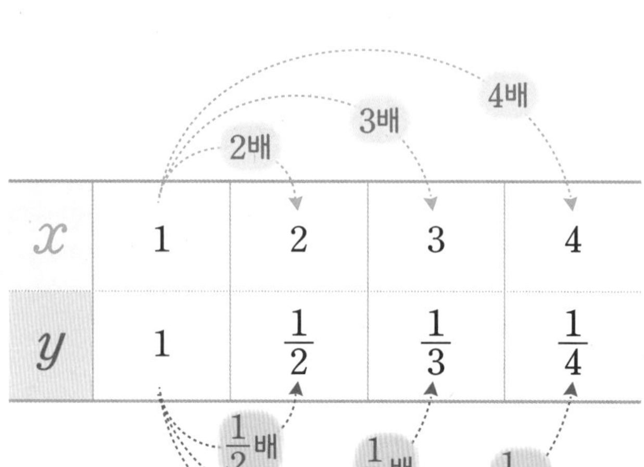

x	1	2	3	4
y	1	$\frac{1}{2}$	$\frac{1}{3}$	$\frac{1}{4}$

x가 2배, 3배, 4배, …
로 변함에 따라

y가 $\frac{1}{2}$배, $\frac{1}{3}$배, $\frac{1}{4}$배, …
로 변한다.

➡ 이러한 x와 y 사이의 관계가 **반비례 관계**

▶ 개념 익히기 1

y가 x에 **반비례**할 때, 빈칸을 알맞게 채우세요.

01

x가 2배로 변하면, y는 $\boxed{\frac{1}{2}}$배로 변합니다.

02

x가 4배로 변하면, y는 $\boxed{}$배로 변합니다.

03

x가 $\boxed{}$배로 변하면, y는 $\frac{1}{7}$배로 변합니다.

▶ 정답 및 해설 2쪽

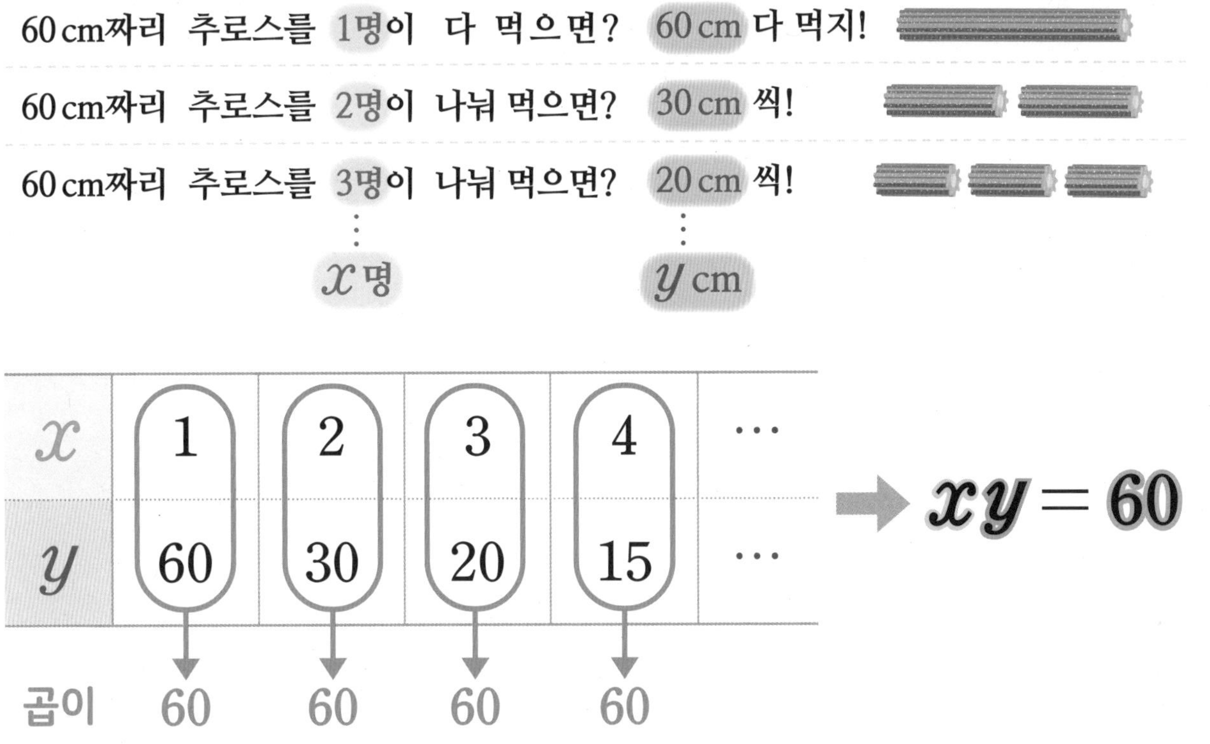

60 cm짜리 추로스를 1명이 다 먹으면? 60 cm 다 먹지!
60 cm짜리 추로스를 2명이 나눠 먹으면? 30 cm 씩!
60 cm짜리 추로스를 3명이 나눠 먹으면? 20 cm 씩!
x명
y cm
x | 1 | 2 | 3 | 4 | …
y | 60 | 30 | 20 | 15 | …
곱이 60 60 60 60
xy = 60

반비례 관계 $x \times y =$ (0이 아닌 일정한 수)

개념 익히기 2

넓이가 20인 직사각형의 가로를 x, 세로를 y라고 할 때, 물음에 답하세요.

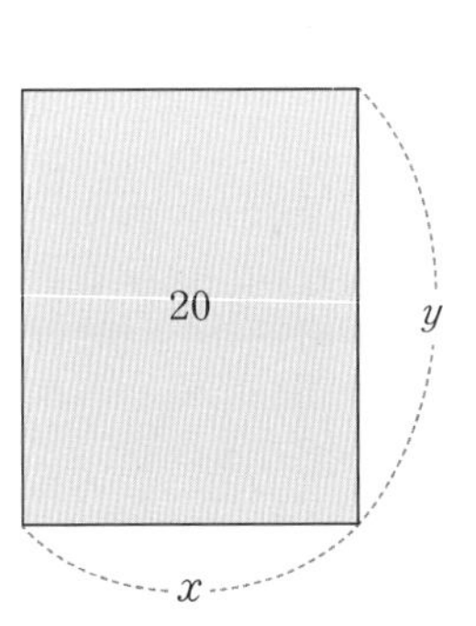

01

x가 4일 때, y의 값을 구하세요. **5**

02

x가 2일 때, y의 값을 구하세요.

03

xy의 값을 구하세요.

▶ 정답 및 해설 2쪽

개념 다지기 1

빈칸을 알맞게 채우세요.

01

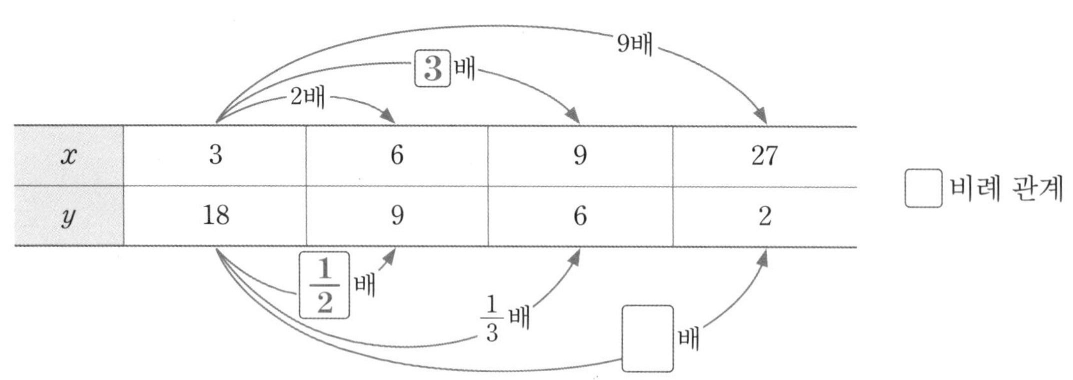

x	3	6	9	27
y	18	9	6	2

□ 비례 관계

02

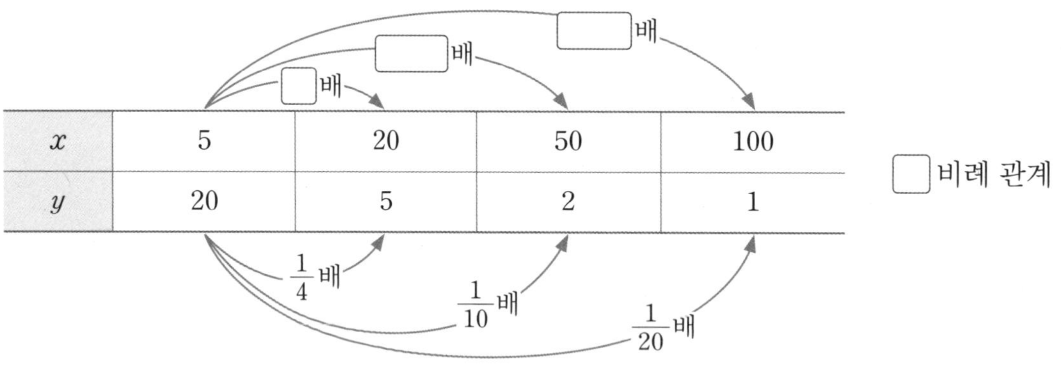

x	5	20	50	100
y	20	5	2	1

□ 비례 관계

03

2배
3배
4배

x	15	30	45	60
y	3	6	9	12

□배
□배
□배

□ 비례 관계

04

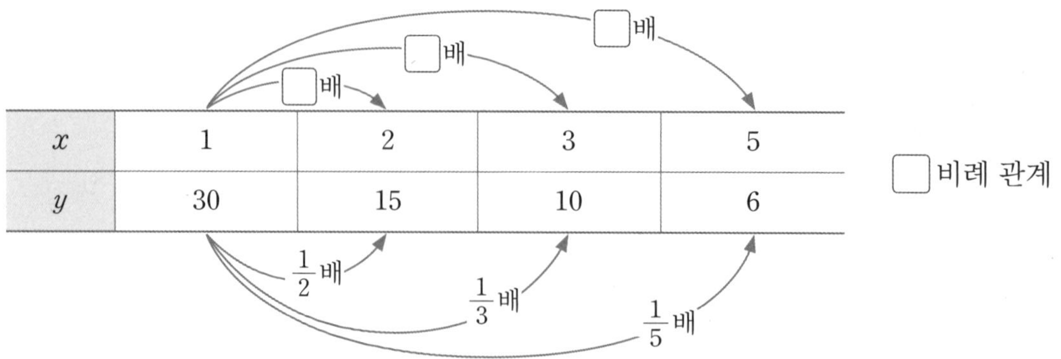

x	1	2	3	5
y	30	15	10	6

□ 비례 관계

▶ 정답 및 해설 2쪽

개념 다지기 2

x와 y 사이의 관계를 표로 나타내었습니다. 빈칸을 알맞게 채우세요.

01

x	1	3	5	7	9	…
y	1	$\frac{1}{3}$	$\frac{1}{5}$	$\frac{1}{7}$	$\frac{1}{9}$	…

[반] 비례 관계

02

x	10	20	30	40	50	…
y	2	4	6	8	10	…

[ ] 비례 관계

03

x	-1	-2	-3	-4	-5	…
y	60	30	20	15	12	…

[ ] 비례 관계

04

x	3	6	9	12	18	…
y	-12	-6	-4	-3	-2	…

[ ] 비례 관계

05

x	1	2	3	4	5	…
y	1	2	3	4	5	…

[ ] 비례 관계

06

x	2	4	8	16	32	…
y	16	8	4	2	1	…

[ ] 비례 관계

▶ 정답 및 해설 3쪽

개념 마무리 1

정비례 관계에 대한 설명이면 '정', 반비례 관계에 대한 설명이면 '반'을 쓰세요.

01

x가 2배, 3배, 4배, ⋯로 변할 때, y도 2배, 3배, 4배, ⋯로 변한다. **정**

02

x와 y의 곱은 항상 0이 아닌 일정한 수이다.

03

x가 2에서 10으로 변할 때, y는 100에서 20으로 변한다.

04

x가 2배, 3배, 4배, ⋯로 변할 때, y는 $\frac{1}{2}$배, $\frac{1}{3}$배, $\frac{1}{4}$배, ⋯로 변한다.

05

x와 y의 관계식의 모양이 $y=ax(a\neq0)$이다.

06

x와 y 사이의 관계는 $xy=$(0이 아닌 일정한 수)이다.

개념 마무리 2

x와 y 사이의 관계에 따라 표를 완성하고, 빈칸을 알맞게 채우세요.

01

x와 y는 **반**비례 관계

x	1	2	3	4	6	⋯
y	36	**18**	**12**	**9**	**6**	⋯

➡ $xy=$ **36**

02

x와 y는 **정**비례 관계

x	1	2	3	4	5	⋯
y	-2					⋯

➡ $y=\square x$

03

x와 y는 **반**비례 관계

x	1	2	3	4	6	⋯
y			8			⋯

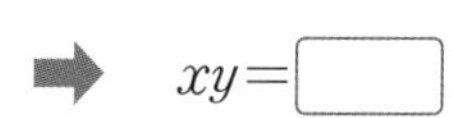

04

x와 y는 **반**비례 관계

x		-7		-3	-1	⋯
y	$\frac{1}{9}$		$\frac{1}{5}$		1	⋯

05

x와 y는 **정**비례 관계

x	4			16	20	⋯
y	1	2	3			⋯

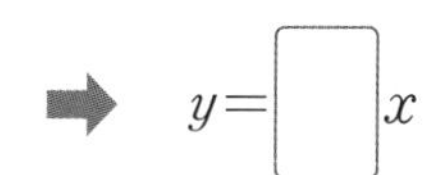

06

x와 y는 **반**비례 관계

x		-1	1	2		⋯
y	-6		12		4	⋯

➡ $xy=\square$

2 반비례 관계식

★ $x \times y = 3$

반비례도
일차함수일까?

$x=0$이면, y가 어떤 수라도
곱해서 3이 될 수 없음!

$x=1$이면, $y=3$

$x=\frac{1}{3}$이면, $y=9$

$x=-2$이면, $y=-\frac{3}{2}$

⋮

x값 하나에 대응하는 y값이 하나!

그런데,

$x \times y = 3$

➡ $y = 3 \div x = \frac{3}{x}$

문자가 곱해진 게 아니라
문자로 나눴으니까
차수로 셀 수 없음

$x=0$일 때는 정의가 안 되는

➡ **반비례는 함수이다.**

➡ **반비례는
일차함수가 아니다.**

개념 익히기 1

반비례 관계 $xy=7$에 대한 설명으로 옳은 것에 ○표, 틀린 것에 ×표 하세요.

01

$x=0$일 때는 정의가 안 되는 함수이다. (○)

02

$x \neq 0$일 때, x값에 대응하는 y값이 7개이다. (   )

03

반비례 관계이므로 일차함수가 아니다. (   )

5-07

▶ 정답 및 해설 3쪽

반비례 관계식 구하는 방법

반비례 관계는 $x \times y = a$ (단, $a \neq 0$)

반비례 관계식 ➡ $$y = \frac{a}{x} = f(x)$$

- 정비례
  $y = ax$ ($a \neq 0$)
- 일차함수
  $y = ax + b$ ($a \neq 0$)

문제 y가 x에 반비례하고, $x = 3$일 때 $y = -6$이다. 반비례 관계식은?

$-6 \dashrightarrow y = \frac{a}{x} \dashleftarrow 3$

➡ $-6 = \frac{a}{3}$

➡ $-18 = a$

답 $y = -\frac{18}{x}$

'반비례~'라는 말이 나오면,
$y = \frac{a}{x}$ 또는 $xy = a$라고 쓰고
주어진 x, y값을 대입해서
a값을 구해!

개념 익히기 2

5-08

주어진 x와 y의 값을 반비례 관계식에 각각 대입하세요.

01

$x=2$일 때, $y=4$

$y = \frac{a}{x}$

➡ $\boxed{4} = \frac{a}{\boxed{2}}$

02

$x=5$일 때, $y=-2$

$y = \frac{a}{x}$

➡ $\boxed{} = \frac{a}{\boxed{}}$

03

$x=-3$일 때, $y=7$

$y = \frac{a}{x}$

➡ $\boxed{} = \frac{a}{\boxed{}}$

▶ 정답 및 해설 4쪽

개념 다지기 1

주어진 조건에 알맞은 것을 모두 찾아 ○표 하세요.

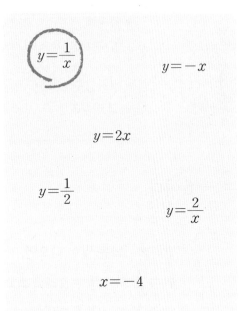

01 함수 (단, $x \neq 0$)

$y=\frac{1}{x}$ $y=-x$

$y=2x$

$y=\frac{1}{2}$ $y=\frac{2}{x}$

$x=-4$

02 일차함수

$y=0$

$y=\frac{x}{4}$ $y=\frac{5}{x}$

$y=\frac{3}{2}$

$y=\frac{1}{2}x$

$x=10$

03 반비례 관계

$y=\frac{7}{x}$ $y=\frac{1}{8}$

$y=3x$

$x=\frac{4}{5}$ $y=-\frac{1}{x}$

$y=\frac{x}{2}$

04 정비례 관계

$y=6x$ $y=\frac{-3}{x}$

$y=\frac{1}{x}$

$y=2$

$-2y=1$

$y=-8x$

▶ 정답 및 해설 4쪽

5-10

개념 다지기 2

주어진 관계식에 대한 설명을 보고, 빈칸을 알맞게 채우세요.

01

$y=\frac{4}{x}$

- x와 y는 반비례 관계입니다.
- $x=-2$일 때, $y=-2$입니다.
- x와 y의 곱은 4입니다.

02

$y=-\frac{1}{x}$

- x와 y는 ☐비례 관계입니다.
- $x=-1$일 때, $y=$☐입니다.
- x와 y의 곱은 ☐입니다.

03

$y=$☐x

- x와 y는 정비례 관계입니다.
- $x=-3$일 때, $y=6$입니다.
- y는 x의 ☐배입니다.

04

$y=\frac{☐}{x}$

- x와 y는 반비례 관계입니다.
- $x=4$일 때, $y=2$입니다.
- x와 y의 곱은 ☐입니다.

05

$y=\frac{x}{2}$

- x와 y는 ☐비례 관계입니다.
- $x=$☐일 때, $y=0$입니다.
- $x=-4$일 때, $y=$☐입니다.

06

$y=\frac{☐}{x}$

- $xy=12$입니다.
- x와 y는 ☐비례 관계입니다.
- $x=-6$일 때, $y=$☐입니다.

▶ 정답 및 해설 5쪽

개념 마무리 1

물음에 답하세요.

01 반비례 관계 $y=-\frac{2}{x}$에서 $x=-8$일 때, y의 값은?

$y=-\frac{2}{x}$에 $x=-8$ 대입

$\rightarrow y=-\frac{2}{(-8)}$

$y=-\left(-\frac{1}{4}\right)$

$y=+\left(+\frac{1}{4}\right)$

$y=\frac{1}{4}$

답: $\frac{1}{4}$

02 y가 x에 반비례하고, $x=3$일 때, $y=2$이다. x와 y 사이의 관계식은?

03 반비례 관계 $y=\frac{4}{x}$에서 $x=2$일 때, y의 값은?

04 y가 x에 정비례하고, $x=4$일 때, $y=-8$이다. x와 y 사이의 관계식은?

05 반비례 관계 $y=\frac{3}{x}$에서 $x=-3$일 때, y의 값은?

06 x와 y는 반비례하고, $x=5$일 때, $y=-3$이다. x와 y 사이의 관계식은?

▶ 정답 및 해설 6쪽

5-12

개념 마무리 2

x와 y 사이의 관계식을 구하세요.

01

사탕 60개가 있습니다. 한 묶음에 x개씩 포장했을 때, 묶음의 수는 y개입니다.

x(개)	1	2	3	4	5	6
y(묶음)	60	30	20			

➡ 관계식: $y=\frac{60}{x}$

02

넓이가 12 cm^2인 삼각형이 있습니다. 밑변이 x cm일 때, 높이는 y cm입니다.

x(cm)	1	2	3	4	6	8
y(cm)						

➡ 관계식:

03

집에서 학교까지의 거리는 4 km입니다. 집에서 출발하여 시속 x km로 걸어갈 때, 학교에 도착하는 데 걸린 시간은 y시간입니다.

➡ 관계식:

04

200쪽짜리 책이 있습니다. 하루에 x쪽씩 읽으면 y일 동안 책을 모두 읽을 수 있습니다.

➡ 관계식:

05

컴퓨터로 1분에 x자를 입력할 때, 1000자를 입력하는 데 걸리는 시간이 y분입니다.

➡ 관계식:

06

길이가 350 cm인 막대를 x도막으로 똑같이 나누었을 때, 막대 한 도막의 길이가 y cm입니다.

➡ 관계식:

3 반비례 그래프는 곡선

$y=\frac{1}{x}$의 그래프 그리기

x	1	2	3	4
y	1	$\frac{1}{2}$	$\frac{1}{3}$	$\frac{1}{4}$

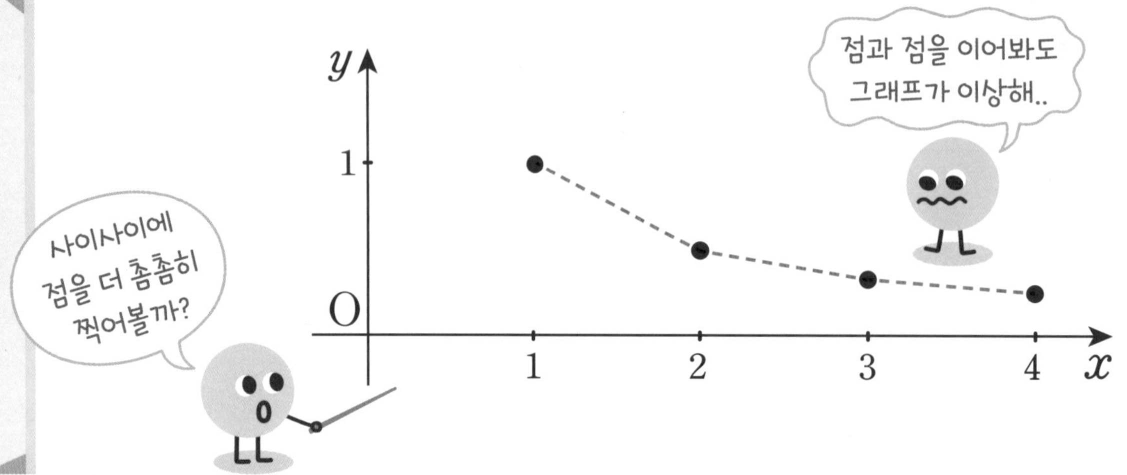

점과 점을 이어봐도
그래프가 이상해..
사이사이에
점을 더 촘촘히
찍어볼까?
y
1
O
1
2
3
4
x

좀 더 촘촘한 대응표

x	$\frac{1}{4}$	$\frac{1}{2}$	1	$\frac{4}{3}$	$\frac{5}{3}$	2	$\frac{7}{3}$	$\frac{8}{3}$	3	$\frac{10}{3}$	$\frac{11}{3}$	4
y	4	2	1	$\frac{3}{4}$	$\frac{3}{5}$	$\frac{1}{2}$	$\frac{3}{7}$	$\frac{3}{8}$	$\frac{1}{3}$	$\frac{3}{10}$	$\frac{3}{11}$	$\frac{1}{4}$

* $y=\frac{1}{x}$에서 x가 분수일 때는 $y=\frac{1}{x}=$ $1\div x$ 로 바꾸어 y를 찾으면 쉬워~

개념 익히기 1

빈칸을 알맞게 채우세요.

01

$y=\frac{2}{x}$에서 $x=\frac{1}{2}$일 때 y의 값은?

$y=\frac{2}{x}=2\div x$에

$x=\frac{1}{2}$을 대입하면,

$y=2\div$ $\boxed{\frac{1}{2}}$

$=2\times$ $\boxed{2}$

$=$ $\boxed{4}$

02

$y=\frac{5}{x}$에서 $x=\frac{1}{3}$일 때 y의 값은?

$y=\frac{5}{x}=5\div x$에

$x=\frac{1}{3}$을 대입하면,

$y=5\div$ $\square$

$=5\times$ $\square$

$=$ $\square$

03

$y=\frac{1}{x}$에서 $x=\frac{1}{4}$일 때 y의 값은?

$y=\frac{1}{x}=1\div x$에

$x=\frac{1}{4}$을 대입하면,

$y=1\div$ $\square$

$=1\times$ $\square$

$=$ $\square$

▶ 정답 및 해설 7쪽

$y=\frac{1}{x}$에서 제1사분면의 좌표를 **점으로** 나타낸 것

$y=\frac{1}{x}$에서 제1사분면의 점을 이어서 **선으로** 나타낸 것

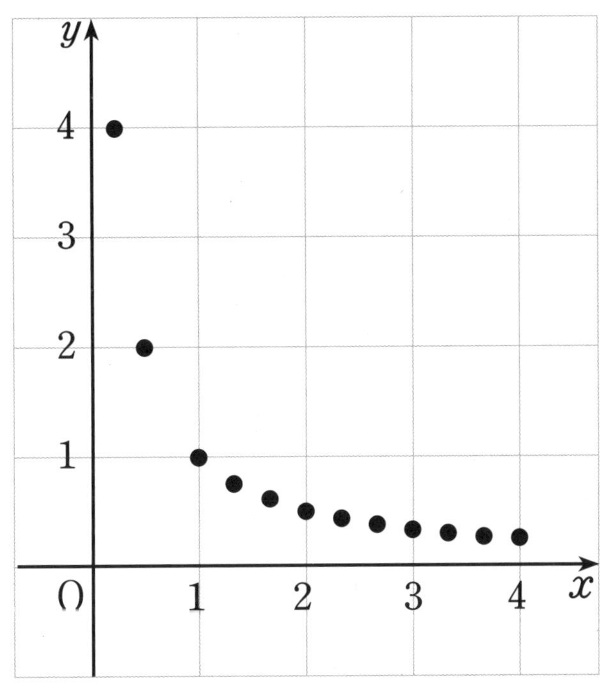

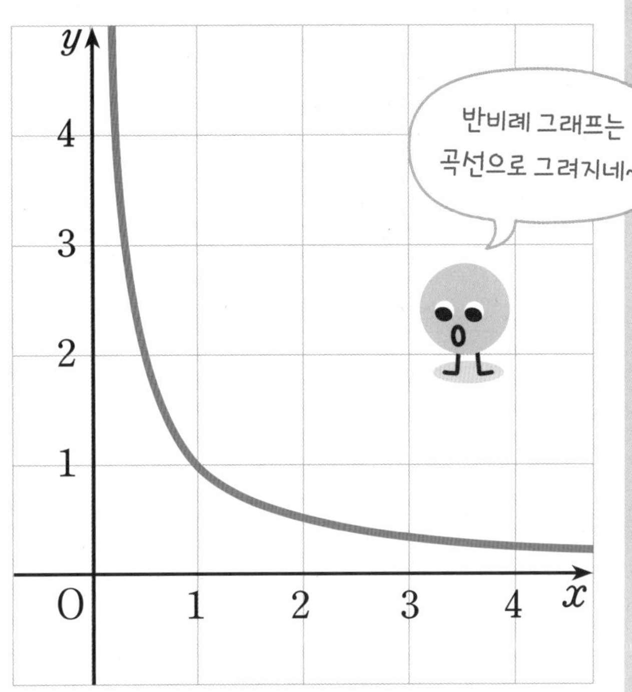

개념 익히기 2

$y=\frac{4}{x}$ $(x>0)$의 그래프를 그리는 과정입니다. 물음에 답하세요.

01

표를 완성하고, 순서쌍 (x, y)를 좌표평면 위에 나타내세요.

x	1	2	4	8
y	4	2		

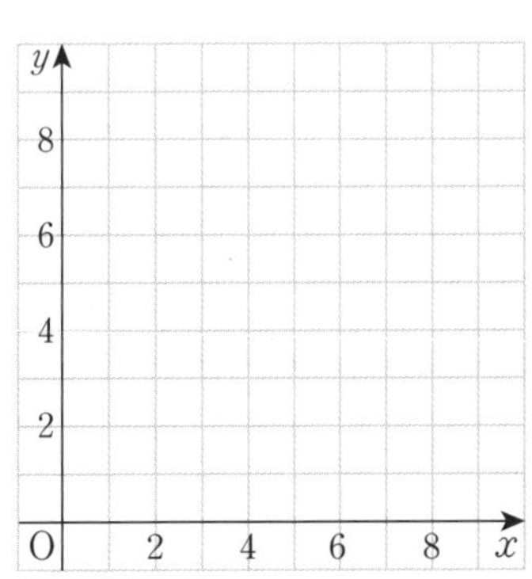

02

표를 완성하고, 순서쌍 (x, y)를 좌표평면 위에 나타내세요.

x	$\frac{1}{2}$	$\frac{4}{5}$	3	5	6
y					

03

$x>0$일 때, 위에서 나타낸 점을 연결하여 그래프를 완성하세요.

4 반비례 그래프

$y=\frac{1}{x}$ 의 그래프

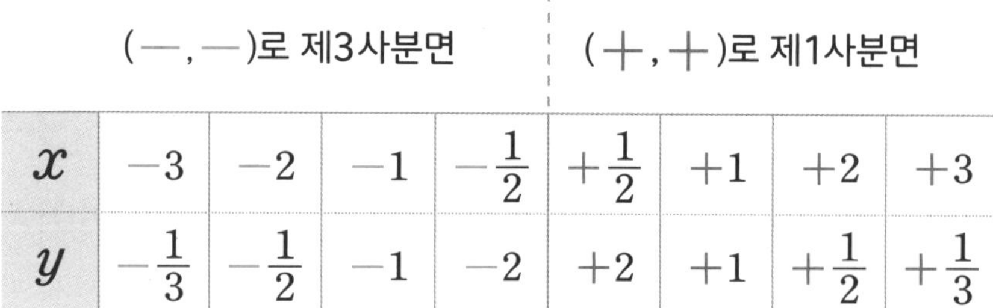

(−, −)로 제3사분면 | (+, +)로 제1사분면

x	-3	-2	-1	$-\frac{1}{2}$	$+\frac{1}{2}$	$+1$	$+2$	$+3$
y	$-\frac{1}{3}$	$-\frac{1}{2}$	-1	-2	$+2$	$+1$	$+\frac{1}{2}$	$+\frac{1}{3}$

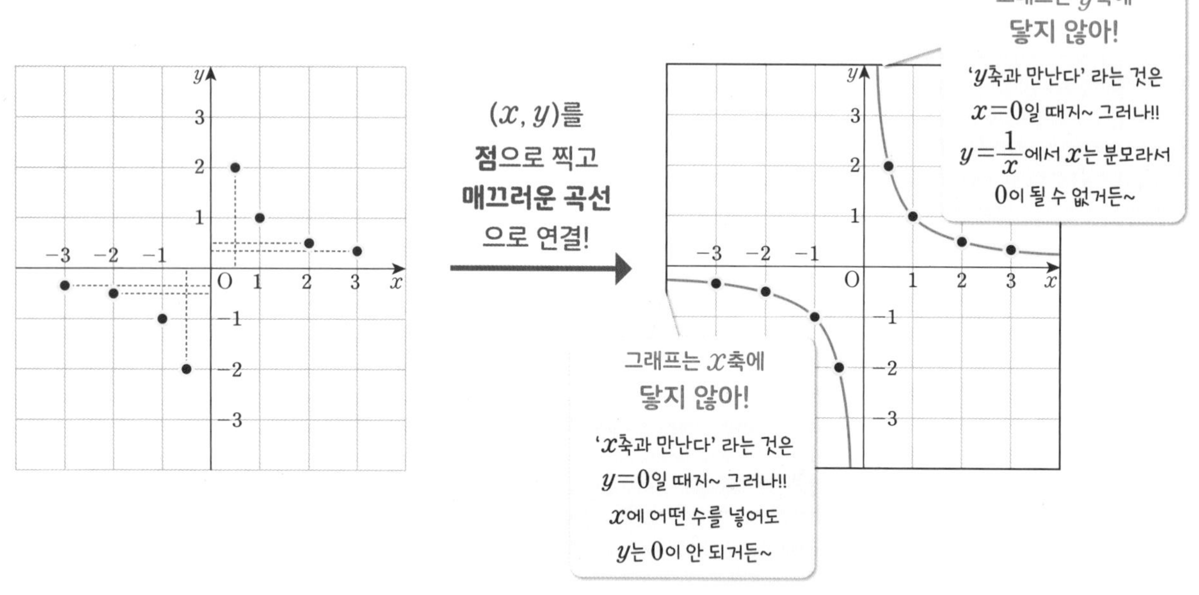

(x, y)를
점으로 찍고
매끄러운 곡선
으로 연결!
그래프는 y축에
닿지 않아!
'y축과 만난다' 라는 것은
x=0일 때지~ 그러나!!
y=1/x에서 x는 분모라서
0이 될 수 없거든~
그래프는 x축에
닿지 않아!
'x축과 만난다' 라는 것은
y=0일 때지~ 그러나!!
x에 어떤 수를 넣어도
y는 0이 안 되거든~

⚠ x축과 y축에 점점 가까워지지만, 축과 만나지는 않음!

개념 익히기 1

$y=\frac{1}{x}$의 그래프에 대해 옳은 설명에 ○표, 틀린 설명에 ×표 하세요.

01

제1, 3사분면을 지난다. (○)

02

x축, y축에 점점 가까워지다가 만난다. (　　)

03

한 쌍의 매끄러운 곡선 모양이다. (　　)

▶ 정답 및 해설 7쪽

5-15

$y=-\frac{1}{x}$ 의 그래프

(－, ＋)로 제2사분면 | (＋, －)로 제4사분면

x	-3	-2	-1	$-\frac{1}{2}$	$+\frac{1}{2}$	$+1$	$+2$	$+3$
y	$+\frac{1}{3}$	$+\frac{1}{2}$	$+1$	$+2$	-2	-1	$-\frac{1}{2}$	$-\frac{1}{3}$

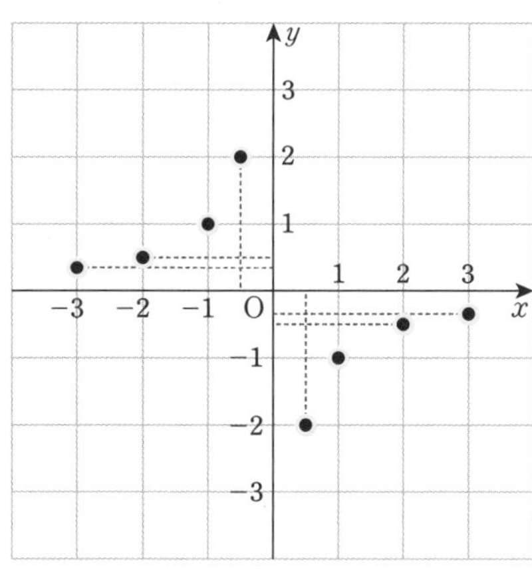

(x, y)를 **점으로 찍고 매끄러운 곡선**으로 연결!

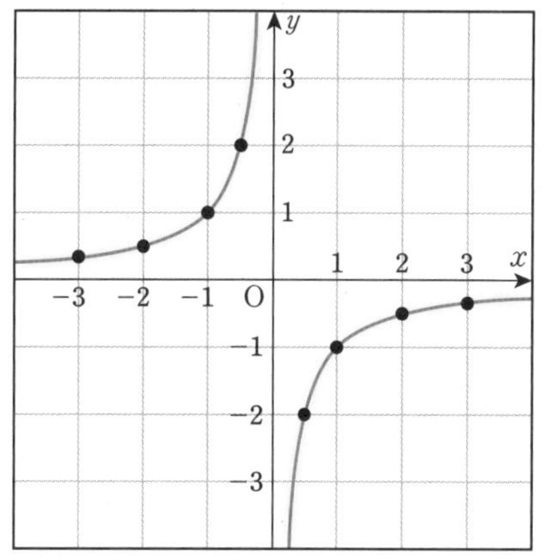

⚠ $y=\frac{a}{x}$ 에서
- $a>0$ 이면 제1, 3사분면을 지남
- $a<0$ 이면 제2, 4사분면을 지남

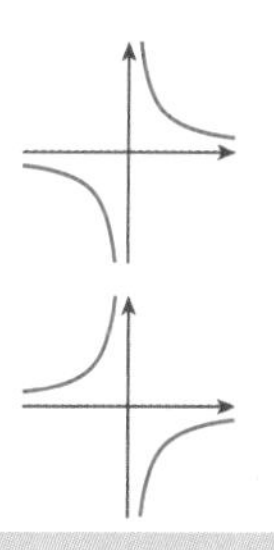

개념 익히기 2

$y=-\frac{4}{x}$의 그래프를 그리는 과정입니다. 물음에 답하세요.

5-16

01

표를 완성하세요.

x	-4	-2	-1	1	2	4
y	1					

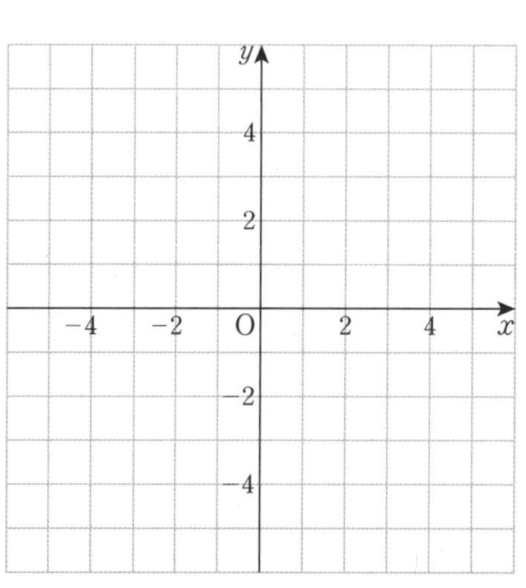

02

01에서 구한 순서쌍 (x, y)를 좌표평면 위에 나타내세요.

03

02에서 나타낸 점을 연결하여 그래프를 완성하세요.

▶ 정답 및 해설 8쪽

5-17

개념 다지기 1

그래프를 잘못 그렸습니다. 잘못 그린 이유에 V표 하세요.

01

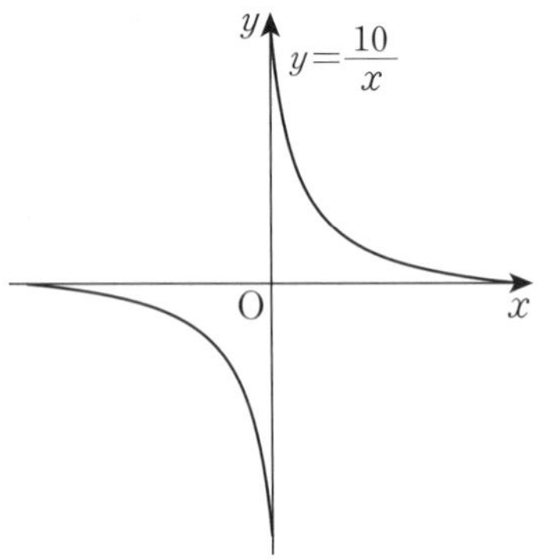

- 그래프가 x축, y축에 닿았습니다. ☑
- 그래프를 2개의 사분면에 그렸습니다. ☐

02

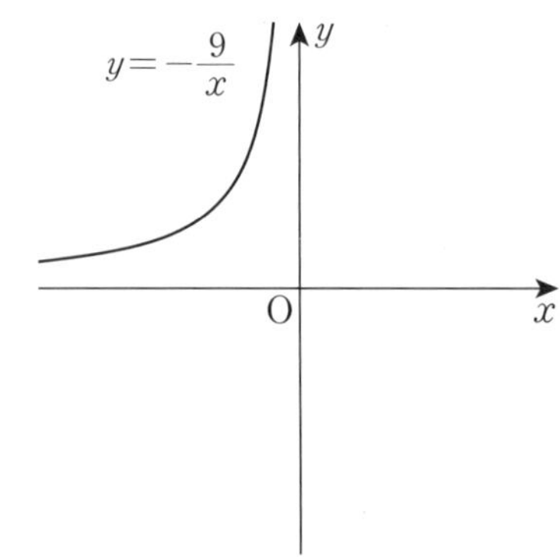

- 그래프가 원점을 지나지 않습니다. ☐
- $x>0$일 때의 그래프를 안 그렸습니다. ☐

03

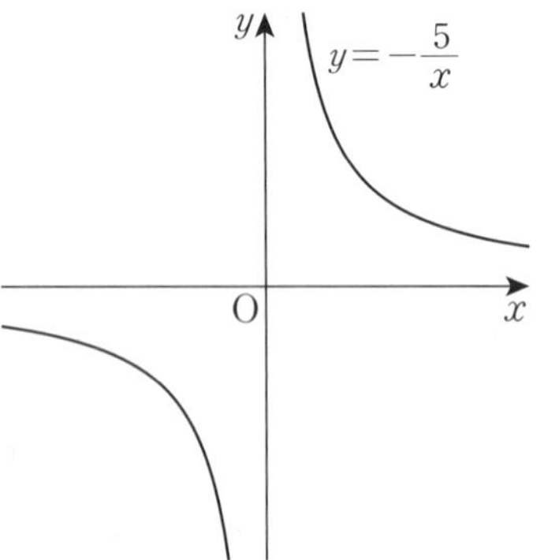

- 그래프를 다른 사분면에 그렸습니다. ☐
- 그래프를 곡선으로 그렸습니다. ☐

04

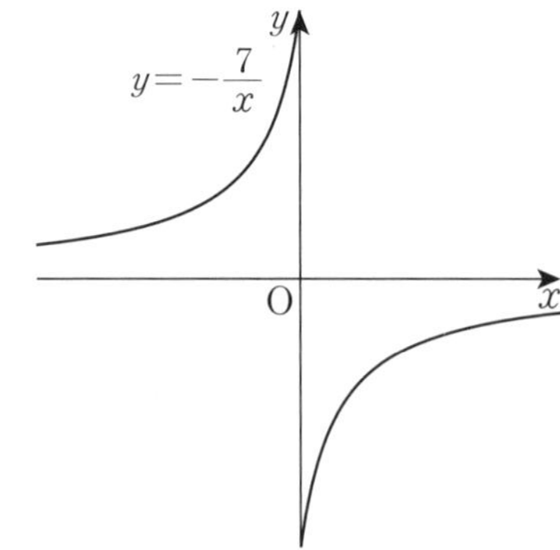

- 그래프가 x축에 닿지 않았습니다. ☐
- 그래프가 y축에 닿았습니다. ☐

05

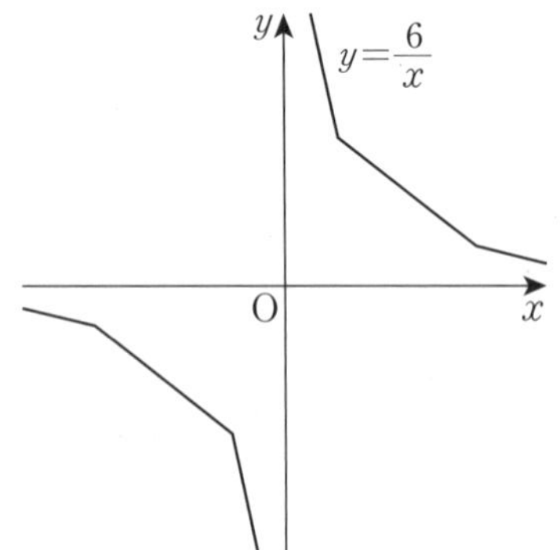

- 그래프가 y축에 닿지 않았습니다. ☐
- 그래프가 곡선이 아닙니다. ☐

06

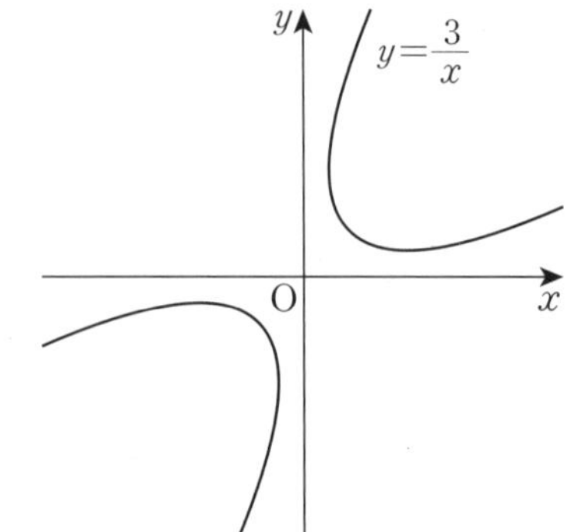

- 그래프가 원점에 대하여 대칭입니다. ☐
- 그래프가 축에 가까워지지 않습니다. ☐

▶ 정답 및 해설 8쪽

개념 다지기 2

그래프를 보고, 알맞은 함수의 식에 ○표 하세요.

01

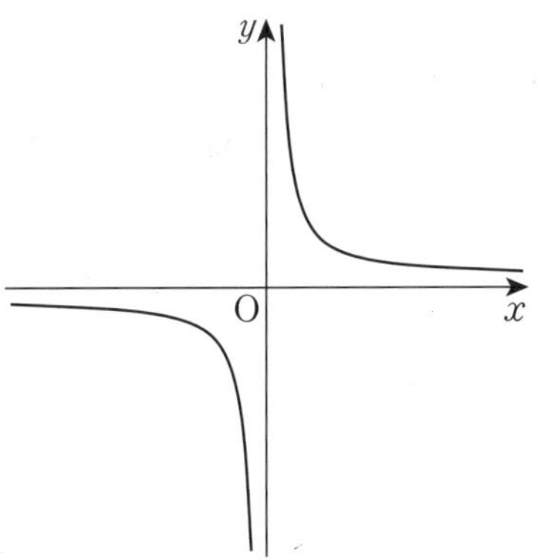

$y=\frac{-2}{x}$　　$y=\frac{2}{x}$ (○)

02

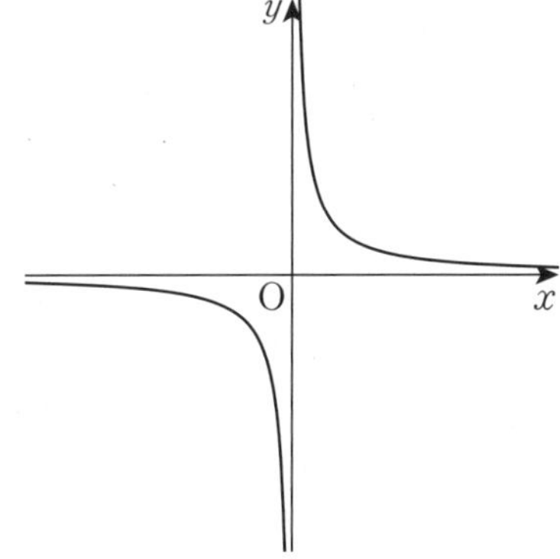

$y=\frac{-1}{x}$　　$y=\frac{1}{x}$

03

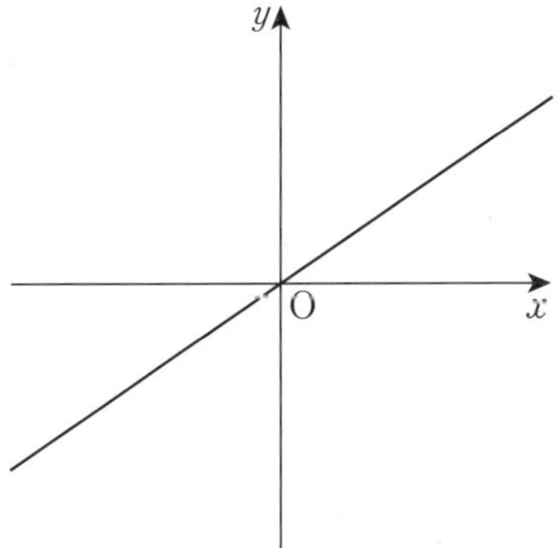

$y=\frac{2}{3}x$　　$y=\frac{3}{x}$

04

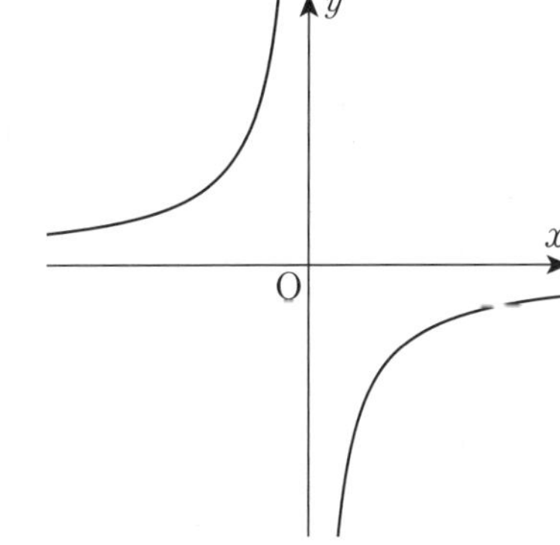

$y=-4x$　　$y=-\frac{4}{x}$

05

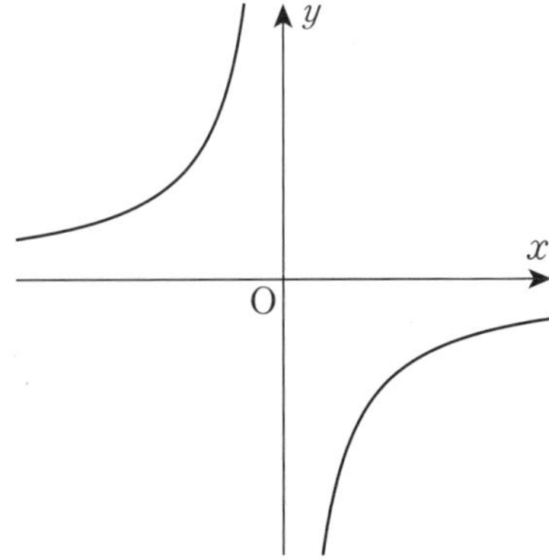

$y=\frac{10}{x}$　　$y=\frac{-10}{x}$

06

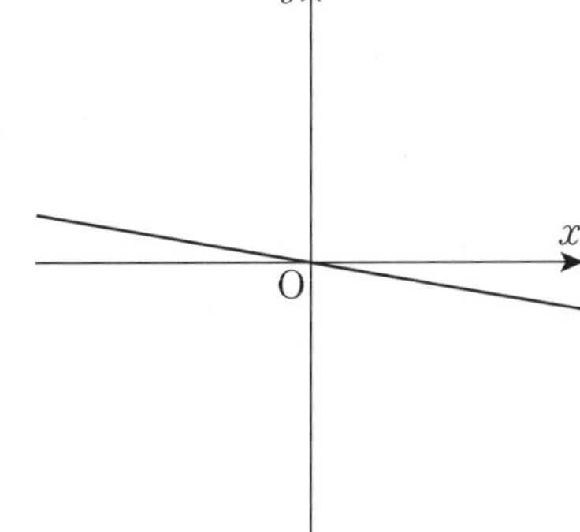

$y=-\frac{x}{6}$　　$y=-\frac{6}{x}$

▶ 정답 및 해설 8쪽

개념 마무리 1

그래프를 완성하세요.

01

$y=\frac{3}{x}$

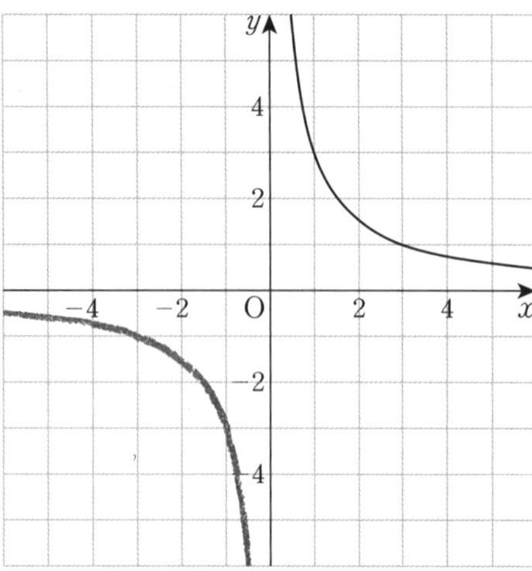

02

$y=\frac{4}{x}$

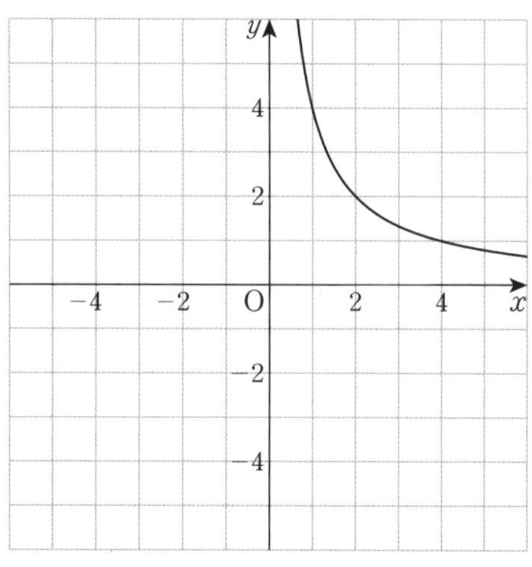

03

$y=2x$

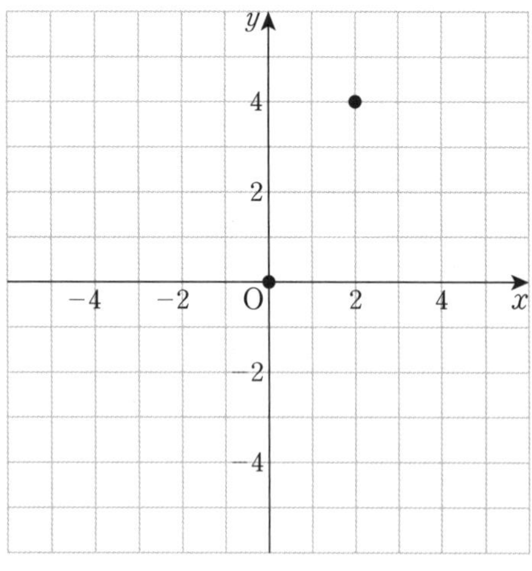

04

$y=-\frac{6}{x}$

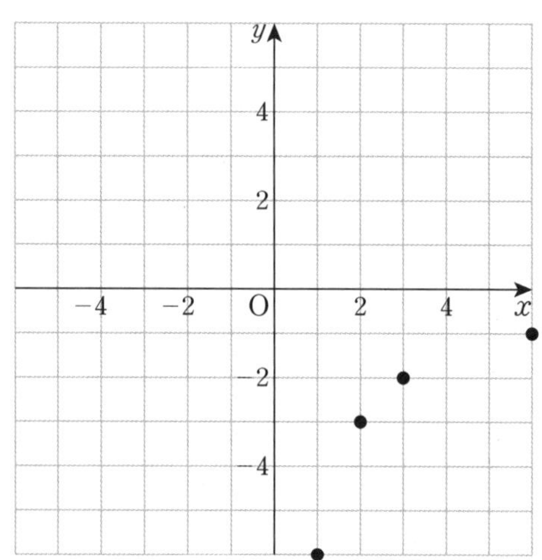

개념 마무리 2

관계있는 것끼리 선으로 이으세요.

01

$y=\frac{2}{x}$ •

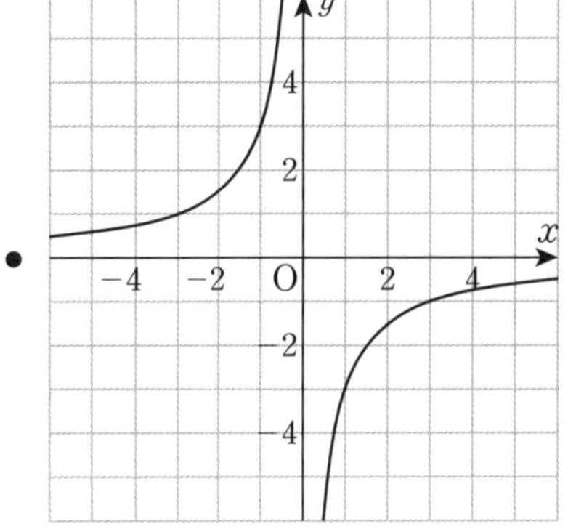

02

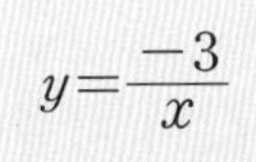

$y=\frac{-3}{x}$ •

03

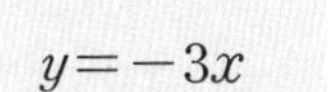

$y=-3x$ •

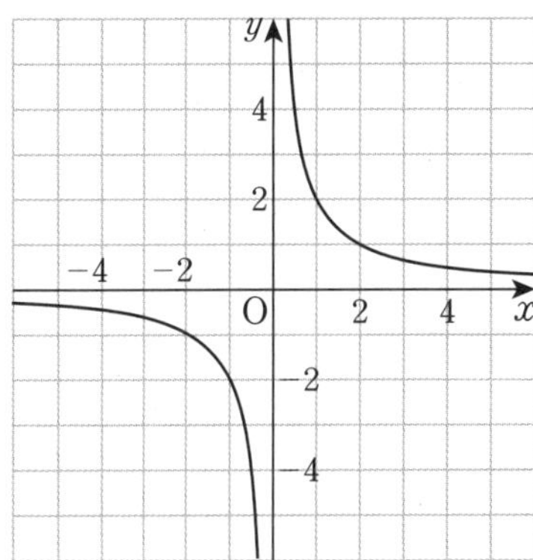

04

$y=\frac{8}{x}$ •

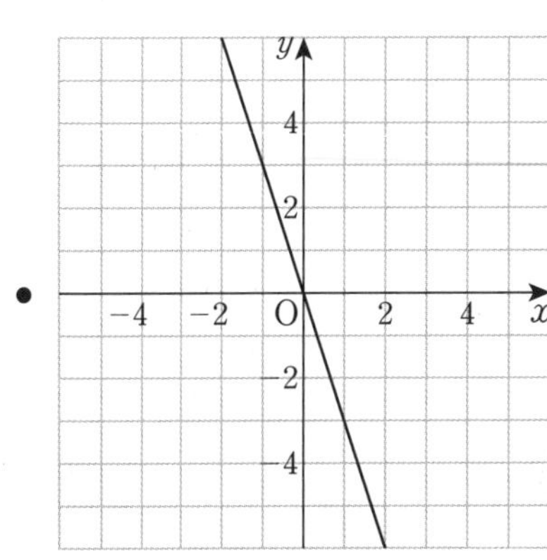

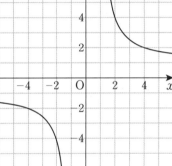

5 $y=\frac{a}{x}$ 의 그래프의 성질

★ $a=1,\ 2,\ 3,\ -1,\ -2,\ -3$일 때, $y=\frac{a}{x}$의 그래프

$a>0$

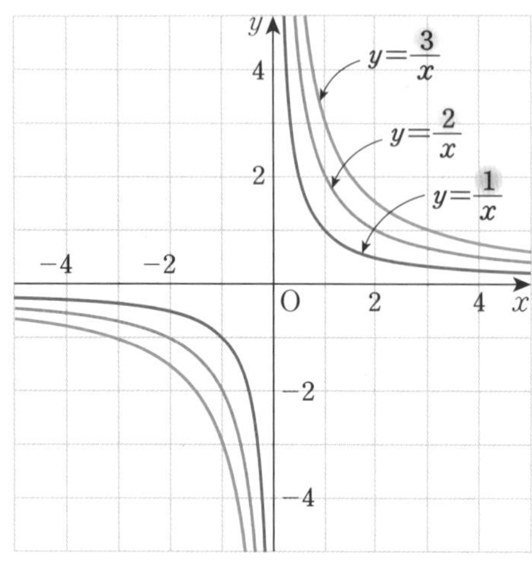

$a>0$일 때, a의 값이 클수록 그래프가 원점에서 멀어짐

$a<0$

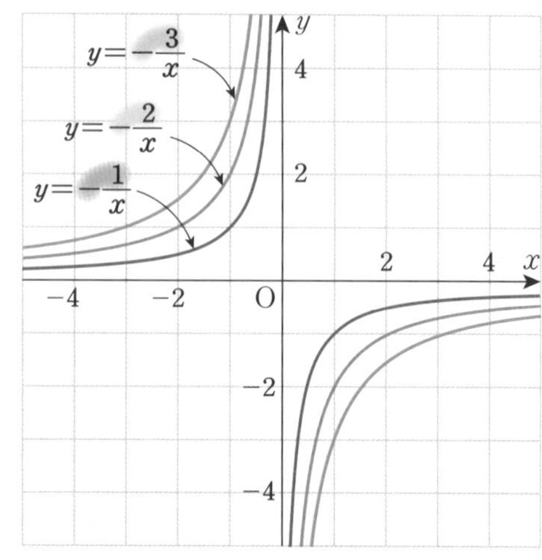

$a<0$일 때, a의 값이 작을수록 그래프가 원점에서 멀어짐

➡ $y=\frac{a}{x}$에서 $|a|$가 클수록 **원점에서 먼** 한 쌍의 곡선

▶ 개념 익히기 1

두 함수의 그래프 중에서, 원점에서 더 멀리 있는 것에 ○표 하세요.

01

$y=\frac{1}{x}$ ( )

$y=\frac{2}{x}$ (○)

02

$y=\frac{4}{x}$ ( )

$y=\frac{3}{x}$ ( )

03

$y=-\frac{5}{x}$ ( )

$y=-\frac{10}{x}$ ( )

▶ 정답 및 해설 9쪽

★ $y=\frac{a}{x}(a\neq0)$ 의 그래프 : 원점에 대해 대칭인 한 쌍의 곡선!

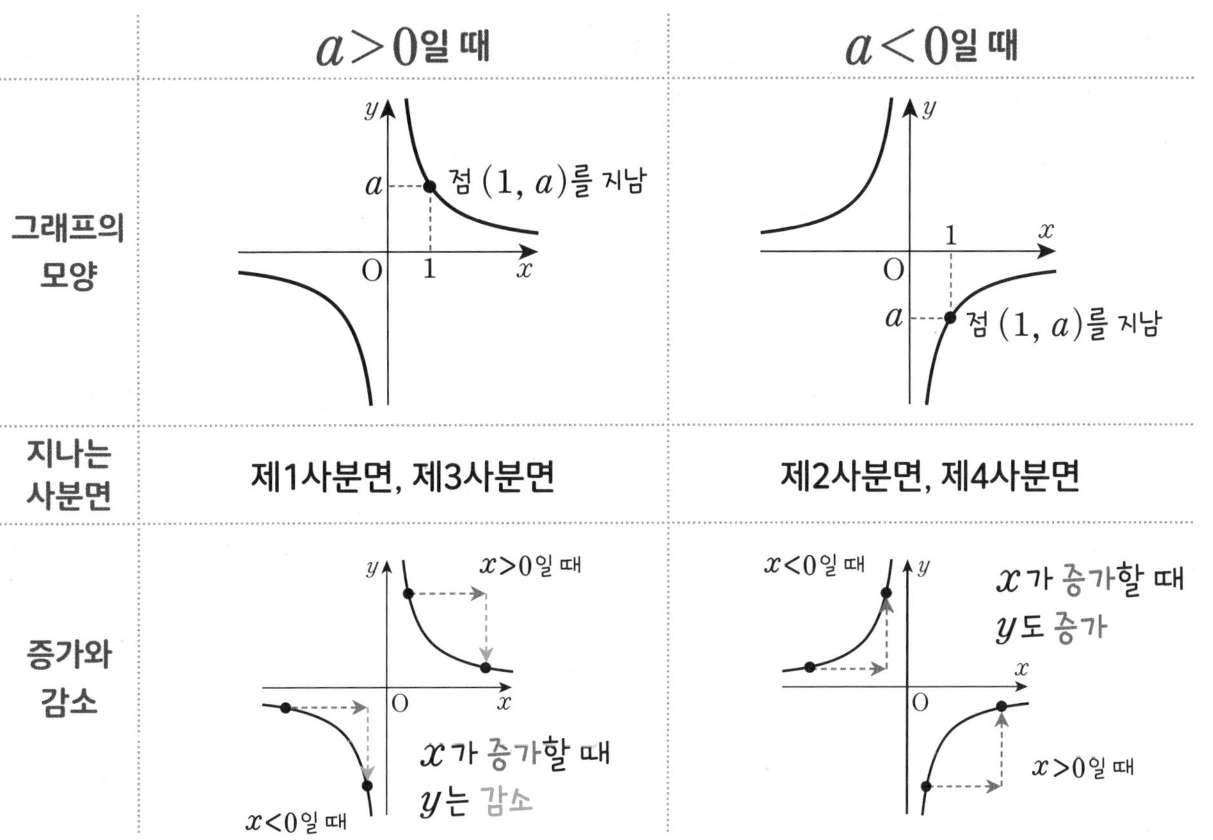

$a>0$일 때
$a<0$일 때
그래프의 모양
점 $(1, a)$를 지남
점 $(1, a)$를 지남
지나는 사분면
제1사분면, 제3사분면
제2사분면, 제4사분면
증가와 감소
$x>0$일 때
$x<0$일 때
x가 증가할 때 y는 감소
x가 증가할 때 y도 증가

개념 익히기 2

함수의 그래프에 알맞은 설명을 찾아 선으로 이으세요.

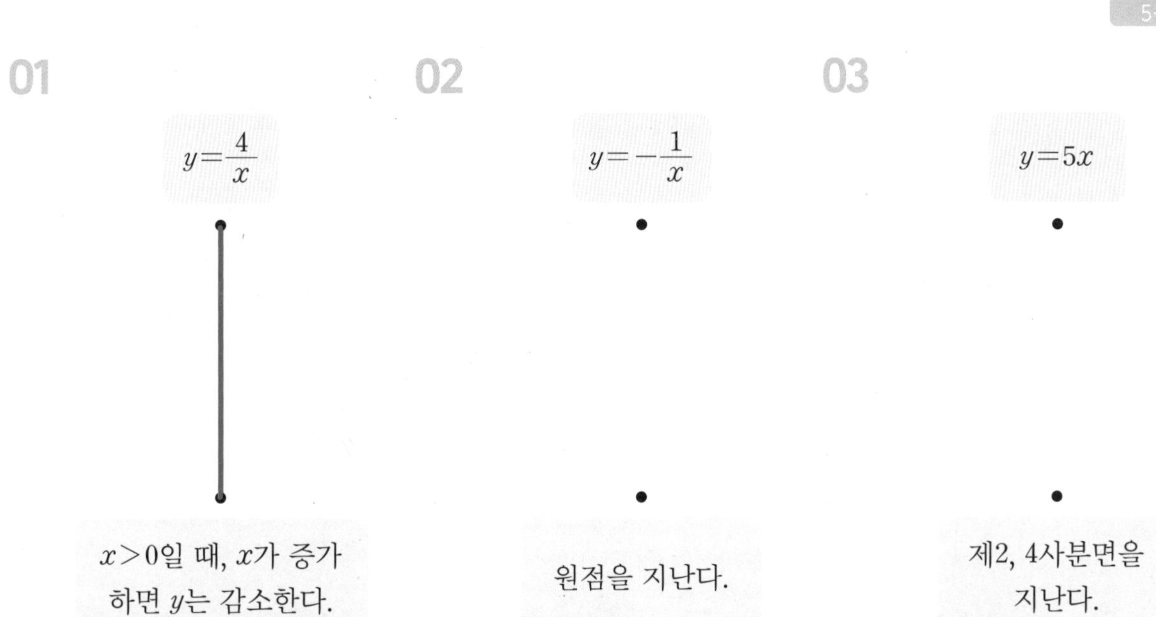

▶ 정답 및 해설 9쪽

개념 다지기 1

주어진 함수에 알맞은 그래프를 대략적으로 그리세요.

01 $y=\frac{a}{x}$, $a>0$

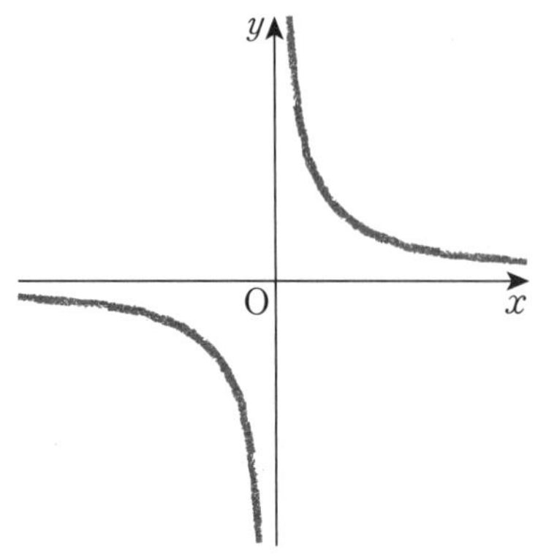

02 $y=ax$, $a>0$

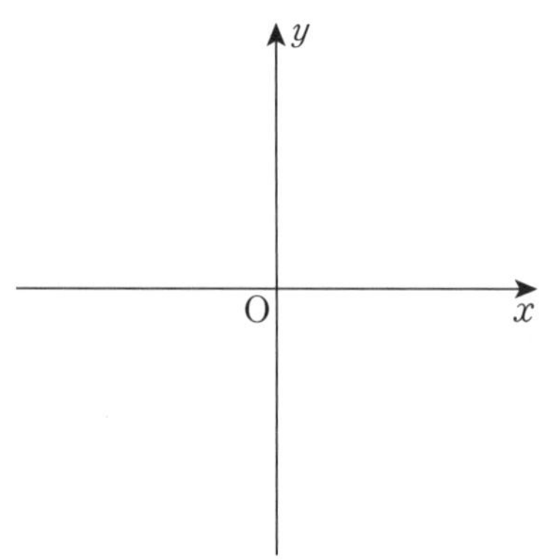

03 $y=\frac{a}{x}$, $a<0$

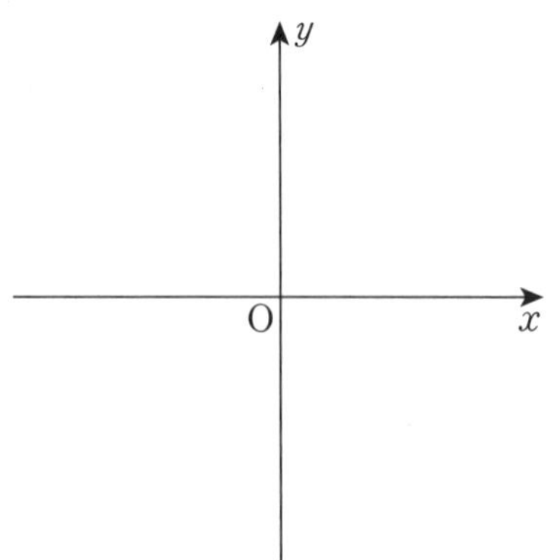

04 $y=ax$, $a<0$

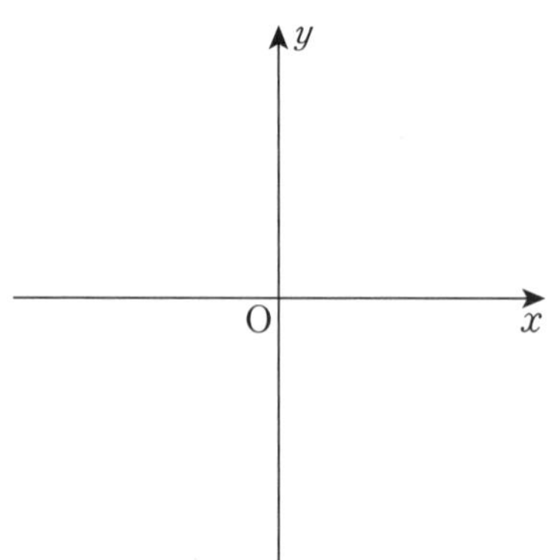

05 $y=a$, $a>0$

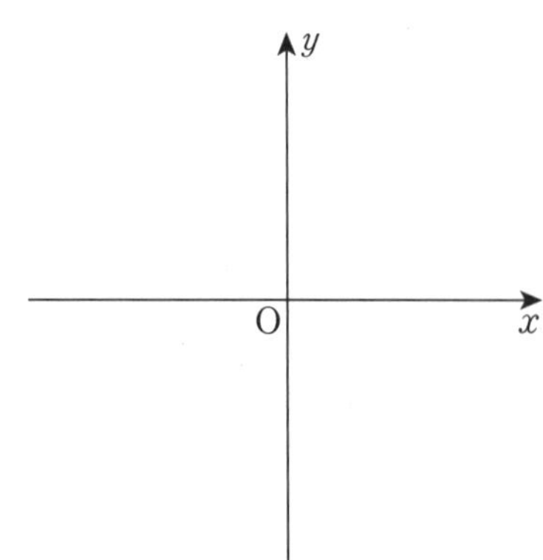

06 $y=-\frac{a}{x}$, $a<0$

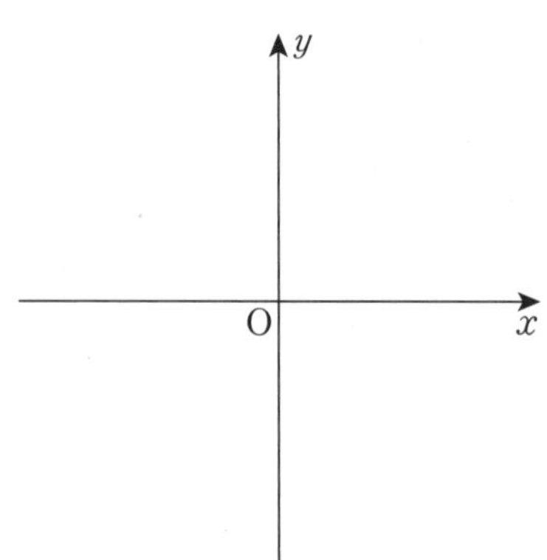

▶ 정답 및 해설 10쪽

개념 다지기 2

반비례 관계의 그래프에 알맞은 함수의 식을 찾아, 기호를 쓰세요.

01

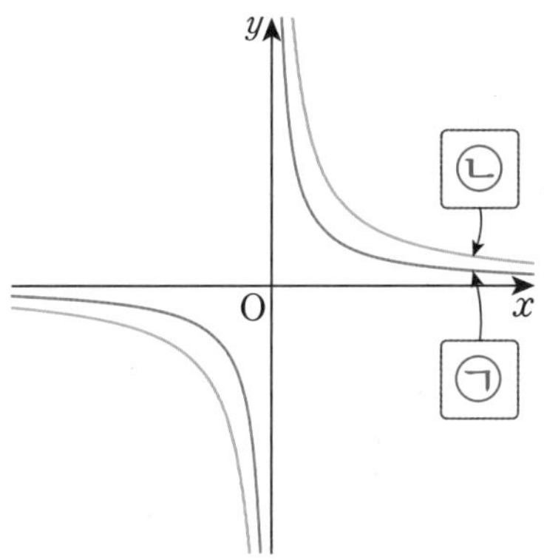

㉠ $y=\frac{2}{x}$ ㉡ $y=\frac{4}{x}$

02

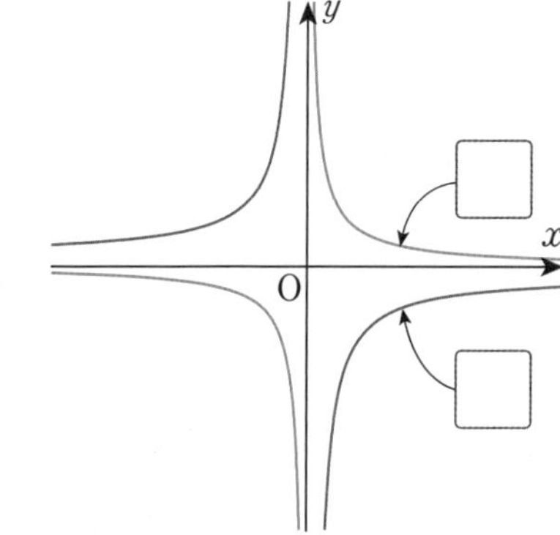

㉠ $y=\frac{1}{x}$ ㉡ $y=-\frac{2}{x}$

03

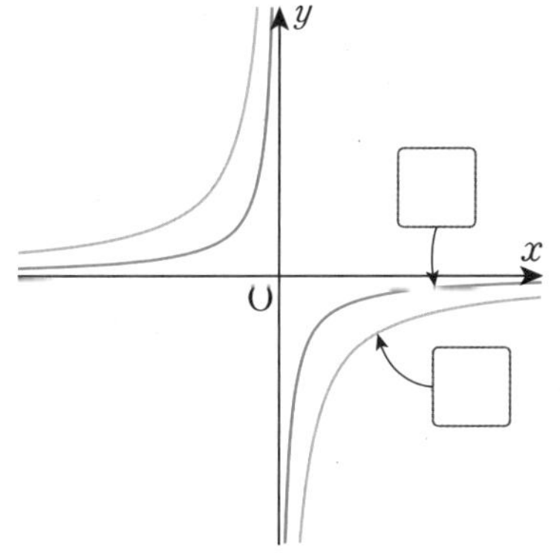

㉠ $y=-\frac{3}{x}$ ㉡ $y=-\frac{1}{x}$

04

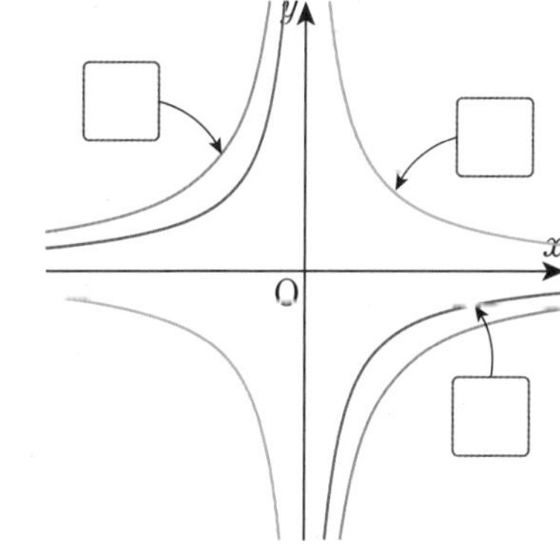

㉠ $y=\frac{5}{x}$ ㉡ $y=-\frac{7}{x}$ ㉢ $y=-\frac{4}{x}$

05

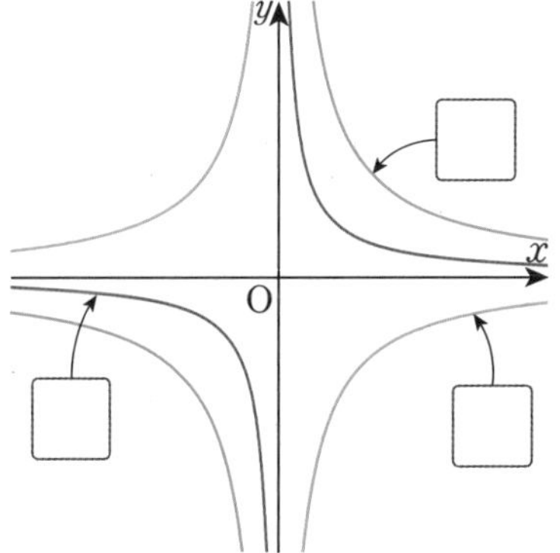

㉠ $y=\frac{2}{x}$ ㉡ $y=\frac{6}{x}$ ㉢ $y=-\frac{5}{x}$

06

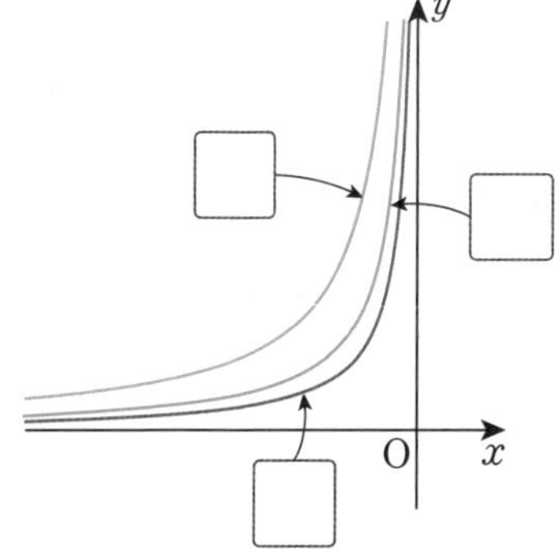

㉠ $y=-\frac{1}{x}$ ㉡ $y=-\frac{2}{x}$ ㉢ $y=-\frac{3}{x}$

▶ 정답 및 해설 11쪽

5-25

개념 마무리 1

물음에 알맞은 함수의 식에 ○표 하세요.

01

그래프가 원점에서 가장 멀리 그려지는 것은?

$y=-\frac{5}{x}$ $y=-\frac{11}{x}$ $y=-\frac{9}{x}$ $y=-\frac{2}{x}$

02

그래프가 제1사분면과 제3사분면을 지나는 것은?

$y=-\frac{2}{x}$ $y=7x$ $y=-\frac{x}{3}$ $y=\frac{-1}{x}$

03

그래프가 원점에 가장 가깝게 그려지는 것은?

$y=\frac{10}{x}$ $y=\frac{8}{x}$ $y=\frac{6}{x}$ $xy=4$

04

$x>0$일 때 그래프에서 x가 증가하면 y도 증가하는 것은?

$y=\frac{5}{x}$ $y=\frac{3}{x}$ $y=-2x$ $y=\frac{-1}{x}$

05

그래프가 제2사분면과 제4사분면을 지나는 것은?

$y=\frac{x}{8}$ $y=\frac{-5}{x}$ $y=\frac{2}{x}$ $y=4x$

06

$x<0$일 때 그래프에서 x가 증가하면 y가 감소하는 것은?

$y=3x$ $y=\frac{-11}{x}$ $y=\frac{8}{x}$ $y=\frac{1}{3}$

▶ 정답 및 해설 12~13쪽

5-26

개념 마무리 2

주어진 함수의 그래프에 대한 설명으로 옳은 것에 ○표, 틀린 것에 ×표 하세요.

01 $y=\frac{7}{x}$

- 원점을 지나는 직선이다. (×)
- 점 (1, 7)을 지난다. (○)
- 제1사분면과 제3사분면을 지난다. (   )
- $x>0$일 때, x가 증가하면 y도 증가한다. (   )

02 $y=\frac{-3}{x}$

- 점 (1, −3)을 지난다. (   )
- 제2사분면과 제4사분면을 지난다. (   )
- $x<0$일 때, x가 증가하면 y는 감소한다. (   )
- 원점에 대해 대칭인 한 쌍의 곡선이다. (   )

03 $y=-\frac{5}{x}$

- 점 (5, −1)을 지난다. (   )
- 일차함수이다. (   )
- 한 쌍의 매끄러운 곡선이다. (   )
- x축과 두 점에서 만난다. (   )

04 $y=\frac{x}{2}$

- 원점을 지난다. (   )
- x가 증가하면 y도 증가한다. (   )
- 제2사분면과 제4사분면을 지난다. (   )
- x와 y는 반비례 관계이다. (   )

05 $y=\frac{1}{x}$

- 좌표축에 점점 가까워지면서 한없이 뻗어 나가는 곡선이다. (   )
- 점 $\left(2, -\frac{1}{2}\right)$을 지난다. (   )
- 그래프가 점 (a, b)를 지날 때, ab의 값은 3이다. (   )
- $x=0$일 때 정의가 안 되는 함수이다. (   )

06 $y=\frac{-4}{x}$

- 점 (1, −4)를 지난다. (   )
- x와 y의 곱은 항상 일정하다. (   )
- x가 음수이면, y도 음수이다. (   )
- $y=\frac{-3}{x}$의 그래프보다 원점에 더 가깝다. (   )

6 그래프의 모양 총정리

★ 지금까지 배운 **그래프는 2가지 모양**

원점을 지나는 직선 정비례 그래프의 모양	한 쌍의 매끄러운 곡선 반비례 그래프의 모양
$y=ax$	$y=\frac{a}{x}$

$a>0$ 일 때

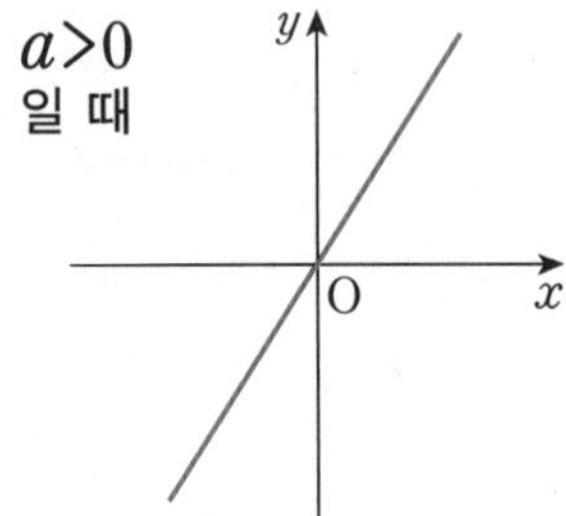

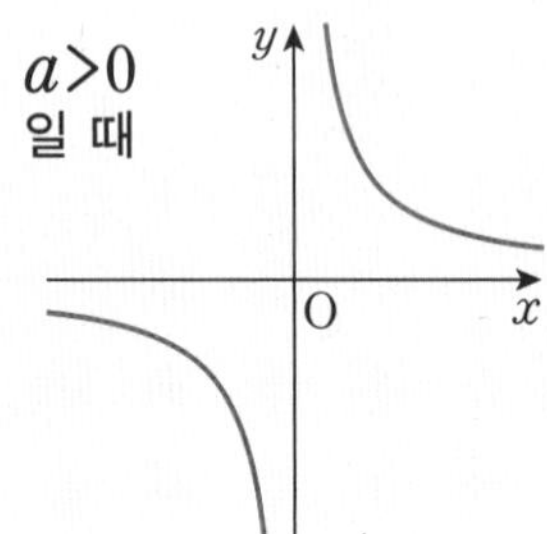

$a>0$이면
제1, 3사분면을
지나고,

$a<0$ 일 때

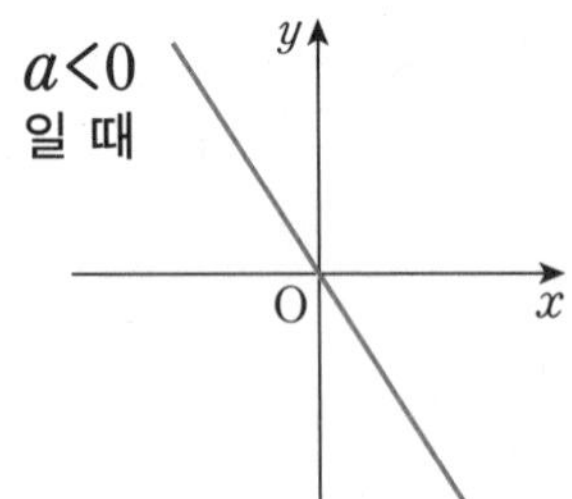

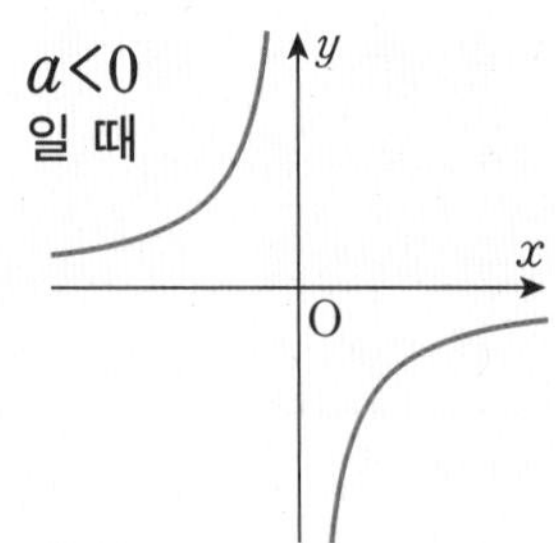

$a<0$이면
제2, 4사분면을
지나네~

개념 익히기 1

그래프를 보고, 알맞은 함수의 식 모양을 찾아 선으로 이으세요.

01 **02** **03**

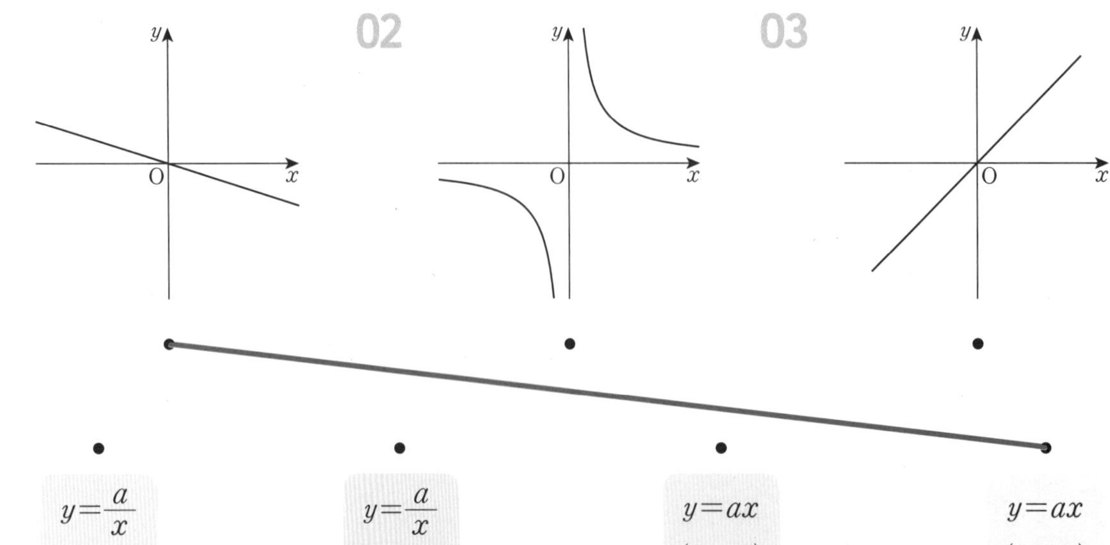

$y=\frac{a}{x}$ $(a>0)$ $y=\frac{a}{x}$ $(a<0)$ $y=ax$ $(a>0)$ $y=ax$ $(a<0)$

▶ 정답 및 해설 13쪽

그래프를 보고 함수의 식 찾기

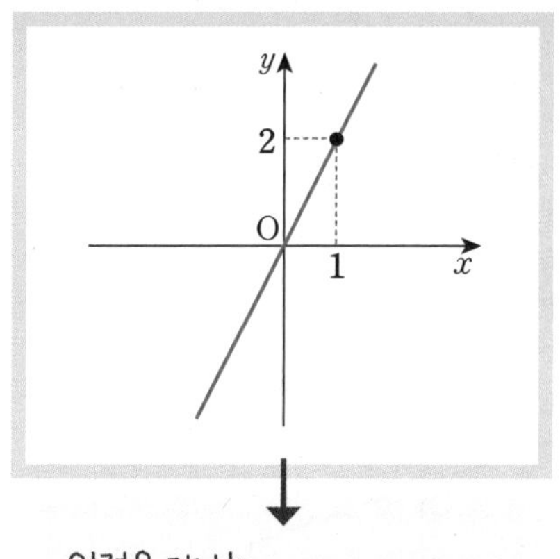

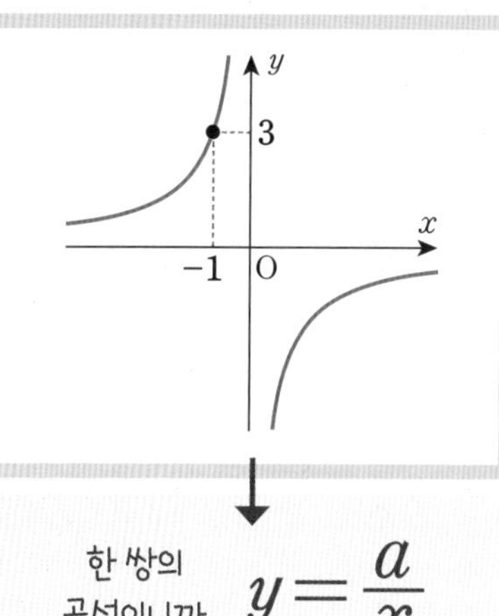

❶ 그래프의 모양 보고 함수의 식 모양 떠올리기

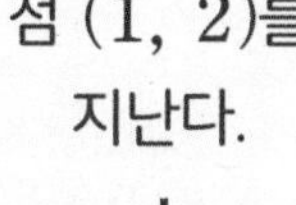

$y=ax$

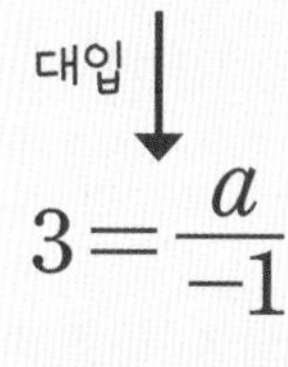

$y=\dfrac{a}{x}$

❷ 지나는 한 점을 함수의 식에 대입

점 (1, 2)를 지난다.

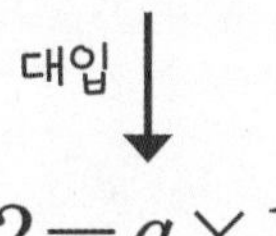

$2=a\times1$

$2=a$

점 (−1, 3)을 지난다.

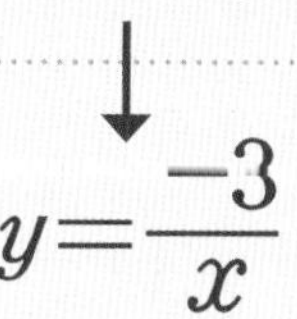

$3=\dfrac{a}{-1}$

$a=-3$

❸ 함수의 식 찾기

$y=2x$

$y=\dfrac{-3}{x}$

개념 익히기 2

그래프를 보고, 함수의 식을 찾는 과정입니다. 물음에 답하세요.

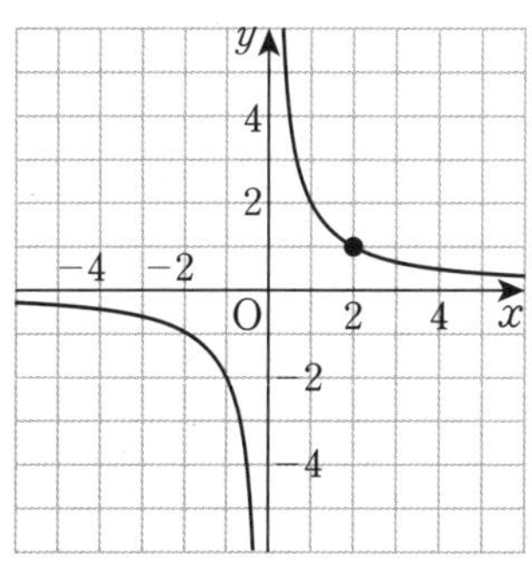

01

그래프를 보고 함수의 식 모양으로 알맞은 것에 ○표 하세요.

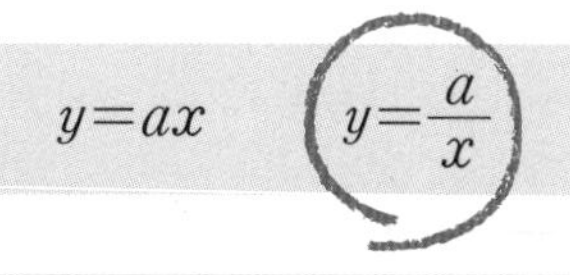

02

표시한 점의 좌표를 구하세요.

03

02의 좌표를 01에 대입하여 함수의 식을 구하세요.

▶ 정답 및 해설 14쪽

5-29

개념 다지기 1

그래프에 알맞은 함수의 식을 찾아 빈칸에 기호를 쓰세요.

01

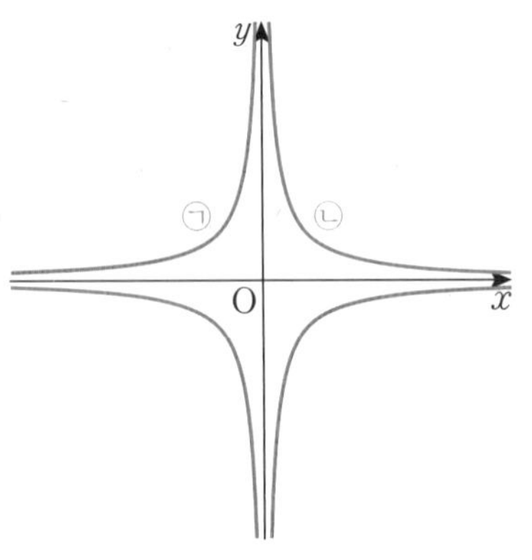

$y=\frac{2}{x}$ ㉡　　$y=\frac{-2}{x}$ ㉠

$y=\frac{x}{2}$ □　　$y=2x$ □

02

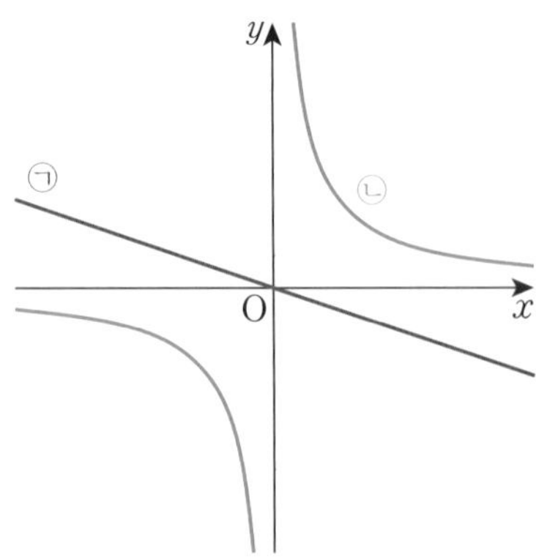

$y=-\frac{1}{3}x$ □　　$y=3x$ □

$y=\frac{3}{x}$ □　　$y=-\frac{3}{x}$ □

03

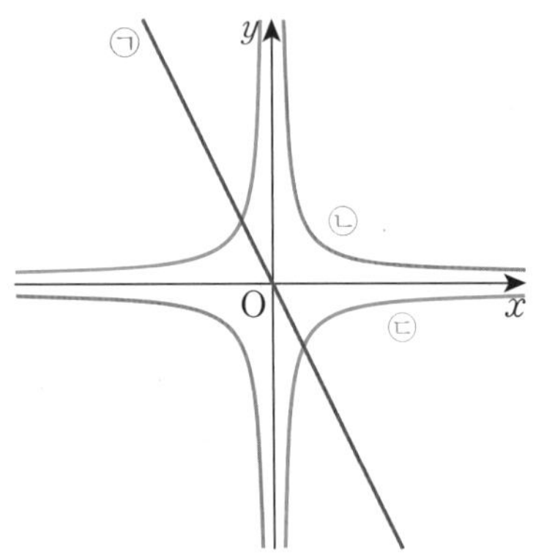

$y=\frac{1}{x}$ □　　$y=\frac{-1}{x}$ □

$y=\frac{x}{2}$ □　　$y=-2x$ □

04

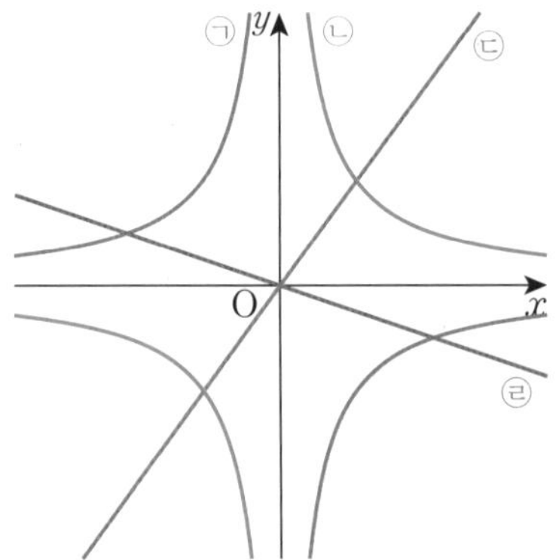

$y=-\frac{1}{3}x$ □　　$y=\frac{4}{3}x$ □

$y=\frac{4}{x}$ □　　$y=-\frac{4}{x}$ □

개념 다지기 2

그래프를 보고 함수의 식을 구하세요.

01

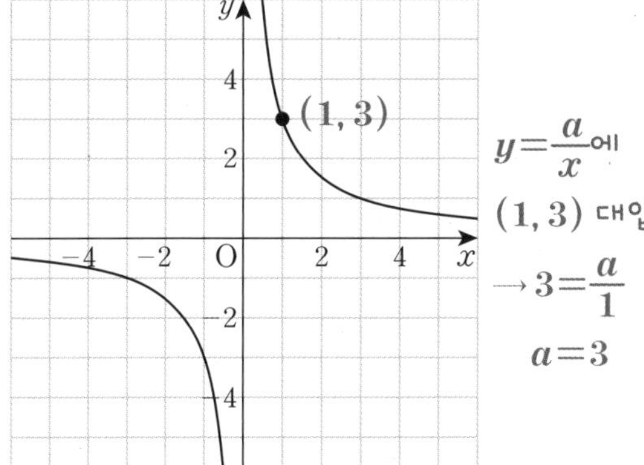

➡ $y=\frac{3}{x}$

02

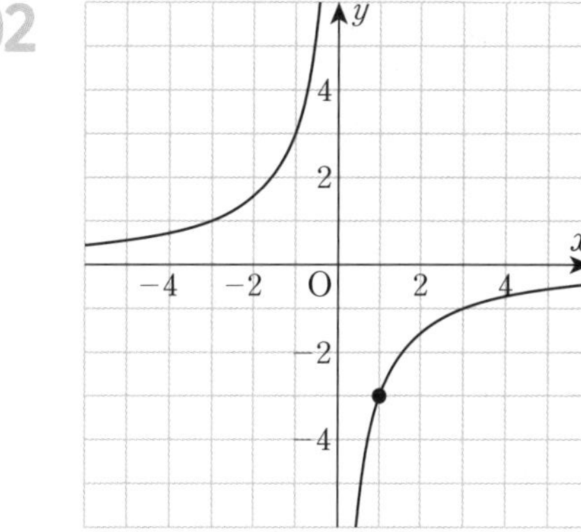

➡

03

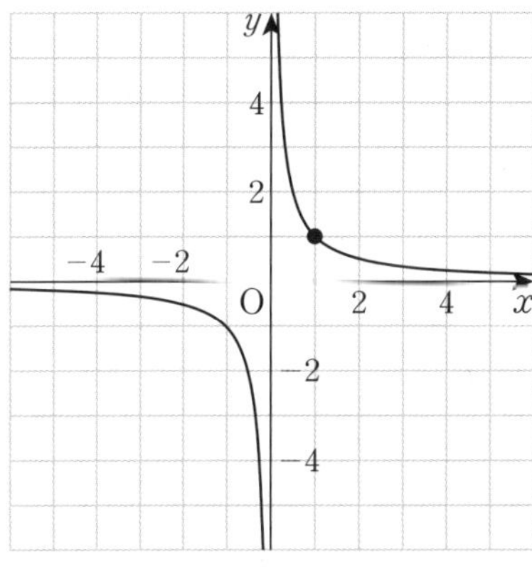

➡

04

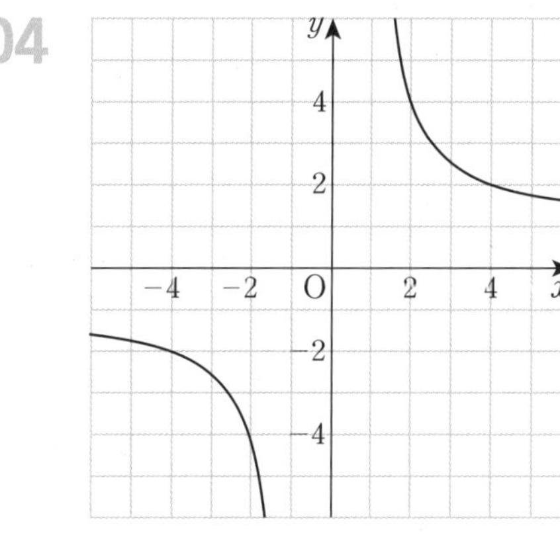

➡

05

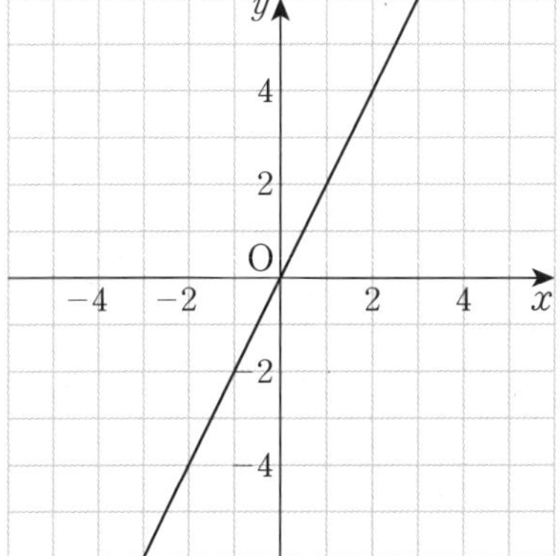

➡

06

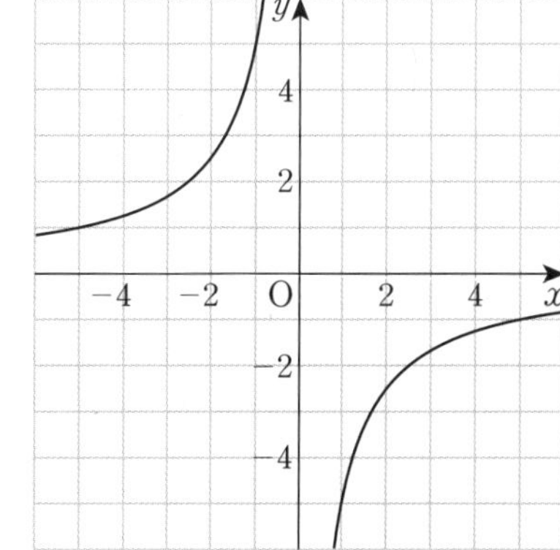

➡

▶ 정답 및 해설 16쪽

개념 마무리 1

반비례 관계의 그래프를 보고, 상수 a, b, c의 크기를 비교하여 가장 큰 것을 쓰세요.

01

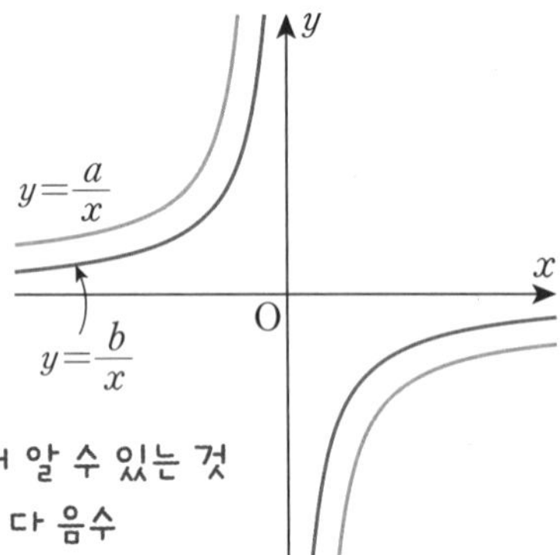

그래프에서 알 수 있는 것

① a, b 둘 다 음수

② $|a|>|b|$

→ $a<b<0$

➡ b

02

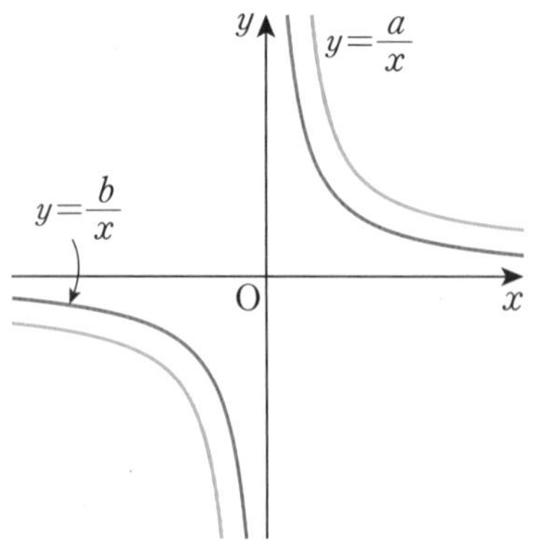

➡

03

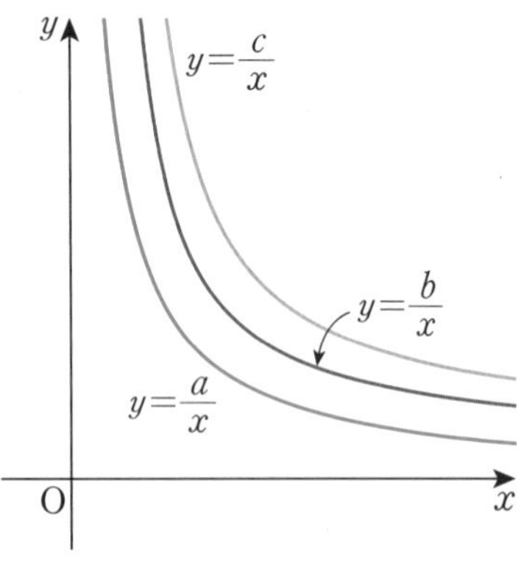

➡

04

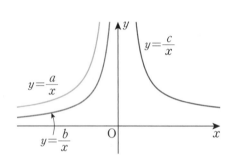

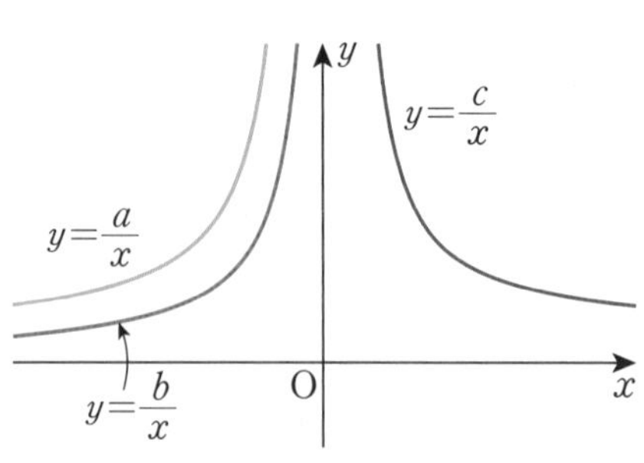

➡

05

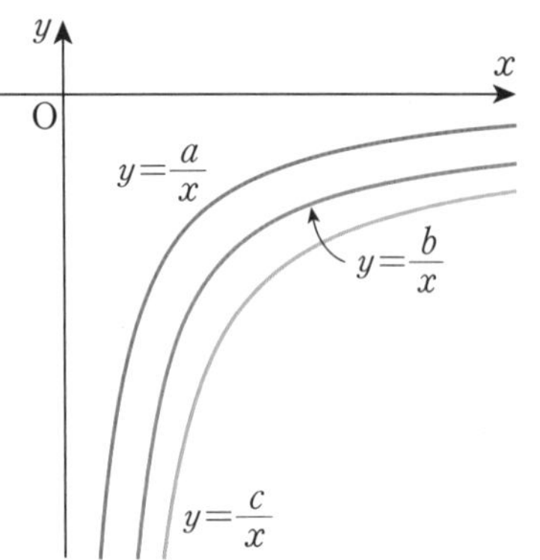

➡

06

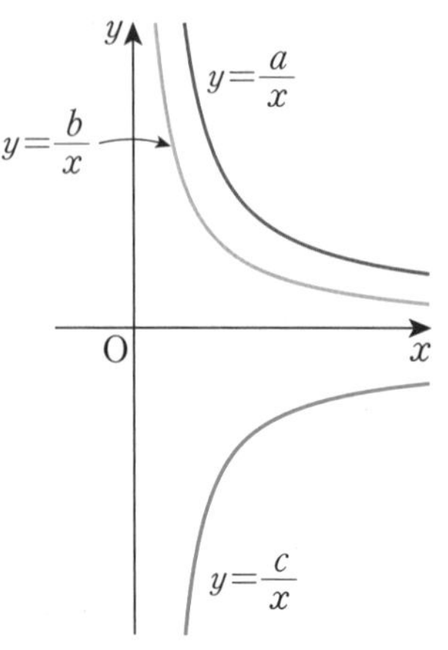

➡

▶정답 및 해설 17쪽

5-32

개념 마무리 2

주어진 그래프의 관계식을 구하고, 물음에 답하세요.

01

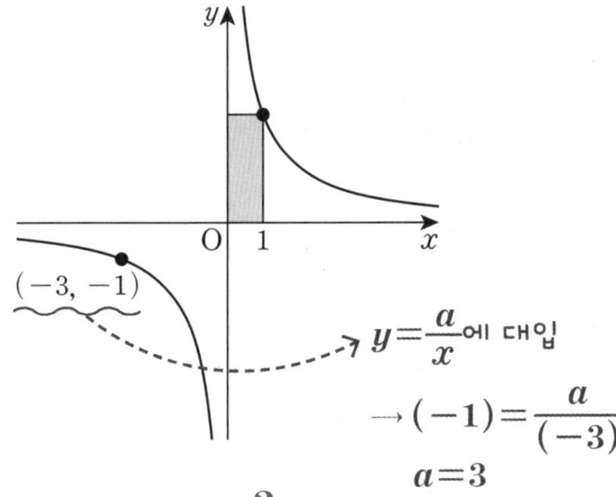

• 관계식: $y=\frac{3}{x}$

• 색칠한 사각형의 넓이는?

02

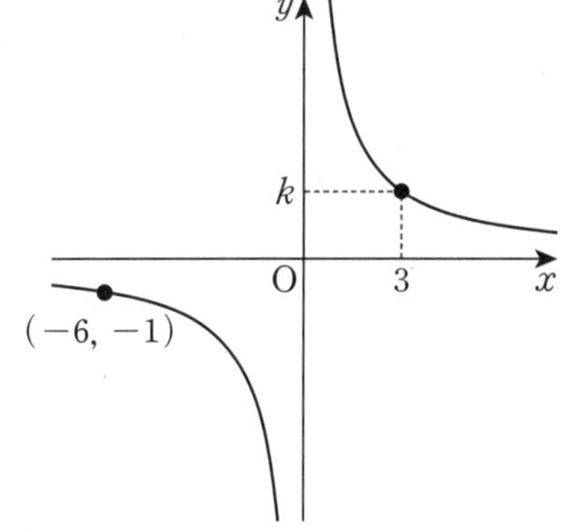

• 관계식:

• 상수 k의 값은?

03

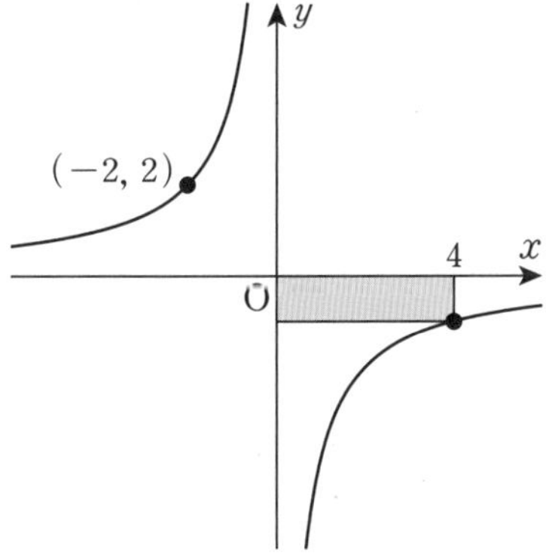

• 관계식:

• 색칠한 사각형의 넓이는?

04

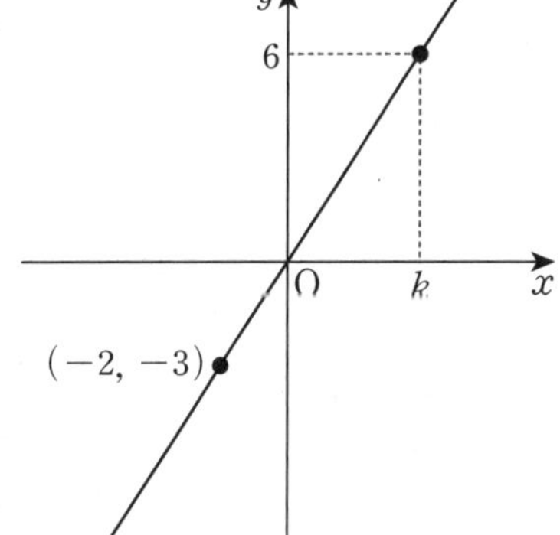

• 관계식:

• 상수 k의 값은?

05

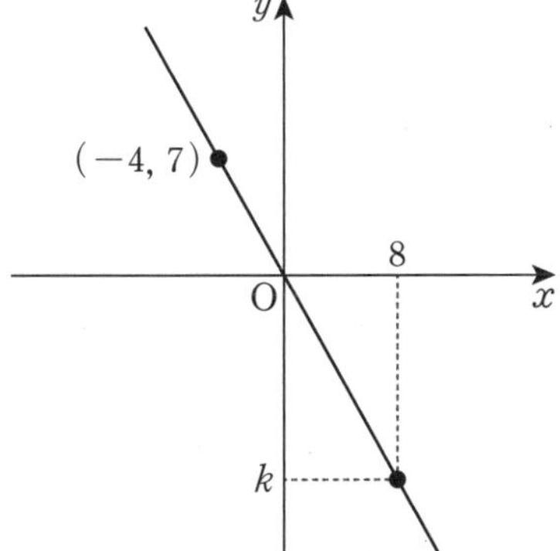

• 관계식:

• 상수 k의 값은?

06

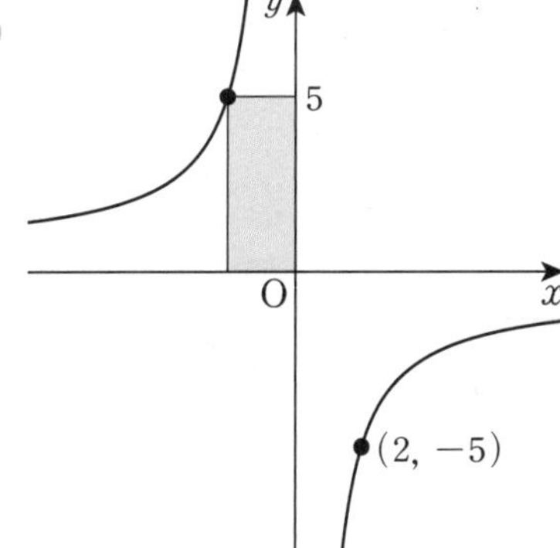

• 관계식:

• 색칠한 사각형의 넓이는?

7 교점의 좌표

문제 a와 b의 값은?

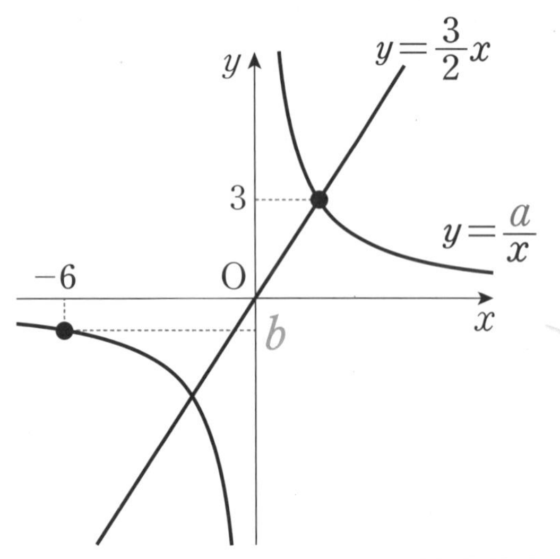

a와 b 중에 어느 것을
먼저 구해야 하지?

두 그래프가 만나는 문제는
교점의 성질을 알고 있는지 묻는 문제야.
그러니까, 교점의 좌표부터 구해야겠지~

교점의 중요한 성질

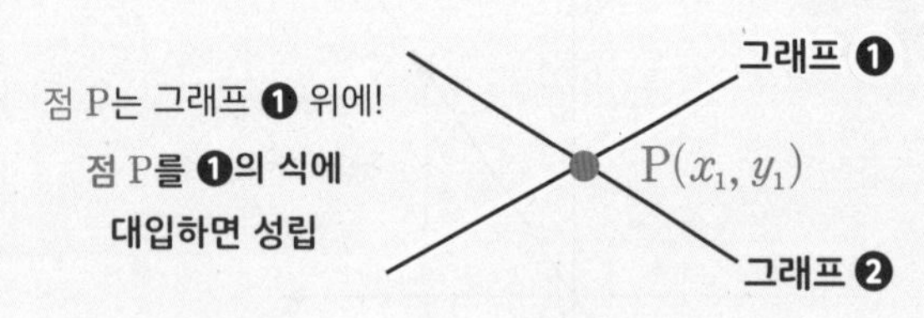

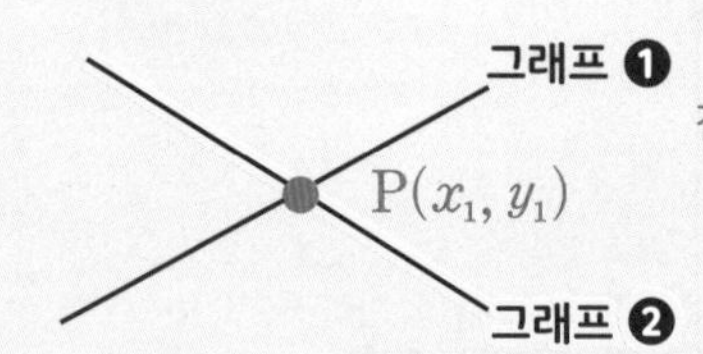

점 P는 그래프 ❷ 위에!
점 P를 ❷의 식에
대입하면 성립

➡ **교점의 좌표를 대입하면 ❶, ❷의 식 모두 성립!**

개념 익히기 1

그래프를 보고 물음에 답하세요.

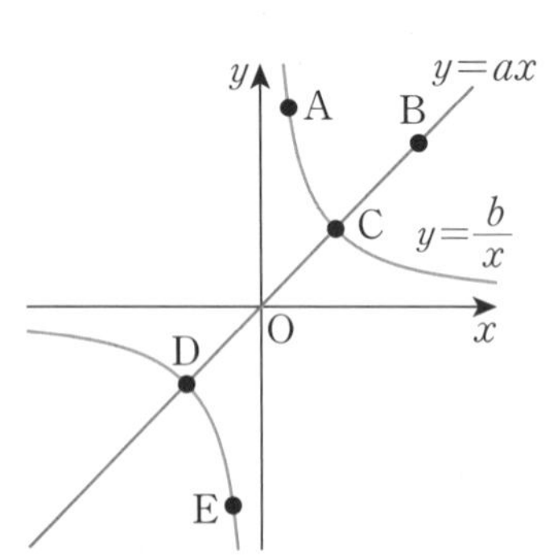

01

$y=ax$의 그래프 위에 있는 점의 기호를 모두 쓰세요.

점 B, C, D

02

$y=\frac{b}{x}$의 그래프 위에 있는 점의 기호를 모두 쓰세요.

03

두 그래프의 교점의 기호를 모두 쓰세요.

▶정답 및 해설 18쪽

5-33

풀이

❶ 교점의 좌표 정하기

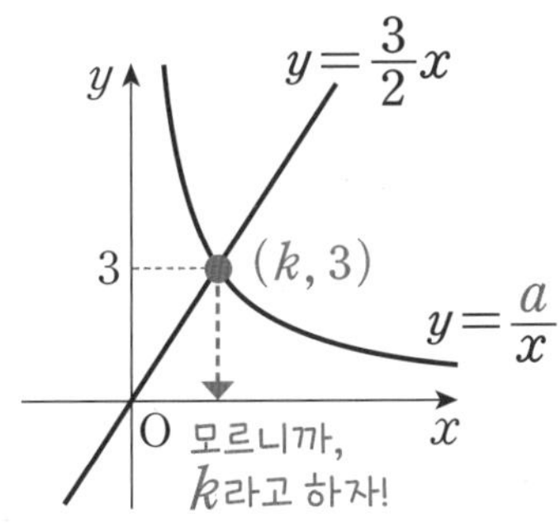

❷ 교점의 좌표를 정확히 찾기

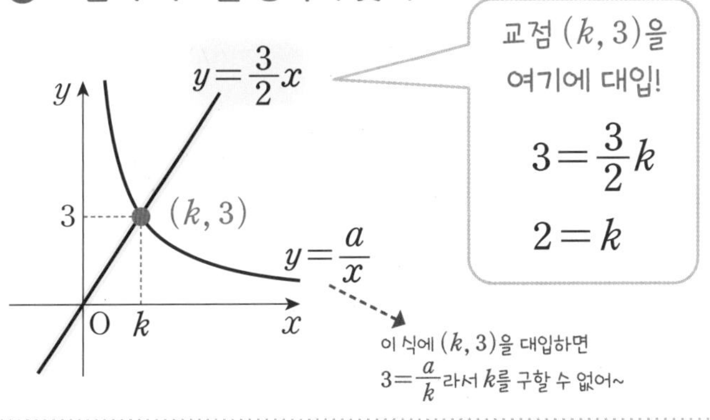

❸ 찾은 교점의 좌표로 다른 관계식을 구하기

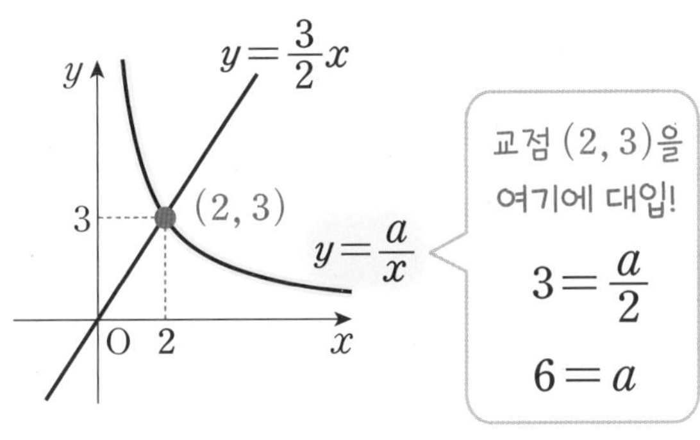

❹ 찾은 관계식에 점의 좌표 대입하기

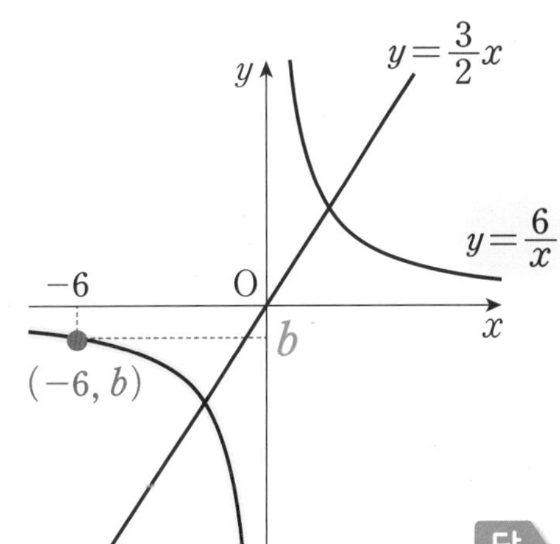

점 $(-6, b)$는 곡선 위의 점이니까 $y=\frac{6}{x}$에 대입!

$b=\frac{6}{-6}$

$b=-1$

개념 익히기 2

상수 k의 값을 구하세요.

5-34

01

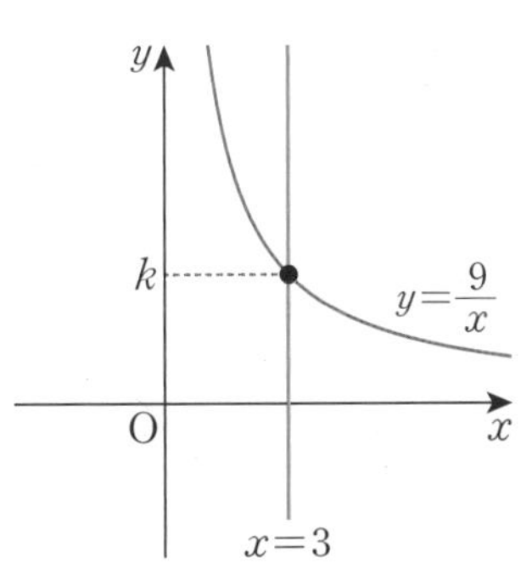

$(3, k)$를 $y=\frac{9}{x}$에 대입

$\rightarrow k=\frac{9}{3}=3$

답: 3

02

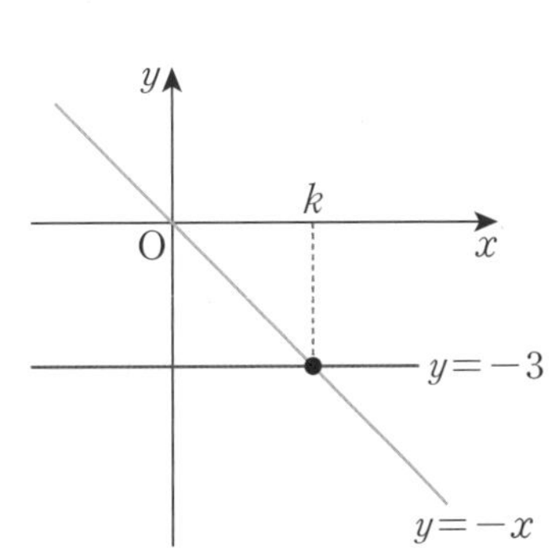

03

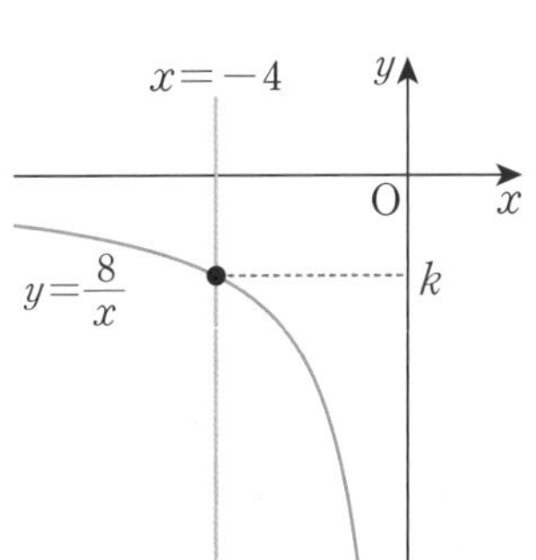

개념 다지기 1

상수 k의 값을 구하기 위해 이용해야 할 함수의 식에 ○표 하고, k의 값을 구하세요.

01

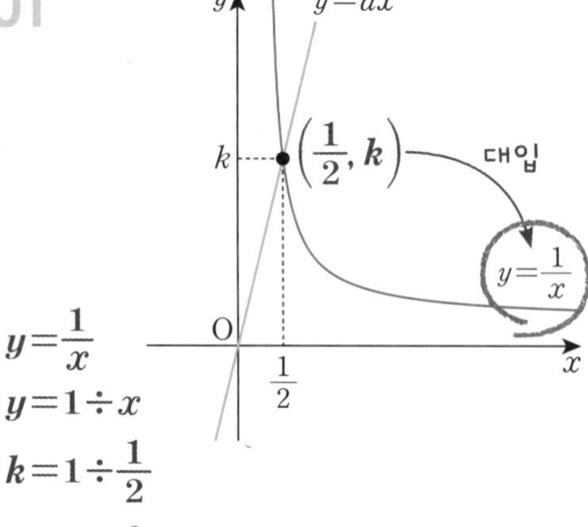

$y=\frac{1}{x}$

$y=1\div x$

$k=1\div\frac{1}{2}$

$k=1\times\frac{2}{1}$

$k=2$

답: 2

02

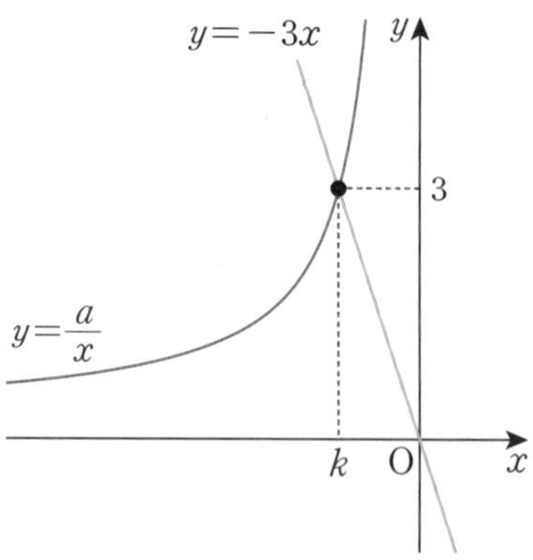

03

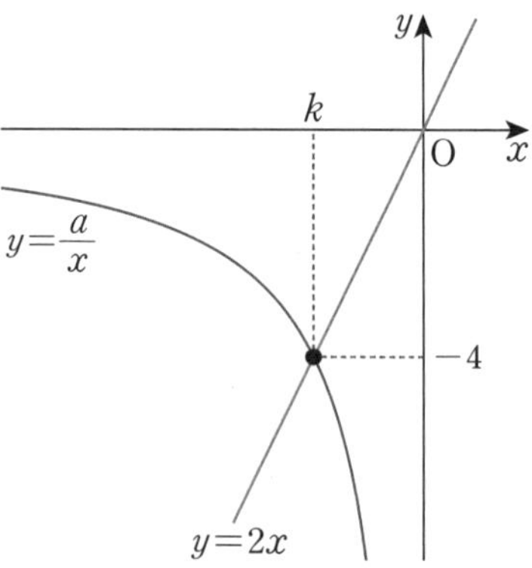

04

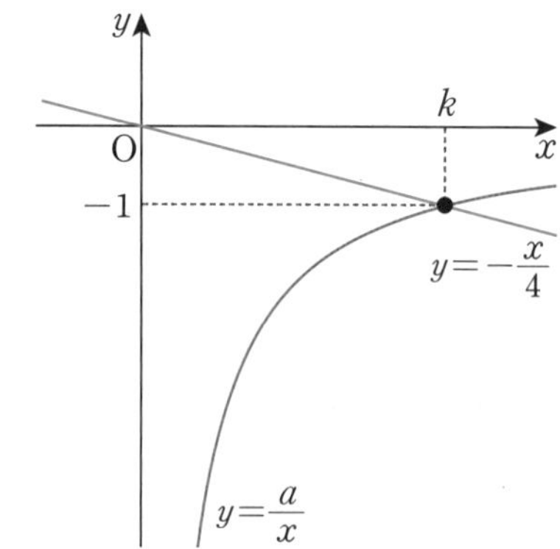

05

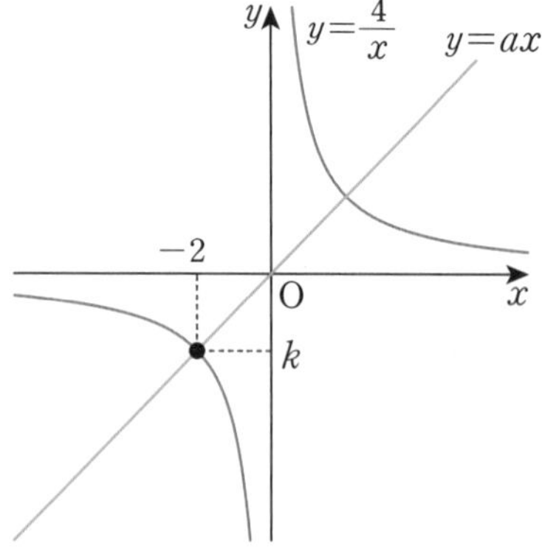

06

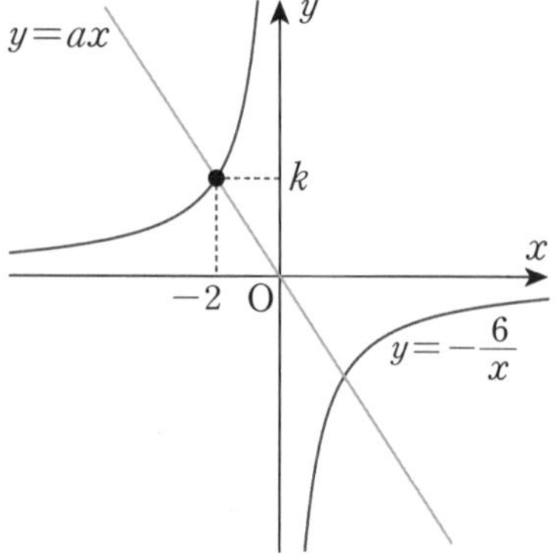

개념 다지기 2

그래프를 보고, 빈칸에 알맞은 함수의 식을 쓰세요.

01

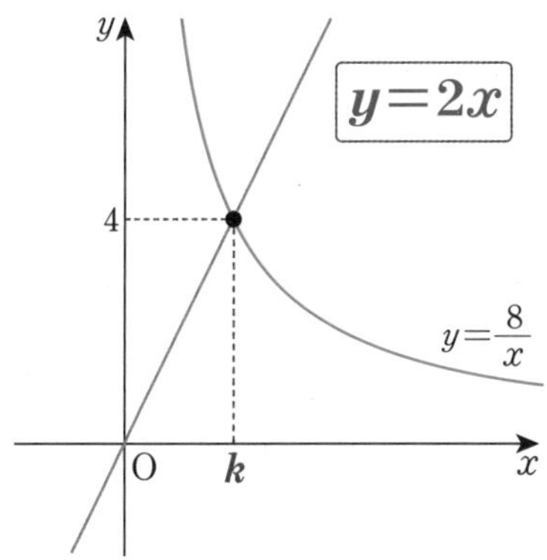

$y=\frac{8}{x}$에 $(k, 4)$ 대입
$\rightarrow 4=\frac{8}{k}$
$4k=8$
$k=2$

원점을 지나는 직선 $y=ax$도 점 $(2, 4)$를 지남
$\rightarrow 4=a\times 2$
$4=2a$
$a=2$

02

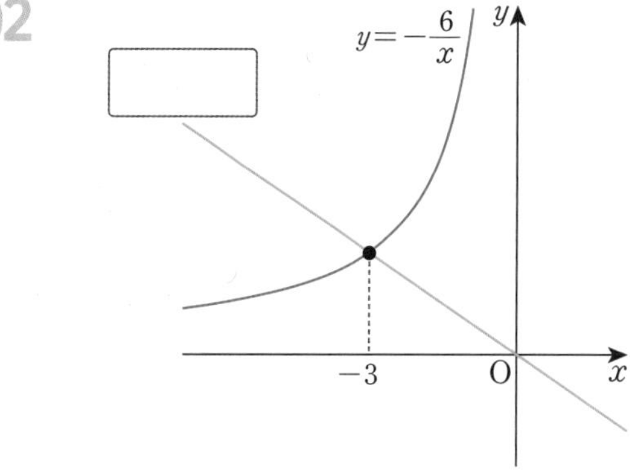

03

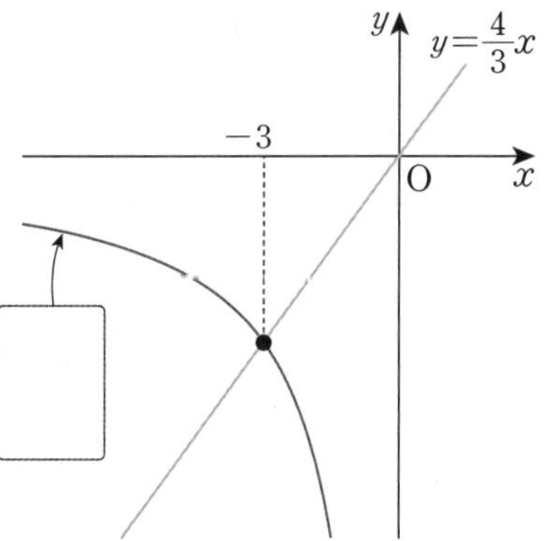

04

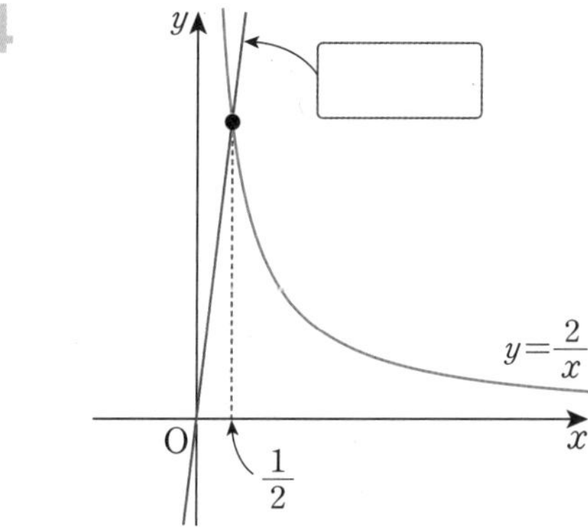

05

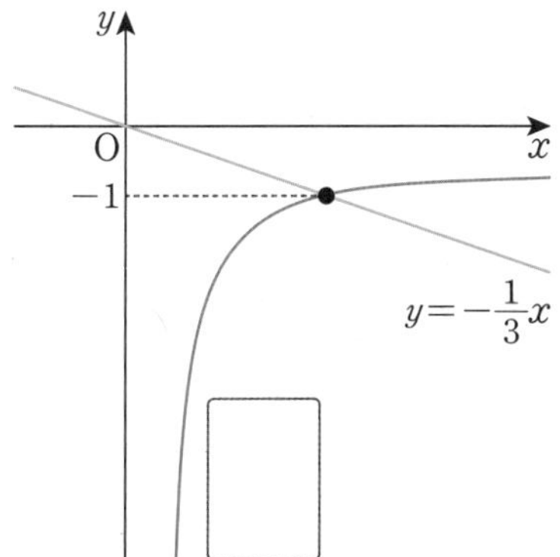

06

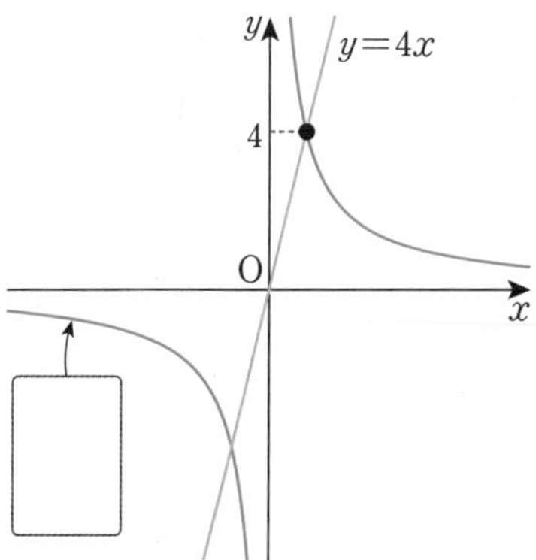

개념 마무리 1

그래프를 보고 상수 a, b의 값을 구하세요.

01

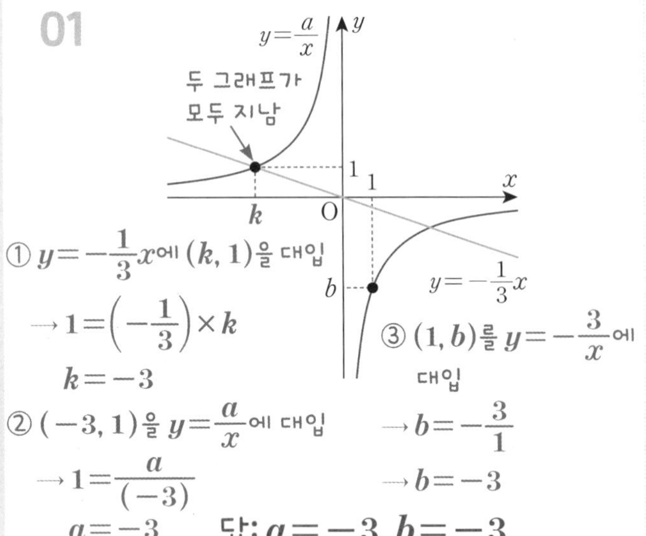

02

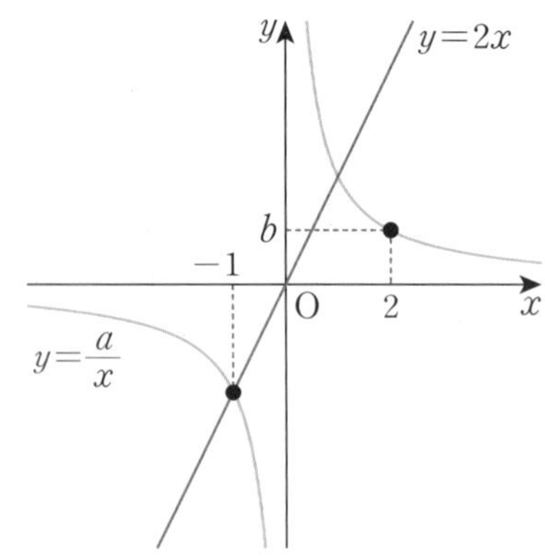

03

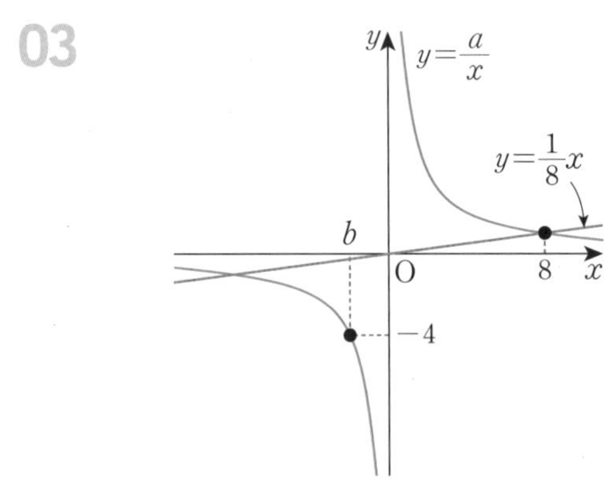

04

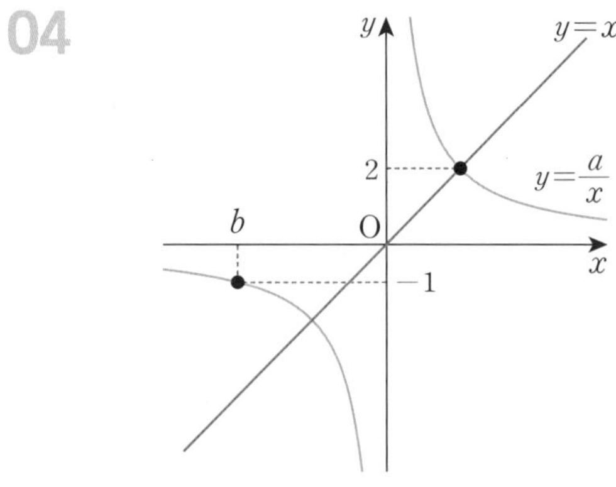

05

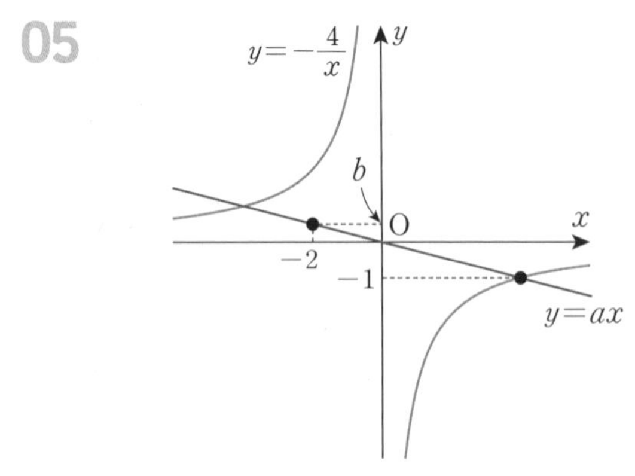

06

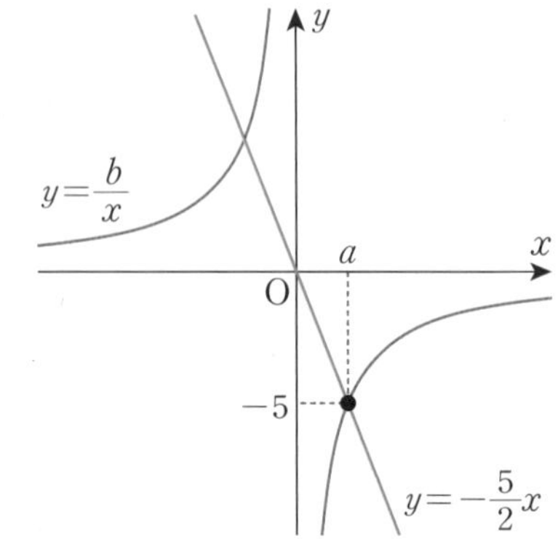

▶정답 및 해설 22~23쪽

5-38

개념 마무리 2

정사각형 ABCD의 점 A는 정비례 관계의 그래프 위에 있고, 점 D는 반비례 관계의 그래프 위에 있습니다. 물음에 답하세요.

01

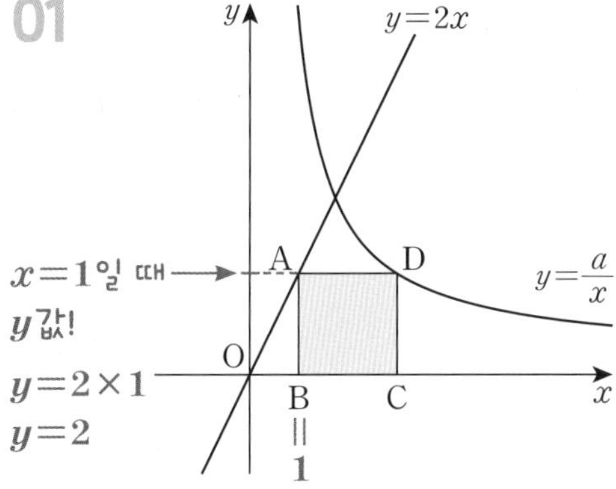

(1) 점 B의 x좌표가 1일 때, 점 A의 좌표는? (1, 2)

(2) 정사각형 ABCD의 한 변의 길이는?

(3) 점 D의 좌표는?

(4) 상수 a의 값은?

02

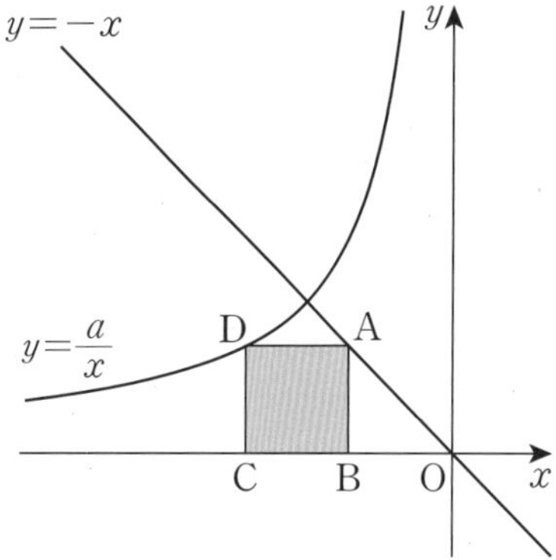

(1) 점 B의 x좌표가 -2일 때, 점 A의 좌표는?

(2) 정사각형 ABCD의 한 변의 길이는?

(3) 점 D의 좌표는?

(4) 상수 a의 값은?

03

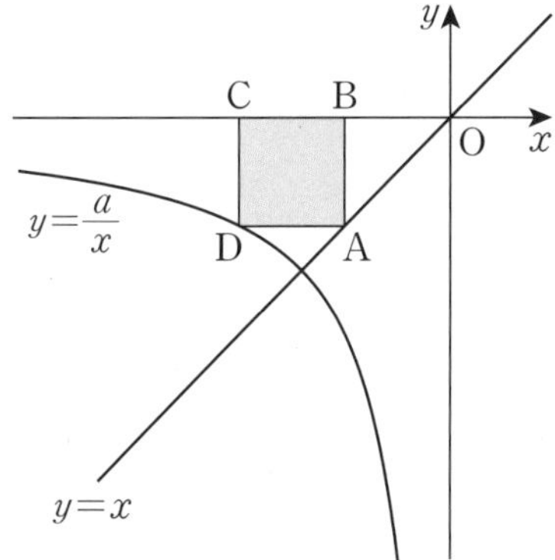

(1) 점 A의 y좌표가 -3일 때, 점 A의 x좌표는?

(2) 점 D의 좌표는?

(3) 상수 a의 값은?

04

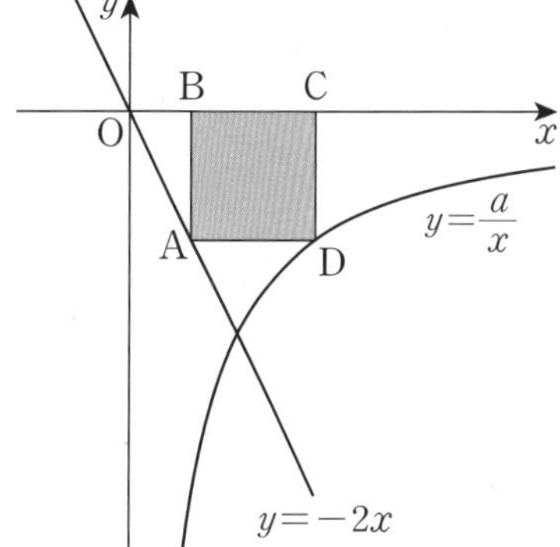

(1) 정사각형 ABCD의 넓이가 4일 때, 점 A의 좌표는?

(2) 점 D의 좌표는?

(3) 상수 a의 값은?

단원 마무리

01 x와 y가 반비례할 때, 다음 표를 완성하시오.

x	1		4	8	16
y	-16	-8			-1

02 다음 중 반비례 관계식은?

① $y=2x$ ② $y=\frac{x}{3}$

③ $y=\frac{1}{5}$ ④ $y=-\frac{1}{x}$

⑤ $x+y=3$

03 반비례 관계 $y=-\frac{3}{x}$에서 $x=-6$일 때, y의 값을 구하시오.

04 다음 중 반비례 관계 $y=\frac{a}{x}$ $(a<0)$의 그래프는?

① 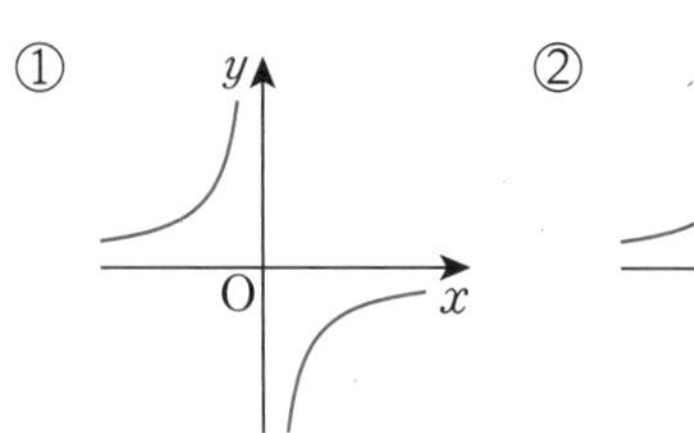

② 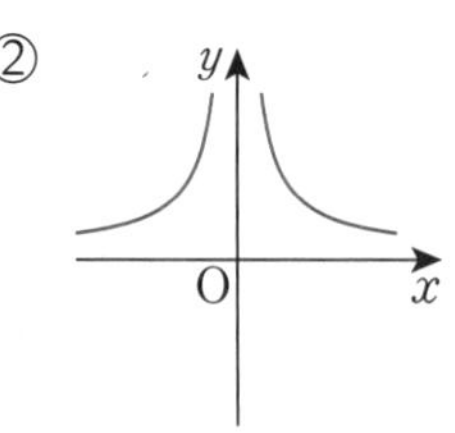

③ 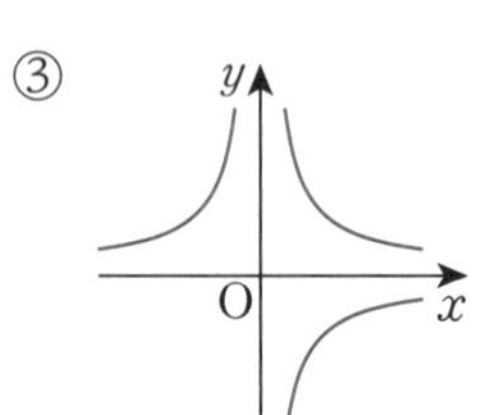

④ 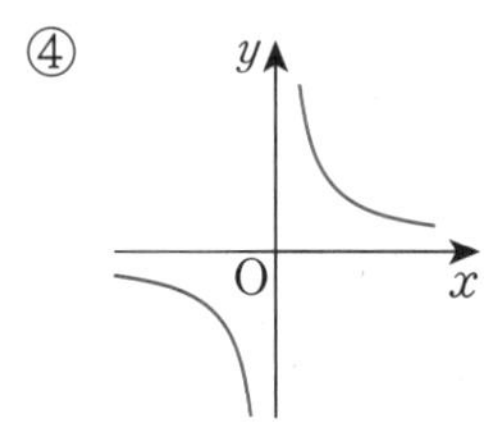

⑤

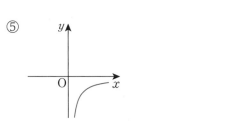

05 같은 온도에서 기체의 부피 y mL는 압력 x 기압에 반비례합니다. 어떤 기체의 부피가 20 mL일 때, 압력은 4기압입니다. 이때, x와 y 사이의 관계식을 구하시오.

06 다음 그래프에 알맞은 식은?

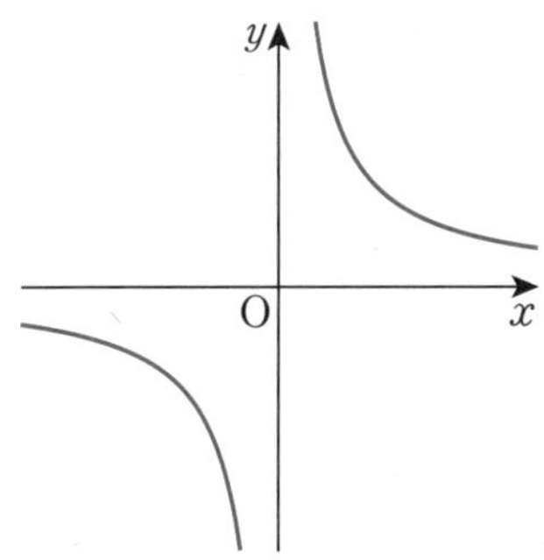

① $y=\frac{-3}{x}$ ② $y=\frac{x}{6}$

③ $y=\frac{3}{x}$ ④ $y=\frac{1}{2}x$

⑤ $xy=-2$

07 다음 중 반비례 관계 $y=\frac{18}{x}$의 그래프 위의 점이 아닌 것은?

① $(-6, -3)$ ② $(-2, -9)$

③ $(18, 1)$ ④ $(1, 18)$

⑤ $(9, -2)$

08 다음 중 그래프가 원점에 가장 가깝게 그려지는 것은?

① $y=\frac{1}{x}$ ② $y=\frac{-4}{x}$

③ $xy=3$ ④ $y=\frac{6}{x}$

⑤ $y=-\frac{2}{x}$

09 다음 그래프에 알맞은 반비례 관계식을 쓰시오.

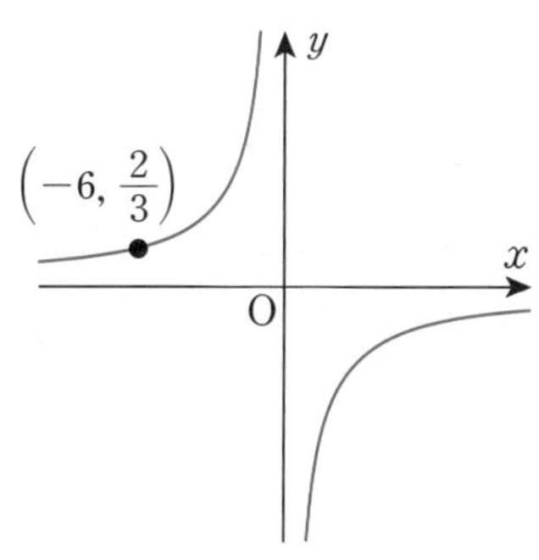

10 다음 중 y가 x에 반비례하는 것을 모두 고르면? (정답 2개)

① 시속 50 km로 x시간 동안 달린 거리 y km

② 넓이가 30 cm^2인 직사각형의 가로 x cm와 세로 y cm

③ x살인 민규보다 2살 많은 형의 나이는 y살

④ 떡을 한 사람당 3개씩 x명에게 나누어 줄 때, 필요한 떡의 개수 y개

⑤ 140쪽짜리 문제집을 하루에 x쪽씩 풀어서 모두 푸는 데 걸린 기간이 y일

11 좌표평면 위에 반비례 관계 $y=-\frac{4}{x}$의 그래프를 그리시오.

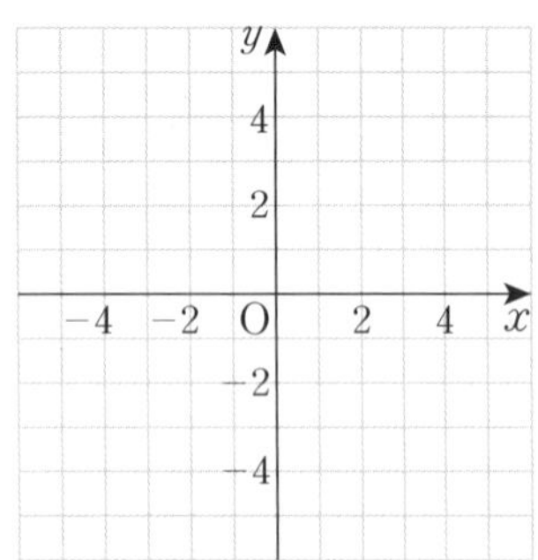

12 보기의 관계식을 그래프로 나타냈을 때, 그래프가 제2사분면을 지나는 것은 몇 개인지 쓰시오.

보기

$y=-5x$	$y=-\frac{7}{x}$	$y=\frac{2}{3}x$
$y=-6$	$y=\frac{2}{x}$	$y=-\frac{x}{9}$

13 반비례 관계 $y=\frac{5}{x}$의 그래프에 대한 설명으로 옳은 것은?

① 제2사분면과 제4사분면을 지난다.
② 점 $(-1, 5)$를 지난다.
③ $x>0$일 때, x가 증가하면 y도 증가한다.
④ x와 y의 곱이 5로 일정하다.
⑤ 원점을 지나는 한 쌍의 곡선이다.

14 다음 조건을 모두 만족하는 x와 y 사이의 관계식을 구하시오.

- 그래프는 한 쌍의 매끄러운 곡선이다.
- xy의 값은 항상 일정하다.
- 점 $(-3, 4)$가 그래프 위의 점이다.

15 아래 그래프 중 다음 설명에 알맞은 것을 찾아 기호를 쓰시오.

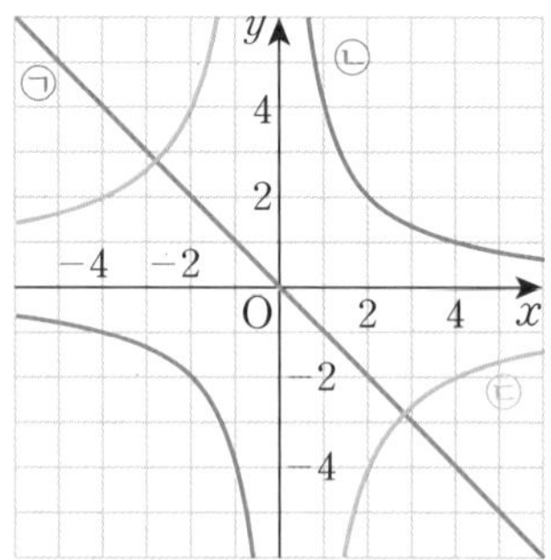

(1) 점 $(-2, 2)$를 지난다.

(2) $y=-\frac{8}{x}$의 그래프이다.

(3) 그래프 위의 점의 x좌표와 y좌표의 곱이 항상 4이다.

16 반비례 관계 $y=\frac{a}{x}$의 그래프가 두 점 $\left(4, -\frac{5}{4}\right)$, $(-5, b)$를 지날 때, $a+b$의 값을 구하시오. (단, a는 상수)

17 정비례 관계 $y=ax$의 그래프는 x가 증가할 때 y가 감소합니다. 이때 반비례 관계 $y=\frac{a}{x}$의 그래프가 지나는 사분면을 모두 쓰시오. (단, a는 상수)

18 다음 그림과 같이 정비례 관계 $y=\frac{1}{6}x$의 그래프와 반비례 관계 $y=\frac{a}{x}$의 그래프가 점 P에서 만날 때, $a+k$의 값을 구하시오. (단, a는 상수)

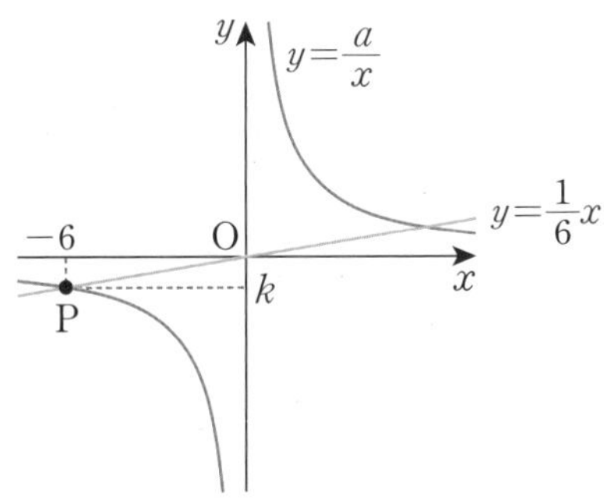

19 정사각형 ABCD에서 점 A는 정비례 관계 $y=x$의 그래프 위의 점이고, 점 D는 반비례 관계 $y=\frac{a}{x}$의 그래프 위의 점입니다. 점 B의 좌표가 $(5, 0)$일 때, 상수 a의 값을 구하시오.

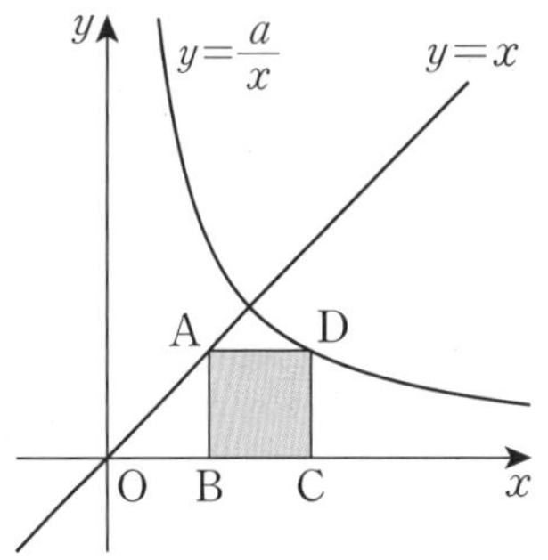

20 다음 그림과 같이 두 점 B, D가 반비례 관계 $y=\frac{a}{x}$의 그래프 위에 있습니다. 직사각형 ABCD의 넓이가 24일 때, 상수 a의 값을 구하시오. (단, 직사각형의 모든 변은 각각 좌표축과 평행하다.)

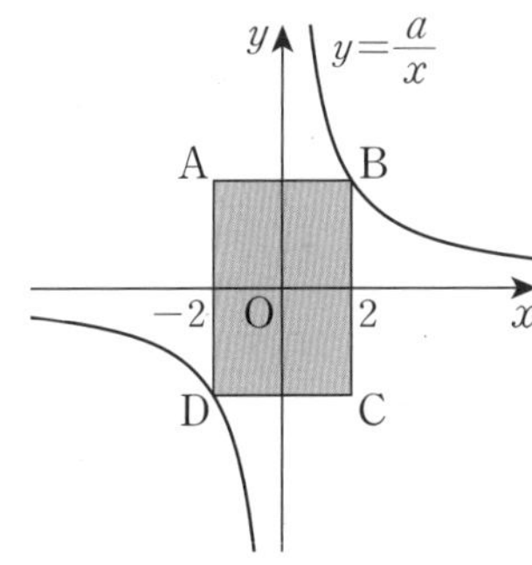

서술형 문제

21 톱니바퀴 A는 톱니가 15개이고, 1분에 20바퀴 회전합니다. 톱니바퀴 A와 맞물려 회전하는 톱니바퀴 B는 톱니가 x개이고 1분에 y바퀴 회전합니다. 물음에 답하시오.

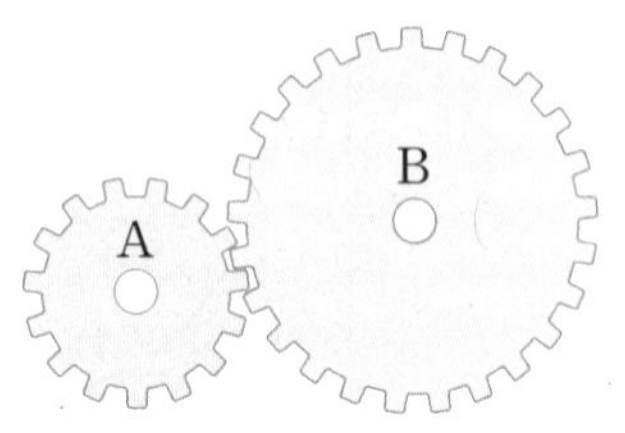

(1) 톱니바퀴 A가 1분 동안 회전할 때, 맞물려 돌아간 톱니의 수를 구하시오.

(2) x와 y 사이의 관계식을 구하시오.

(3) 톱니바퀴 B의 톱니가 25개일 때, 1분에 몇 바퀴를 회전하는지 구하시오.

서술형 문제

22 직사각형 OABC에서 점 B는 반비례 관계 $y=\dfrac{14}{x}$의 그래프 위의 점입니다. 직사각형 OABC의 넓이를 구하시오.

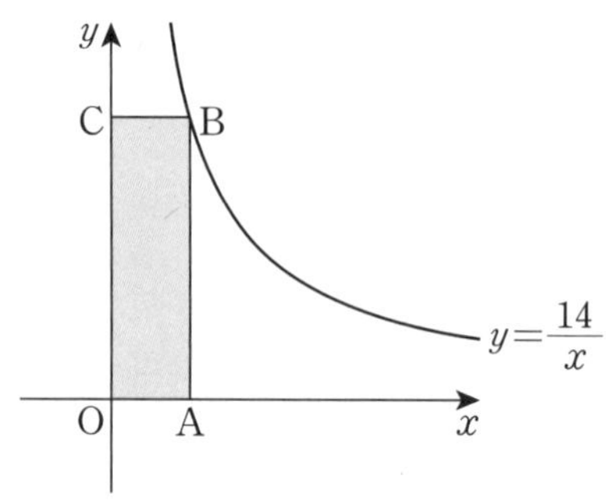

서술형 문제

23 다음 그림과 같이 반비례 관계 $y=\dfrac{a}{x}$의 그래프가 점 (6, 1)을 지날 때, 그래프 위의 점 중에서 x좌표와 y좌표가 모두 정수인 점의 개수를 구하시오. (단, a는 상수)

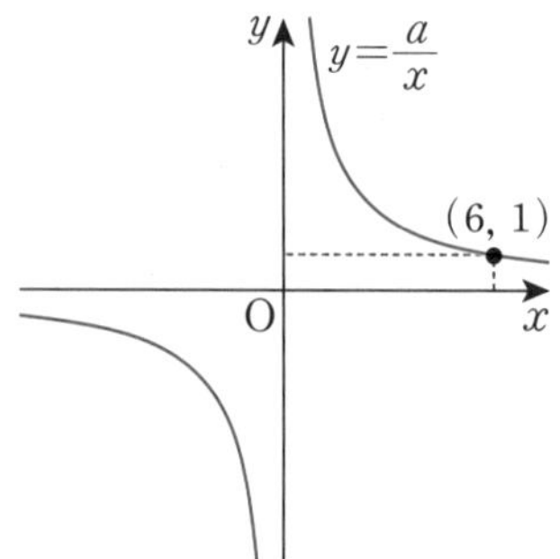

풀이

쉬어가기

기타 연주의 비밀은 반비례

줄을 이용해 소리를 내는 악기를 현악기라고 해. 이때 줄의 길이가 짧을수록 높은 소리를 내지.

소리는 떨림이라 진동을 하는데, 1초에 3번 진동하면 3 Hz라고 해.

그러니까, **현악기의 줄이 짧을수록 진동을 많이 한다는 뜻이지.**

두 번째로 두꺼운 줄을 튕겨 봐! 이 음이 바로 '라' 음이야. 진동 수를 측정해보면 440 Hz!

그리고 그 줄의 가운데를 꽉~ 누르고 튕기면 훨씬 높은 소리가 날 거야. 한 옥타브 높은 '라' 음인데, 진동 수는 정확히 2배인 880 Hz지.

이렇게 줄의 길이가 절반이 될 때, 진동 수는 정확히 2배가 돼.

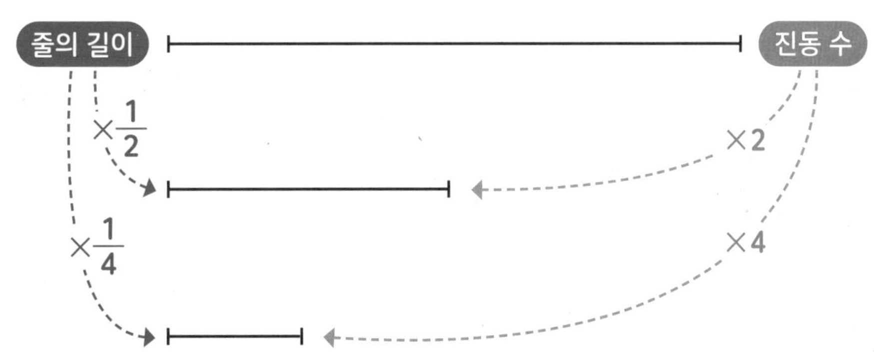

6 $y=ax+b$

이번 단원에서 배울 내용

1. $y=ax+b$의 그래프
2. 기울기와 평행이동
3. x절편과 y절편
4. 일차함수의 식 구하기
5. 그래프와 식
6. 일차함수 그래프의 성질
7. y축 방향 평행이동
8. x축 방향 평행이동

함수의 그래프도 그대~로 옮길 수 있다는 거 아니?

이번 단원에서는 정비례 그래프를 옮기는 것에 대해 살펴볼 거야.

물론, 옮긴 그래프를 식으로 어떻게 나타내는지도 알아야겠지~

자, 그럼 수 상자 그림으로 먼저 살펴보자!

1 $y=ax+b$의 그래프

$y=ax+b$는 수 상자 2개를 연결한 것!

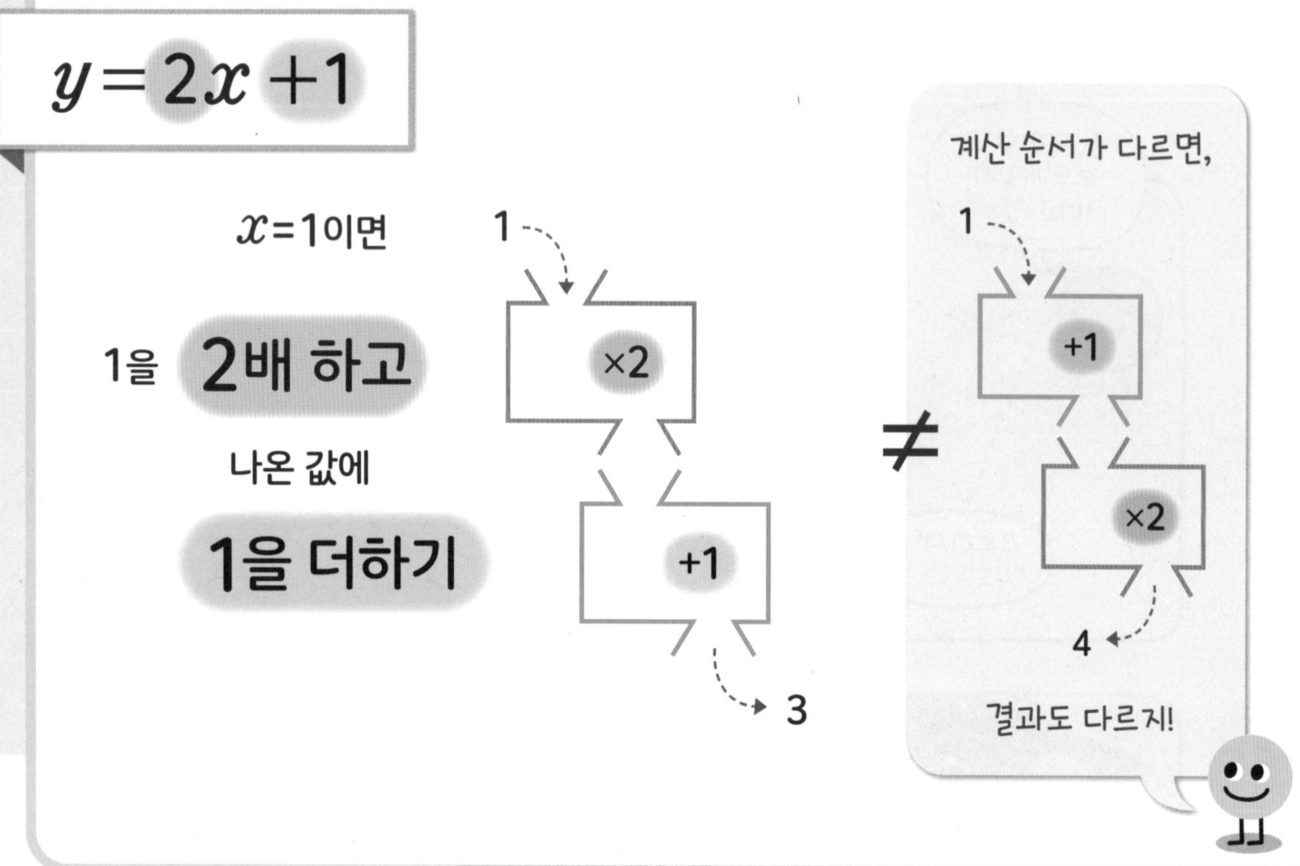

개념 익히기 1

일차함수의 식을 '수 상자'로 나타내려고 합니다. 빈칸을 알맞게 채우세요.

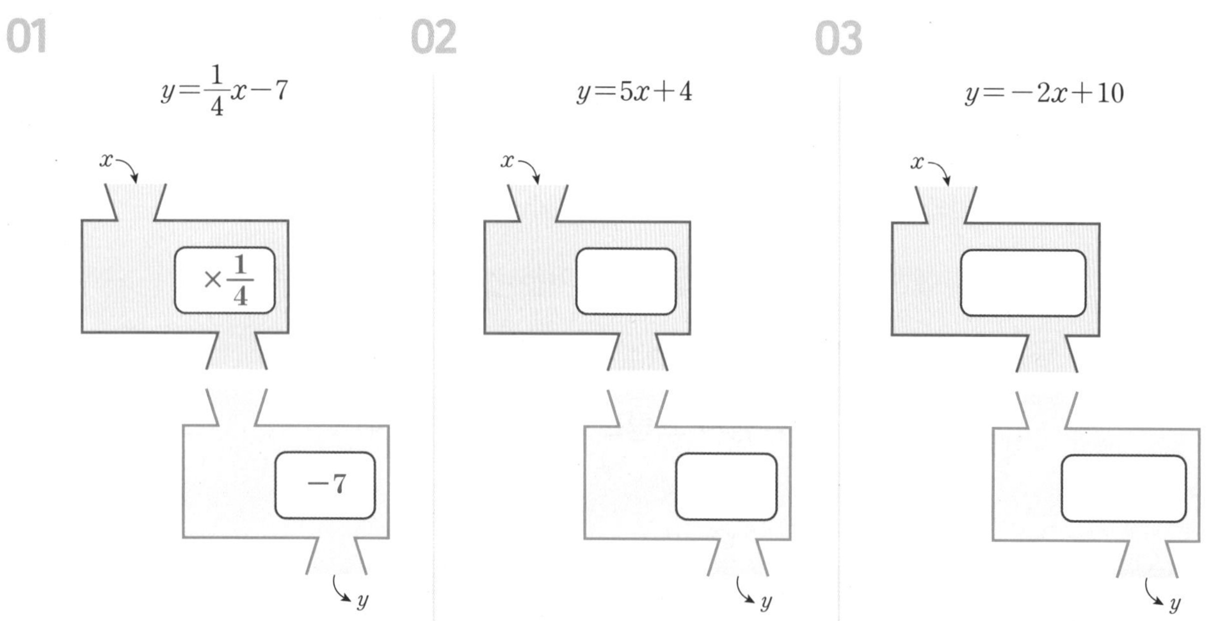

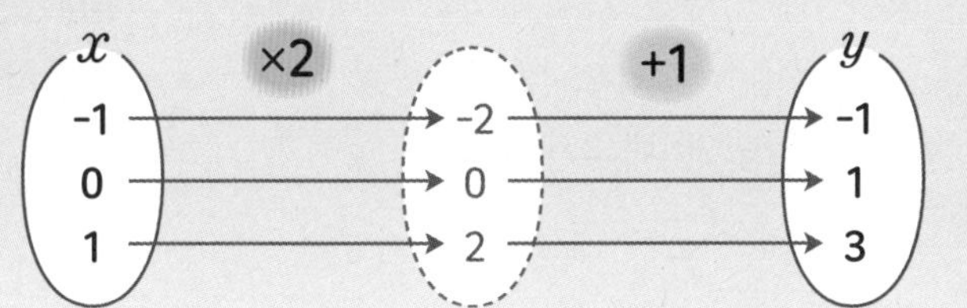

▶정답 및 해설 30쪽

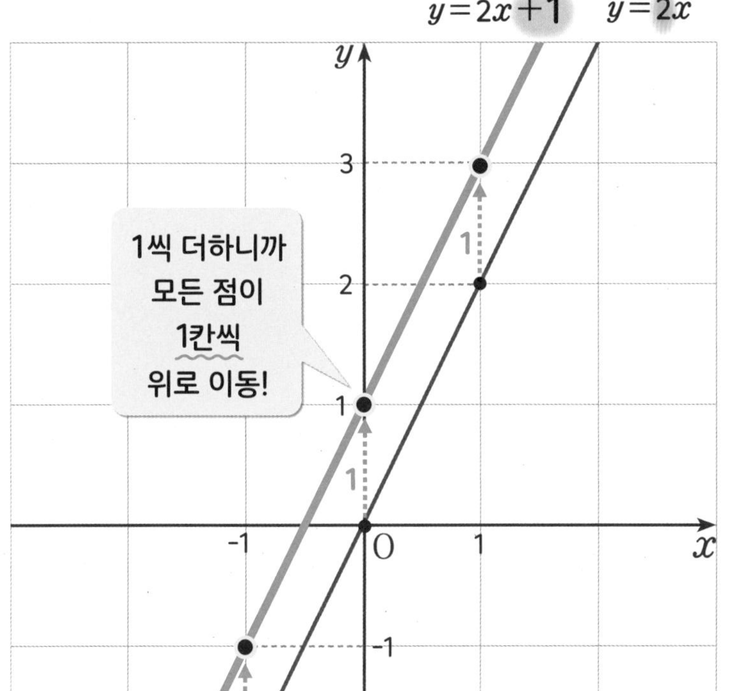

$y=ax+b$의 그래프가 그려지는 과정

①단계 $y=ax$의 그래프 그리기

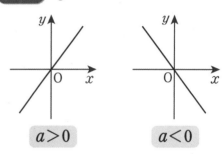

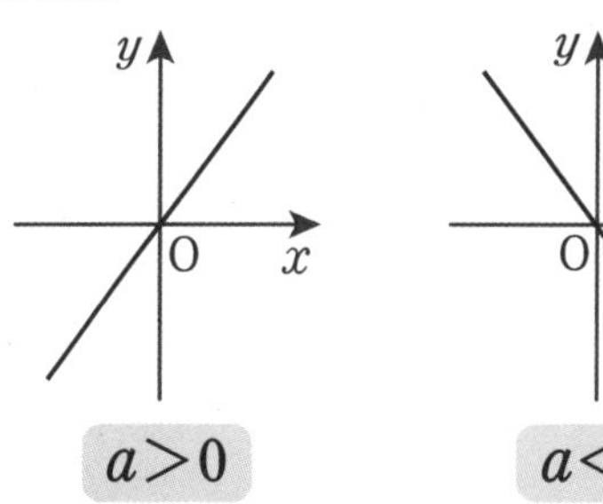

②단계 그래프의 모든 점을 y축 방향으로 b만큼 이동하기

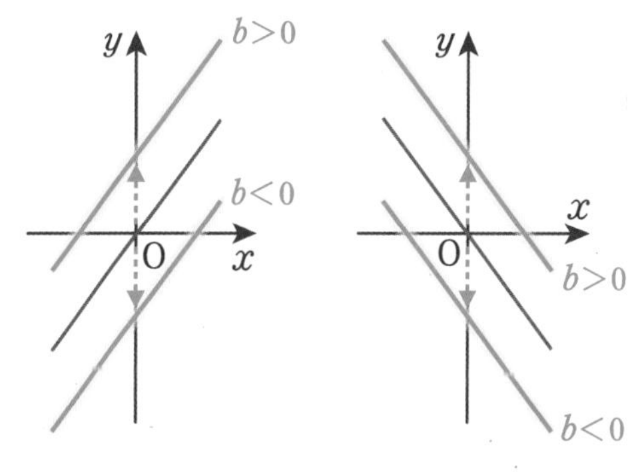

개념 익히기 2

그래프의 모든 점이 y축 방향으로 얼마만큼 이동했는지 쓰세요.

01

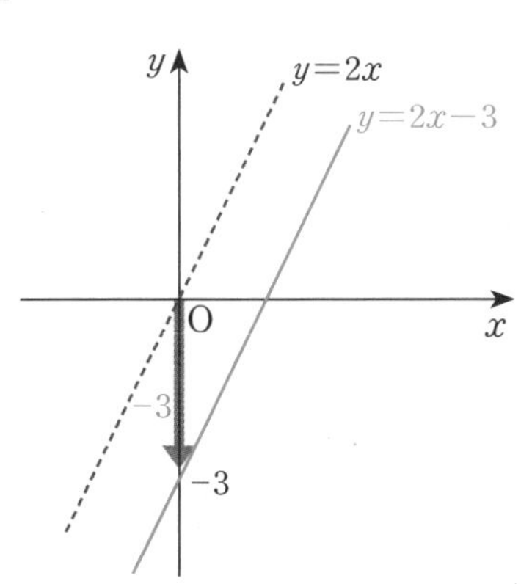

y축 방향으로 **-3** 만큼 이동

02

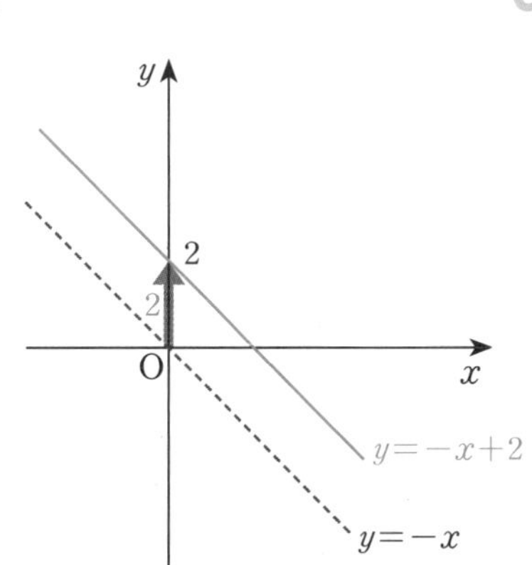

y축 방향으로 ______ 만큼 이동

03

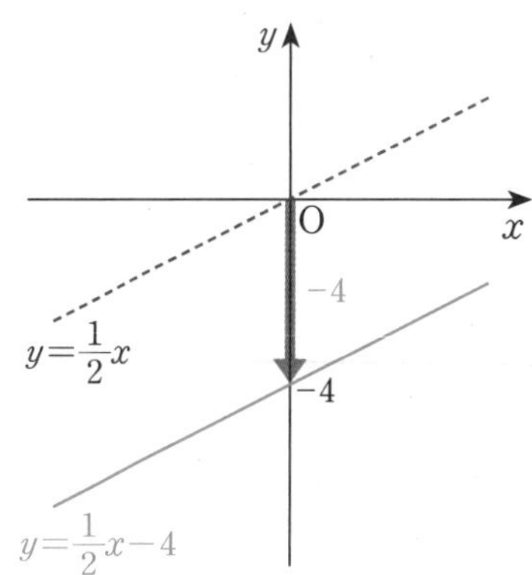

y축 방향으로 ______ 만큼 이동

▶ 정답 및 해설 30쪽

6-03

개념 다지기 1

주어진 일차함수의 그래프에 대한 설명입니다. 빈칸을 알맞게 채우세요.

01

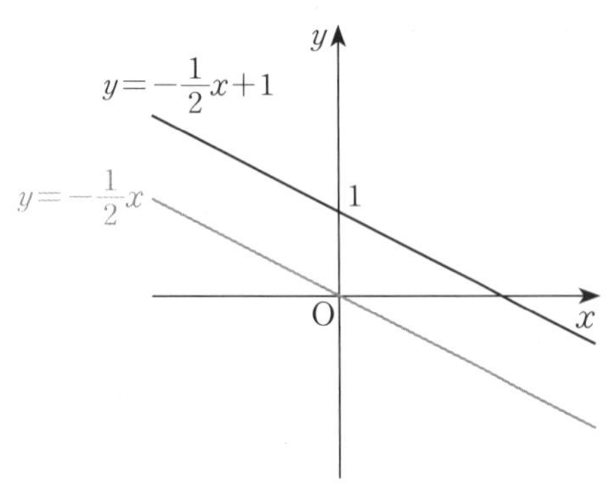

$y=-\frac{1}{2}x+1$의 그래프는

$y=-\frac{1}{2}x$의 그래프의 모든 점을

y축 방향으로 [1]만큼 이동한 것

02

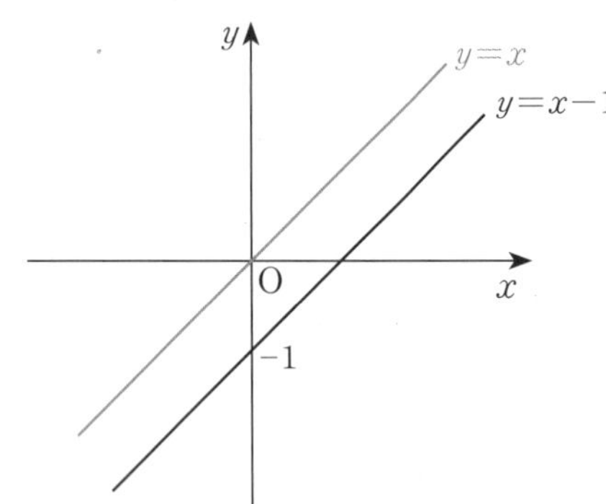

$y=x-1$의 그래프는

$y=x$의 그래프의 모든 점을

y축 방향으로 [ ]만큼 이동한 것

03

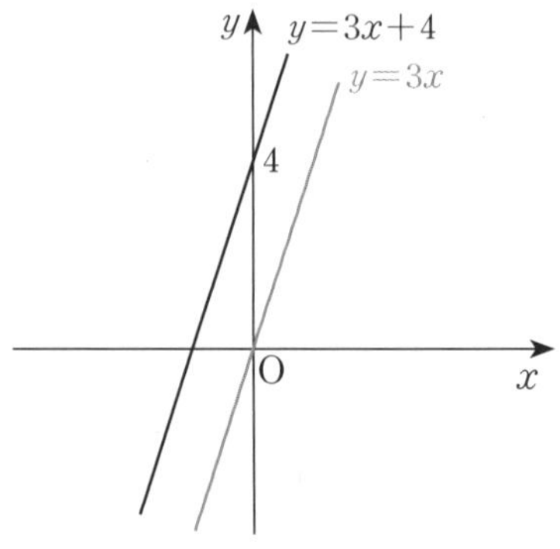

$y=3x+4$의 그래프는

[ ]의 그래프의 모든 점을

y축 방향으로 4만큼 이동한 것

04

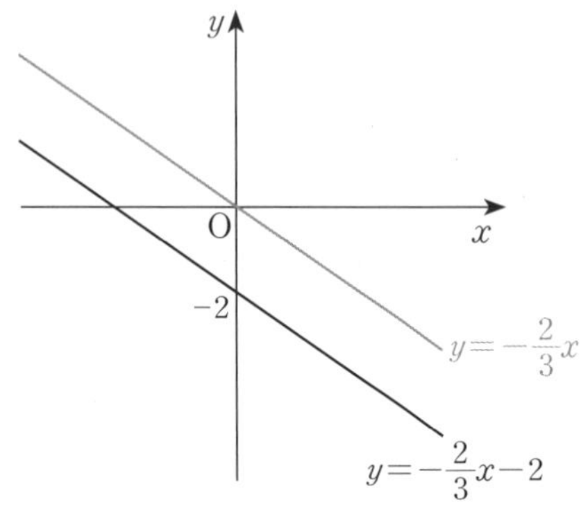

$y=-\frac{2}{3}x-2$의 그래프는

[ ]의 그래프의 모든 점을

y축 방향으로 [ ]만큼 이동한 것

▶ 정답 및 해설 30쪽

개념 다지기 2

빈칸을 알맞게 채우세요.

01 $y=$ [-3] x의 그래프의 모든 점을
y축 방향으로 [7] 만큼 이동

⬇

$y=-3x+7$의 그래프

02 $y=5x$의 그래프의 모든 점을
y축 방향으로 [ ] 만큼 이동

⬇

$y=5x+2$의 그래프

03 $y=6x$의 그래프의 모든 점을
y축 방향으로 [ ] 만큼 이동

⬇

$y=6x-5$의 그래프

04 $y=$ [ ] x의 그래프의 모든 점을
y축 방향으로 1만큼 이동

⬇

$y=2x+1$의 그래프

05 $y=$ [ ] x의 그래프의 모든 점을
y축 방향으로 [ ] 만큼 이동

⬇

$y=-4x+4$의 그래프

06 $y=$ [ ] x의 그래프의 모든 점을
y축 방향으로 [ ] 만큼 이동

⬇

$y=10x-1$의 그래프

▶ 정답 및 해설 31쪽

개념 마무리 1

주어진 일차함수의 식에 알맞은 그래프를 찾아 기호를 쓰세요.

01

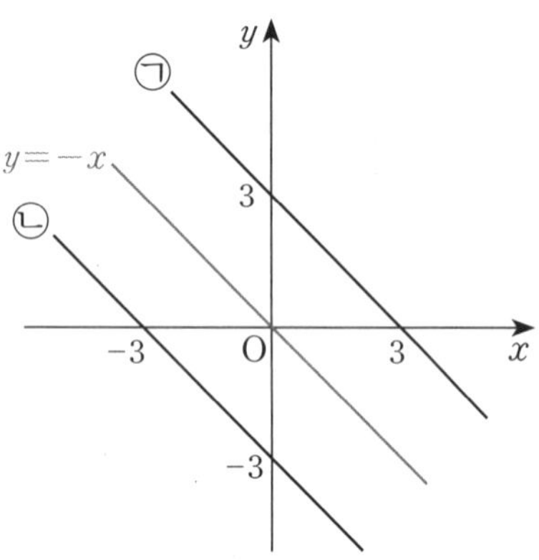

$y=-x-3$의 그래프: ㉡

02

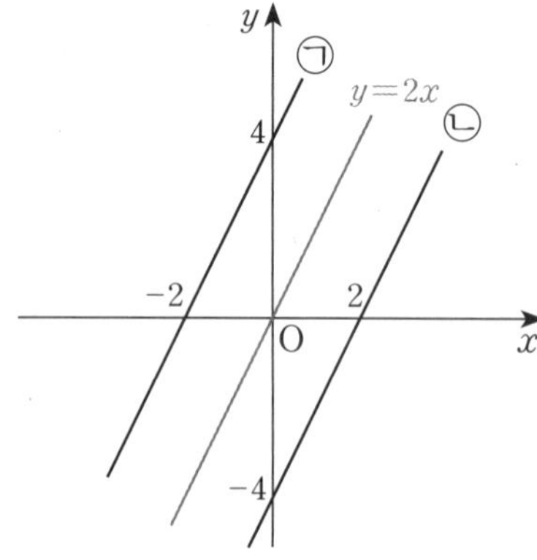

$y=2x+4$의 그래프:

03

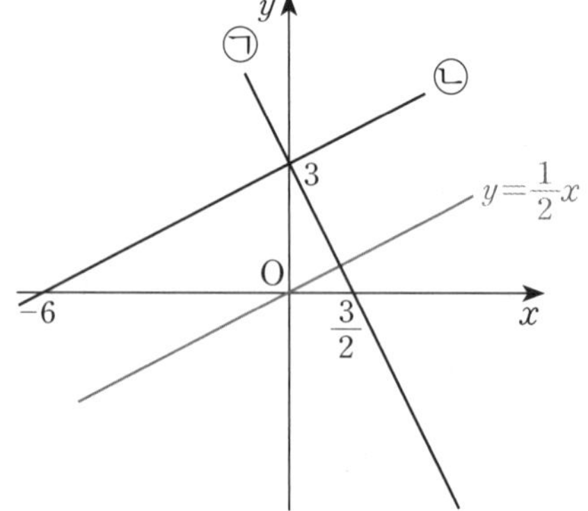

$y=\frac{1}{2}x+3$의 그래프:

04

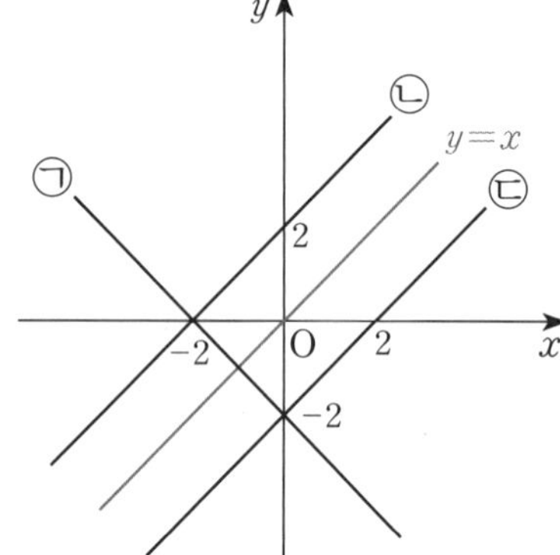

$y=x+2$의 그래프:

05

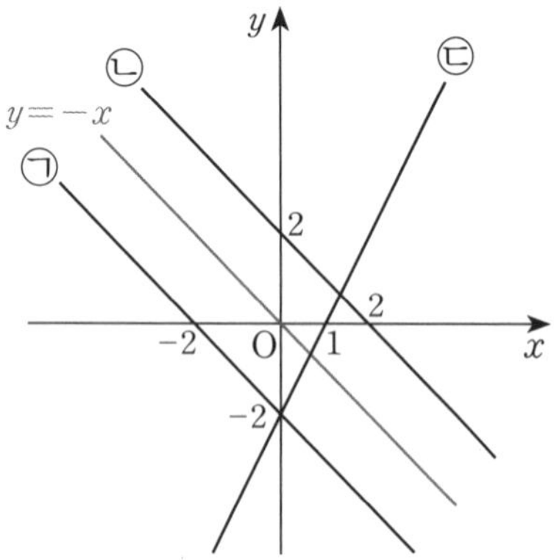

$y=-x-2$의 그래프:

06

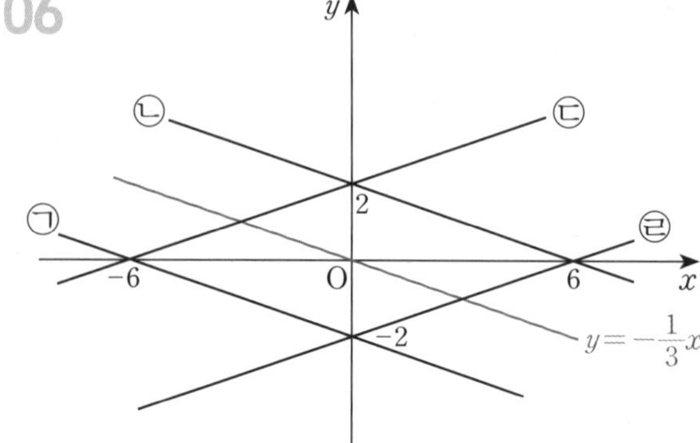

$y=-\frac{1}{3}x+2$의 그래프:

개념 마무리 2

초록색 그래프의 함수의 식을 쓰세요.

01

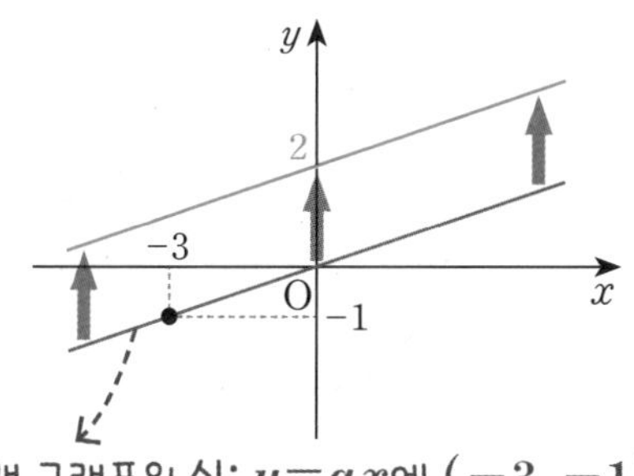

원래 그래프의 식: $y=ax$에 $(-3, -1)$ 대입

$\rightarrow (-1)=a\times(-3)$

$a=\frac{1}{3}$

$\rightarrow y=\frac{1}{3}x$ 이것을 y축 방향으로 2만큼 이동함

답: $y=\frac{1}{3}x+2$

02

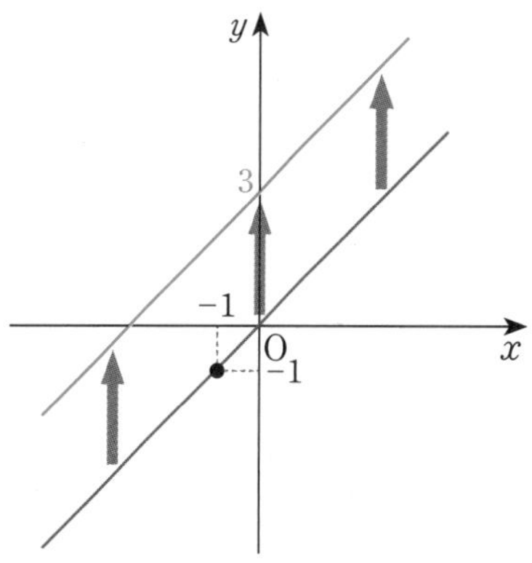

03

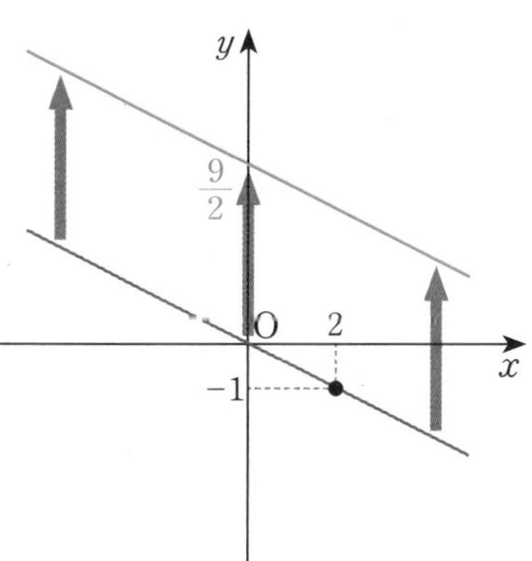

04

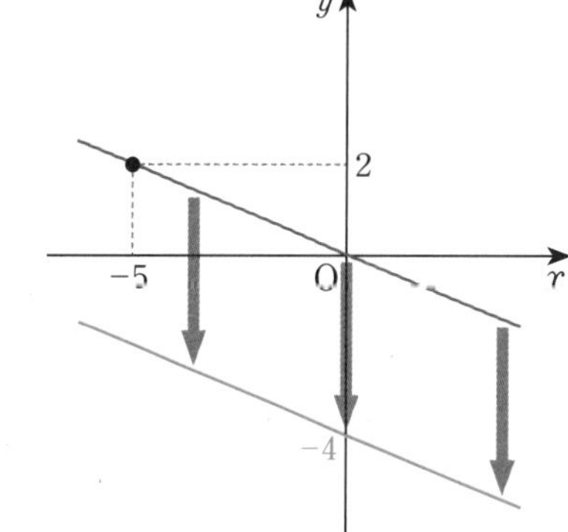

05

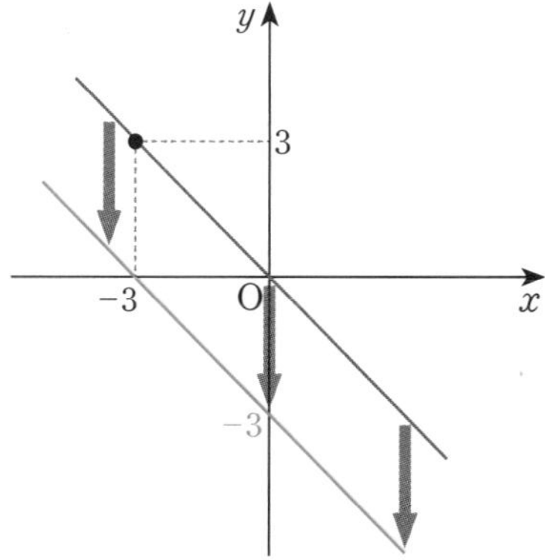

06

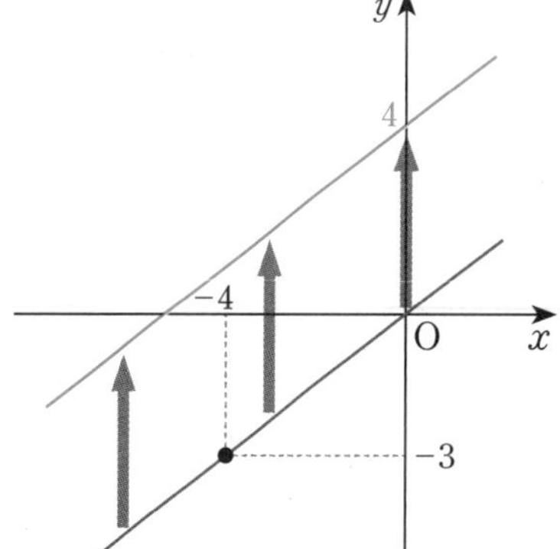

2 기울기와 평행이동

★ $y=ax+b$의 기울기는 a

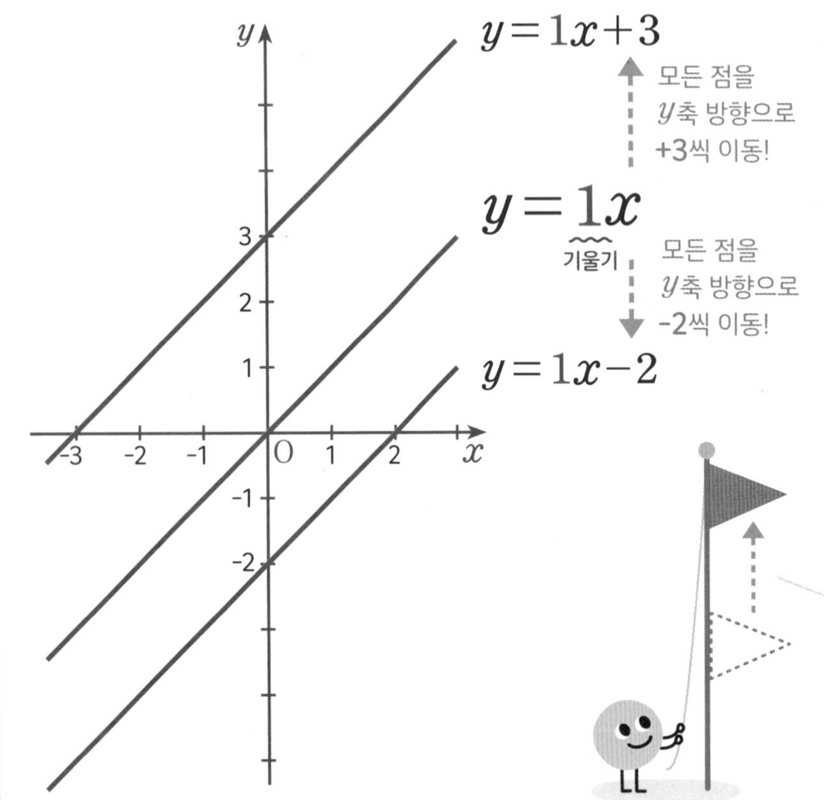

그래서, 기울기는 다 똑같아!

이렇게 도형을 **일정한 방향**으로 **일정한 거리**만큼 옮기는 것을 **평행이동**이라고 해!

개념 익히기 1

빈칸을 알맞게 채우세요.

01

기울기가 -4인 직선을 y축 방향으로 7만큼 평행이동하면,
직선의 기울기는 [-4]입니다.

02

어떤 직선을 y축 방향으로 $-\frac{1}{8}$만큼 평행이동했을 때 기울기가 2라면,
원래 직선의 기울기는 [   ]입니다.

03

일차함수 $y=ax+b$의 그래프를 y축 방향으로 c만큼 평행이동한
그래프의 기울기는 [   ]입니다.

▶정답 및 해설 33쪽

직선이…

평행이동을 하면? 기울기가 같다!

기울기가 같으면? 평행이동을 했다!

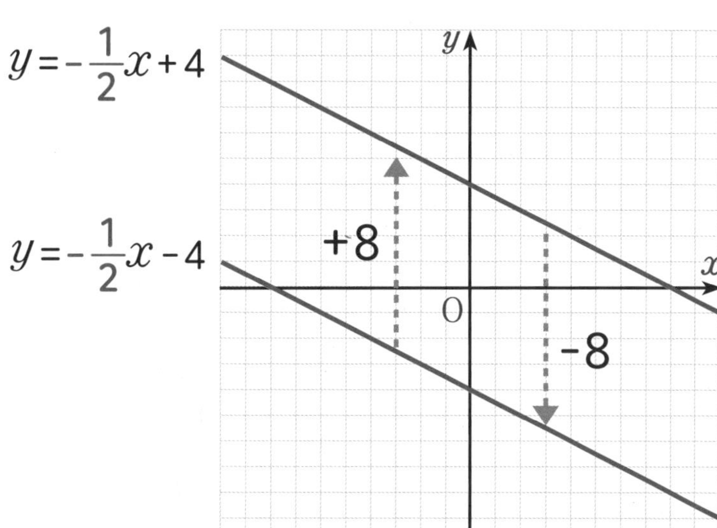

그래서
평행이동한
그래프는
기울기가 같구나~

$y=-\frac{1}{2}x+4$ (기울기: $-\frac{1}{2}$) —y축 방향으로 -8만큼 평행이동→ $y=-\frac{1}{2}x-4$ (기울기: $-\frac{1}{2}$)

$y=-\frac{1}{2}x-4$ —y축 방향으로 +8만큼 평행이동→ $y=-\frac{1}{2}x+4$

개념 익히기 2

주어진 그래프를 평행이동했더니 초록 그래프가 되었습니다. 두 그래프의 기울기를 쓰세요.

01

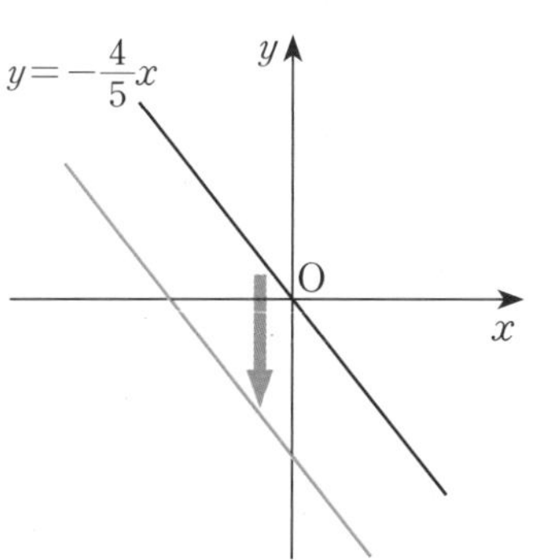

원래 그래프의 기울기: $-\frac{4}{5}$

초록 그래프의 기울기: $-\frac{4}{5}$

02

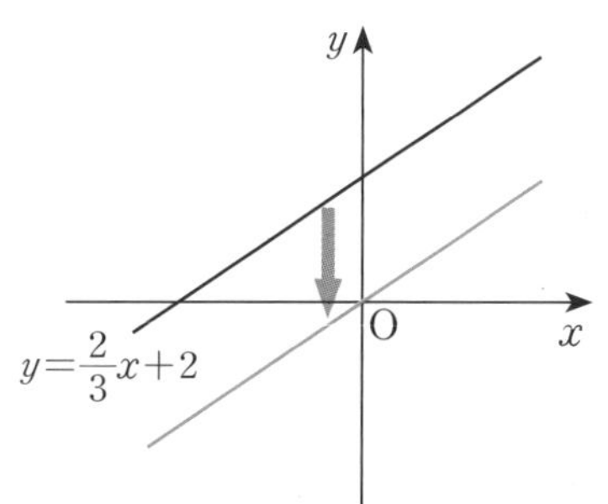

원래 그래프의 기울기:

초록 그래프의 기울기:

03

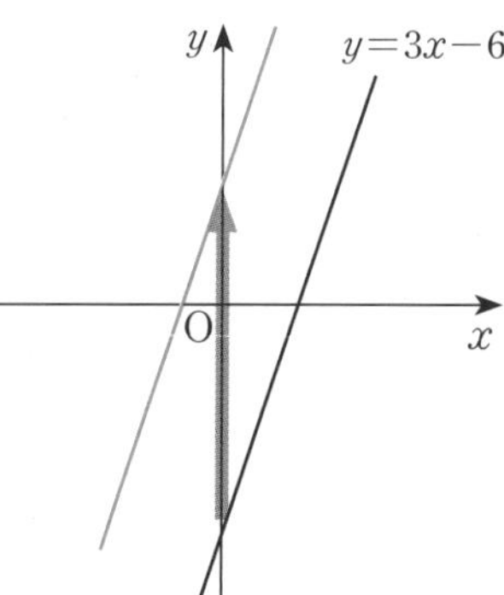

원래 그래프의 기울기:

초록 그래프의 기울기:

▶ 정답 및 해설 33쪽

6-09

개념 다지기 1

일차함수 $y=f(x)$의 식을 보고, 그래프의 기울기를 쓰세요.

01 $y=-7x+4$

➡ 기울기: -7

02 $y=ax+b$

➡ 기울기:

03 $y=4-x$

➡ 기울기:

04 $y=☆x+♡$

➡ 기울기:

05 $y=\mathrm{A}x+\mathrm{B}$

➡ 기울기:

06 $y=(㉮-1)x+㉯$

➡ 기울기:

▶ 정답 및 해설 33쪽

6-10

개념 다지기 2

두 일차함수의 그래프가 서로 평행할 때, 상수 a의 값을 구하세요.

01 $\begin{cases} y=ax+8 \\ y=-11x-4 \end{cases}$

답: -11

02 $\begin{cases} y=5x-5 \\ y=ax \end{cases}$

03 $\begin{cases} y=-4(x+1) \\ y=ax-9 \end{cases}$

04 $\begin{cases} y=-\dfrac{1}{2}x+4 \\ y=(a+1)x+7 \end{cases}$

05 $\begin{cases} y=3ax-8 \\ y=6x+6 \end{cases}$

06 $\begin{cases} y=ax+1 \\ y=(2a+1)x-7 \end{cases}$

▶정답 및 해설 34쪽

개념 마무리 1

평행한 것끼리 선으로 이으세요.

01 두 점 $(-3, -4)$, $(1, 4)$를 지나는 직선

02 원점과 점 $(1, -5)$를 지나는 일차함수의 그래프

03 두 점 $(7, 3)$, $(6, 2)$를 지나는 직선

04 점 $(3, -3)$을 지나는 정비례 관계의 그래프

05 두 점 $(2, 0)$, $(0, -6)$을 지나는 직선

- $y=2x-1$의 그래프
- $y=3x+6$의 그래프
- $y=4x+7$의 그래프
- $y=-x+2$의 그래프
- $y=-5x+9$의 그래프
- $y=x+5$의 그래프

▶ 정답 및 해설 35쪽

6-12

개념 마무리 2

물음에 답하세요.

01 두 점 $(2, k)$, $(-4, -3)$을 지나는 직선이 일차함수 $y=-\frac{1}{2}x-1$의 그래프와 평행할 때, k의 값을 구하세요.

① 직선의 기울기:

$$\frac{k-(-3)}{2-(-4)}=\frac{k+(+3)}{2+(+4)}=\frac{k+3}{6}$$

② 평행하니까 기울기가 같음

$$\frac{k+3}{6}=-\frac{1}{2}$$

$$6\times\left(\frac{k+3}{6}\right)=\left(-\frac{1}{2}\right)\times 6$$

$$k+3=-3$$

$$k=-6$$

답: -6

02 두 점 $(1, k)$, $(5, -10)$을 지나는 직선이 일차함수 $y=3x+2$의 그래프와 평행할 때, k의 값을 구하세요.

03 일차함수 $y=4x+3$의 그래프가 원점과 점 $(2, k)$를 지나는 직선과 평행할 때, k의 값을 구하세요.

04 두 점 $(0, 3)$, $(5, 0)$을 지나는 직선과 일차함수 $y=ax+7$의 그래프가 평행할 때, 상수 a의 값을 구하세요.

05 일차함수 $y=(a+1)x-6$의 그래프가 두 점 $(-1, 3)$, $(-2, 2a)$를 지나는 직선과 평행할 때, 상수 a의 값을 구하세요.

06 점 $(1, 4)$를 지나는 일차함수 $y=ax$의 그래프가 일차함수 $y=mx+4$의 그래프와 평행할 때, 상수 a, m의 값을 각각 구하세요.

3 x절편과 y절편

★ 일차함수의 그래프는 좌표축과 만나!

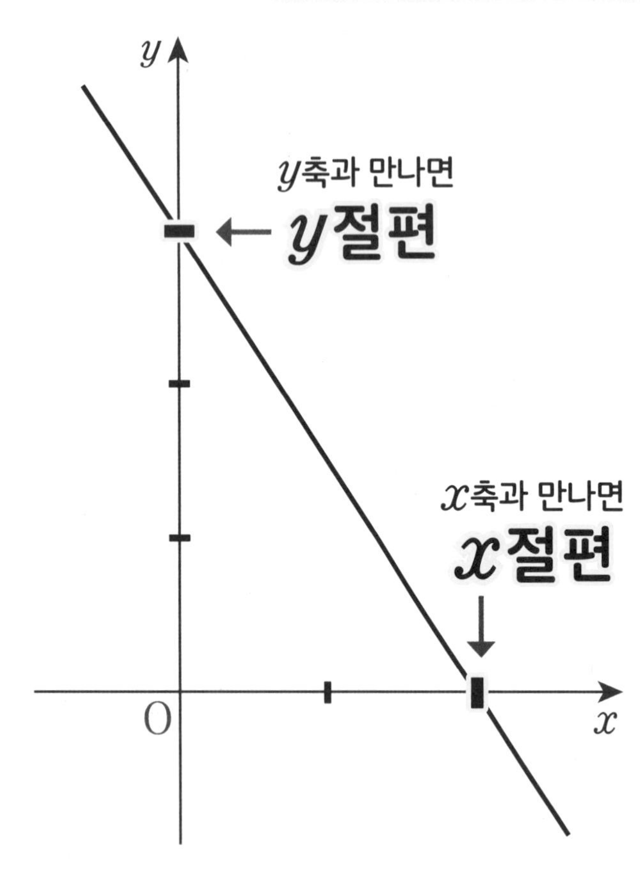

절편

끊다 쪼개다

'끊고, 쪼개다'라는 뜻으로 좌표축을 끊은 것을 뜻합니다.

- x절편: x축을 끊은 것
- y절편: y축을 끊은 것

개념 익히기 1

주어진 일차함수의 그래프를 보고, x절편과 y절편을 찾아 쓰세요.

01

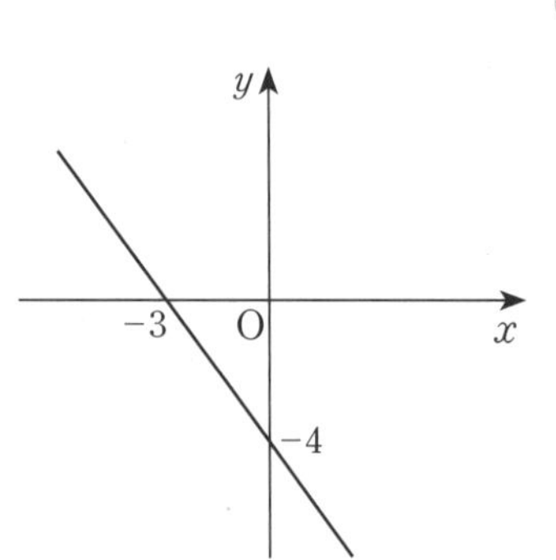

x절편: -3
y절편: -4

02

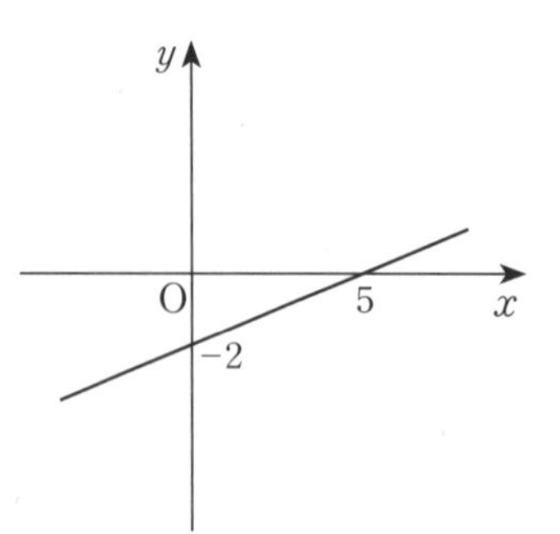

x절편:
y절편:

03

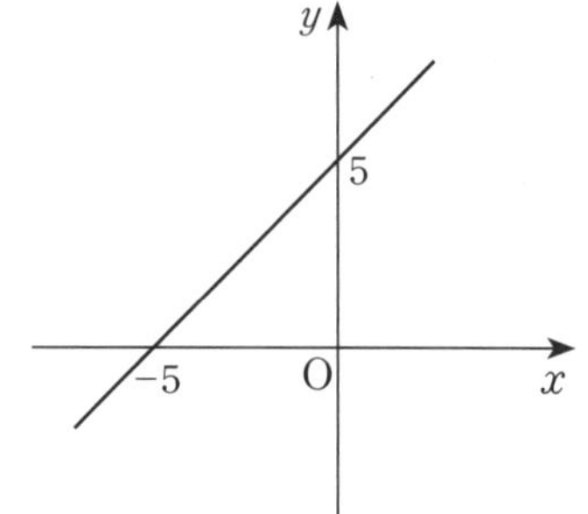

x절편:
y절편:

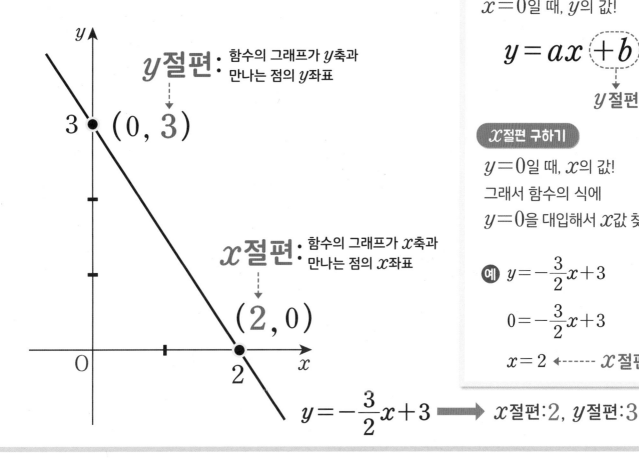

▶ 정답 및 해설 36쪽

절편을 찾는 방법

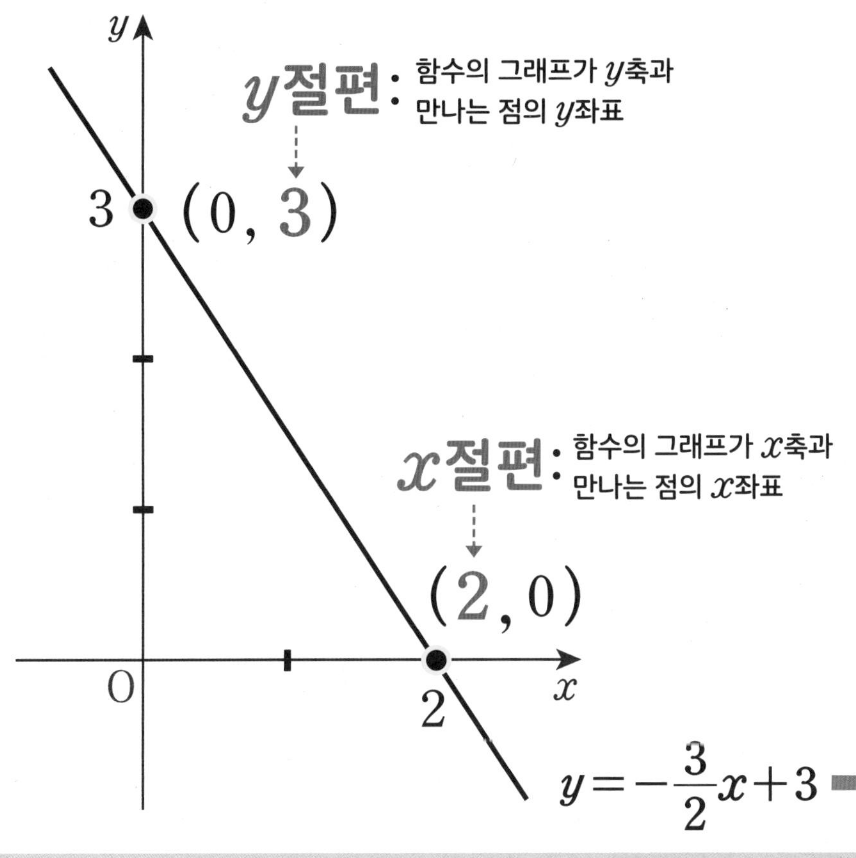

$y=-\frac{3}{2}x+3$ ➡ x절편: 2, y절편: 3

y절편 구하기

$x=0$일 때, y의 값!

$$y=ax+b$$

$+b$ → y절편

x절편 구하기

$y=0$일 때, x의 값!
그래서 함수의 식에
$y=0$을 대입해서 x값 찾기

예 $y=-\frac{3}{2}x+3$

$0=-\frac{3}{2}x+3$

$x=2$ ←------ x절편

개념 익히기 2

주어진 그래프에서 알맞은 점의 좌표에 ○표 하고, x절편 또는 y절편을 쓰세요.

01 x절편 찾기

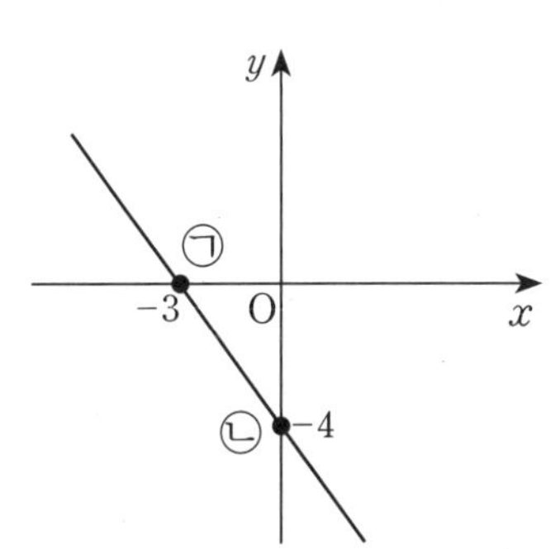

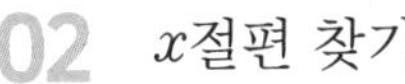

㉠ $(-3, 0)$ ㉡ $(0, -4)$

→ x절편: -3

02 x절편 찾기

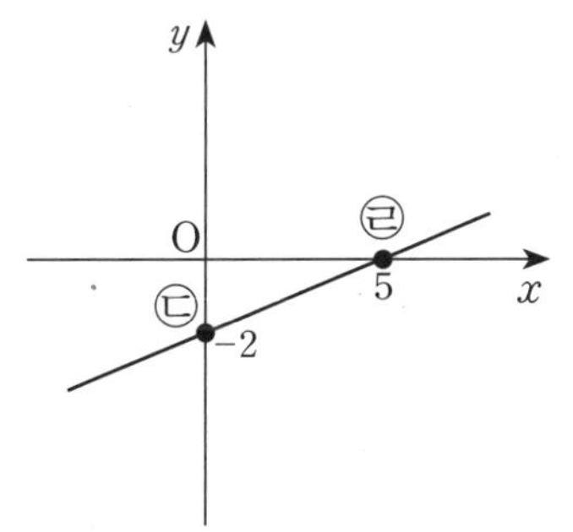

㉢ $(0, -2)$ ㉣ $(5, 0)$

→ x절편:

03 y절편 찾기

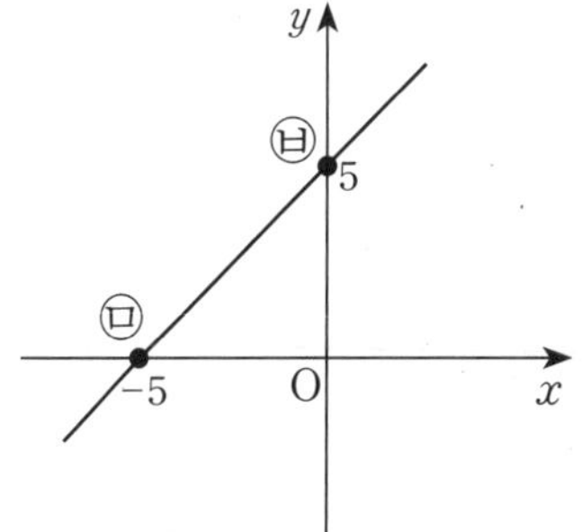

㉤ $(-5, 0)$ ㉥ $(0, 5)$

→ y절편:

▶ 정답 및 해설 36쪽

6-15

개념 다지기 1

일차함수의 식을 보고, 그래프의 기울기와 y절편을 구하세요.

01 $y=\frac{1}{7}x+3$

➡ 기울기: $\mathbf{\frac{1}{7}}$

y절편: **3**

02 $y=-2x+1$

➡ 기울기:

y절편:

03 $y=2x+\frac{2}{5}$

➡ 기울기:

y절편:

04 $y=-6x-1$

➡ 기울기:

y절편:

05 $y=-5x+8$

➡ 기울기:

y절편:

06 $y=-4+10x$

➡ 기울기:

y절편:

▶ 정답 및 해설 36쪽

6-16

개념 다지기 2

주어진 일차함수의 그래프에서 x절편 또는 y절편에 ○표 하고, 빈칸을 알맞게 채우세요.

01

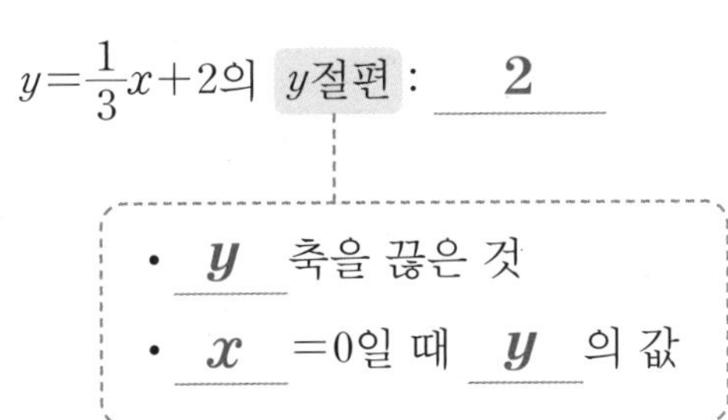

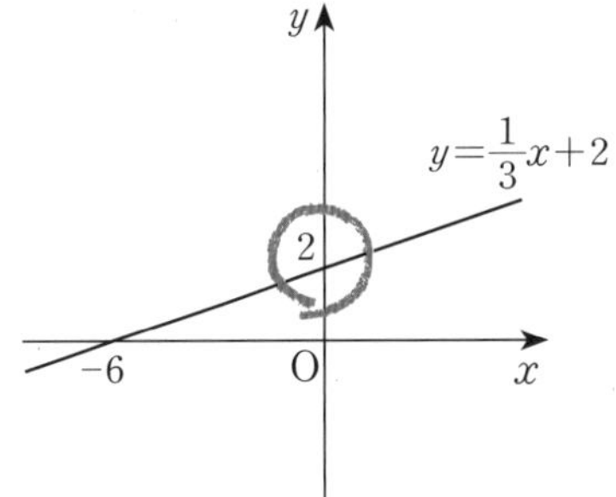

02

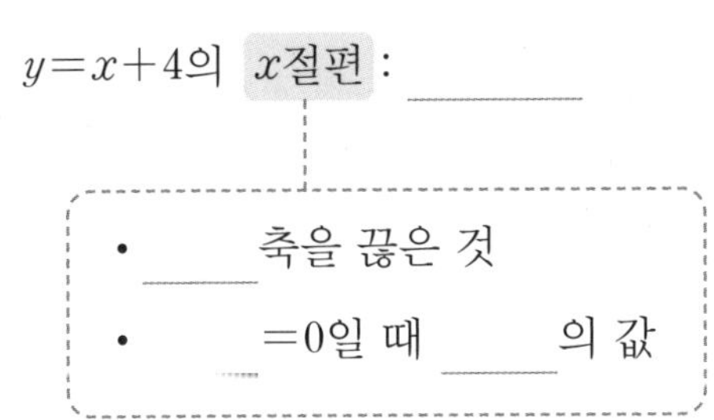

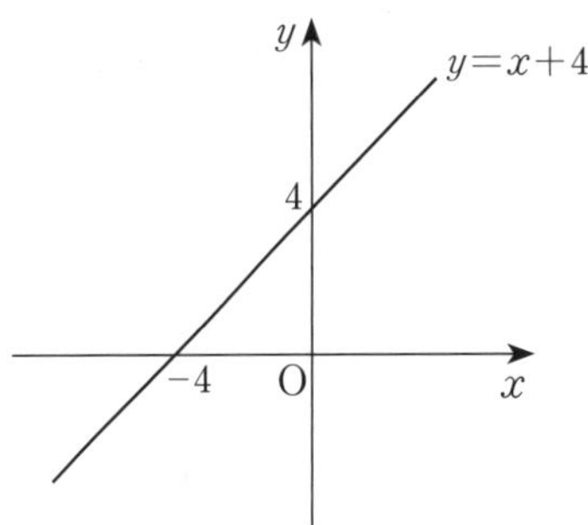

03

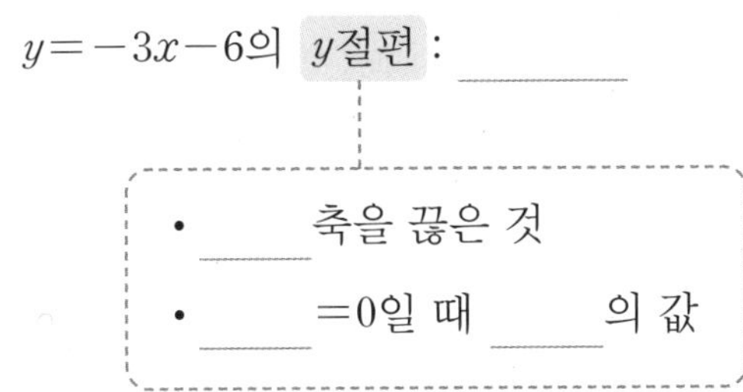

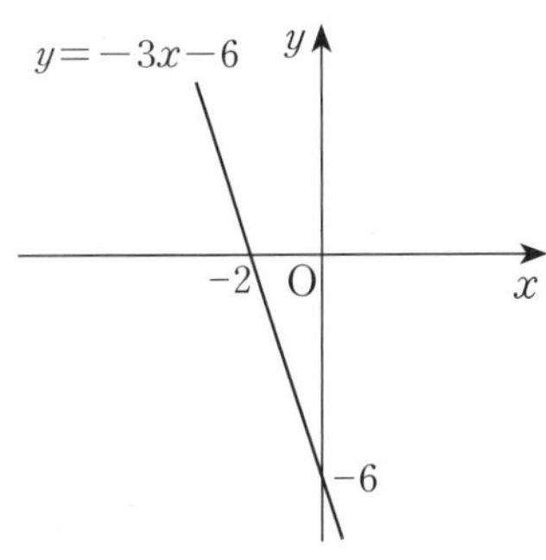

04

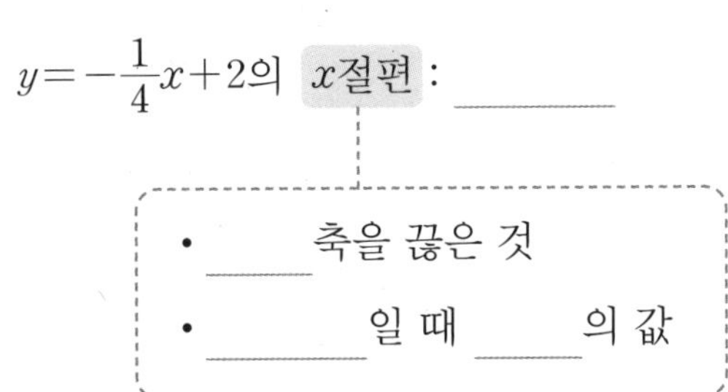

$y=-\frac{1}{4}x+2$의 x절편 :
• 축을 끊은 것
• 일 때 의 값

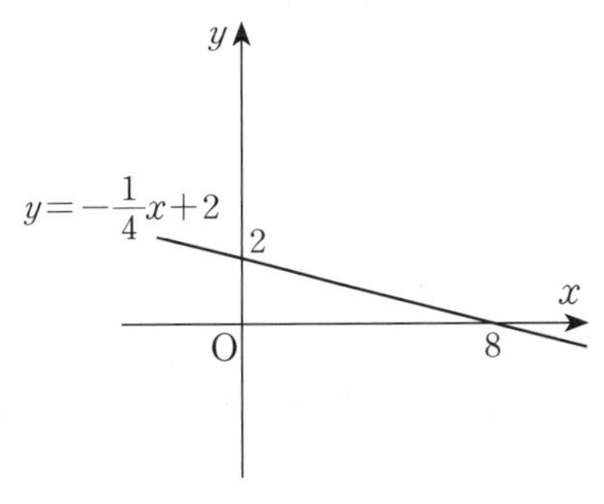

▶ 정답 및 해설 37쪽

6-17

개념 마무리 1

주어진 일차함수의 그래프의 x절편과 y절편을 구하세요.

01 $y=3x-6$

➡ x절편: 2

y절편: -6

• x절편: $y=0$일 때 x의 값

→ $0=3x-6$

$6=3x$

$x=2$

• $y=3x\underbrace{-6}_{y\text{절편}}$

02 $y=x-7$

➡ x절편:

y절편:

03 $y=4x-16$

➡ x절편:

y절편:

04 $y=25-5x$

➡ x절편:

y절편:

05 $y=2(x+5)-4$

➡ x절편:

y절편:

06 $y=-(9-3x)$

➡ x절편:

y절편:

개념 마무리 2

주어진 일차함수의 그래프에 대한 설명으로 항상 옳은 것에 ○표, 틀린 것에 ×표 하세요.

01 x절편이 3인 일차함수의 그래프

- 점 $(3, 0)$을 지난다. (○)
- $(0, 3)$을 일차함수의 식에 대입하면 식이 성립한다. (×)
- 기울기가 3이다. (×)

02 y절편이 -1인 일차함수의 그래프

- $y=-x+5$와 y절편이 같다. (   )
- 점 $(-1, 0)$을 지난다. (   )
- y축과 만나는 점의 좌표는 $(0, -1)$이다. (   )

03 x절편이 2인 일차함수의 그래프

- 점 $(2, 0)$은 그래프 위에 있다. (   )
- $y=2x$와 x절편이 같다. (   )
- y축과 만나는 점의 좌표는 $(0, 2)$이다. (   )

04 x절편이 5, y절편이 10인 일차함수의 그래프

- y축과 만나는 점의 좌표는 $(0, 10)$이다. (   )
- 점 $(5, 10)$을 지난다. (   )
- $y=0$일 때, x의 값은 5이다. (   )

05 y절편이 -5인 일차함수의 그래프

- 일차함수의 식 모양은 $y=ax-5$이다. ($a\neq0$, a는 상수) (   )
- $y=0$일 때, x의 값은 -5이다. (   )
- y축과 만나는 점의 y좌표는 -5이다. (   )

06 x절편이 $\frac{4}{3}$, y절편이 $\frac{8}{3}$인 일차함수의 그래프

- 두 점 $\left(0, \frac{4}{3}\right)$, $\left(\frac{8}{3}, 0\right)$을 지난다. (   )
- x축과 만나는 점의 x좌표는 $\frac{4}{3}$이다. (   )
- 일차함수의 식은 $y=ax+\frac{4}{3}$ 모양이다. ($a\neq0$, a는 상수) (   )

4 일차함수의 식 구하기

일차함수의 식

$$y = ax + b \quad (a \neq 0)$$

a: 기울기 / b: y절편

일차함수의 식은 기울기와 y절편만 알면 구할 수 있구나!

기울기를 구하는 방법

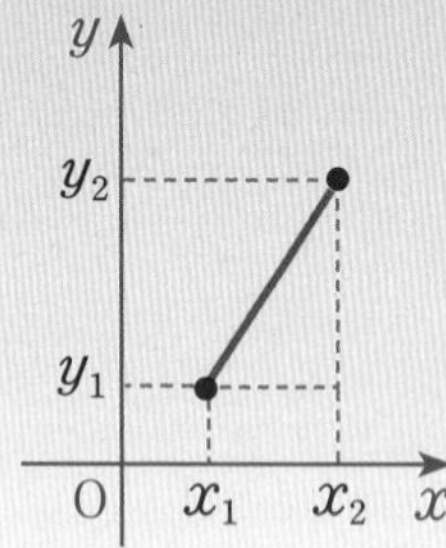

두 점 (x_1, y_1), (x_2, y_2)를 지나는 직선의 기울기:

$$\frac{y_2 - y_1}{x_2 - x_1} = \frac{y_1 - y_2}{x_1 - x_2}$$

y절편을 구하는 방법

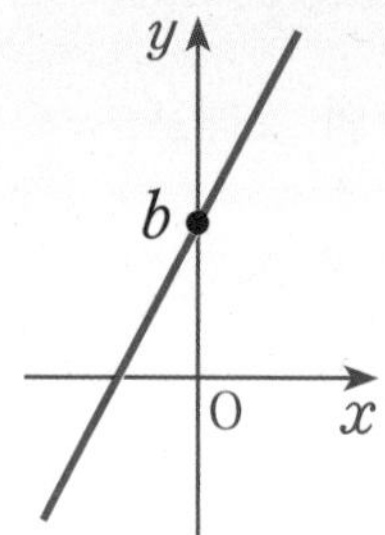

그래프가 y축과 만나는 점의 y좌표! 그래서 $x=0$일 때 y의 값이 y절편~

개념 익히기 1

기울기와 y절편을 보고 일차함수의 식을 쓰세요.

01

기울기: m

y절편: b

➡ $y=mx+b$

02

기울기: ㉠

y절편: ⓑ

➡

03

기울기: □

y절편: △

➡

6-19

▶ 정답 및 해설 39쪽

자주 나오는 문제 유형

유형 1 기울기와 한 점을 알 때

기울기가 3이고 점 (1, 2)를 지나는 일차함수의 식

풀이

① 기울기가 3이므로 구하려는 일차함수의 식을 $y=3x+b$라 두기

② $y=3x+b$에 $(1, 2)$를 대입
→ $2=3\times1+b$
→ $-1=b$

③ 따라서 구하는 식은 $y=3x-1$

유형 2 두 점을 알 때

두 점 (2, −1), (4, 3)을 지나는 일차함수의 식 기울기를 구할 수 있지!

풀이

① 기울기 찾기 : $\frac{3-(-1)}{4-2}=\frac{4}{2}=2$

② 기울기가 2이므로 구하려는 일차함수의 식을 $y=2x+b$라 두기

③ $y=2x+b$에 $(2, -1)$ 또는 $(4, 3)$을 대입하여 b값 찾기

④ 따라서 구하는 식은 $y=2x-5$

일차함수의 식을 구하는 방법

① 기울기를 먼저 찾고, ② 한 점의 좌표를 대입해서

$y=ax+b$ ← y절편 찾기!

개념 익히기 2

6-20

주어진 조건에 알맞은 직선의 기울기를 구하세요.

01

x절편이 2, y절편이 2인 직선의 기울기

답: -1

두 점 $(2, 0)$, $(0, 2)$를 지남
→ 기울기: $\frac{0-2}{2-0}=\frac{-2}{2}$
$=-1$

02

x절편이 -1이고 점 $(0, 5)$를 지나는 직선의 기울기

03

점 $(4, 0)$을 지나고 y절편이 -3인 직선의 기울기

▶ 정답 및 해설 40쪽

6-21

개념 다지기 1

주어진 직선을 그래프로 하는 일차함수의 식을 구하세요.

01 기울기가 -3이고 점 $(2, -4)$를 지나는 직선

$y=-3x+b$

일차함수의 식에 $(2, -4)$ 대입

$y=-3x+b$

$(-4)=(-3)\times 2+b$

$-4=-6+b$

$b=2$

답: $y=-3x+2$

02 기울기가 2이고 점 $(-1, 3)$을 지나는 직선

03 점 $(0, -8)$을 지나고 기울기가 4인 직선

04 x절편이 3이고 기울기가 -1인 직선

05 일차함수 $y=\frac{1}{2}x$의 그래프와 평행하고 점 $(-4, 2)$를 지나는 직선

06 x가 1 증가할 때, y가 -5 증가하고, 점 $(1, -3)$을 지나는 직선

▶ 정답 및 해설 41쪽

6-22

개념 다지기 2

주어진 직선을 그래프로 하는 일차함수의 식을 구하세요.

01 두 점 $(2, -5)$, $(3, 0)$을 지나는 직선

• 기울기: $\frac{-5-0}{2-3}=\frac{-5}{-1}=5$

→ 구하는 일차함수의 식: $y=5x+b$

• $y=5x+b$에 $(3, 0)$을 대입

$0=5\times3+b$

$0=15+b$

$b=-15$

답: $y=5x-15$

02 두 점 $(0, -1)$, $(2, 0)$을 지나는 직선

03 x절편이 -4, y절편이 8인 직선

04 y절편이 2이고, 점 $(-1, 1)$을 지나는 직선

05 두 점 $(2, 3)$, $(4, -9)$를 지나는 직선

06 점 $(6, -1)$을 지나고 x절편이 3인 직선

▶ 정답 및 해설 42쪽

개념 마무리 1

일차함수의 그래프에 대한 설명을 보고, 함수의 식이 같은 것끼리 선으로 이으세요.

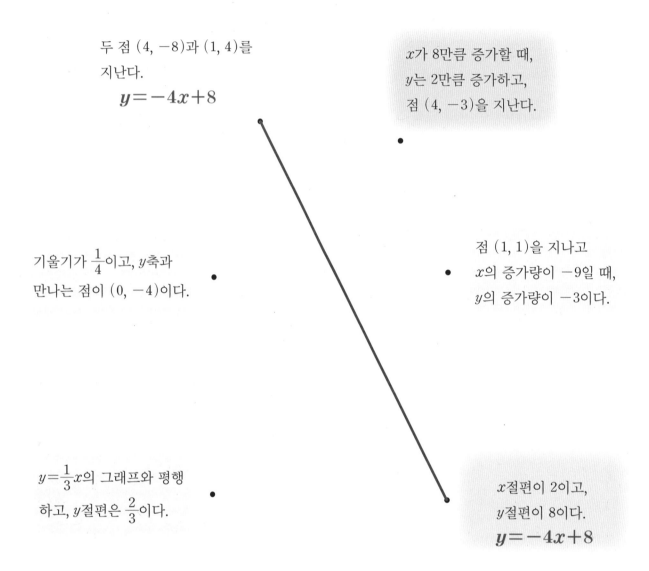

두 점 $(4,\ -8)$과 $(1,\ 4)$를 지난다.

$y=-4x+8$

기울기가 $\frac{1}{4}$이고, y축과 만나는 점이 $(0,\ -4)$이다.

$y=\frac{1}{3}x$의 그래프와 평행하고, y절편은 $\frac{2}{3}$이다.

$y=4x+1$의 그래프와 평행하고, 점 $(2,\ 10)$을 지난다.

x가 8만큼 증가할 때, y는 2만큼 증가하고, 점 $(4,\ -3)$을 지난다.

점 $(1,\ 1)$을 지나고 x의 증가량이 -9일 때, y의 증가량이 -3이다.

x절편이 2이고, y절편이 8이다.

$y=-4x+8$

$y=4x-9$의 그래프를 y축 방향으로 평행이동한 그래프이고, x절편이 $-\frac{1}{2}$이다.

▶ 정답 및 해설 43쪽

6-24

개념 마무리 2

물음에 답하세요.

01 일차함수 $y=5x$의 그래프를 y축 방향으로 3만큼 평행이동한 그래프의 x절편을 구하세요.

$y=5x$의 그래프를 y축 방향으로 3만큼 평행이동
→ $y=5x+3$

x절편: $y=0$일 때 x의 값

→ $y=5x+3$
$0=5x+3$
$-3=5x$
$x=-\frac{3}{5}$

답: $-\frac{3}{5}$

02 일차함수 $y=4x+2$의 그래프와 평행하고 y절편이 -2인 그래프의 x절편을 구하세요.

03 점 $(2, 3)$을 지나고 기울기가 -2인 일차함수의 그래프가 점 $(1, k)$를 지날 때, k의 값을 구하세요.

04 두 점 $(3, 0)$, $(5, -6)$을 지나는 일차함수의 그래프의 y절편을 구하세요.

05 두 점 $(0, 6)$, $(2, 2)$를 지나는 직선이 점 $(k, 8)$을 지날 때, k의 값을 구하세요.

06 세 점 $(1, 2)$, $(3, 4)$, $(5, k)$가 한 직선 위에 있을 때, k의 값을 구하세요.

5 그래프와 식

그래프 보고 → 함수의 식 구하기

그래프

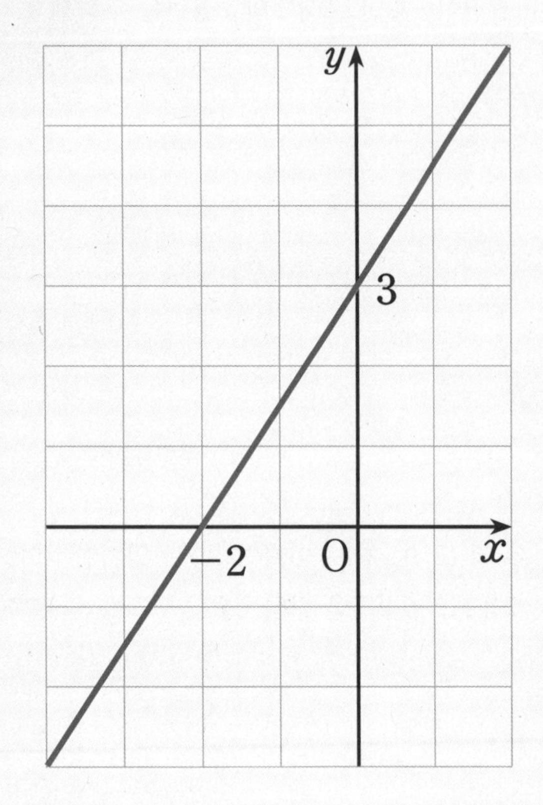

함수의 식 $y=\frac{3}{2}x+3$

기울기 ($\frac{3}{2}$), y절편 ($+3$)

어떻게 이런 함수의 식을 찾았을까?

그래프에서 기울기 찾기	그래프에서 y절편 찾기
$+3$, $+2$: $=\frac{+3}{+2}$ → $\frac{3}{2}$	y축과 3에서 만나니까 → 3

▶ 개념 익히기 1

그래프에서 y절편에 ○표 하고, 직선의 기울기를 구하세요.

01

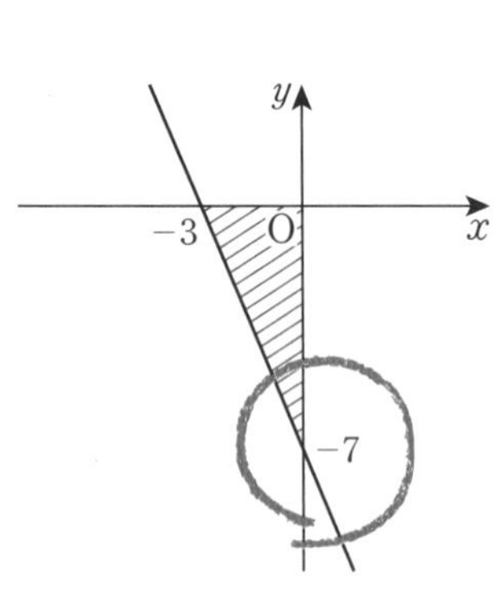

기울기: $-\frac{7}{3}$

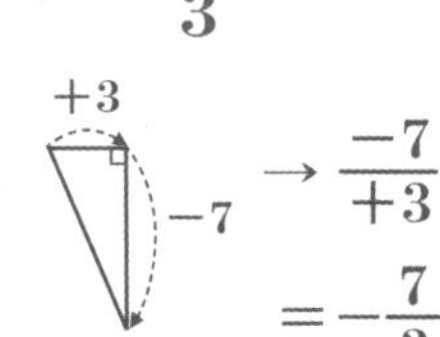

02

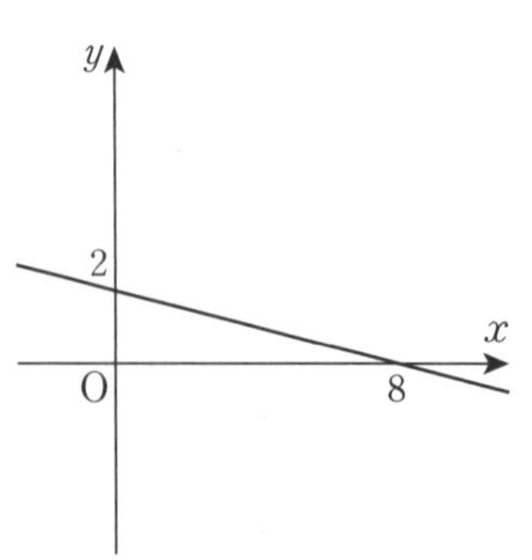

기울기:

03

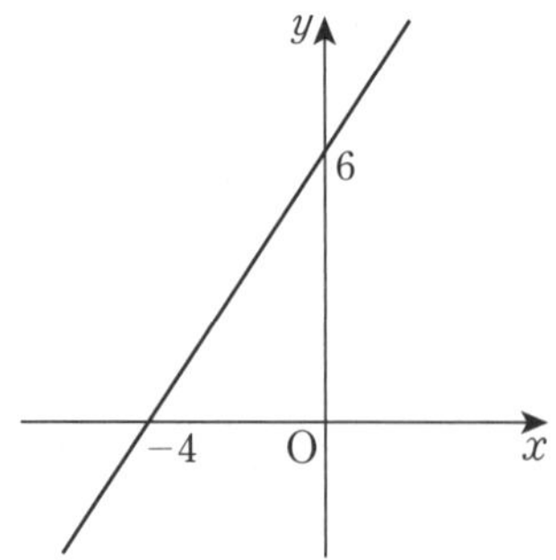

기울기:

▶ 정답 및 해설 44쪽

함수의 식 보고 → 그래프 그리기

함수의 식

$$y=\frac{3}{2}x+3$$

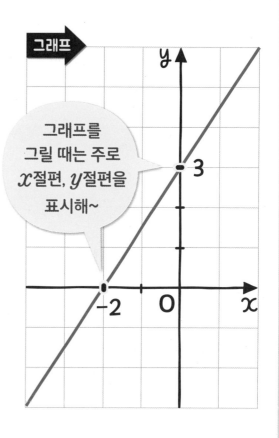

그래프

그래프를 그릴 때는 주로 x절편, y절편을 표시해~

3

-2 O x

함수의 식에서 y절편 찾기

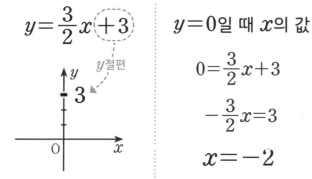

$y=\frac{3}{2}x+3$

y절편

y 3 O x

함수의 식에서 x절편 찾기

$y=0$일 때 x의 값

$$0=\frac{3}{2}x+3$$

$$-\frac{3}{2}x=3$$

$$x=-2$$

개념 익히기 2

주어진 x절편과 y절편을 이용하여 일차함수의 그래프를 그리세요.

01

x절편: 2, y절편: 3

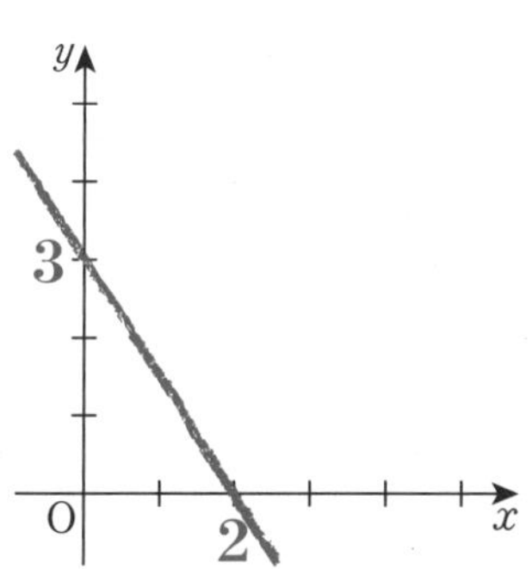

02

x절편: -1, y절편: -2

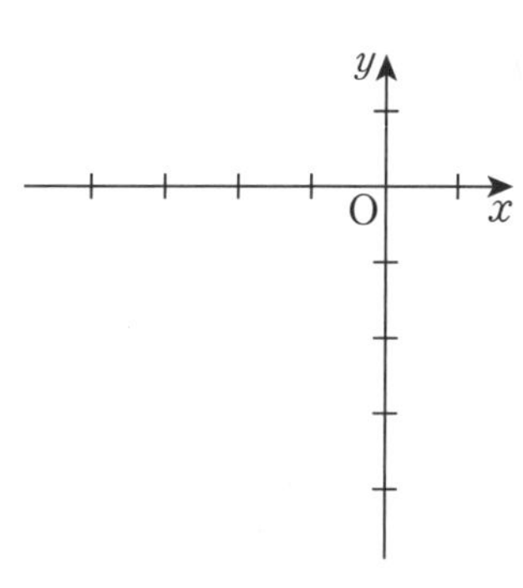

03

x절편: 4, y절편: -4

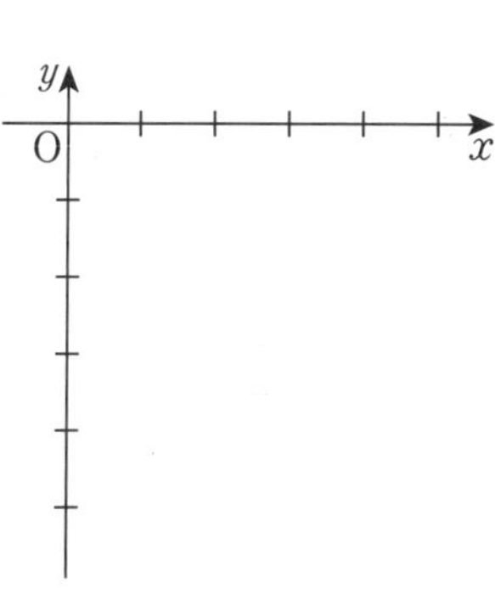

▶ 정답 및 해설 45쪽

개념 다지기 1

주어진 직선을 그래프로 하는 일차함수의 식을 구하세요.

01

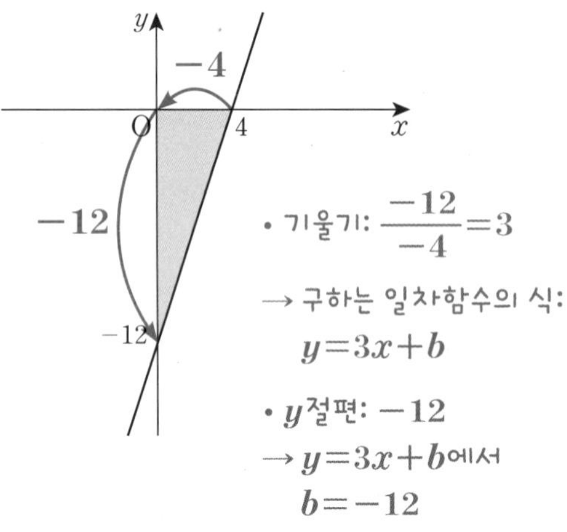

답: $y=3x-12$

02

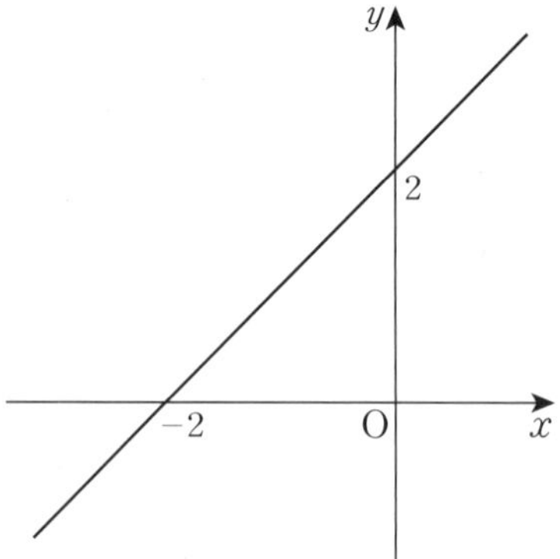

03

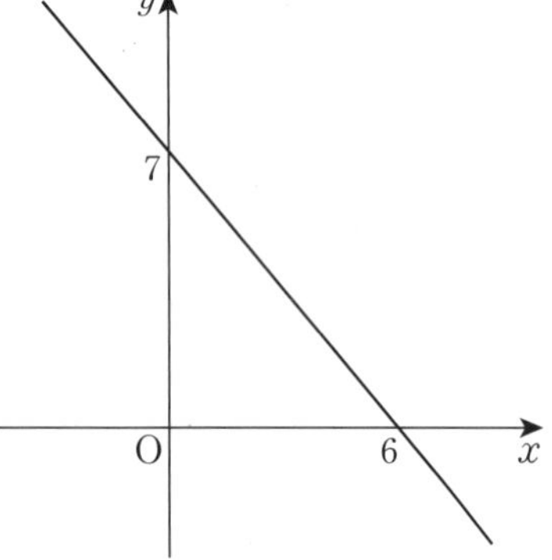

04

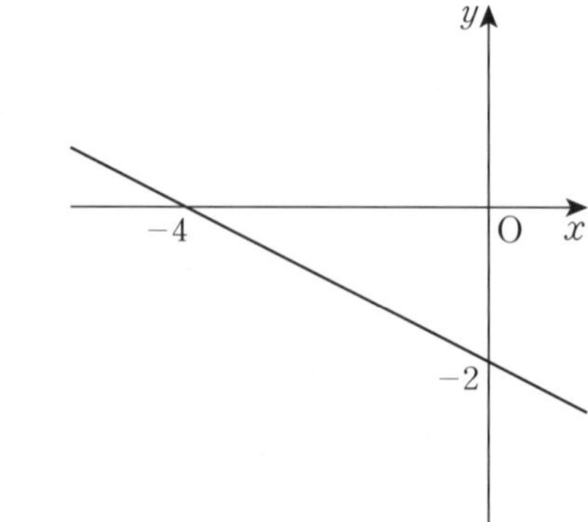

05

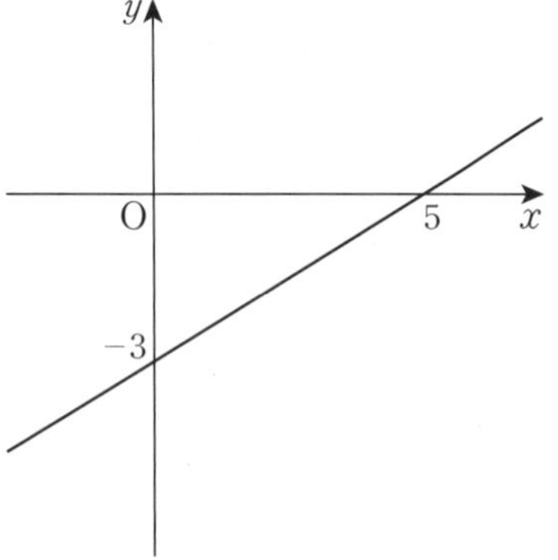

06

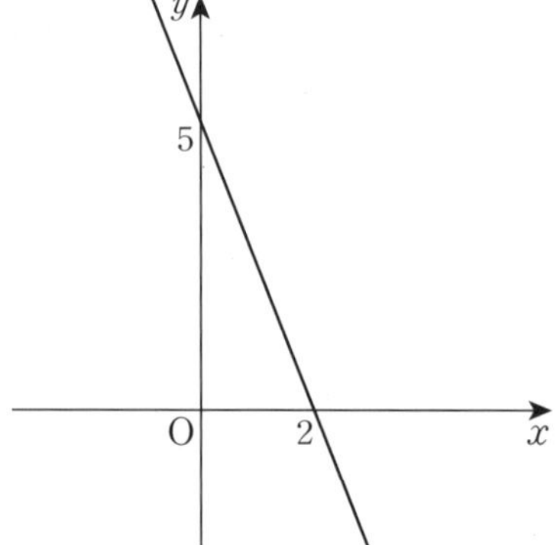

▶ 정답 및 해설 46쪽

개념 다지기 2

y절편과 기울기를 이용하여 그래프를 대략적으로 그리세요.

01 y절편이 5, 기울기가 음수인 직선

점 $(0, 5)$를 지나는 ╲ 모양의 직선을 그리면 됩니다.

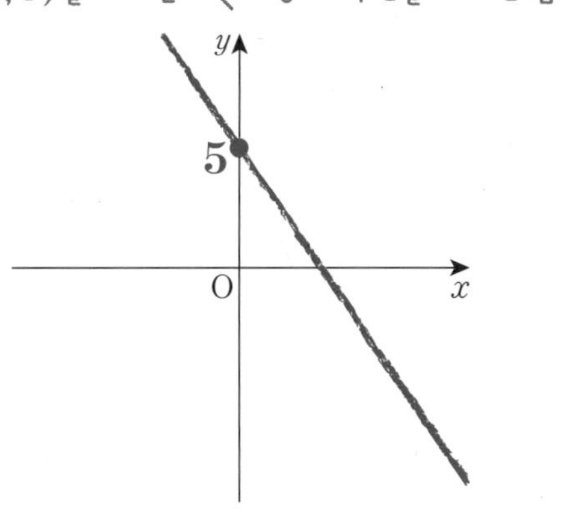

02 y절편이 -3, 기울기가 음수인 직선

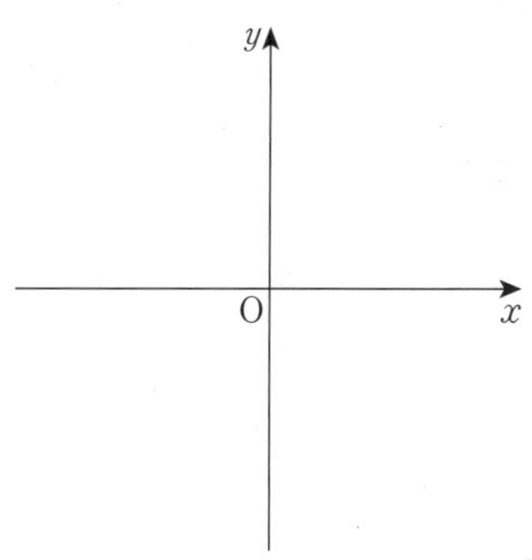

03 y절편이 1, 기울기가 양수인 직선

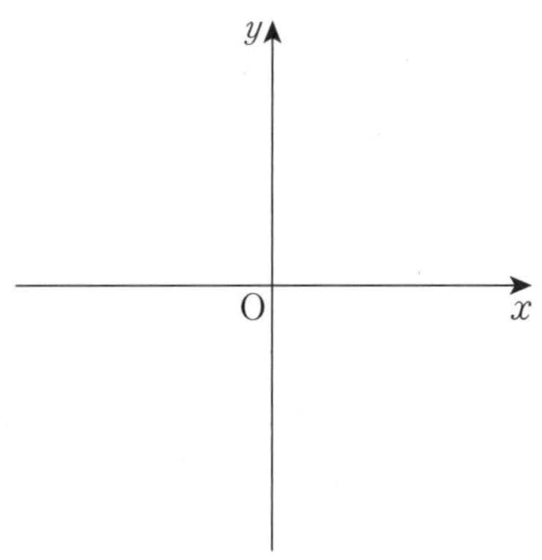

04 y절편이 -4, 기울기가 양수인 직선

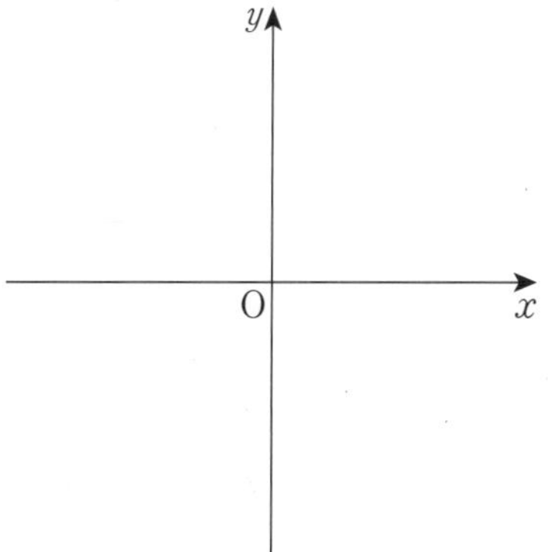

05 y절편이 6, 기울기가 양수인 직선

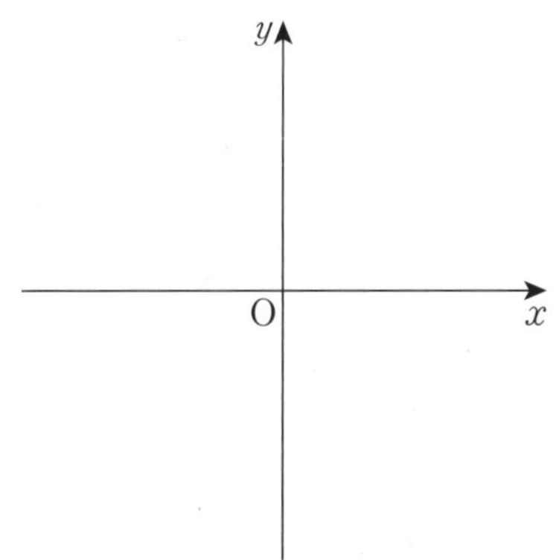

06 y절편이 2, 기울기가 음수인 직선

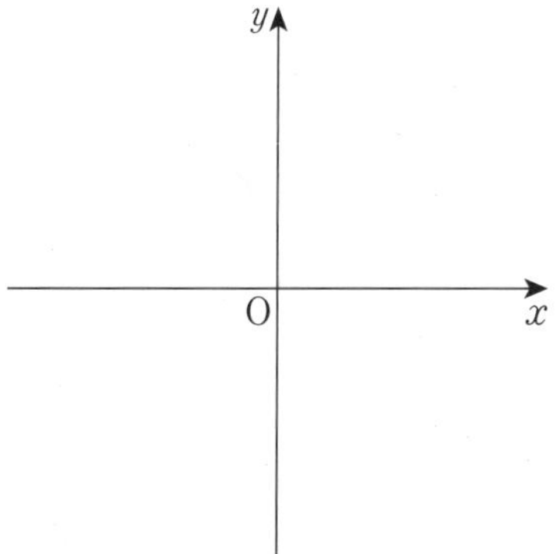

▶ 정답 및 해설 47쪽

개념 마무리 1

주어진 일차함수 그래프의 x절편과 y절편을 표시하고, 그래프를 그리세요.

01 $y=-4x+20$

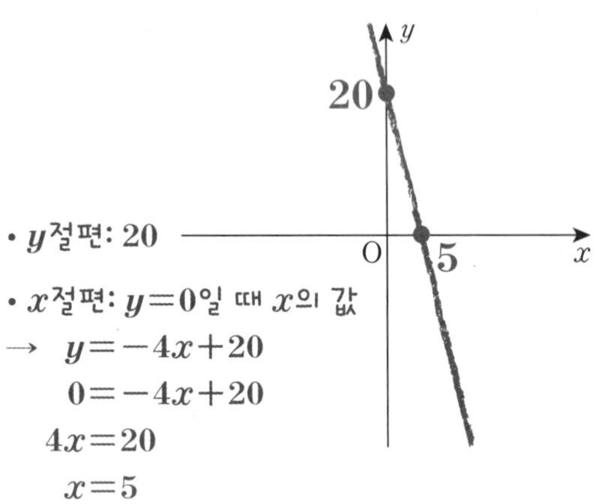

02 $y=3x+9$

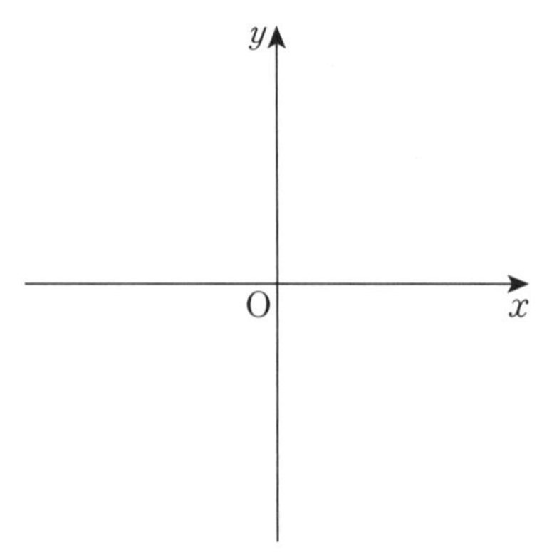

03 $y=2x-5$

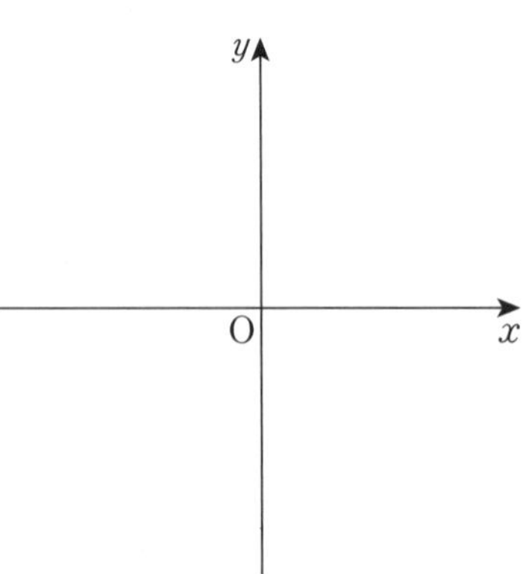

04 $y=-\frac{2}{3}x-4$

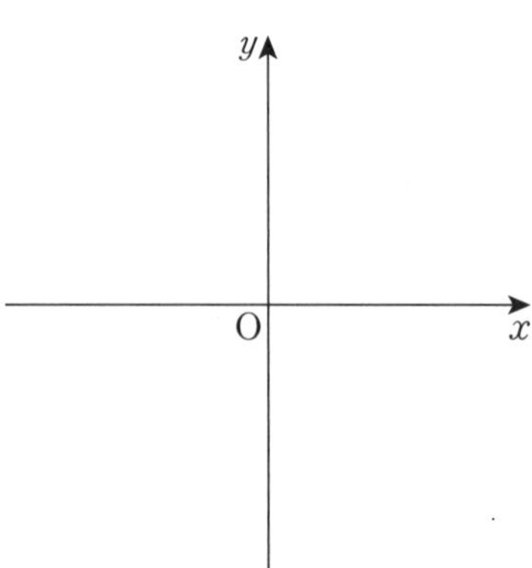

05 $y=-x+5$

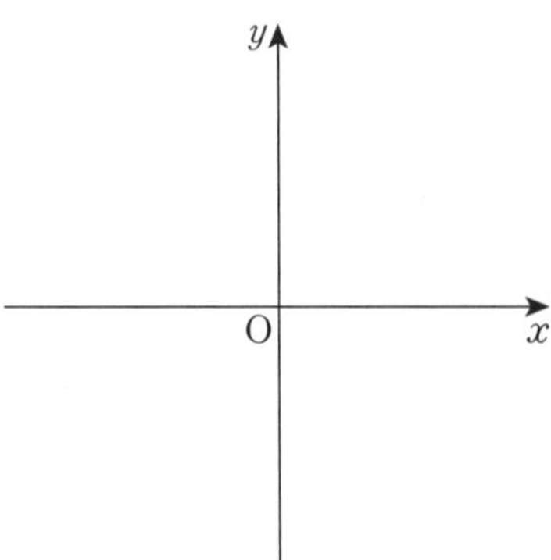

06 $y=\frac{1}{4}x-2$

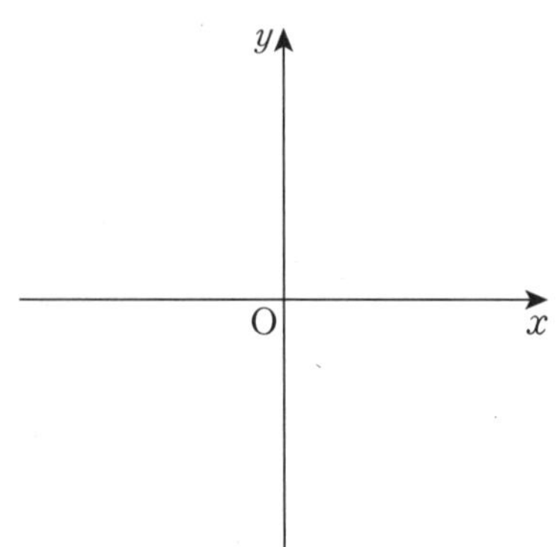

▶ 정답 및 해설 48쪽

개념 마무리 2

주어진 직선을 그래프로 하는 일차함수의 식을 구하세요.

01

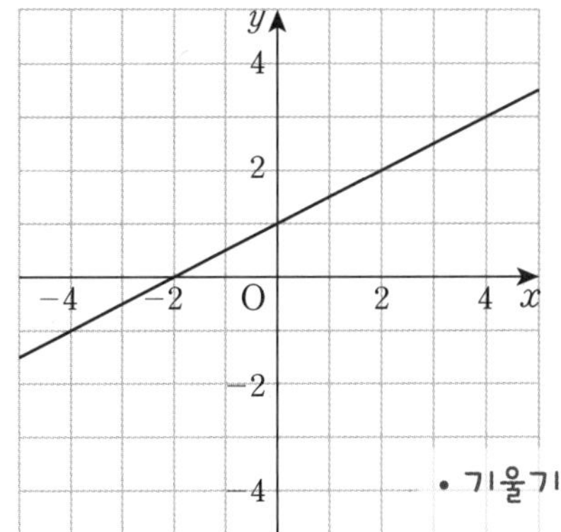

• 기울기: $\frac{+1}{+2}=\frac{1}{2}$

• y절편: 1

→ 일차함수의 식은 $y=\frac{1}{2}x+1$

답: $y=\frac{1}{2}x+1$

02

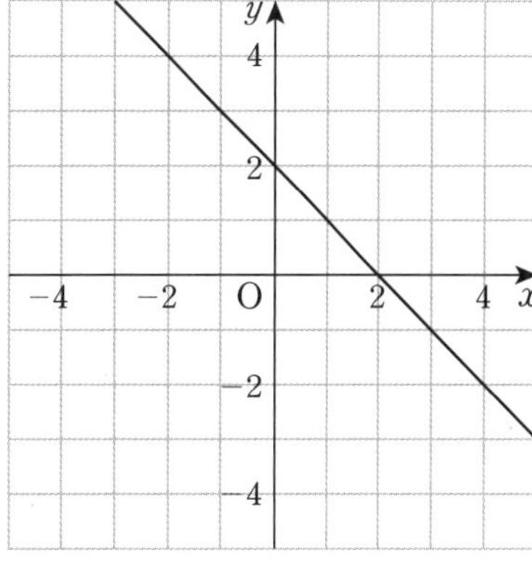

03

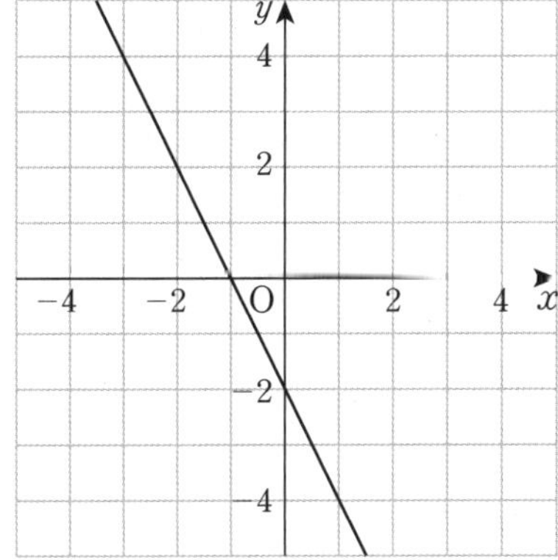

04

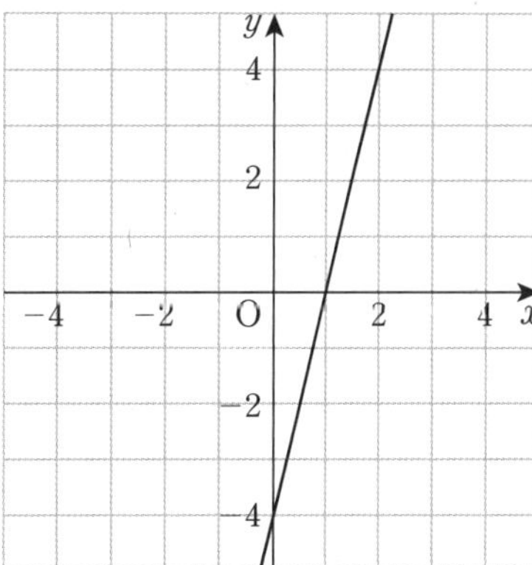

05

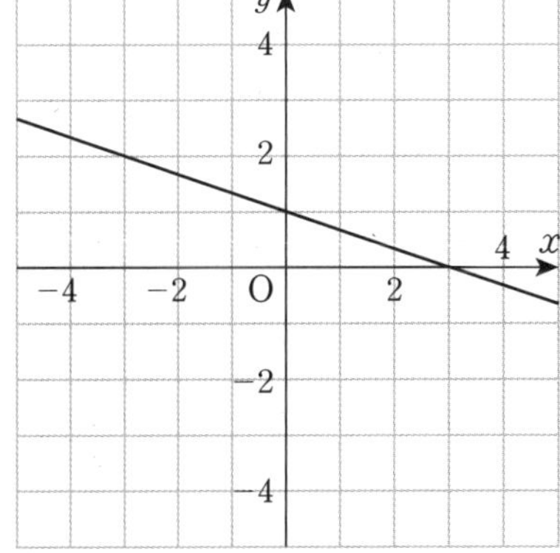

06

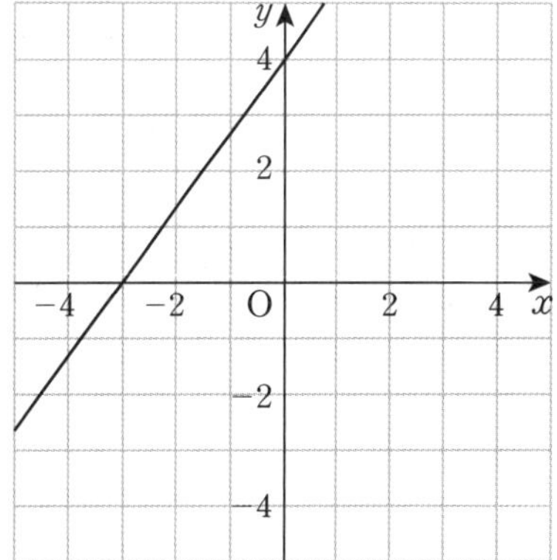

6 일차함수 그래프의 성질

★ $y=ax+b$의 그래프 모양? 직선!

기울기 — a, y절편 — b

$a>0$일 때 그래프는 오른쪽 위로 향하지~

오른쪽 위로 향함

$a>0$, $b>0$일 때

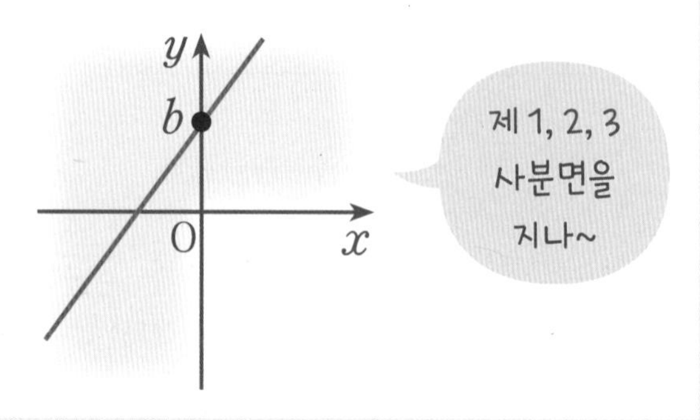

y, b, O, x

제 1, 2, 3 사분면을 지나~

$a>0$, $b<0$일 때

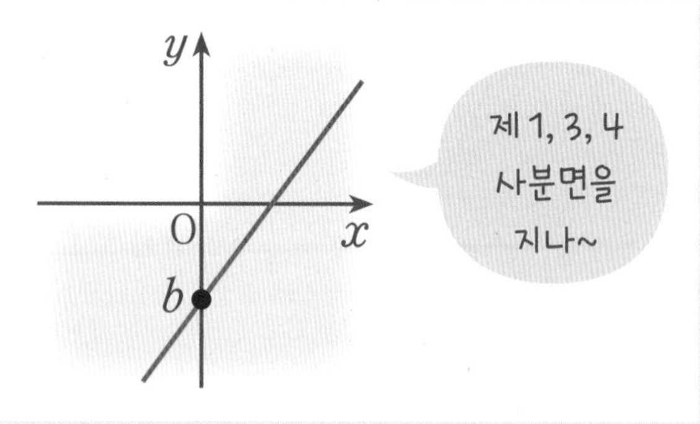

y, O, x, b

제 1, 3, 4 사분면을 지나~

개념 익히기 1

일차함수 $y=ax+b$의 그래프에 대한 설명으로 알맞은 것을 괄호 안에서 찾아 ○표 하세요.

01

a는 ((양수), 음수) 입니다.

02

b는 (양수 , 음수) 입니다.

03

그래프는 제 (1 , 2 , 3 , 4) 사분면을 지납니다.

▶ 정답 및 해설 49쪽

6-31

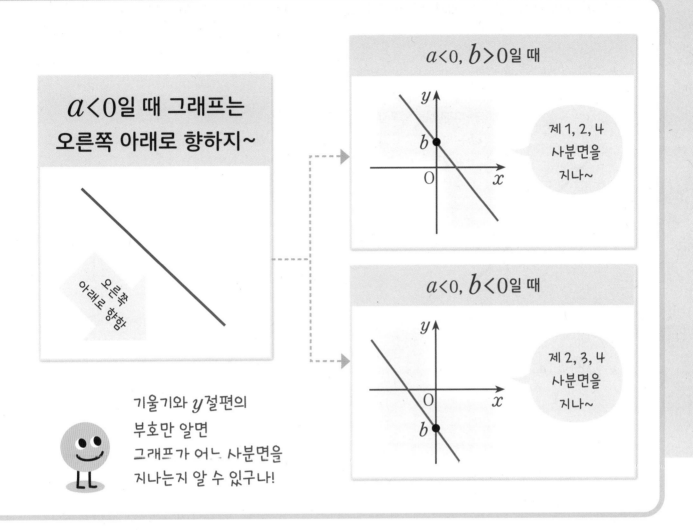

$a<0$일 때 그래프는 오른쪽 아래로 향하지~

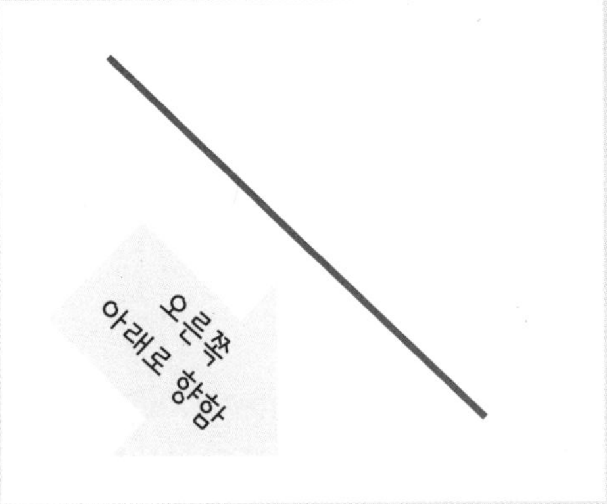

오른쪽 아래로 향함

$a<0$, $b>0$일 때

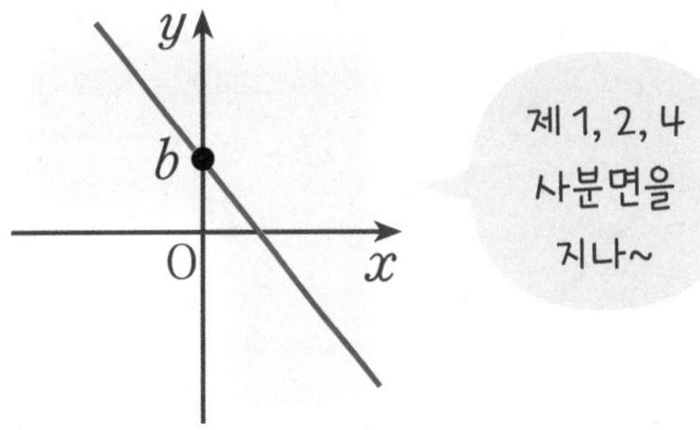

제 1, 2, 4 사분면을 지나~

$a<0$, $b<0$일 때

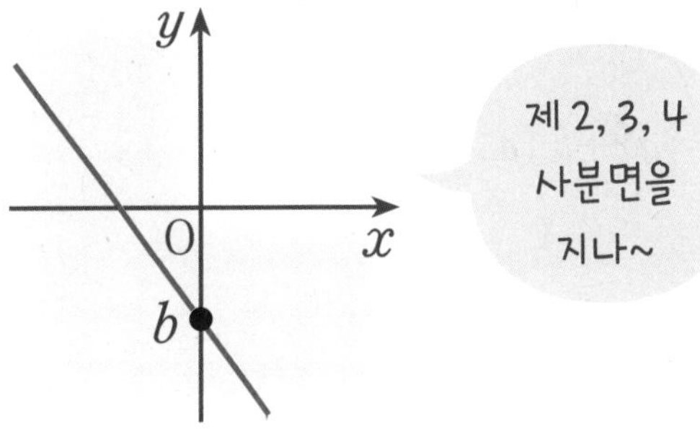

제 2, 3, 4 사분면을 지나~

기울기와 y절편의 부호만 알면 그래프가 어느 사분면을 지나는지 알 수 있구나!

개념 익히기 2

일차함수 $y=ax+b$의 그래프에 대한 설명으로 알맞은 것을 괄호 안에서 찾아 ○표 하세요.

6-32

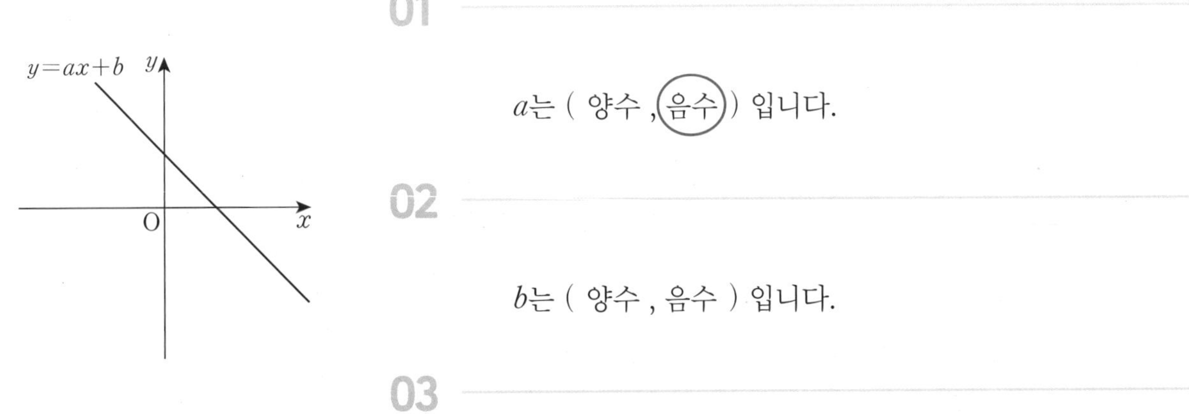

01 a는 (양수 , 음수) 입니다. (음수에 ○표)

02 b는 (양수 , 음수) 입니다.

03 그래프는 제 (1 , 2 , 3 , 4) 사분면을 지나지 않습니다.

▶ 정답 및 해설 50쪽

개념 다지기 1

상수 a와 b의 부호에 알맞은 일차함수의 그래프를 대략적으로 그리고, 지나는 사분면을 모두 쓰세요.

01 $y=ax-b$ $(a<0,\ b>0)$

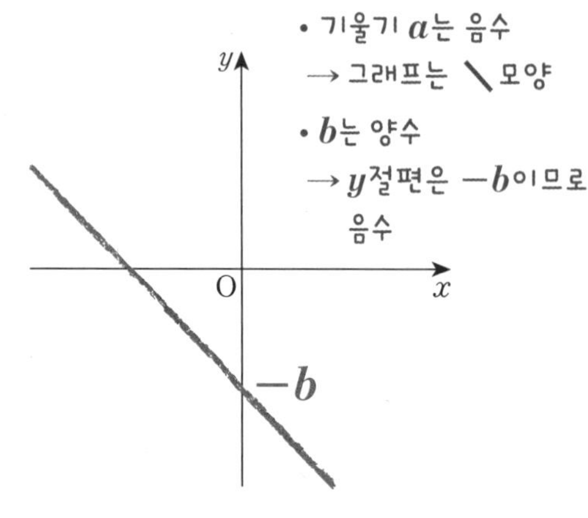

답: 제2, 3, 4사분면

02 $y=ax+b$ $(a<0,\ b>0)$

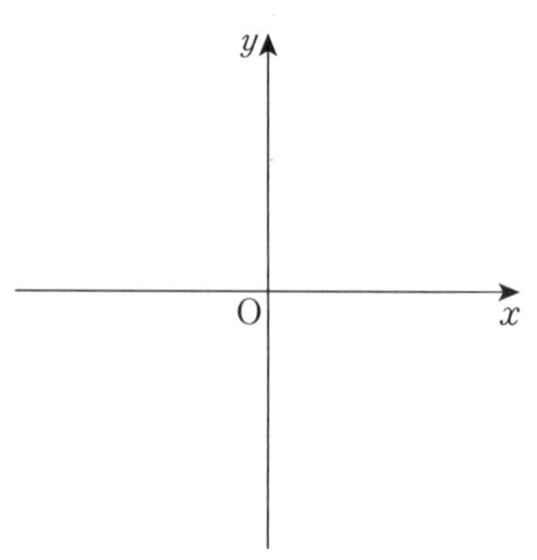

03 $y=ax+b$ $(a>0,\ b<0)$

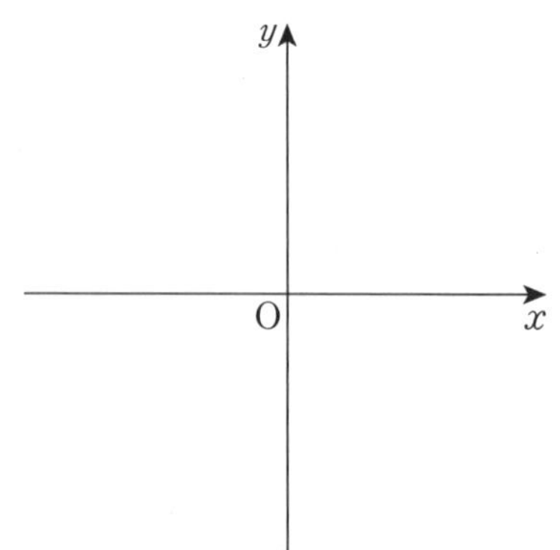

04 $y=ax-b$ $(a>0,\ b<0)$

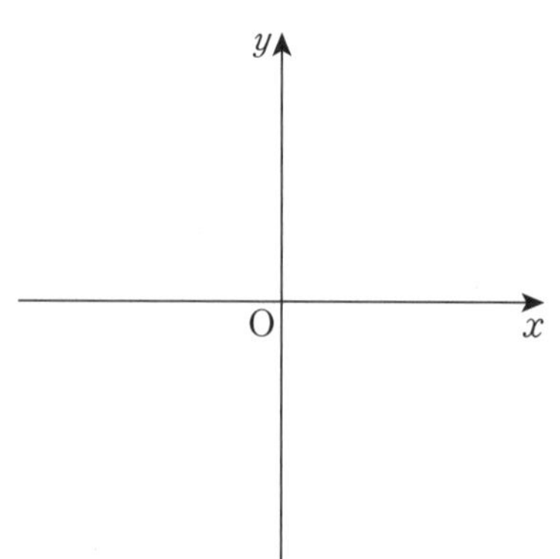

05 $y=-ax+b$ $(a>0,\ b<0)$

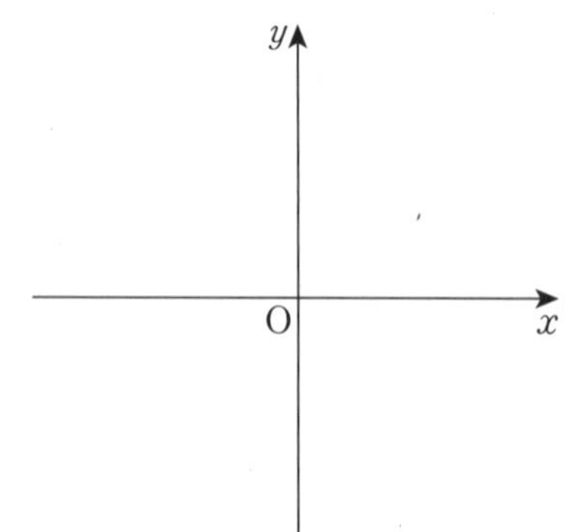

06 $y=-ax-b$ $(a>0,\ b<0)$

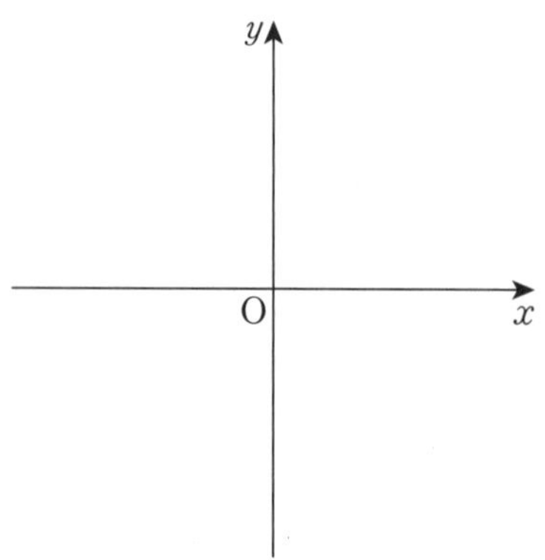

▶ 정답 및 해설 51쪽

6-34

개념 다지기 2

일차함수 $y=ax+b$의 그래프 중에서 설명에 알맞은 것을 모두 찾아 기호를 쓰세요.
(단, $a\neq0$, a, b는 상수)

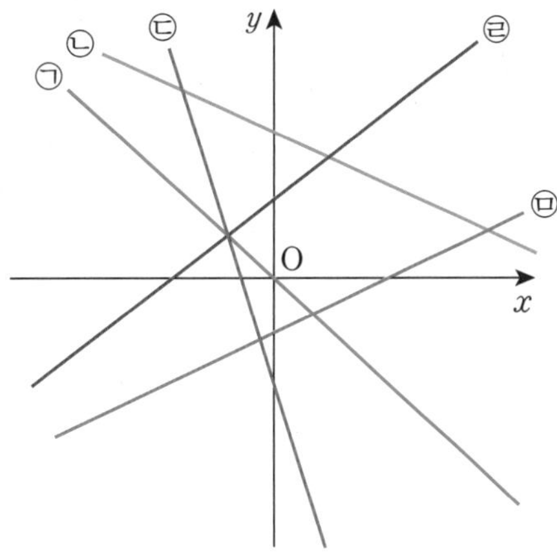

01

$a>0$인 그래프 ㉣, ㉤

02

$b<0$인 그래프

03

제2, 3, 4사분면을 모두 지나는 그래프

04

제2사분면을 지나지 않는 그래프

05

$a<0$, $b>0$인 그래프

06

$a>0$, $b>0$인 그래프

▶ 정답 및 해설 52쪽

6-35

개념 마무리 1

주어진 일차함수의 그래프를 보고, 상수 a와 b가 양수인지 음수인지 구하세요.

01 $y=-ax+b$

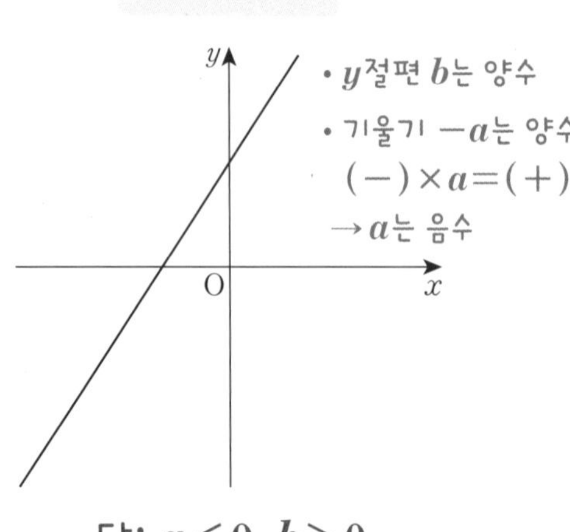
• y절편 b는 양수
• 기울기 $-a$는 양수
$(-)\times a=(+)$
$\to a$는 음수

답: $a<0,\ b>0$

02 $y=ax+b$

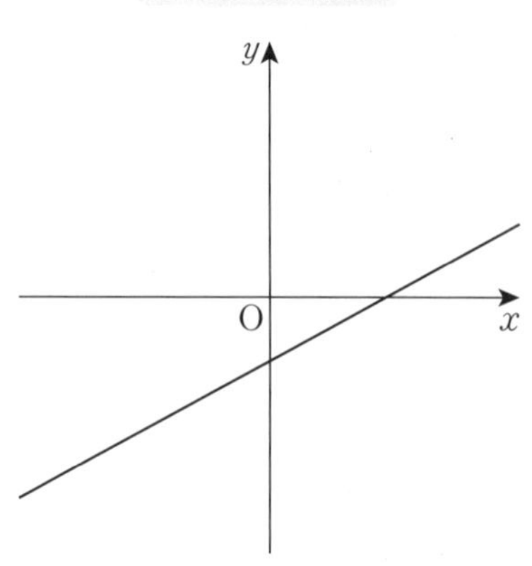

03 $y=ax-b$

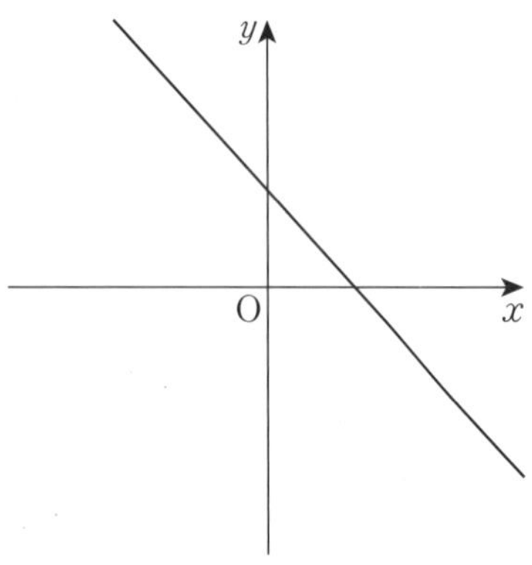

04 $y=-ax+b$

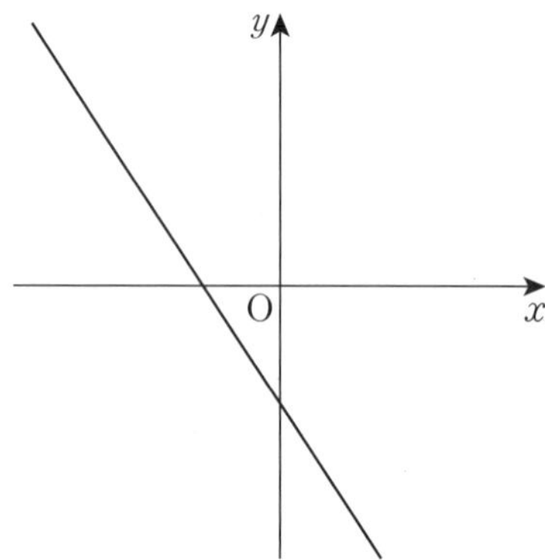

05 $y=abx+b$

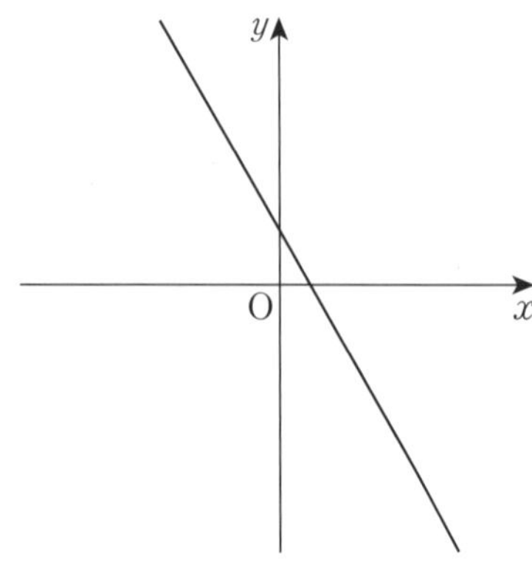

06 $y=ax-ab$

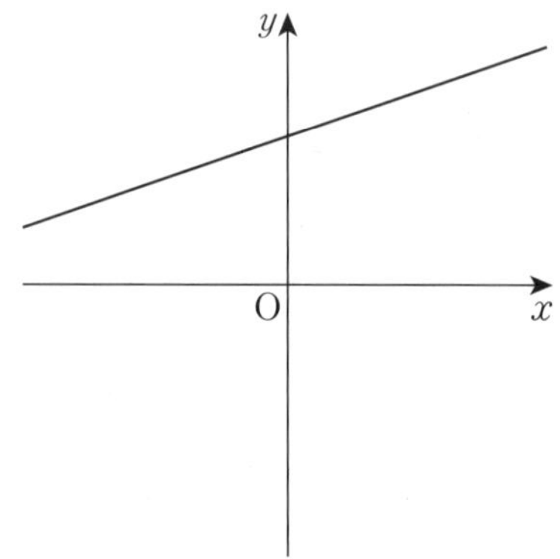

▶ 정답 및 해설 53쪽

6-36

개념 마무리 2

물음에 답하세요. (단, a, b는 0이 아닌 상수)

01 일차함수 $y=ax+b$의 그래프가 다음과 같을 때, 일차함수 $y=bx-a$의 그래프가 지나는 사분면을 모두 쓰세요. 답: 제1, 3, 4사분면

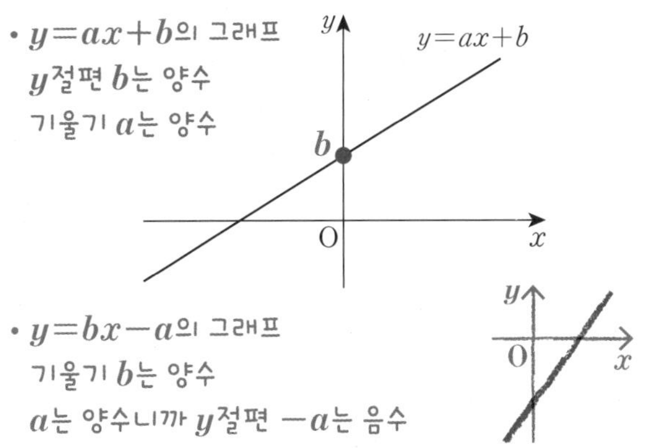

02 $a>0$, $b<0$일 때, 일차함수 $y=-ax-b$의 그래프가 지나는 사분면을 모두 쓰세요.

03 일차함수 $y=ax+b$의 그래프가 다음과 같을 때, 일차함수 $y=ax-b$의 그래프가 지나는 사분면을 모두 쓰세요.

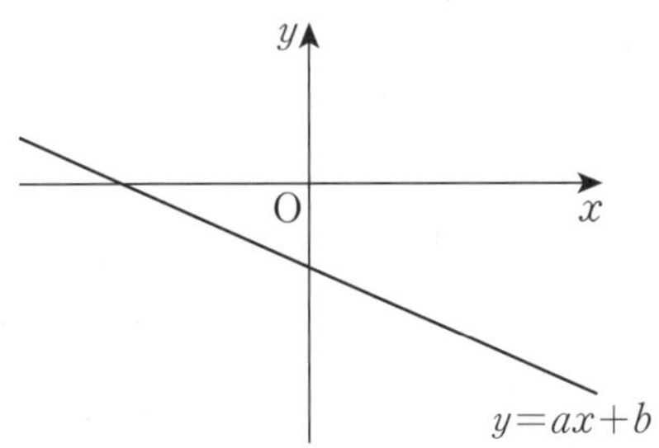

04 $ab<0$, $b>0$일 때, 일차함수 $y=ax+\frac{a}{b}$의 그래프가 지나지 않는 사분면을 쓰세요.

05 일차함수 $y=ax-b$의 그래프가 다음과 같을 때, 일차함수 $y=abx+b$의 그래프가 지나지 않는 사분면을 쓰세요.

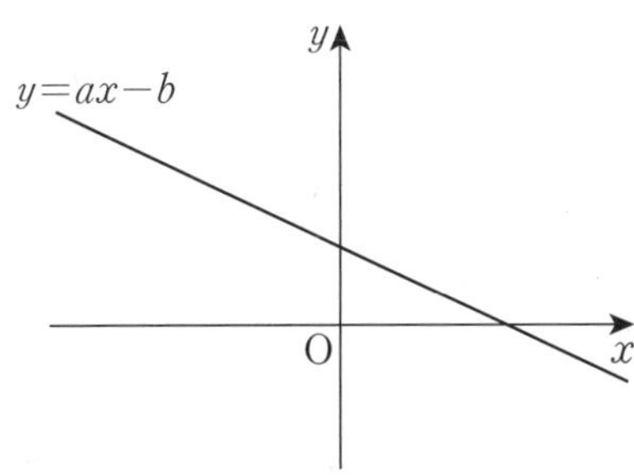

06 $\frac{a}{b}>0$, $b<0$일 때, 일차함수 $y=abx-a$의 그래프가 지나는 사분면을 모두 쓰세요.

7 y축 방향 평행이동

평행이동 : 한 도형을 일정한 방향으로 **일정한 거리**만큼 옮기는 것

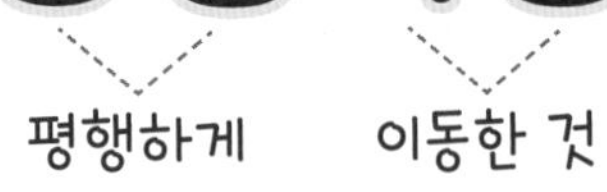

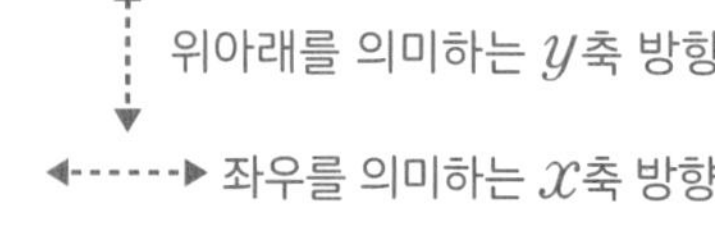

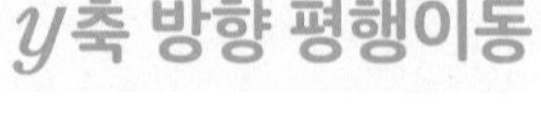

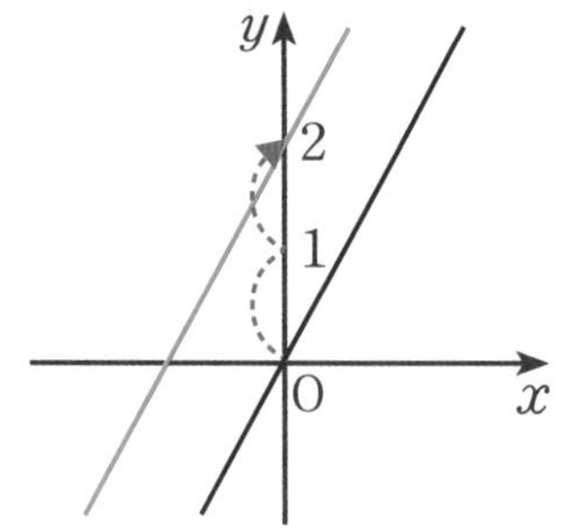

y축 방향으로 $+2$만큼 평행이동

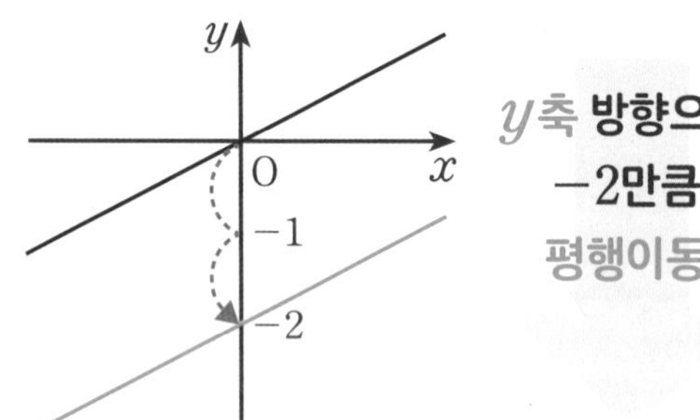

x축 방향 평행이동

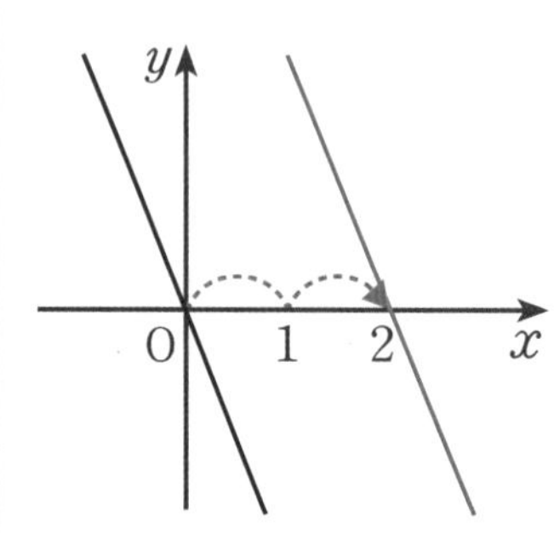

x축 방향으로 $+2$만큼 평행이동

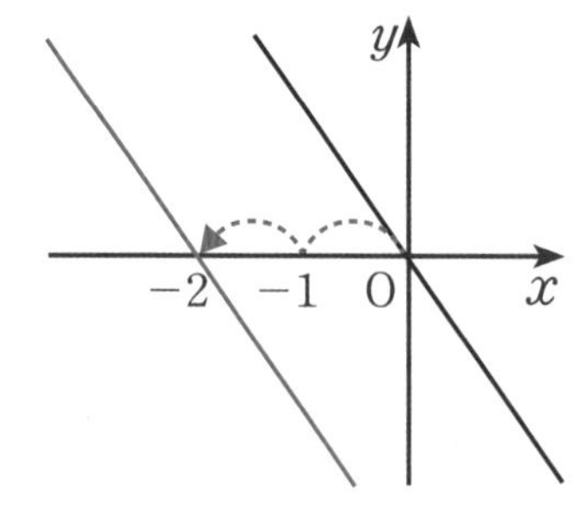

x축 방향으로 -2만큼 평행이동

개념 익히기 1

평행이동한 그래프를 보고 빈칸을 알맞게 채우세요.

01

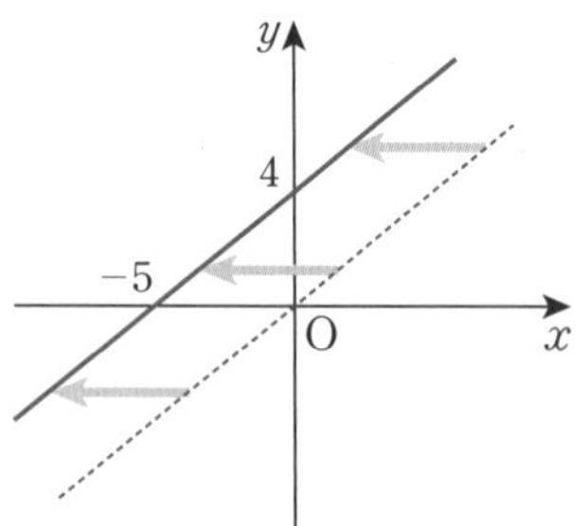

➡ x축 방향으로 $\boxed{-5}$만큼 평행이동

02

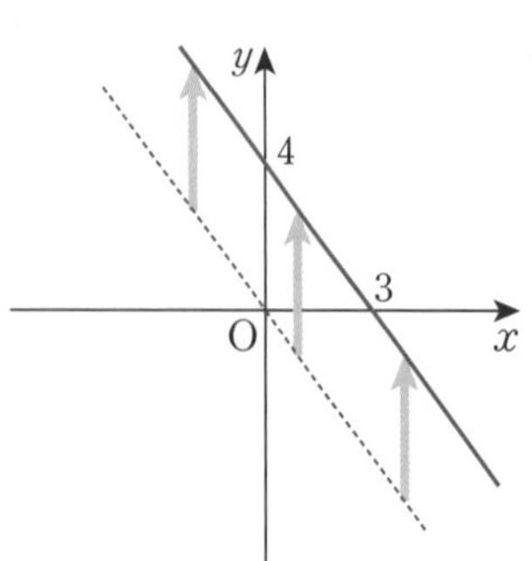

➡ y축 방향으로 $\boxed{}$만큼 평행이동

03

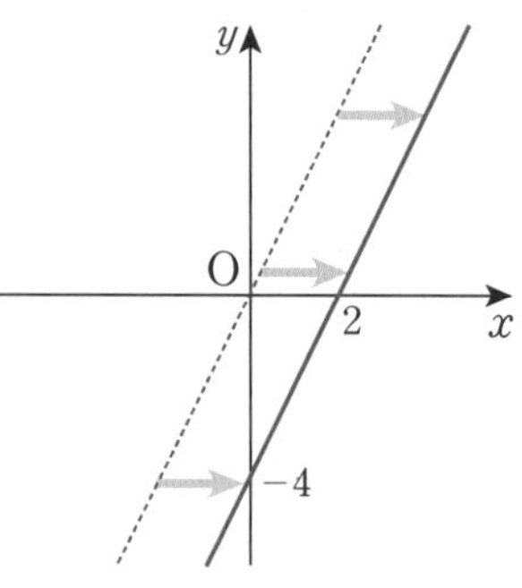

➡ x축 방향으로 $\boxed{}$만큼 평행이동

▶정답 및 해설 54쪽

y축 방향 평행이동

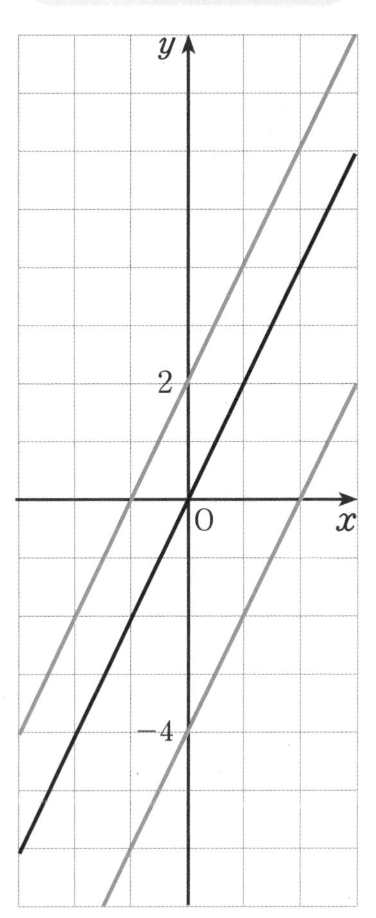

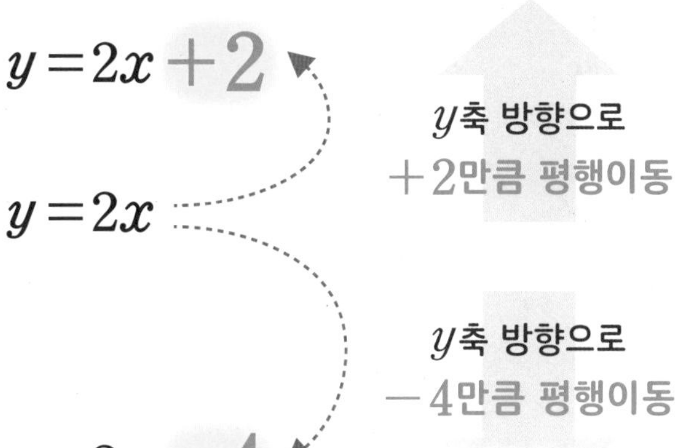

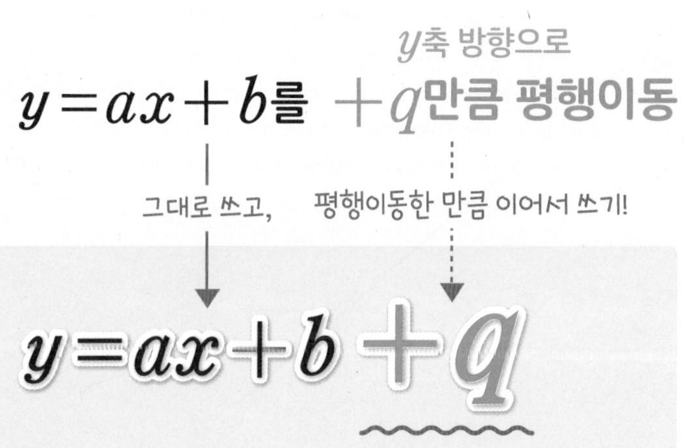

y축 방향으로
y=ax+b를 +q만큼 평행이동
그대로 쓰고,
평행이동한 만큼 이어서 쓰기!
y=ax+b+q

개념 익히기 2

주어진 일차함수의 그래프를 y축 방향으로 평행이동했습니다. 빈칸을 알맞게 채우세요.

01

$y=3x+1$

↓ y축 방향으로 3만큼 평행이동

$y=3x+1+\boxed{3}$

➡ $y=3x+\boxed{4}$

02

$y=-7x-4$

↓ y축 방향으로 1만큼 평행이동

$y=-7x-4+\square$

➡ $y=-7x-\square$

03

$y=5x-2$

↓ y축 방향으로 -5만큼 평행이동

$y=5x-2+(\square)$

➡ $y=5x-\square$

▶ 정답 및 해설 54쪽

개념 다지기 1

그래프를 평행이동한 방향에 ○표 하고, 빈칸을 알맞게 채우세요.

01

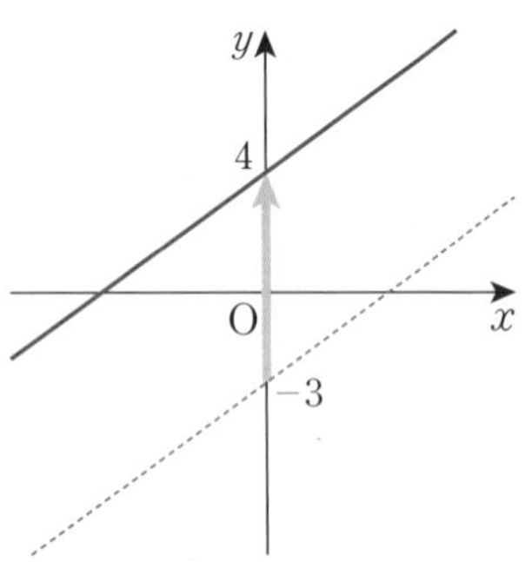

➡ (x축 , (y축)) 방향으로
[7]만큼 평행이동

02

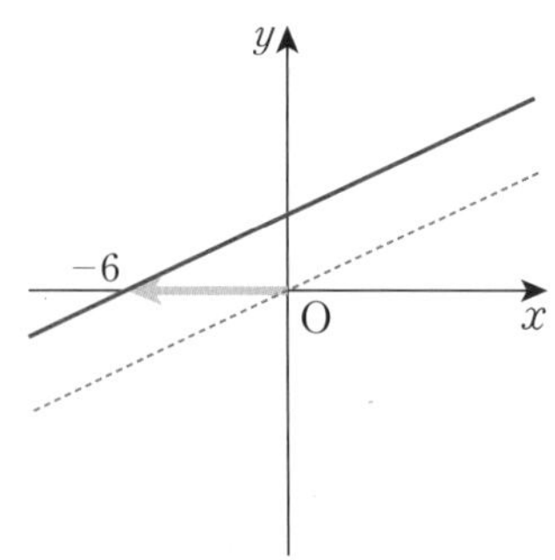

➡ (x축 , y축) 방향으로
[ ]만큼 평행이동

03

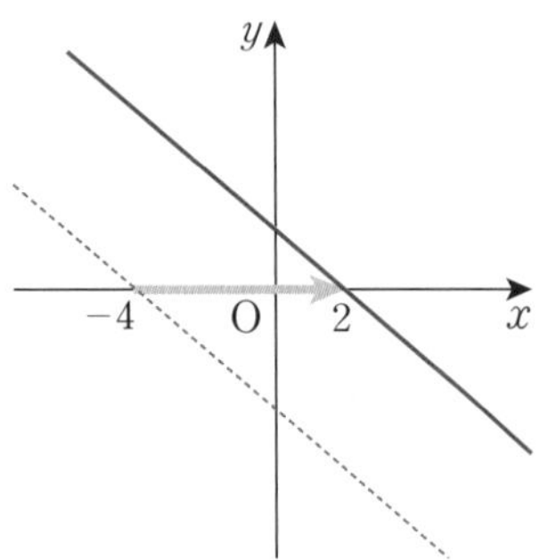

➡ (x축 , y축) 방향으로
[ ]만큼 평행이동

04

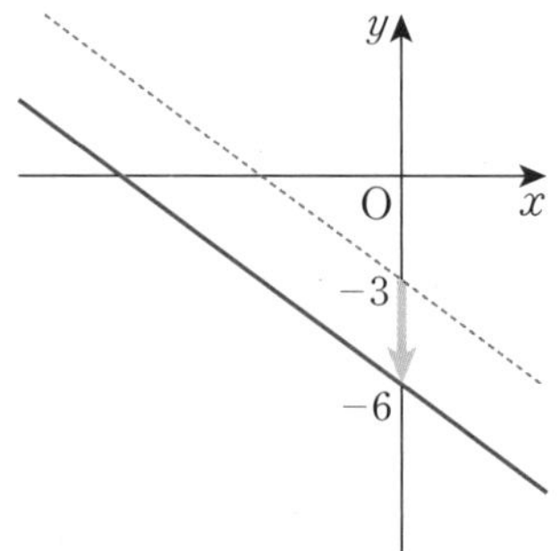

➡ (x축 , y축) 방향으로
[ ]만큼 평행이동

05

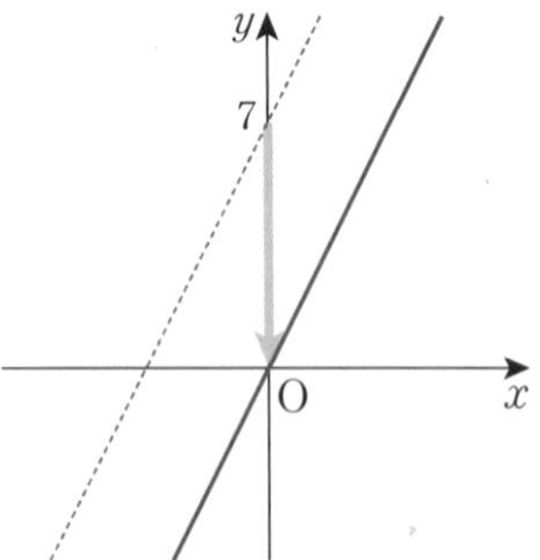

➡ (x축 , y축) 방향으로
[ ]만큼 평행이동

06

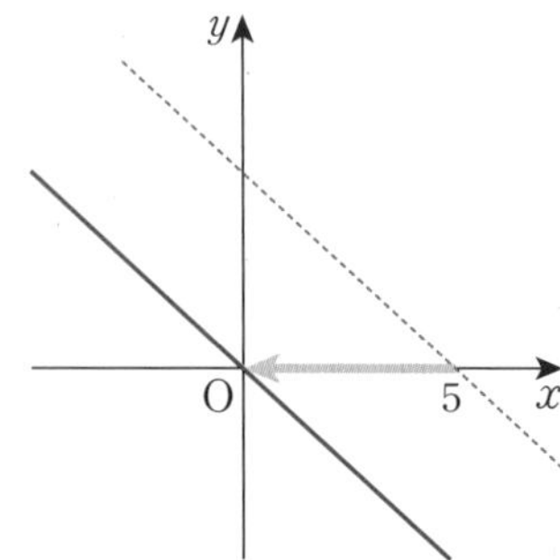

➡ (x축 , y축) 방향으로
[ ]만큼 평행이동

▶ 정답 및 해설 54쪽

개념 다지기 2

평행이동에 맞게 식을 $y=ax+b$의 모양으로 쓰거나, 평행이동한 식을 보고 알맞은 수를 쓰세요.

01 $y=3x+7$ ──→ $y=3x+10$
(y축 방향으로 3만큼 평행이동)

02 $y=-2x+2$ ──→ □
(y축 방향으로 -4만큼 평행이동)

03 $y=4x+3$ ──→ □
(y축 방향으로 -6만큼 평행이동)

04 $y=5x$ ──→ $y=5x+8$
(y축 방향으로 □만큼 평행이동)

05 $y=-(x+9)$ ──→ $y=-x-15$
(y축 방향으로 □만큼 평행이동)

06 $y=12-9x$ ──→ □
(y축 방향으로 9만큼 평행이동)

▶ 정답 및 해설 55쪽

개념 마무리 1

빈칸에 알맞은 수 또는 식을 쓰세요.

01

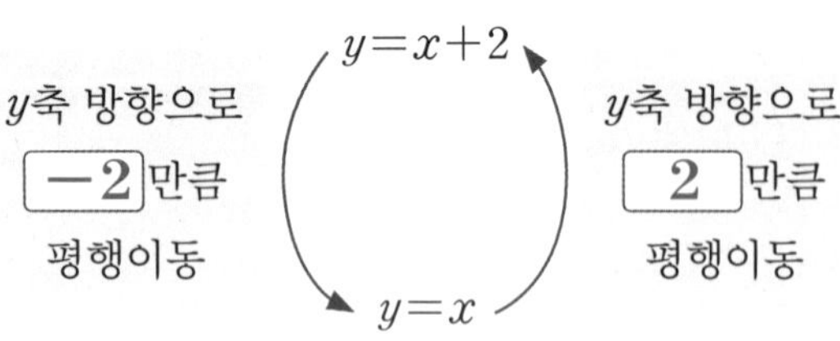

02

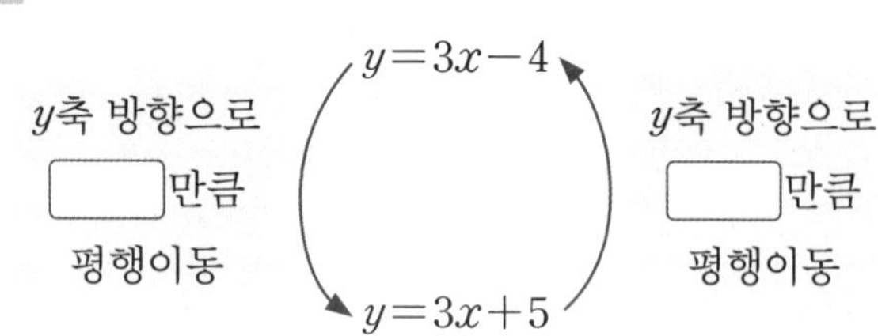

03

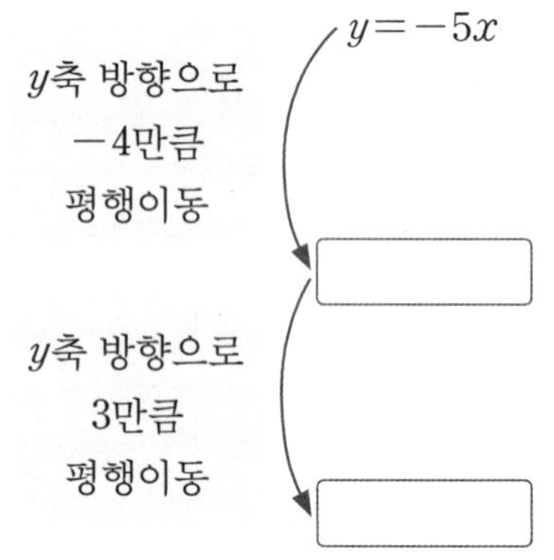

04

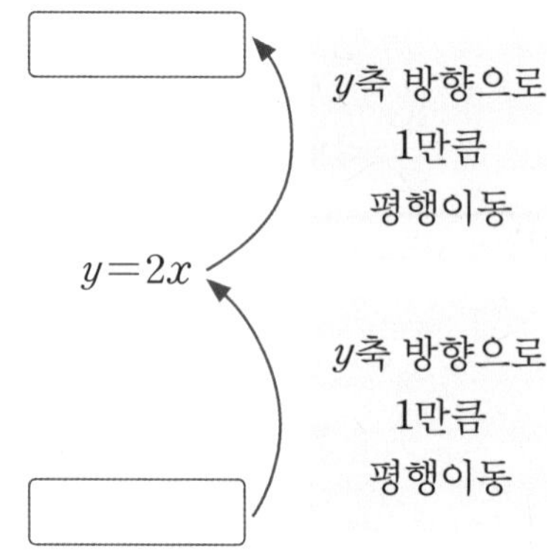

05

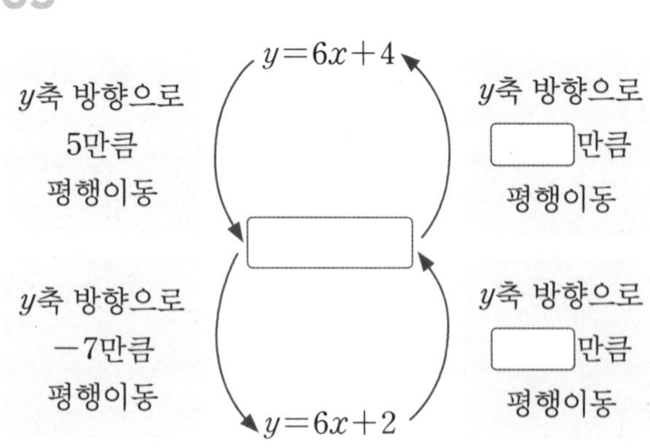

06

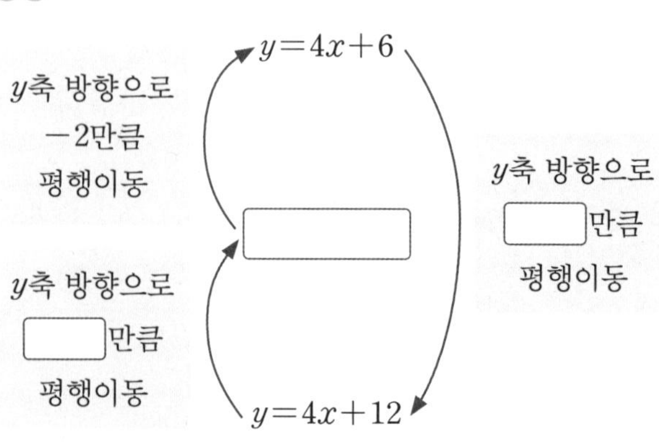

▶ 정답 및 해설 55쪽

개념 마무리 2

일차함수의 그래프에 대하여 물음에 답하세요.

01 $y=ax+b$의 그래프를 y축 방향으로 3만큼 평행이동하면 $y=3x-3$의 그래프와 똑같아집니다. 상수 a, b의 값은?

$y=ax+b+3$

$\parallel$

$y=3x-3$

$\rightarrow ax+b+3=3x-3$

$a=3$ ┆ $b+3=-3$

$b=-6$

답: $a=3$, $b=-6$

02 $y=ax+b$의 그래프를 y축 방향으로 1만큼 평행이동하면 기울기가 2이고, y절편이 -1인 그래프가 됩니다. 상수 a, b의 값은?

03 $y=-x+10$의 그래프는 $y=ax-5$의 그래프를 y축 방향으로 b만큼 평행이동한 것과 같습니다. 상수 a, b의 값은?

04 $y=2x$의 그래프를 y축 방향으로 k만큼 평행이동한 그래프가 점 $(1,\ 4)$를 지날 때, k의 값은?

05 $y=8x+b$의 그래프를 y축 방향으로 -6만큼 평행이동한 그래프가 점 $(2,\ -10)$을 지날 때, 상수 b의 값은?

06 $y=4x+6$의 그래프를 y축 방향으로 k만큼 평행이동하였더니 x절편이 -2가 되었습니다. k의 값은?

8 x축 방향 평행이동

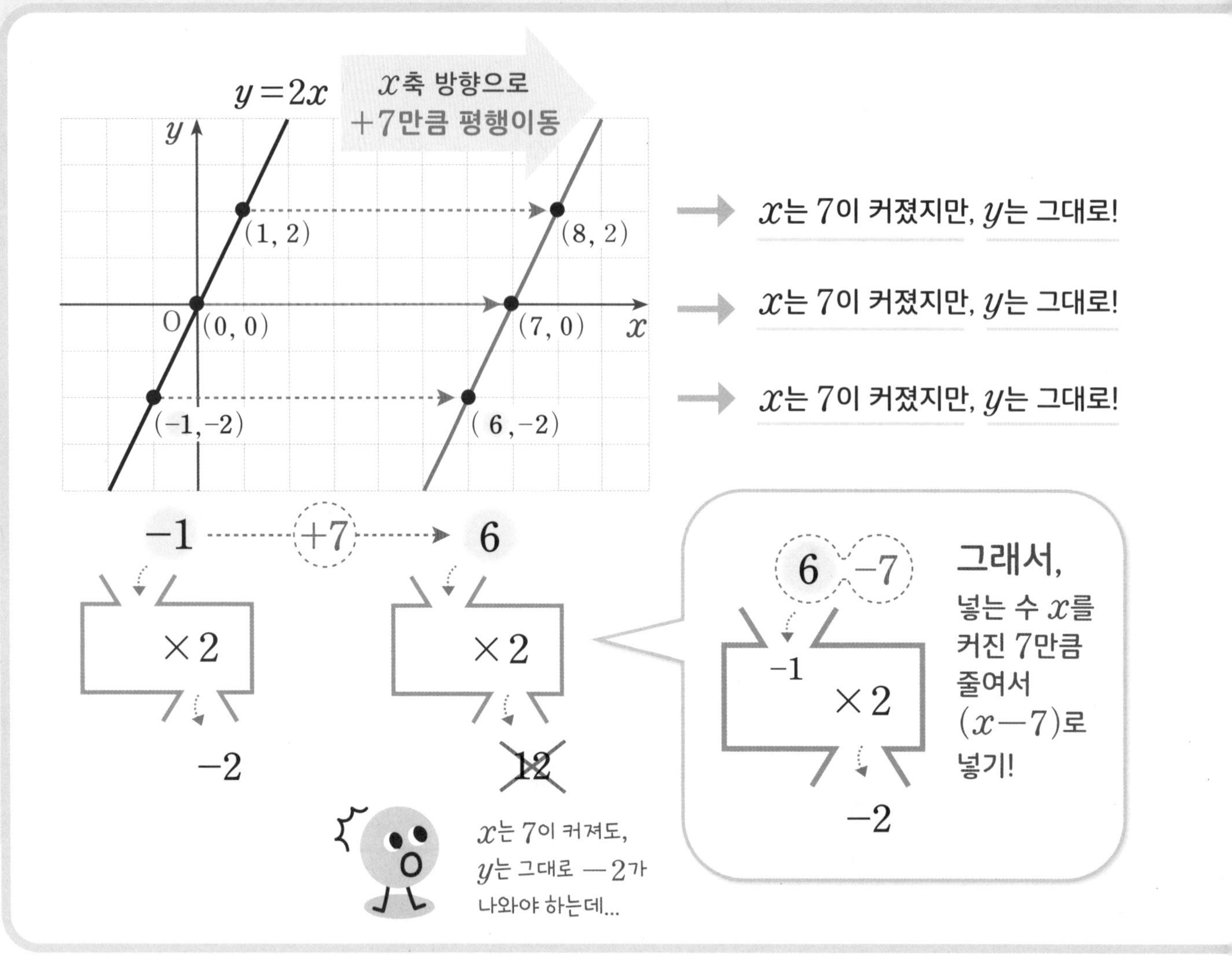

$y=2x$

x축 방향으로 +7만큼 평행이동

(1, 2) → (8, 2) → x는 7이 커졌지만, y는 그대로!

(0, 0) → (7, 0) → x는 7이 커졌지만, y는 그대로!

(−1, −2) → (6, −2) → x는 7이 커졌지만, y는 그대로!

−1 ⋯ +7 ⋯→ 6

−1 → ×2 → −2

6 → ×2 → ~~12~~

x는 7이 커져도, y는 그대로 -2가 나와야 하는데...

6 −7 → −1 → ×2 → −2

그래서, 넣는 수 x를 커진 7만큼 줄여서 $(x-7)$로 넣기!

개념 익히기 1

평행이동한 것을 보고 빈칸을 알맞게 채우세요.

01

x축 방향으로 3만큼 평행이동

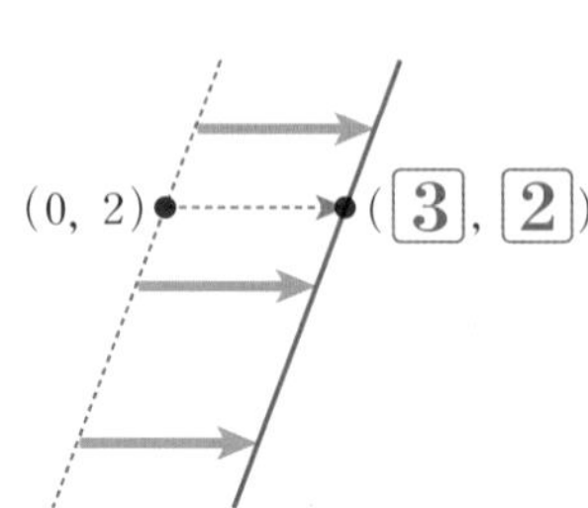

02

x축 방향으로 −2만큼 평행이동

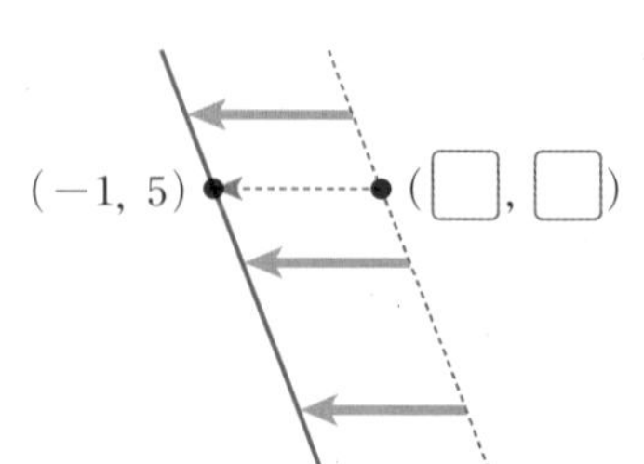

03

x축 방향으로 □만큼 평행이동

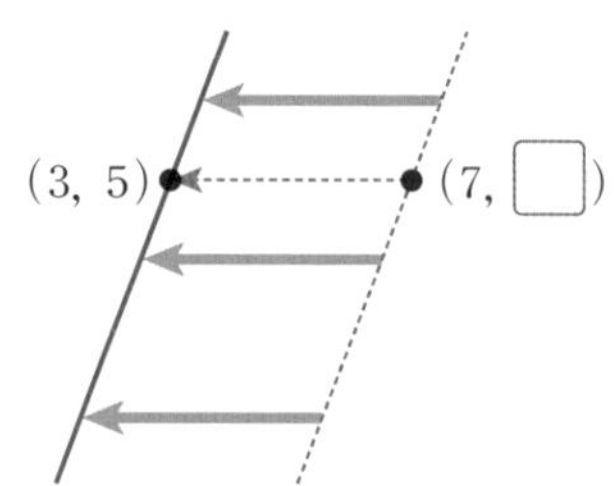

▶정답 및 해설 56쪽

x축 방향 평행이동

문제 $y=2x$를 x축 방향으로 $+7$만큼 평행이동한 식은?

x가 7만큼 커지는 것

그러나 x축 방향 평행이동은 y값이 같아야 해!

x 대신에 $(x-7)$을 함수에 넣기!

$y=2x$

x 대신 $x-7$을 넣기!

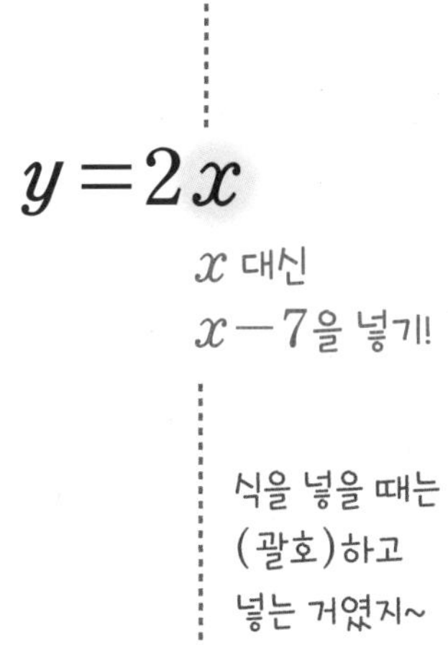

식을 넣을 때는 (괄호)하고 넣는 거였지~

$y=2(x-7)$

답 $y=2x-14$

$y=ax+b$를 x축 방향으로 $+p$만큼 **평행이동**

x 대신 $(x-p)$ 넣기

$$y=a(x-p)+b$$

개념 익히기 2

x축 방향으로 평행이동한 그래프를 보고 빈칸에 알맞은 식을 쓰세요.

01

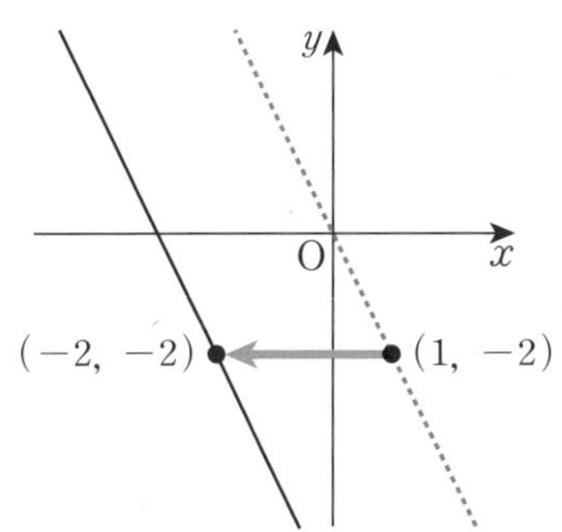

x축 방향으로 -3만큼 평행이동

➡ 함수의 식에 x 대신

($x+3$) 넣기

02

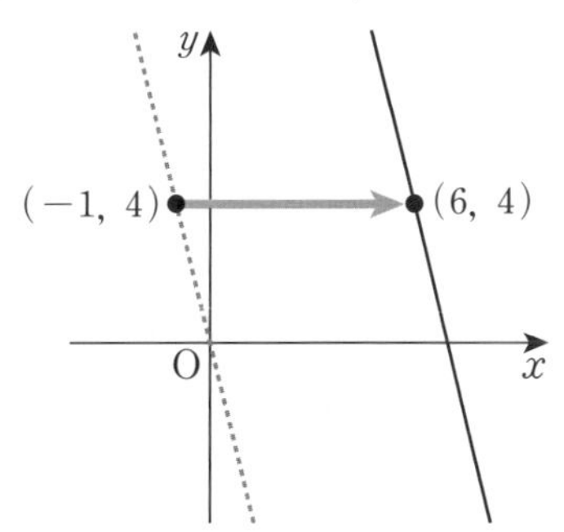

x축 방향으로 7만큼 평행이동

➡ 함수의 식에 x 대신

 넣기

03

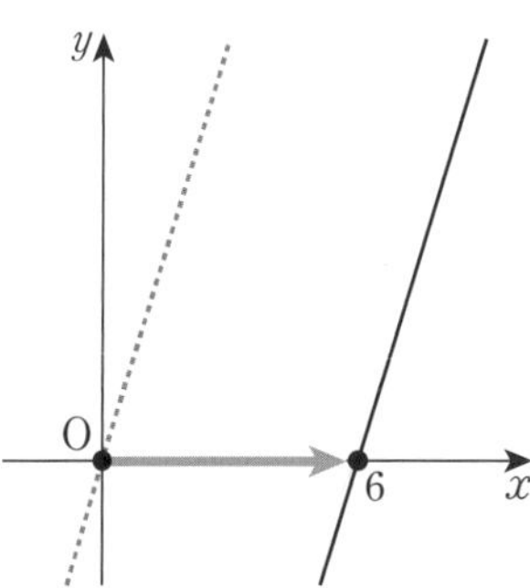

x축 방향으로 6만큼 평행이동

➡ 함수의 식에 x 대신

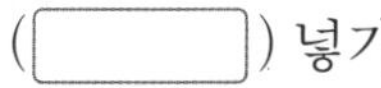 넣기

▶ 정답 및 해설 56쪽

개념 다지기 1

주어진 식의 x에 ○표 하고, 평행이동한 식을 완성하세요.

01 $y=2x+1$ (x에 ○표)

x축 방향으로 -4만큼 평행이동

↓

$y=2(\ x+4\ )+1$

02 $y=-3x$

x축 방향으로 -1만큼 평행이동

↓

$y=-3(\qquad)$

03 $y=-5x-2$

x축 방향으로 3만큼 평행이동

↓

$y=-5(\qquad)-2$

04 $y=6x-4$

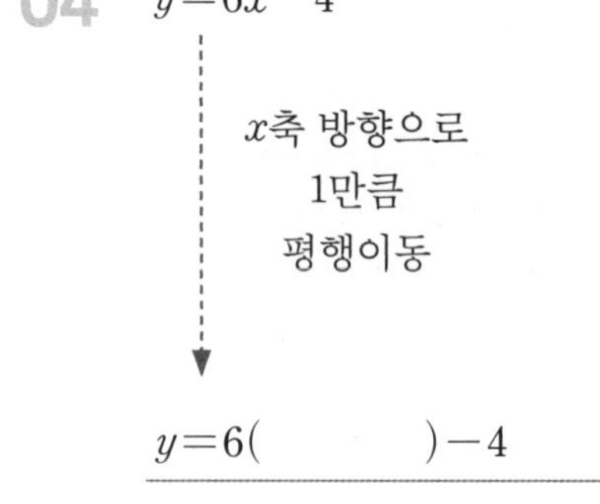

x축 방향으로 1만큼 평행이동

↓

$y=6(\qquad)-4$

05 $y=8x+\frac{2}{3}$

x축 방향으로 2만큼 평행이동

↓

$y=8(\qquad)+\frac{2}{3}$

06 $y=-x+10$

x축 방향으로 -5만큼 평행이동

↓

$y=-(\qquad)+10$

▶ 정답 및 해설 56쪽

6-46

개념 다지기 2

평행이동한 식을 $y=ax+b$ 모양으로 쓰세요.

01 $y=2x$

x축 방향으로 -6만큼 평행이동

$y=2(x+6)$

➡ $y=2x+12$

02 $y=3x$

x축 방향으로 -4만큼 평행이동

______

➡ ______

03 $y=-3x+1$

x축 방향으로 3만큼 평행이동

______

➡ ______

04 $y=5x+2$

x축 방향으로 -7만큼 평행이동

______

➡ ______

05 $y=\frac{1}{2}x$

y축 방향으로 3만큼 평행이동

______

x축 방향으로 4만큼 평행이동

______

➡ ______

06 $y=-6x$

x축 방향으로 -4만큼 평행이동

______

y축 방향으로 2만큼 평행이동

______

➡ ______

▶ 정답 및 해설 57쪽

6-47

개념 마무리 1

일차함수의 그래프를 보고 빈칸에 알맞은 수를 쓰고, 함수의 식을 $y=ax+b$ 모양으로 나타내세요.

01

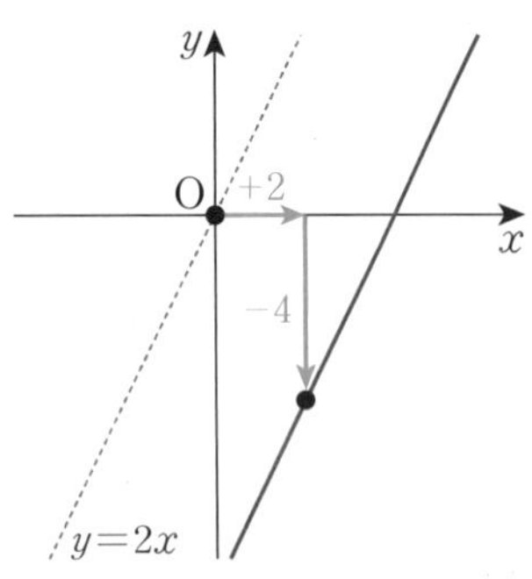

$y=2x$의 그래프를 x축 방향으로 [2]만큼, y축 방향으로 [−4]만큼 평행이동한 그래프

$y=2(x-2)-4$
$=2x-4-4$
$=2x-8$

답: $y=2x-8$

02

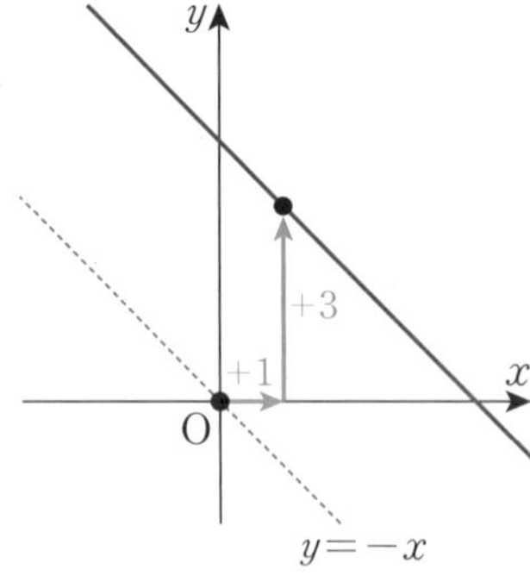

$y=-x$의 그래프를 x축 방향으로 ☐만큼, y축 방향으로 ☐만큼 평행이동한 그래프

03

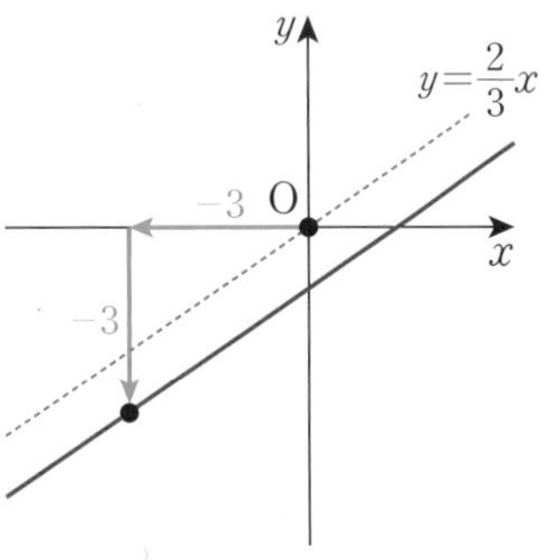

$y=\frac{2}{3}x$의 그래프를 x축 방향으로 ☐만큼, y축 방향으로 ☐만큼 평행이동한 그래프

04

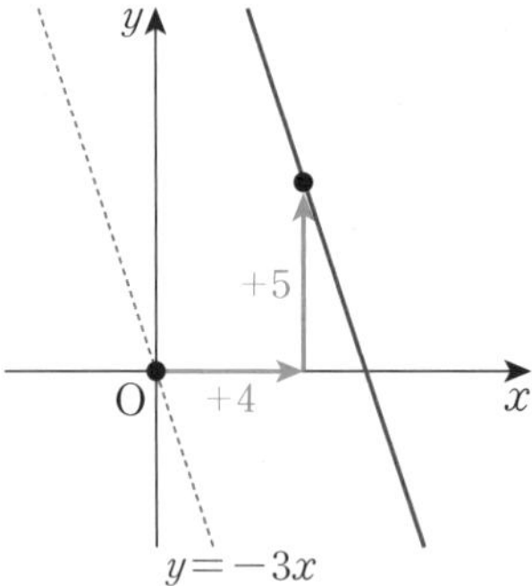

$y=-3x$의 그래프를 x축 방향으로 ☐만큼, y축 방향으로 ☐만큼 평행이동한 그래프

▶ 정답 및 해설 57쪽

6-48

개념 마무리 2

일차함수의 그래프에 대하여 물음에 답하세요.

01 $y=ax+b$의 그래프는 $y=4x$의 그래프를 x축 방향으로 2만큼, y축 방향으로 3만큼 평행이동한 것일 때, 상수 a, b의 값은?

$y=4(x-2)+3$
$\rightarrow y=4x-8+3$
$\rightarrow y=4x-5$
$\quad\ \|$
$y=ax+b$

답: $a=4,\ b=-5$

02 $y=3x-5$의 그래프를 x축 방향으로 2만큼 평행이동한 그래프의 식이 $y=ax+b$일 때, 상수 a, b의 값은?

03 $y=ax$의 그래프를 x축 방향으로 4만큼, y축 방향으로 b만큼 평행이동한 그래프의 식이 $y=3x+6$일 때, 상수 a, b의 값은?

04 $y=-6x+2$의 그래프를 x축 방향으로 -1만큼, y축 방향으로 -5만큼 평행이동한 그래프의 식이 $y=ax+b$일 때, 상수 a, b의 값은?

05 $y=-\frac{5}{2}x$의 그래프를 x축 방향으로 1만큼, y축 방향으로 2만큼 평행이동한 그래프가 점 $(1, k)$를 지날 때, k의 값은?

06 $y=4x-3$의 그래프를 x축 방향으로 k만큼 평행이동한 그래프가 점 $(1, 5)$를 지날 때, k의 값은?

단원 마무리

01 일차함수 $y=2x$의 그래프 위의 모든 점을 y축 방향으로 -2만큼 이동한 그래프의 식은?

① $y=2x$ ② $y=-2x$
③ $y=2x+2$ ④ $y=2x-2$
⑤ $y=-2x+2$

02 다음 일차함수의 그래프 중에서 다른 것과 평행하지 <u>않은</u> 것은?

① $y=5x+1$ ② $y=5x-10$
③ $y+5x=0$ ④ $y=2+5x$
⑤ $2y=10x+6$

03 일차함수 $y=-2x+4$의 그래프의 x절편과 y절편을 각각 구하시오.

04 기울기가 7이고 점 $\left(0, \frac{1}{7}\right)$을 지나는 직선을 그래프로 하는 일차함수의 식을 구하시오.

05 일차함수 $y=ax+b$에 대하여 $a<0$, $b>0$일 때, 그래프의 대략적인 모양을 알맞게 그린 것은?

① ② 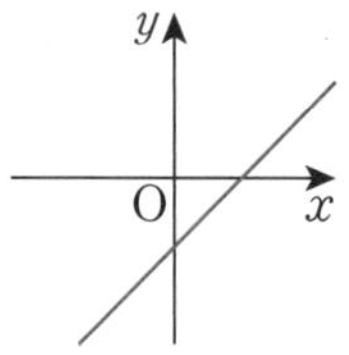 ③

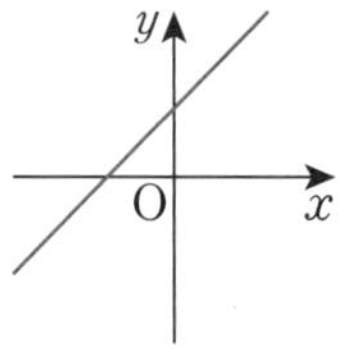

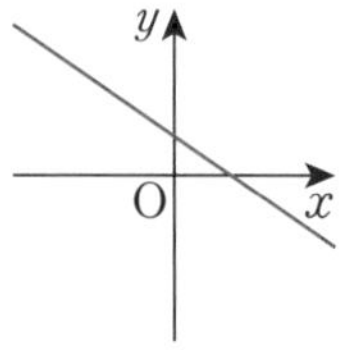

④
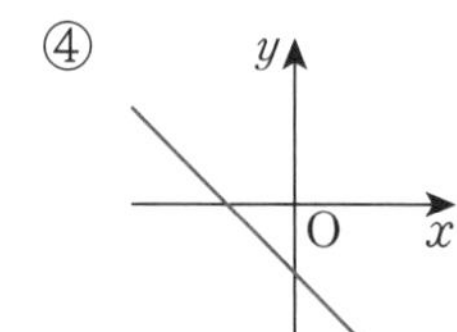

⑤
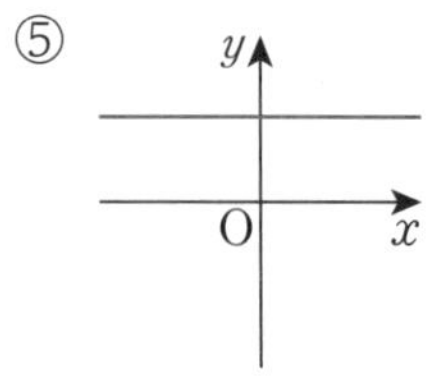

06 x절편이 3, y절편이 9인 직선의 기울기를 구하시오.

07 일차함수 $y=-ax-b$의 그래프를 보고 상수 a, b의 부호를 바르게 쓴 것은?

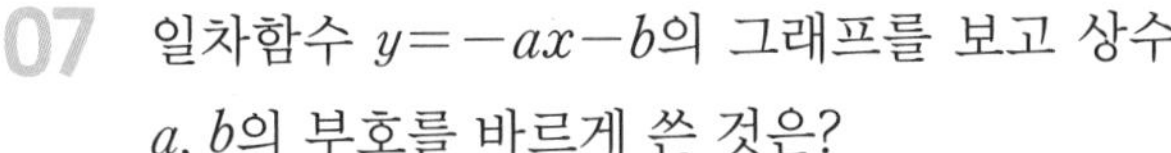

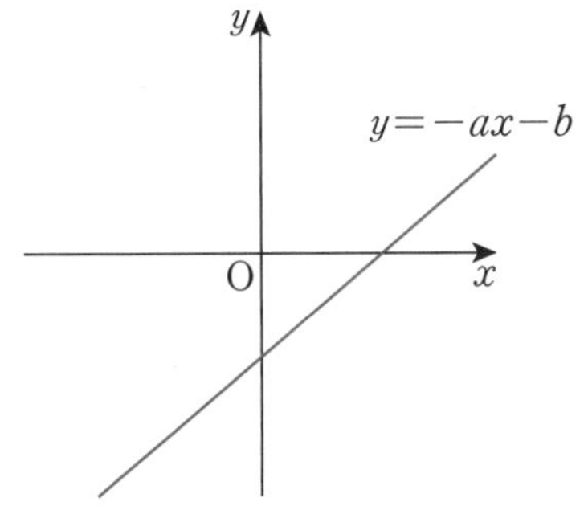

① $a>0$, $b>0$　② $a>0$, $b<0$
③ $a<0$, $b>0$　④ $a<0$, $b<0$
⑤ $a=0$, $b>0$

08 일차함수 $y=-\frac{1}{3}x-2$의 그래프의 x절편과 y절편을 표시하고, 그래프를 그리시오.

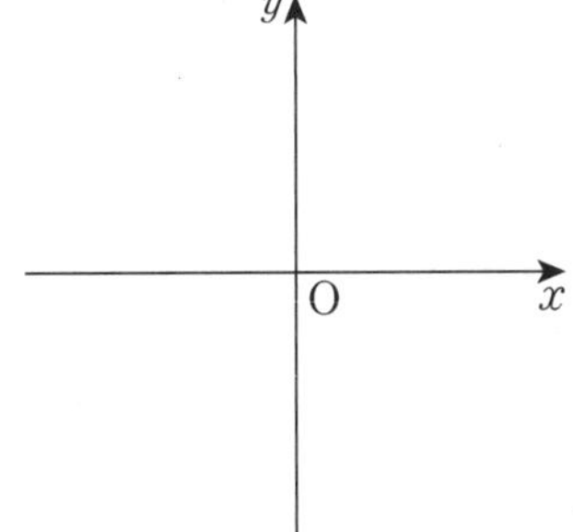

09 일차함수 $y=2x+4-a$의 그래프의 x절편이 3일 때, 상수 a의 값을 구하시오.

10 그래프가 점 $(-1, -1)$을 지나고, $y=-4x+1$의 그래프와 평행한 일차함수의 식은?

① $y=4x+3$　② $y=4x+1$
③ $y=-4x-1$　④ $y=-4x-5$
⑤ $y=x$

11 y절편이 -4인 일차함수의 그래프에 대한 설명으로 항상 옳은 것은?

① 기울기가 -4이다.
② $y=10x-4$와 y절편이 같다.
③ 점 $(4, -4)$를 지난다.
④ 점 $(-4, 0)$은 그래프 위에 있다.
⑤ x축과 만나는 점의 좌표는 $(0, -4)$이다.

12 일차함수 $y=5x+1$의 그래프를 x축 방향으로 3만큼 평행이동한 그래프의 식은?

① $y=5x+4$ ② $y=8x+1$
③ $y=5x+16$ ④ $y=5x-14$
⑤ $y=5x-2$

13 주어진 직선을 그래프로 하는 일차함수가 $y=ax+b$일 때, $a+b$의 값을 구하시오. (단, a, b는 상수)

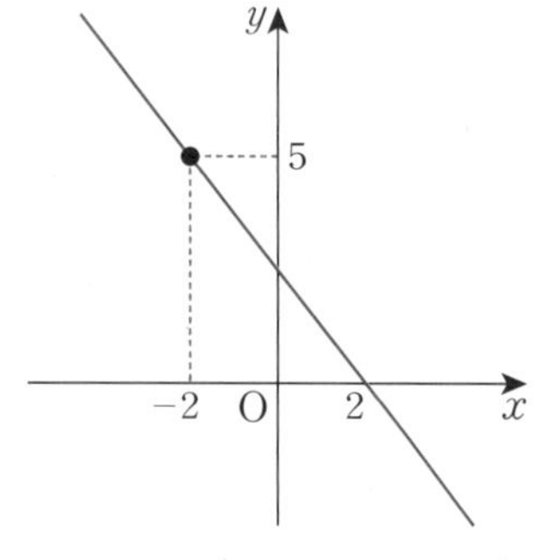

14 다음 중 그래프가 제4사분면을 지나지 않는 것은?

① $y=-x+10$ ② $y=4x-4$
③ $y=-3x-9$ ④ $y=-\frac{1}{2}x$
⑤ $y=\frac{1}{5}x+1$

15 일차함수 $y=-6x+b$의 그래프를 y축 방향으로 3만큼 평행이동하면 $y=ax+3$의 그래프와 똑같아질 때, 상수 a, b의 값을 각각 구하시오.

16 $y=3x-4$의 그래프와 평행하고 y절편이 k인 일차함수의 그래프가 점 $(-3, 1)$을 지날 때, k의 값을 구하시오.

17 일차함수 $y=-ax-b$의 그래프가 제1, 3, 4 사분면을 지날 때, $y=ax+\frac{a}{b}$의 그래프가 지나는 사분면을 모두 쓰시오.

18 일차함수 $y=-2x-1$의 그래프를 x축 방향으로 2만큼 평행이동한 그래프와 y축 방향으로 k만큼 평행이동한 그래프가 서로 똑같을 때, k의 값을 구하시오.

19 일차함수 $y=-\frac{1}{2}x+2$의 그래프에 대한 설명으로 옳지 <u>않은</u> 것은?

① 점 $(2, 1)$을 지난다.
② x절편은 4, y절편은 2이다.
③ 제3사분면을 지나지 않는다.
④ $y=-\frac{1}{2}x$의 그래프를 y축 방향으로 2만큼 평행이동한 그래프이다.
⑤ $y=-\frac{1}{2}x$의 그래프를 x축 방향으로 -4만큼 평행이동한 그래프이다.

20 일차함수 $y=ax$의 그래프를 x축 방향으로 3만큼, y축 방향으로 2만큼 평행이동한 그래프의 x절편이 -1일 때, 상수 a의 값을 구하시오.

서술형 문제

21 y절편이 7이고 점 $(-4,\ -5)$를 지나는 직선을 그래프로 하는 일차함수의 식을 구하시오.

풀이

서술형 문제

22 ㉠ 그래프를 y축 방향으로 평행이동했더니 ㉡ 그래프가 되었습니다. 물음에 답하시오.

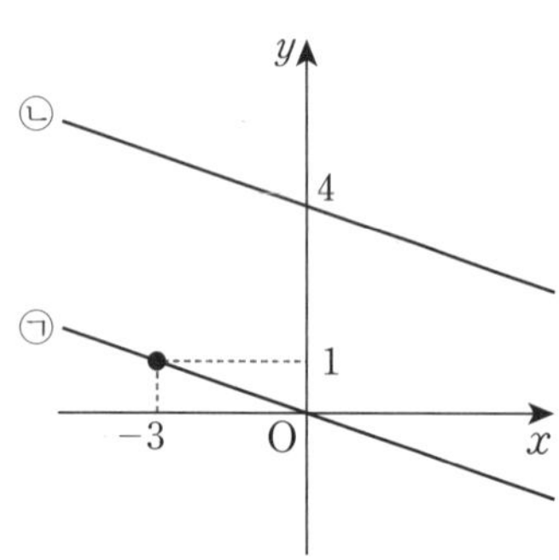

(1) ㉠의 식을 구하시오.

(2) ㉡의 식을 구하시오.

서술형 문제

23 두 일차함수 $y=ax+b$와 $y=-x+3$의 그래프가 y축 위의 점 A에서 만납니다. 삼각형 ABC의 넓이가 3일 때, 상수 a, b의 값을 각각 구하시오. (단, $a<-1$)

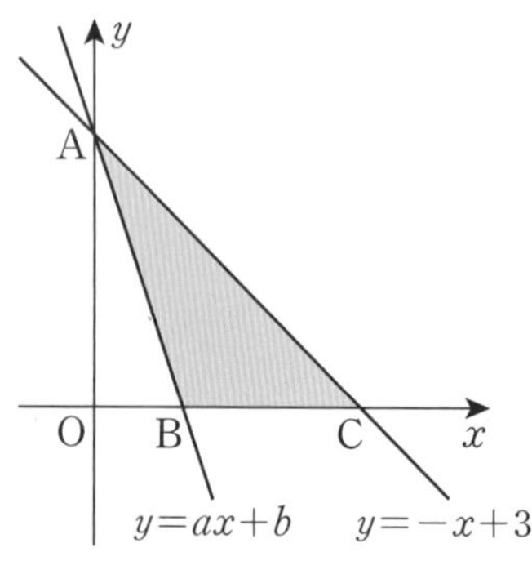

풀이

쉬어가기

일차함수의 그래프에서

x축 방향 평행이동은 y축 방향 평행이동으로 쓸 수 있고,

y축 방향 평행이동은 x축 방향 평행이동으로 쓸 수 있다!

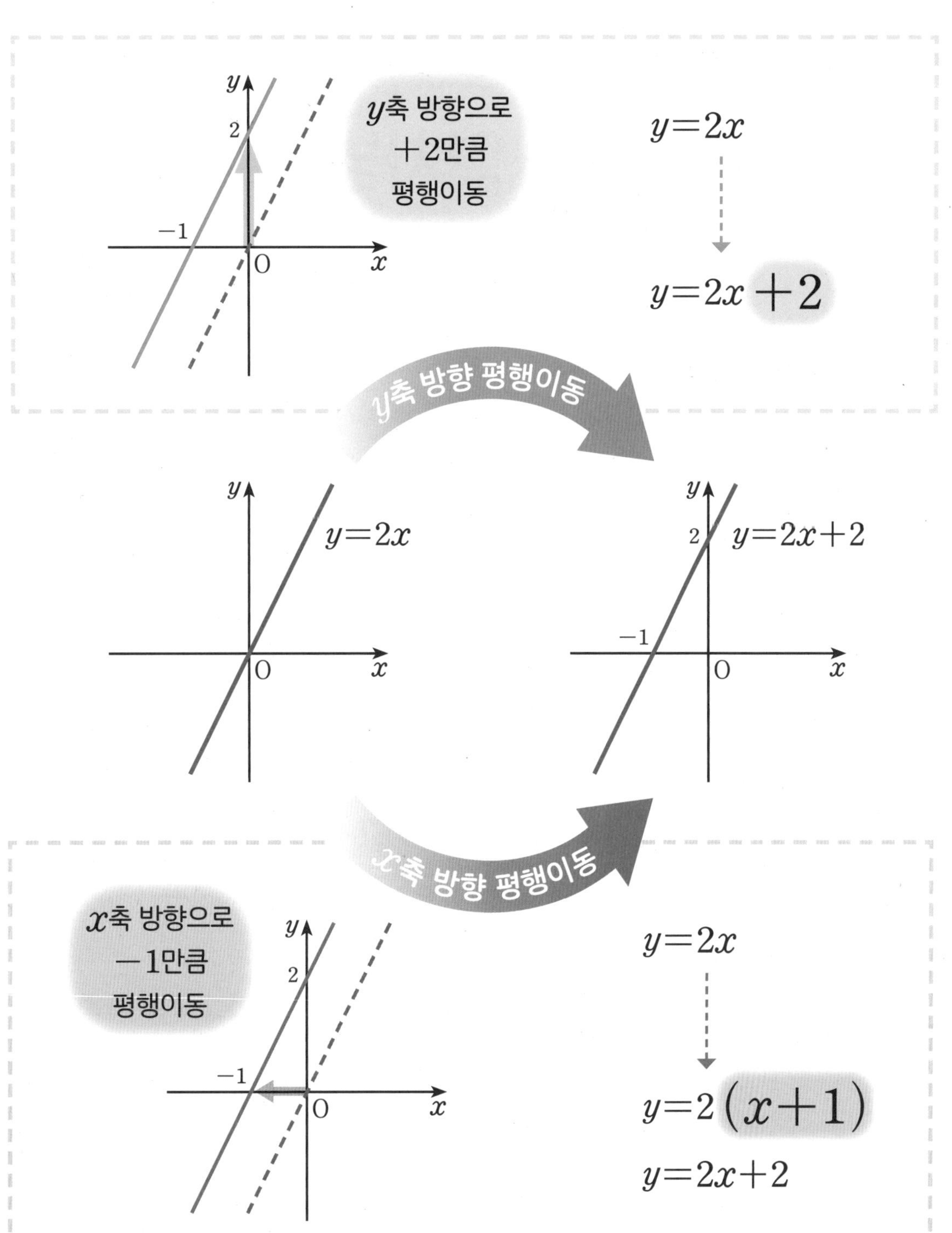

7 일차함수와 일차방정식의 관계

이번 단원에서 배울 내용

1. 미지수가 2개인 일차방정식
2. 일차함수와 일차방정식
3. 직선의 방정식
4. 연립방정식
5. 연립방정식의 해와 그래프 (1)
6. 연립방정식의 해와 그래프 (2)
7. 연립방정식의 해와 그래프 (3)
8. 그래프 3개로 삼각형 만들기

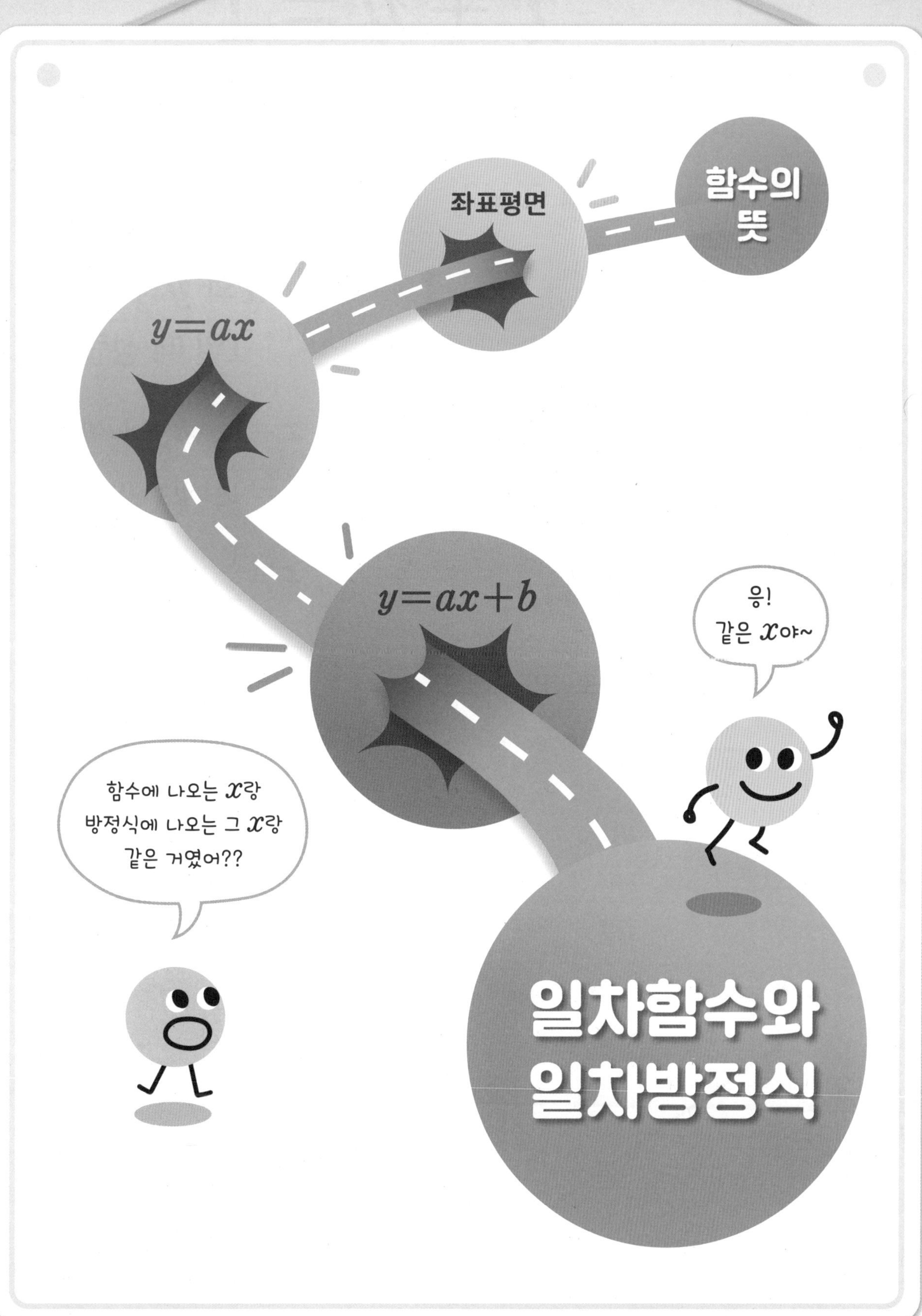
함수의 뜻
좌표평면
$y=ax$
$y=ax+b$
응!
같은 x야~
함수에 나오는 x랑
방정식에 나오는 그 x랑
같은 거였어??
일차함수와
일차방정식

1 미지수가 2개인 일차방정식

$$x+y=1$$

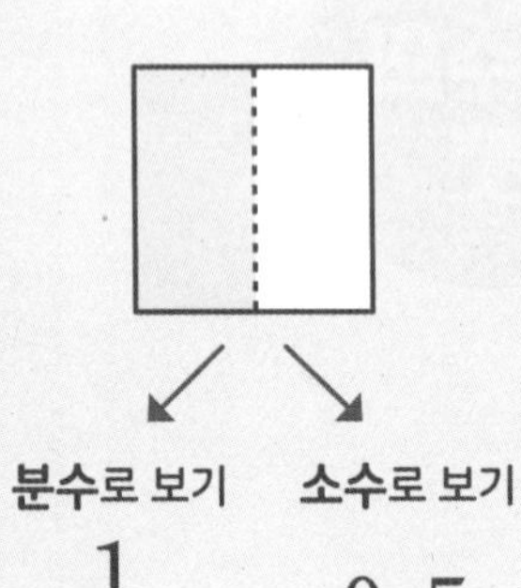

분수로 보기 소수로 보기

$\frac{1}{2}$ 0.5

같은 것도 어떻게 보느냐에 따라 달라지지!

함수로 보기

➡ $y=-x+1$

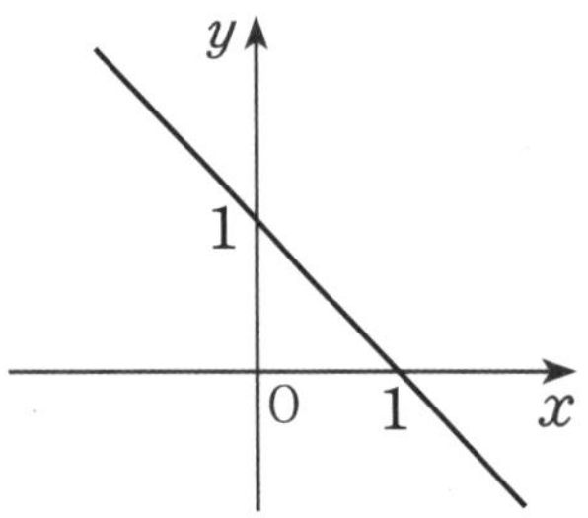

y절편이 1, 기울기는 -1인 직선 모양의 그래프

방정식으로 보기

➡ x와 y의 합이 1일 때 성립

$x=0,\ y=1$ 일 때 참

$x=1,\ y=0$ 일 때 참

$x=\frac{1}{2},\ y=\frac{1}{2}$ 일 때 참

⋮

참이 되는 경우는 무수히 많아~

개념 익히기 1

관계있는 것끼리 연결하세요.

01	02	03
$y=\frac{3}{2}x+5$	$y=-3x-10$	$y=3x-10$
$6x-2y-20=0$	$3x-2y+10=0$	$3x+y+10=0$

$y=\frac{3}{2}x+5$
$\rightarrow 2y=3x+10$
$\rightarrow 0=3x-2y+10$

▶ 정답 및 해설 65쪽

7-01

방정식

미지수의 값에 따라
참이 되기도, 거짓이 되기도
하는 등식

예 $x + y = 1$

미지수 (x, y) / 등호도 있으니까 등식!

$\begin{cases} x=1 \\ y=1 \end{cases}$	$\begin{cases} x=1 \\ y=0 \end{cases}$	$\begin{cases} x=0 \\ y=1 \end{cases}$
거짓	참	참

➡ $x+y=1$은 방정식 맞음

$x+y=1$ 이런 방정식의 이름은~

미지수가 **2개**인 (x, y)

일차방정식이야! (x도 1차, y도 1차)

기본 모양 $ax+by+c=0$
(단, a, b, c는 상수, $a \neq 0$, $b \neq 0$)

특 징 x값이 무엇이든 y값이 있으니까, **해가 무수히 많다!**
해: 방정식이 참이 되게 하는 미지수의 값

개념 익히기 2

7-02

순서쌍 (x, y)를 주어진 일차방정식에 대입하여 식이 성립하면 '참', 성립하지 않으면 '거짓'이라고 쓰세요.

01 $2x+3y=1$

$(-1, 1)$

참

$2x+3y=1$에 $(-1, 1)$ 대입
→ $2\times(-1)+3\times1$
$=-2+3$
$=1$
➡ 성립함

02 $-4x+y=-1$

$\left(\frac{1}{2}, -1\right)$

03 $x-2y=11$

$(5, -3)$

▶ 정답 및 해설 66쪽

개념 다지기 1

미지수가 2개인 일차방정식끼리 짝 지어진 것에 모두 ○표 하세요.

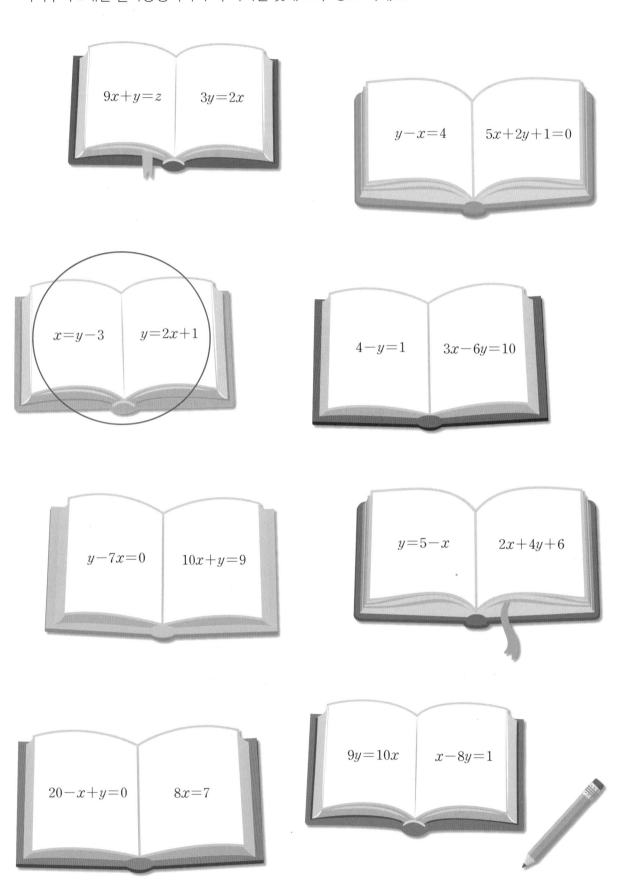

$9x+y=z$　$3y=2x$

$y-x=4$　$5x+2y+1=0$

$x=y-3$　$y=2x+1$

$4-y=1$　$3x-6y=10$

$y-7x=0$　$10x+y=9$

$y=5-x$　$2x+4y+6$

$20-x+y=0$　$8x=7$

$9y=10x$　$x-8y=1$

▶ 정답 및 해설 67쪽

개념 다지기 2

주어진 함수의 식을 일차방정식 $ax+by+c=0$의 모양으로 나타내려고 합니다. 빈칸을 알맞게 채우세요.

01 $y=\frac{1}{2}x+11$

➡ x [$-2y+22$] $=0$

$$y=\frac{1}{2}x+11$$
$$2\times y=\left(\frac{1}{2}x+11\right)\times 2$$
$$\rightarrow 2y=x+22$$
$$\rightarrow 0=x-2y+22$$

02 $y=-5x-4$

➡ $5x$ [ ] $=0$

03 $x=3y+11$

➡ x [ ] $=0$

04 $-8=-4x+2y$

➡ $4x$ [ ] $=0$

05 $y=\frac{1}{4}x+\frac{1}{2}$

➡ x [ ] $=0$

06 $\frac{1}{6}y-1=x$

➡ $6x$ [ ] $=0$

▶ 정답 및 해설 68쪽

7-05

개념 마무리 1

주어진 식에 알맞게 빈칸을 채우거나 ○표 하여, 미지수가 2개인 일차방정식인지 확인하세요.

01 $x-5y$

- 미지수가 [2]개
- x, y에 대한 [1]차식
- 등호가 (있습니다 , (없습니다)).

➡ 미지수가 2개인 일차방정식이 (맞습니다 , (아닙니다)).

02 $x+2y-1=0$

- 미지수가 [ ]개
- x, y에 대한 [ ]차식
- 등호가 (있습니다 , 없습니다).

➡ 미지수가 2개인 일차방정식이 (맞습니다 , 아닙니다).

03 $y=3x$

- y는 x의 함수가 (맞습니다 , 아닙니다).
- (정비례 , 반비례) 관계입니다.
- 일차함수가 (맞습니다 , 아닙니다).

➡ 미지수가 2개인 일차방정식이 (맞습니다 , 아닙니다).

04 $y=-\frac{5}{x}$

- y는 x의 함수가 (맞습니다 , 아닙니다).
- (정비례 , 반비례) 관계입니다.
- 일차함수가 (맞습니다 , 아닙니다).

➡ 미지수가 2개인 일차방정식이 (맞습니다 , 아닙니다).

05 $2y+y=10+2x$

$ax+by+c=0$의 모양으로 나타내면

$a=2$, $b=$[ ], $c=$[ ]

➡ 미지수가 2개인 일차방정식이 (맞습니다 , 아닙니다).

06 $3y=x+3y+4$

$ax+by+c=0$의 모양으로 나타내면

$a=1$, $b=$[ ], $c=$[ ]

➡ 미지수가 2개인 일차방정식이 (맞습니다 , 아닙니다).

▶ 정답 및 해설 68쪽

7-06

개념 마무리 2

표를 완성하고, x, y가 **자연수**인 해를 순서쌍 (x, y)로 나타내세요.

01 $x=10-2y$

x	8	6	4	2	0	…
y	1	2	3	4	5	…

➡ $(8,\ 1),\ (6,\ 2),\ (4,\ 3),\ (2,\ 4)$

02 $x+y=5$

x	1	2	3	4	5	…
y						…

➡

03 $y=4-x$

x	1	2	3	4	…
y					…

➡

04 $x=-4y+16$

x					…
y	1	2	3	4	…

➡

05 $3x+y=11$

x	1	2	3	4	…
y					…

➡

06 $\frac{1}{2}x+y=4$

x	2	4	6	8	…
y					…

➡

2 일차함수와 일차방정식

$x+y-3=0$

미지수 2개,
그리고 1차식!

➡ **미지수가 2개인 일차방정식**

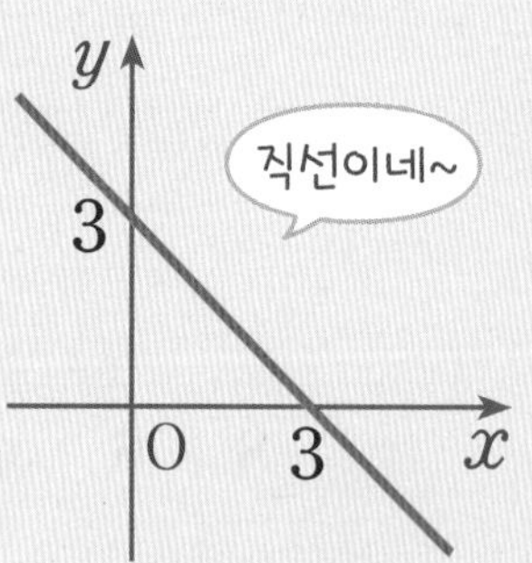

$x+y-3=0$

➡ $y=-x+3$

$x+y-3=0$

일차방정식 $x+y-3=0$을 만족하는 **해는 무수히 많아~**

x	…	-1	0	1	2	…
y	…	4	3	2	1	…

방정식의 해 (x, y)를 좌표평면 위에 나타낼 수 있어!

개념 익히기 1

일차방정식에 대한 설명으로 옳은 것에 ○표, 틀린 것에 ×표 하세요.

01

미지수가 2개인 일차방정식의 해는 무수히 많다. (○)

02

미지수가 2개인 일차방정식의 해를 좌표평면 위에 나타내면 곡선이 된다. (   )

03

미지수가 2개인 일차방정식은 일차함수의 식으로 바꿔 쓸 수 있다. (   )

7-07

▶정답 및 해설 68쪽

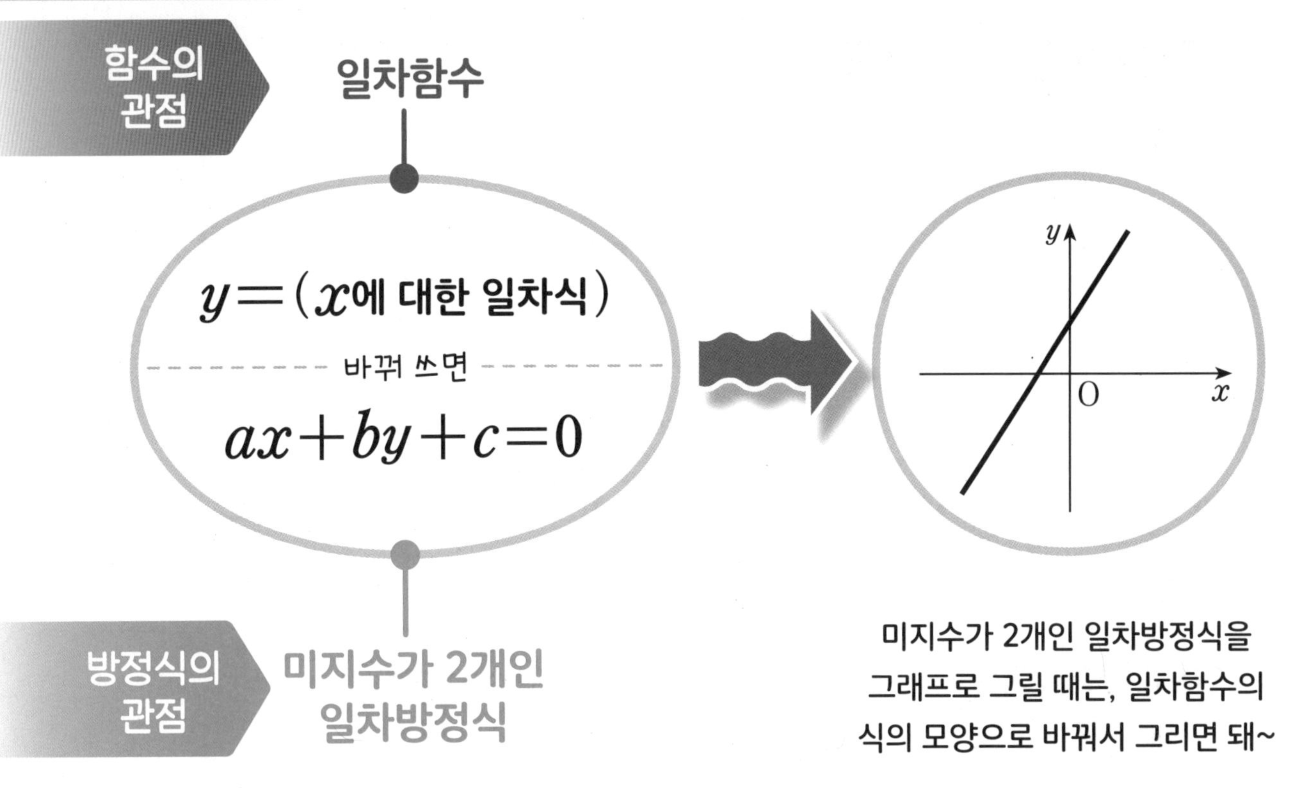

미지수가 2개인 일차방정식을 그래프로 그릴 때는, 일차함수의 식의 모양으로 바꿔서 그리면 돼~

일차함수
미지수가 2개인 일차방정식
이 둘은 같은 것~

개념 익히기 2

일차방정식을 일차함수 $y=ax+b$의 모양으로 바꿔 쓰세요.

7-08

01

$4x-2y+2=0$ ➡ $y=$ $2x+1$

$4x-2y+2=0$
$\rightarrow 4x+2=2y$
$2x+1=y$

02

$3x+y-5=0$ ➡ $y=$

03

$6x-3y+1=0$ ➡ $y=$

3 직선의 방정식

★ 직선 모양의 그래프

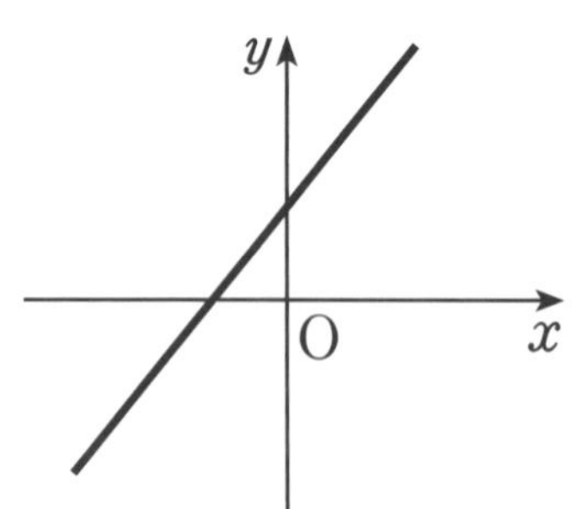	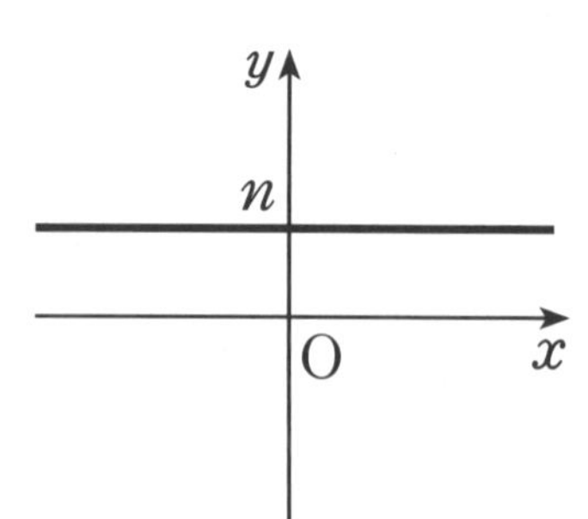	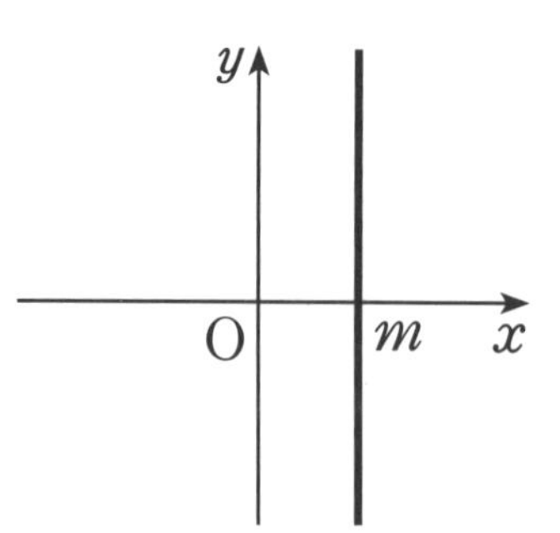
$ax+by+c=0$ ($a\neq0$, $b\neq0$)	$y=n$ (n은 상수)	$x=m$ (m은 상수)
미지수가 2개인 일차방정식	미지수가 1개인 일차방정식	

그래프가 직선인 일차방정식을 직선의 방정식이라고 해~

개념 익히기 1

알맞은 이름을 모두 찾아 V표 하세요.

01

$9x+3y-12=0$

- [x] 직선의 방정식
- [x] 미지수가 2개인 일차방정식
- [ ] 반비례 관계식

02

$x=5$

- [ ] 일차방정식
- [ ] 정비례 관계식
- [ ] 직선의 방정식

03

$y=-4$

- [ ] 선분의 방정식
- [ ] 일차함수의 식
- [ ] 미지수가 1개인 일차방정식

▶정답 및 해설 69쪽

7-09

직선의 방정식이 있다!

직선 모양의 그래프가 있다!

$y=ax+b$
- 일차방정식 ········(○)
- 함수 ··················(○)
- 일차함수 ···········(○)

이런 그래프를 **일차방정식의 그래프**라고 해!

$y=n$
- 일차방정식 ········(○)
- 함수 ··················(○)
- 일차함수 ···········(×)

$x=m$
- 일차방정식 ········(○)
- 함수 ··················(×)
- 일차함수 ···········(×)

모든 직선이 **일차함수인 것은 아니다!**

개념 익히기 2

7-10

일차방정식의 그래프를 보고 옳은 것에 ○표, 틀린 것에 ×표 하세요.

01

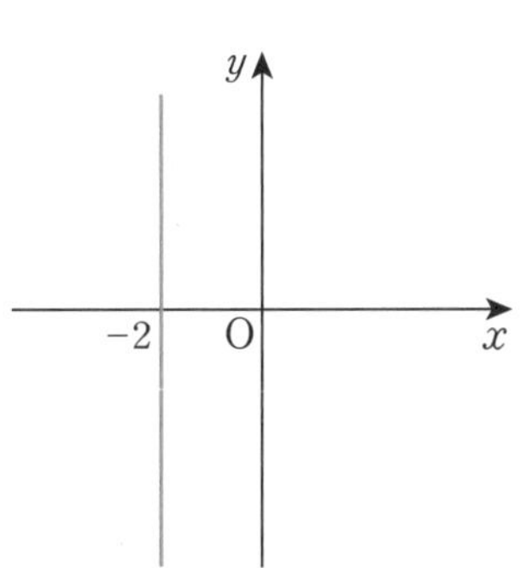

함수이다. (×)

일차함수이다. (×)

02

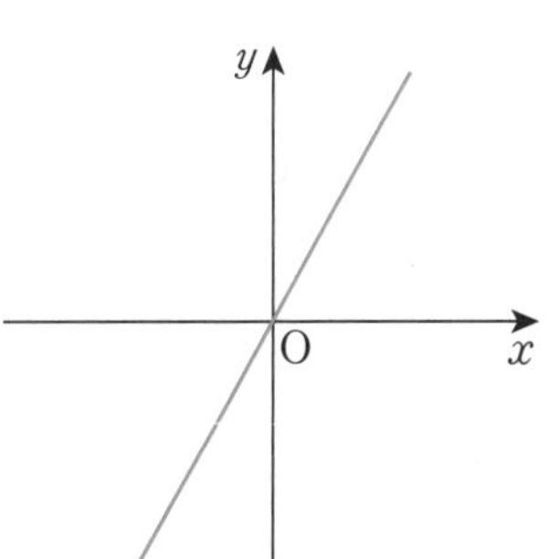

함수이다. (　　)

일차함수이다. (　　)

03

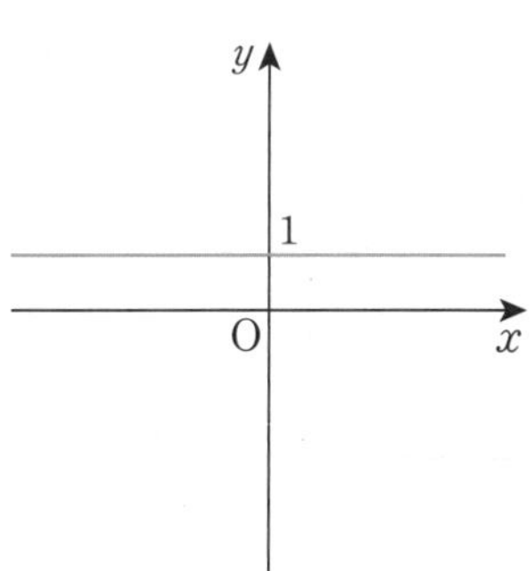

함수이다. (　　)

일차함수이다. (　　)

▶ 정답 및 해설 70쪽

개념 다지기 1

주어진 일차방정식을 보고 물음에 답하세요.

01 $2x+y-2=0$

(1) 일차방정식을 일차함수 $y=ax+b$의 모양으로 나타내세요.

$y=-2x+2$

(2) x절편과 y절편을 나타내어, 그래프를 그리세요.

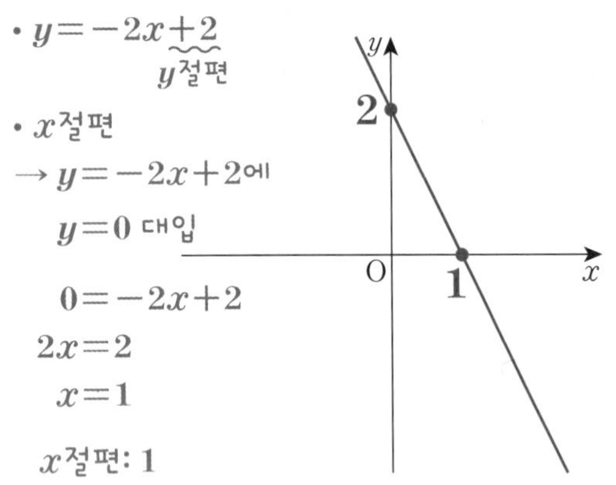

02 $-x+3y-3=0$

(1) 일차방정식을 일차함수 $y=ax+b$의 모양으로 나타내세요.

(2) x절편과 y절편을 나타내어, 그래프를 그리세요.

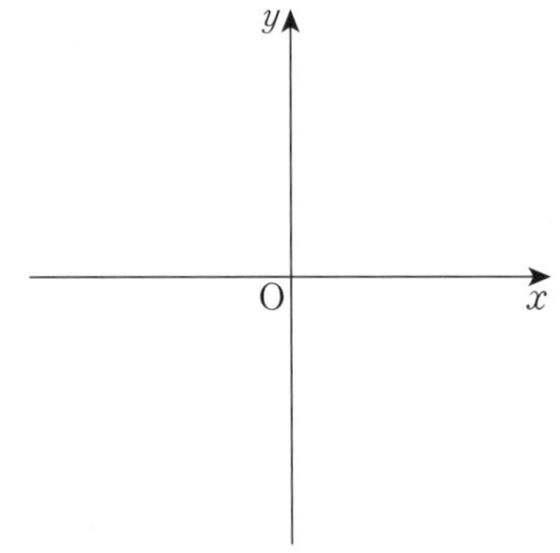

03 $-2x+2y=4$

(1) 일차방정식을 일차함수 $y=ax+b$의 모양으로 나타내세요.

(2) x절편과 y절편을 나타내어, 그래프를 그리세요.

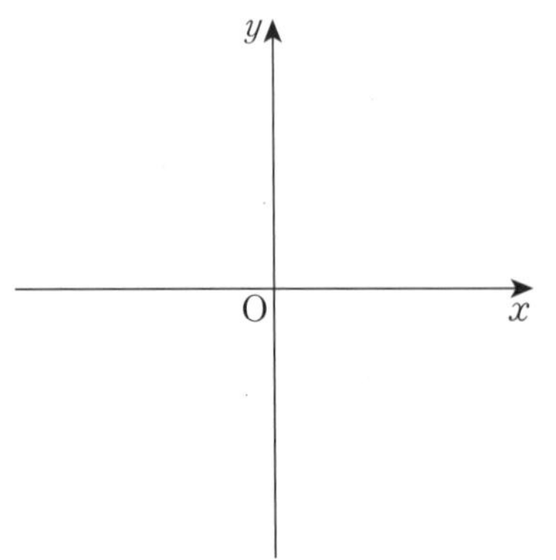

04 $2x+3y-6=0$

(1) 일차방정식을 일차함수 $y=ax+b$의 모양으로 나타내세요.

(2) x절편과 y절편을 나타내어, 그래프를 그리세요.

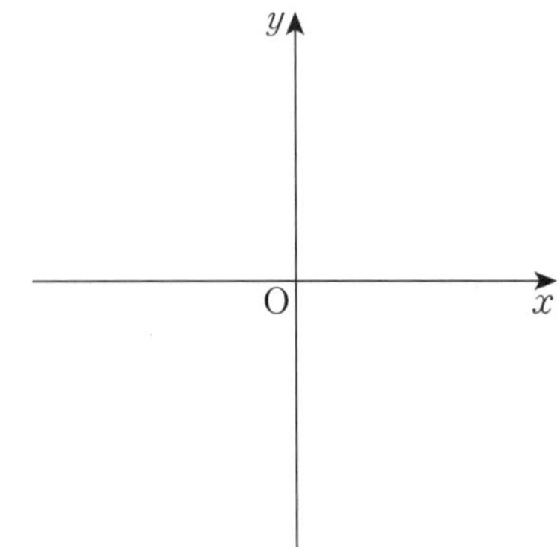

▶ 정답 및 해설 71쪽

7-12

개념 다지기 2

주어진 일차방정식의 그래프를 보고, 상수 a, b의 값을 각각 구하세요.

01 $ax+y+b=0$

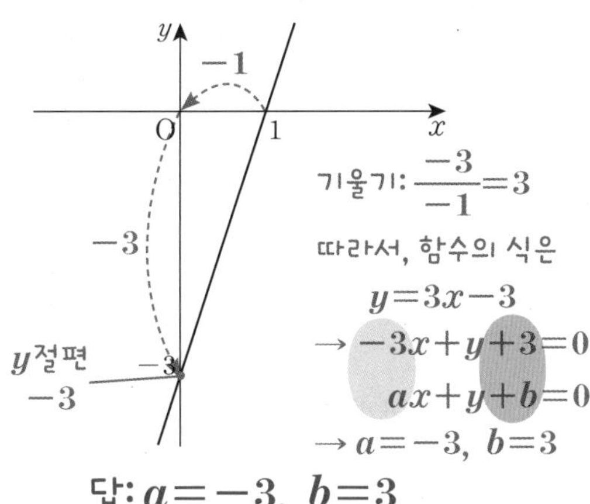

답: $a=-3$, $b=3$

02 $ax+3y-b=0$

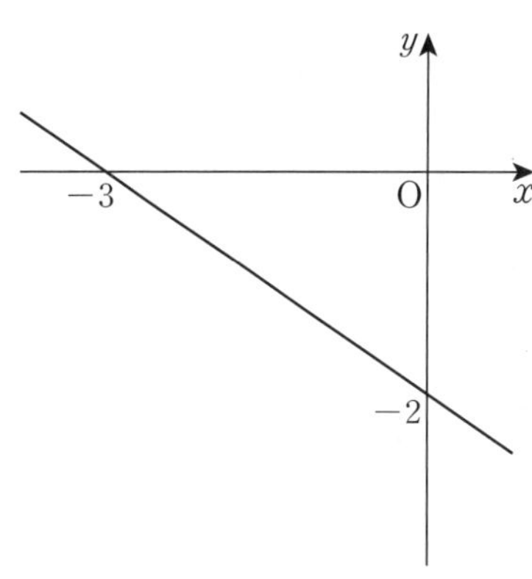

03 $ax+by+4=0$

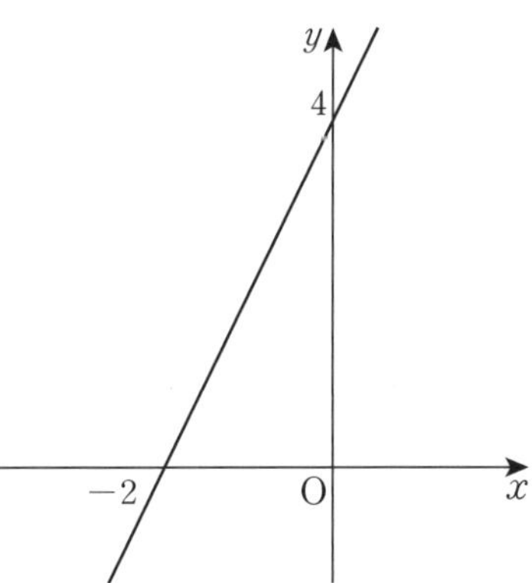

04 $7x+ay+b=0$

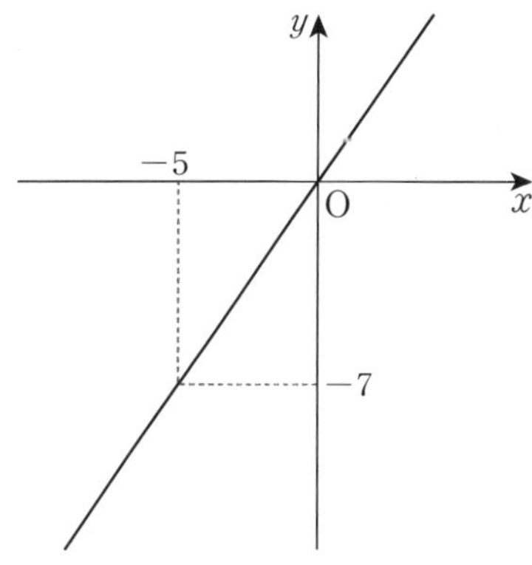

05 $ax+2y+b=0$

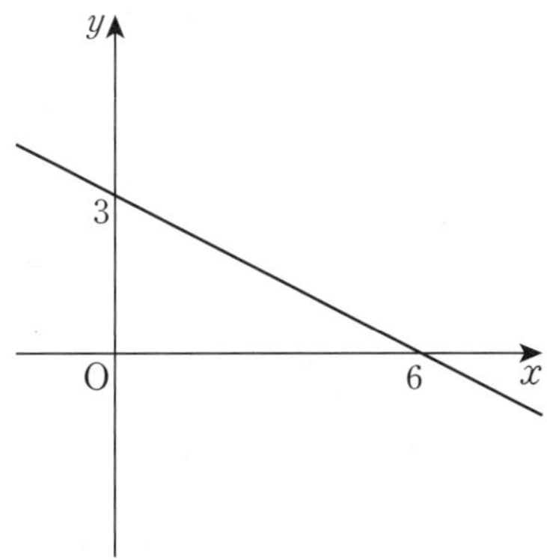

06 $x+ay+b=0$

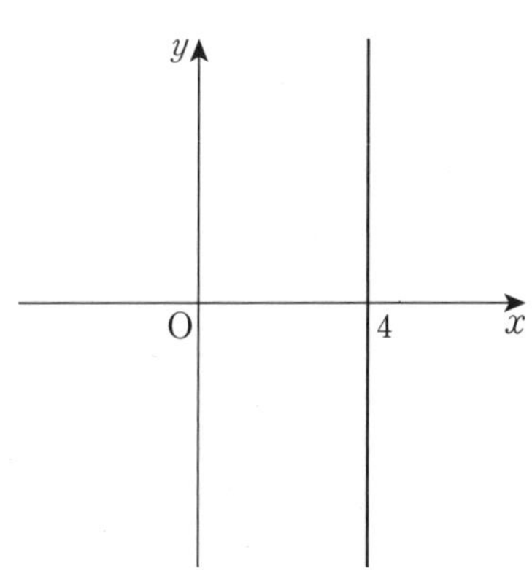

▶ 정답 및 해설 72쪽

개념 마무리 1

일차방정식의 그래프를 보고, 부호를 알맞게 쓰세요.

01

$ax-by+2=0$

기울기: 양수

y절편: 음수

$ax-by+2=0$

$\rightarrow by=ax+2$

$y=\frac{a}{b}x+\frac{2}{b}$

기울기 y절편

$\rightarrow$ y절편이 음수니까 b가 음수

$\frac{a}{b}=\frac{a}{(-)}=(+)$

$\rightarrow$ a는 음수

➡ a의 부호: $a<0$

b의 부호: $b<0$

02

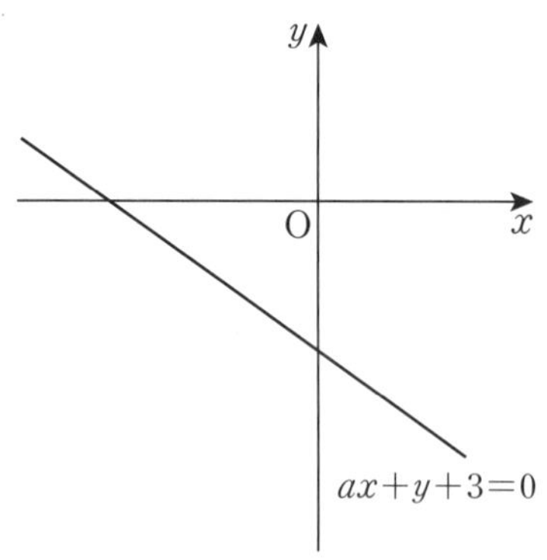

➡ a의 부호:

03

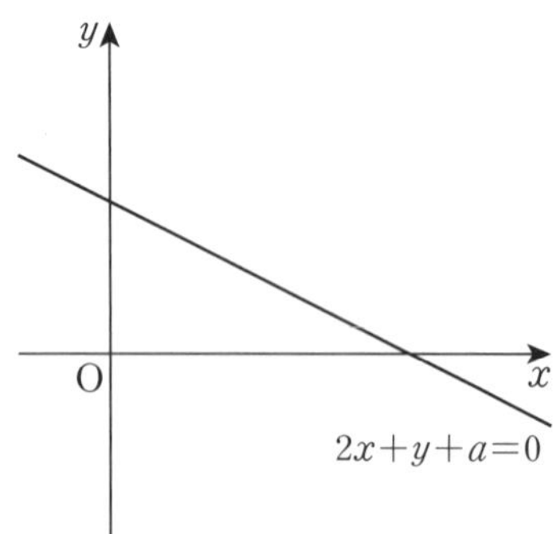

➡ a의 부호:

04

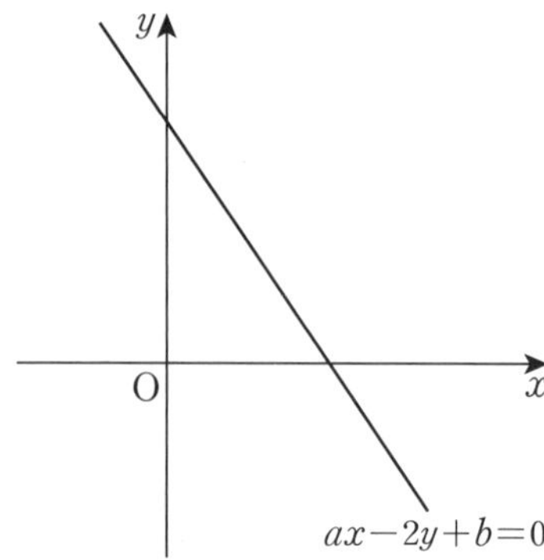

➡ a의 부호:

b의 부호:

05

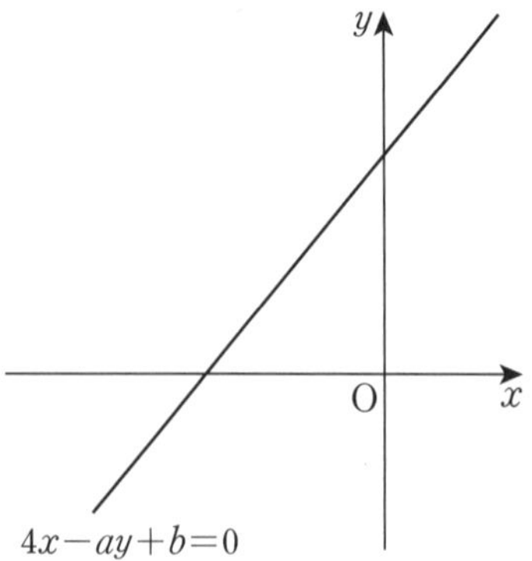

➡ a의 부호:

b의 부호:

06

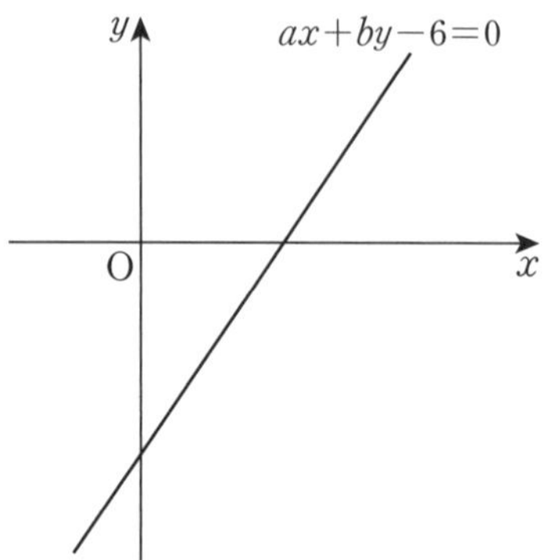

➡ a의 부호:

b의 부호:

▶ 정답 및 해설 73쪽

7-14

개념 마무리 2

물음에 답하세요.

01 일차방정식 $9x-3y-6=0$의 그래프의 기울기를 a, y절편을 b라고 할 때, ab의 값은?

$9x-3y-6=0$
$\rightarrow 3y=9x-6$
$y=\underbrace{3}_{a}x\underbrace{-2}_{b}$
$\rightarrow ab=3\times(-2)$
$=-6$

답: -6

02 일차방정식 $2x-y+b=0$의 그래프와 일차함수 $y=ax-5$의 그래프가 서로 같을 때, $a-b$의 값은? (단, a, b는 상수)

03 일차방정식 $4x-2y+5=0$의 그래프와 평행하고 점 $(4, 1)$을 지나는 직선의 방정식이 $ax-y+b=0$일 때, 상수 a, b의 값은?

04 기울기가 a, y절편이 4인 직선의 방정식이 $2x-3y+b=0$일 때, 상수 a, b의 값은?

05 일차방정식 $ax-y+2=0$의 그래프가 두 점 $(-1, 1)$, $(2, b)$를 지날 때, $a+b$의 값은? (단, a, b는 상수)

06 점 $(2, 3)$을 지나고 기울기가 1인 직선의 방정식이 $x+ay+b=0$일 때, 상수 a, b의 값은?

4 연립방정식

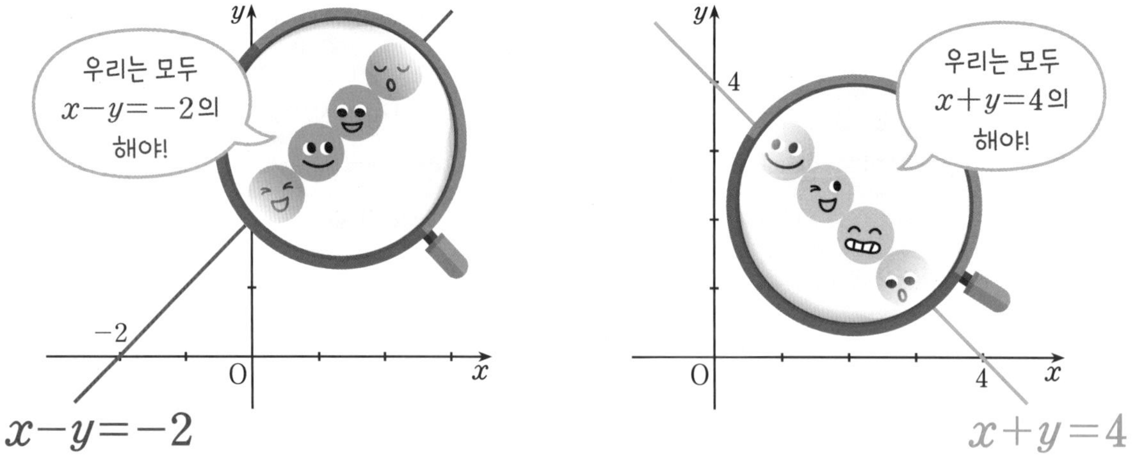

우리는 모두 $x-y=-2$의 해야!

$x-y=-2$

우리는 모두 $x+y=4$의 해야!

$x+y=4$

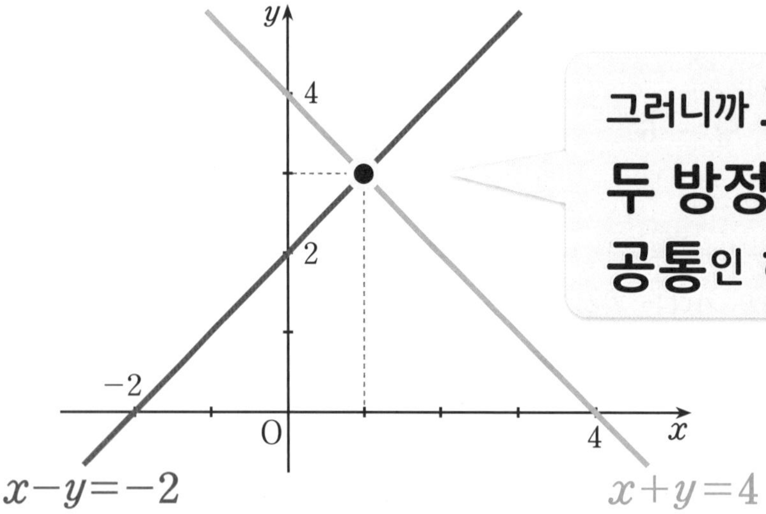

그러니까 **교점**의 좌표는 **두 방정식**$\left(\begin{matrix} x-y=-2 \\ x+y=4 \end{matrix}\right)$**의 공통**인 **해!**

$x-y=-2$ $\quad$ $x+y=4$

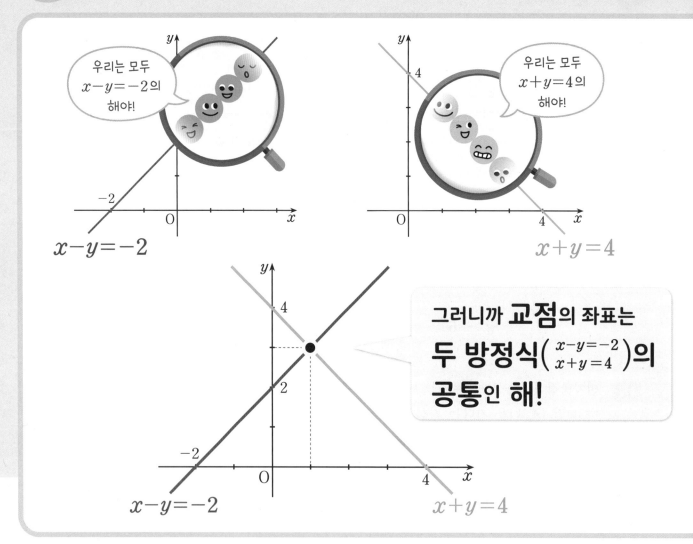

개념 익히기 1

두 일차방정식의 그래프를 보고, 두 방정식의 공통인 해를 순서쌍 (x, y)로 나타내세요.

01

$\begin{cases} 2x-y=-5 \\ 2x+y=1 \end{cases}$ $\quad$ $(-1, 3)$

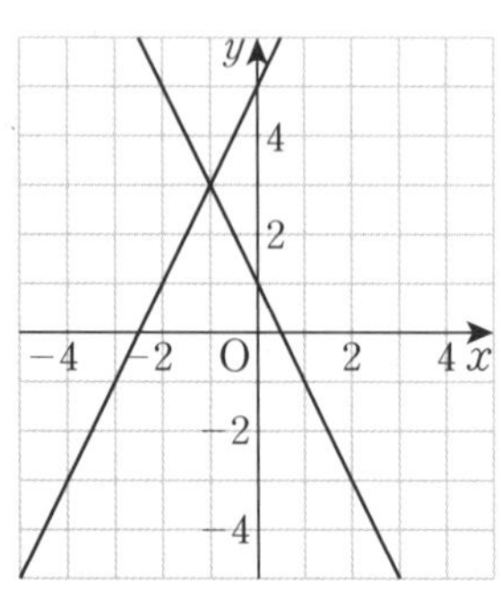

02

$\begin{cases} x+2y=0 \\ x-y=-6 \end{cases}$

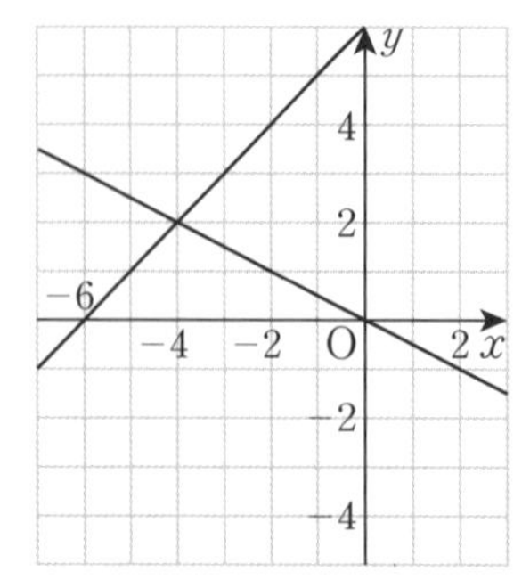

03

$\begin{cases} x-3y=-6 \\ 2x-y=3 \end{cases}$

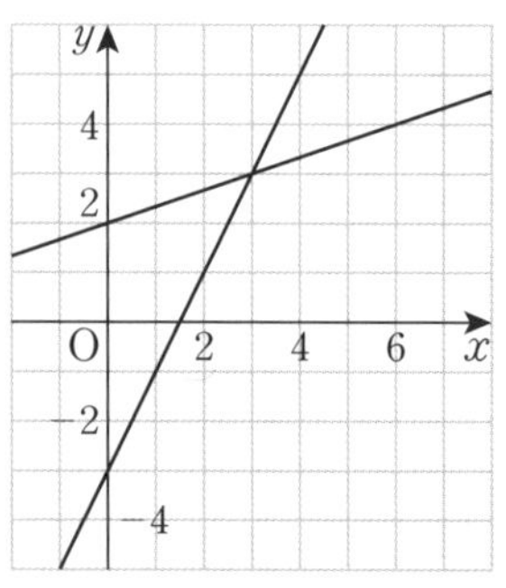

7-15

▶ 정답 및 해설 74쪽

두 방정식 $\begin{cases} x-y=-2 \\ x+y=4 \end{cases}$ 의 공통인 해

||

연립방정식의 해

등식의 양변에 같은 것을 더하거나 빼도 등식은 성립!
→ 더하거나 빼서 x와 y 중 하나를 없애서 풀기~

연속하다 서다

연속하여 세워진 방정식을 묶은 것이 연립방정식

예 $\begin{cases} x-y=-2 \\ x+y=4 \end{cases}$

★ 연립방정식을 푸는 방법

$\begin{cases} A=B \\ C=D \end{cases}$ ➡ $A+C=B+D$ ($C=D$이니까), $A-C=B-D$

예
$$\begin{array}{rl} & x-y=-2 \\ +) & x+y=4 \\ \hline & 2x \quad =2 \end{array}$$

y를 없앴지!

$2x=2 \rightarrow x=1$, 대입하면, $y=3$

해: $x=1,\ y=3$

▶ 개념 익히기 2

좌변은 좌변끼리, 우변은 우변끼리 더하거나 빼세요.

7-16

01

$\begin{cases} 7x-5y=9 \\ 7x+2y=16 \end{cases}$

빼기

$$\begin{array}{rl} & 7x-5y=9 \\ -) & 7x+2y=16 \\ \hline & -7y=-7 \end{array}$$

02

$\begin{cases} 2x+3y=5 \\ 4x-3y=7 \end{cases}$

더하기

$$\begin{array}{rl} & 2x+3y=5 \\ +) & 4x-3y=7 \\ \hline \end{array}$$

03

$\begin{cases} 6x-y=2 \\ -8x-y=-4 \end{cases}$

빼기

$$\begin{array}{rl} & 6x-y=2 \\ -) & -8x-y=-4 \\ \hline \end{array}$$

▶ 정답 및 해설 74쪽

개념 다지기 1

연립방정식에서 변끼리 더하거나 빼서 한 문자를 없애려고 합니다. 빈칸을 채우고, 알맞은 말에 ○표 하세요.

01 $\begin{cases} 4x-y=9 \\ 3x+y=5 \end{cases}$

➡ $\boxed{y}$를 없애려면 두 식을 변끼리 (더해야(○), 빼야)해요.

02 $\begin{cases} x-y=2 \\ x+5y=4 \end{cases}$

➡ x를 없애려면 두 식을 변끼리 (더해야 , 빼야)해요.

03 $\begin{cases} 5x+2y=-4 \\ -5x-3y=1 \end{cases}$

➡ x를 없애려면 두 식을 변끼리 (더해야 , 빼야)해요.

04 $\begin{cases} 9x+2y=13 \\ 6x-2y=-11 \end{cases}$

➡ y를 없애려면 두 식을 변끼리 (더해야 , 빼야)해요.

05 $\begin{cases} -4x+5y=13 \\ 4x-6y=-11 \end{cases}$

➡ $\square$를 없애려면 두 식을 변끼리 (더해야 , 빼야)해요.

06 $\begin{cases} 2x+8y=7 \\ 7x+8y=3 \end{cases}$

➡ $\square$를 없애려면 두 식을 변끼리 (더해야 , 빼야)해요.

▶정답 및 해설 75쪽

개념 다지기 2

연립방정식의 해를 구하는 과정입니다. 물음에 답하세요.

01 $\begin{cases} 9x+6y=24 \\ 4x-6y=2 \end{cases}$ → y를 없앨 수 있음

(1) 변끼리 더하거나 뺀 식에서 값을 구할 수 있는 미지수는? x

(2) (1)의 미지수의 값을 구하세요. $x=2$

$$\begin{array}{rl} & 9x+\cancel{6y}=24 \\ +) & 4x-\cancel{6y}=\ 2 \\ \hline & 13x \qquad =26 \end{array}$$

$\rightarrow x=2$

(3) (2)에서 구한 값을 연립방정식의 두 식 중 하나에 대입하여 남은 미지수의 값을 구하세요. $y=1$

$9x+6y=24$에 $x=2$ 대입

$9\times2+6y=24$

$18+6y=24$

$6y=6$

$y=1$

02 $\begin{cases} 6x+3y=15 \\ 6x-5y=-9 \end{cases}$

(1) 변끼리 더하거나 뺀 식에서 값을 구할 수 있는 미지수는?

(2) (1)의 미지수의 값을 구하세요.

(3) (2)에서 구한 값을 연립방정식의 두 식 중 하나에 대입하여 남은 미지수의 값을 구하세요.

03 $\begin{cases} -x+4y=11 \\ -x+y=-4 \end{cases}$

(1) 변끼리 더하거나 뺀 식에서 값을 구할 수 있는 미지수는?

(2) (1)의 미지수의 값을 구하세요.

(3) (2)에서 구한 값을 연립방정식의 두 식 중 하나에 대입하여 남은 미지수의 값을 구하세요.

04 $\begin{cases} -2x+7y=-6 \\ 5x+7y=-34 \end{cases}$

(1) 변끼리 더하거나 뺀 식에서 값을 구할 수 있는 미지수는?

(2) (1)의 미지수의 값을 구하세요.

(3) (2)에서 구한 값을 연립방정식의 두 식 중 하나에 대입하여 남은 미지수의 값을 구하세요.

개념 마무리 1

연립방정식을 이용하여 두 그래프의 교점의 좌표를 구하세요.

01

교점의 좌표는 두 방정식의 공통인 해

$x-2y=3$

$x+3y=8$

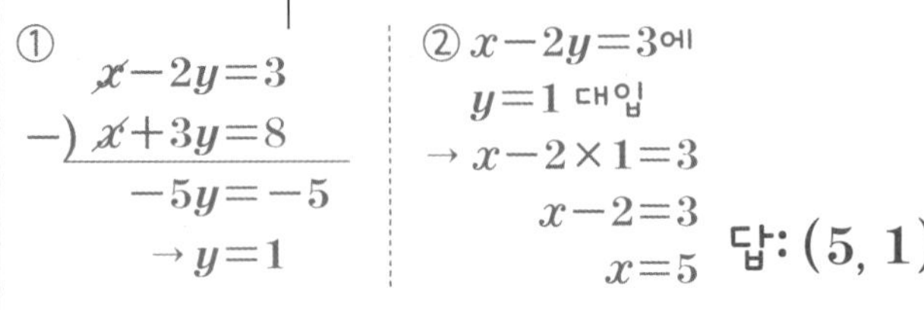

02

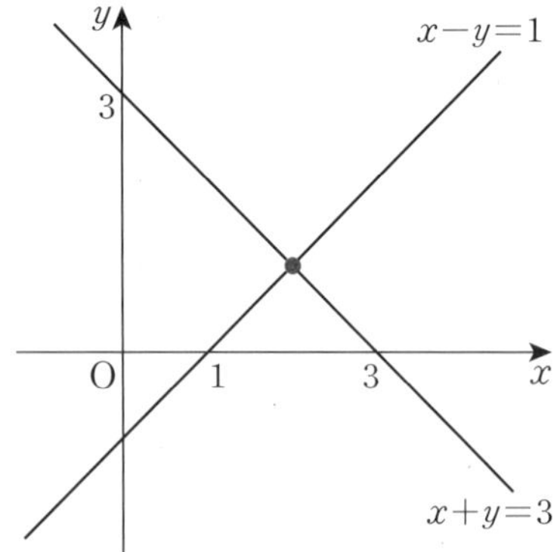

03

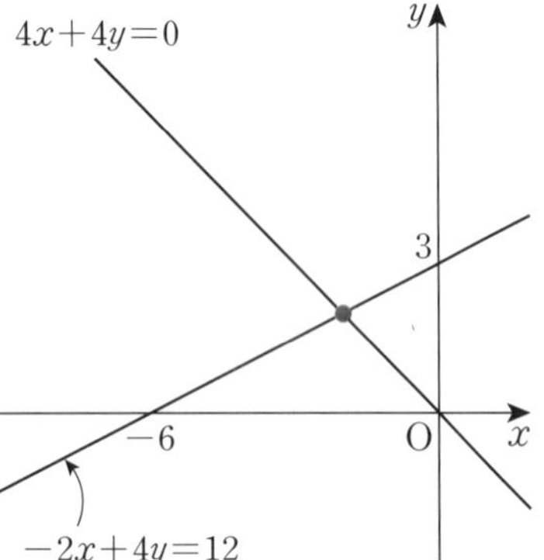

04

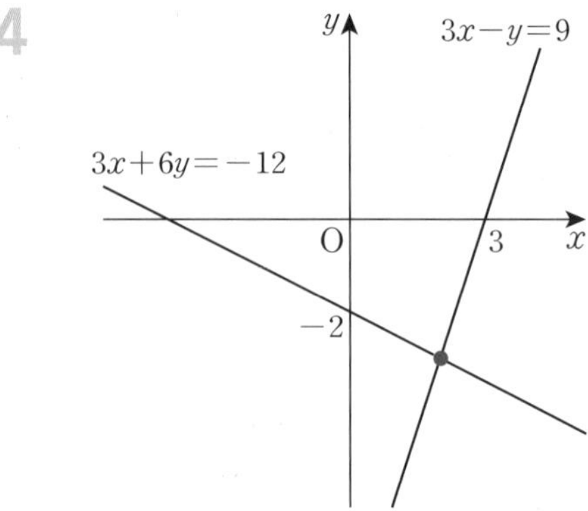

05

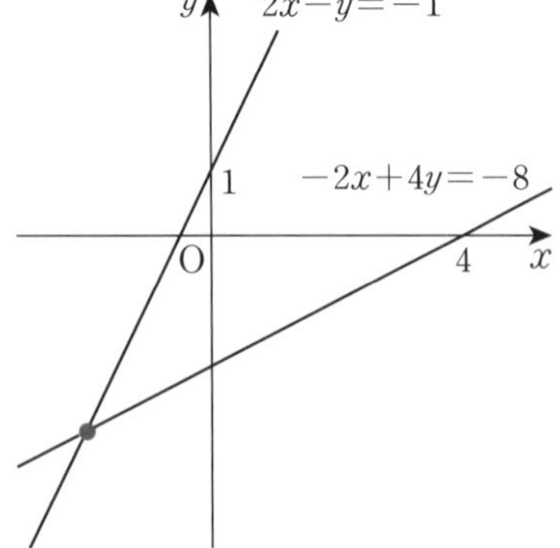

06

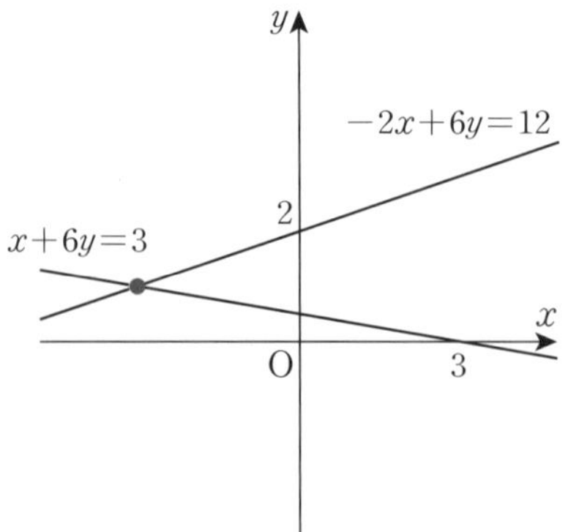

▶ 정답 및 해설 77쪽

개념 마무리 2

연립방정식에서 두 일차방정식을 그래프로 나타냈습니다. 상수 a, b의 값을 각각 구하세요.

01 $\begin{cases} 3x+2y=a \\ 5x+by=1 \end{cases}$

(1, 2)가 공통인 해

① $3x+2y=a$에 (1, 2) 대입
→ $3\times1+2\times2=a$
$3+4=a$
$a=7$

② $5x+by=1$에 (1, 2) 대입
→ $5\times1+b\times2=1$
$5+2b=1$
$2b=-4$
$b=-2$

답: $a=7$, $b=-2$

02

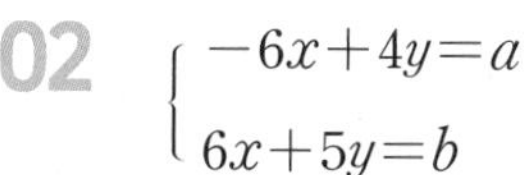

$\begin{cases} -6x+4y=a \\ 6x+5y=b \end{cases}$

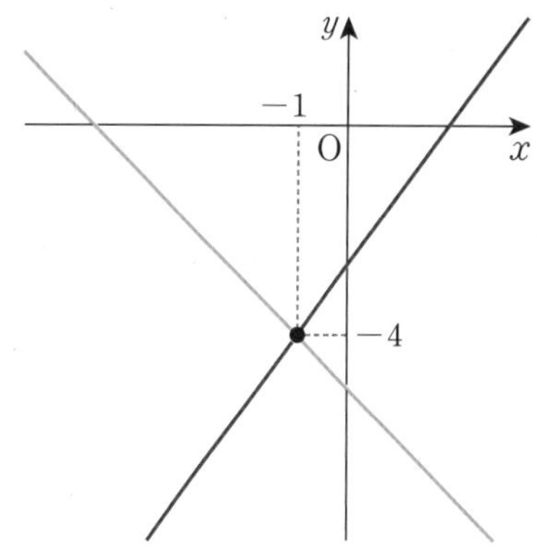

03 $\begin{cases} 7x+ay=12 \\ x-3y=b \end{cases}$

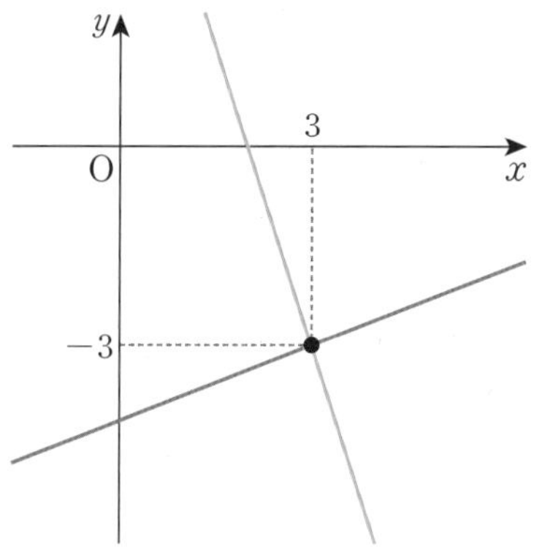

04 $\begin{cases} ax-y=3 \\ bx+y=2 \end{cases}$

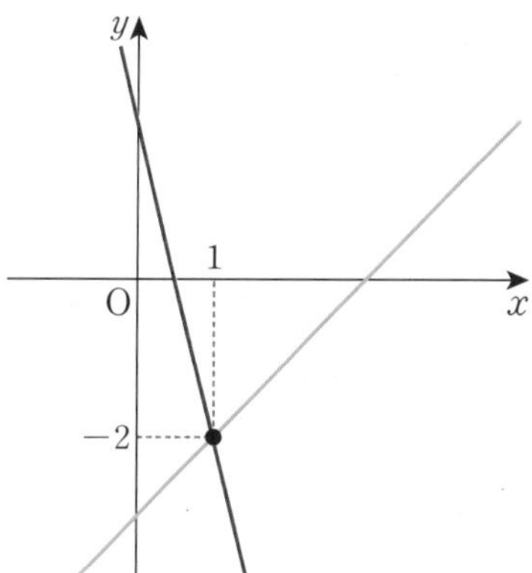

05 $\begin{cases} ax+5y=2 \\ -x-4y=b \end{cases}$

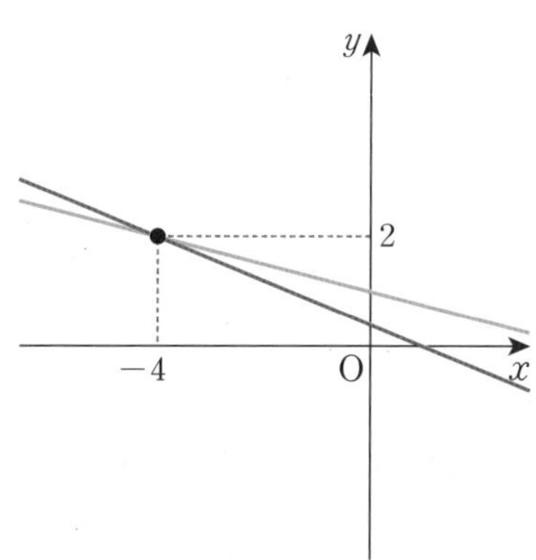

06 $\begin{cases} 3x-ay=6 \\ ax-6y=b \end{cases}$

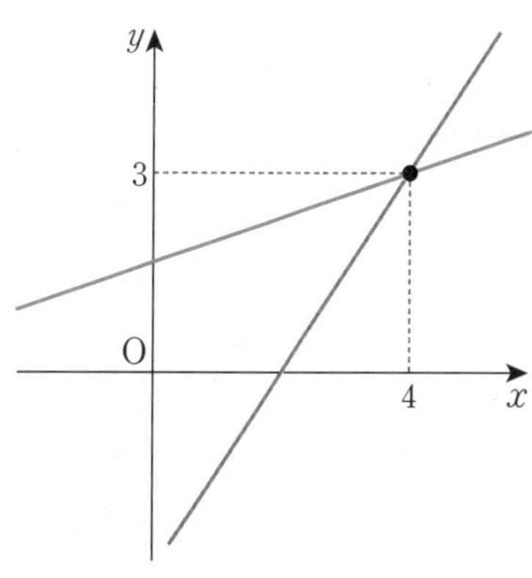

5 연립방정식의 해와 그래프 (1)

$\begin{cases} x-y=-1 \\ -3x+3y=3 \end{cases}$ 의 해는?

연립방정식의 해는 **교점**이니까 그래프로 그려봐야지!

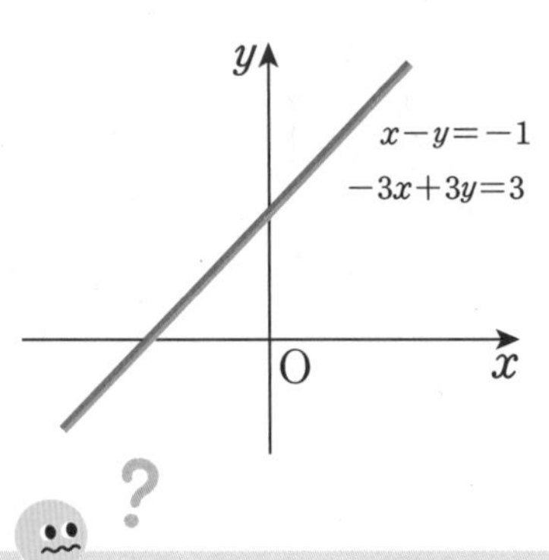

그래프 2개가 완전히 겹치잖아. 이럴 땐 해를 어떻게 구해야 되지?

연립방정식

$\begin{cases} ax+by+c=0 \\ Ax+By+C=0 \end{cases}$ 에서

두 일차방정식을 그래프로 그리면 **3가지!**

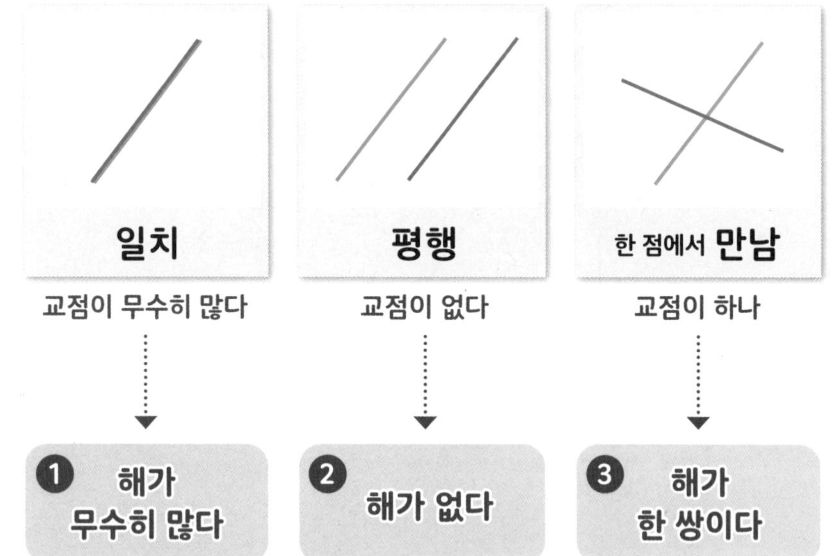

일치	평행	한 점에서 만남
교점이 무수히 많다	교점이 없다	교점이 하나
❶ 해가 무수히 많다	❷ 해가 없다	❸ 해가 한 쌍이다

연립방정식의 **해의 종류도 3가지!**

개념 익히기 1

연립방정식 $\begin{cases} ax+by+c=0 \\ Ax+By+C=0 \end{cases}$ 에서 두 일차방정식의 그래프를 보고, 연립방정식의 해의 종류로 알맞은 것을 찾아 선으로 이으세요.

01 02 03

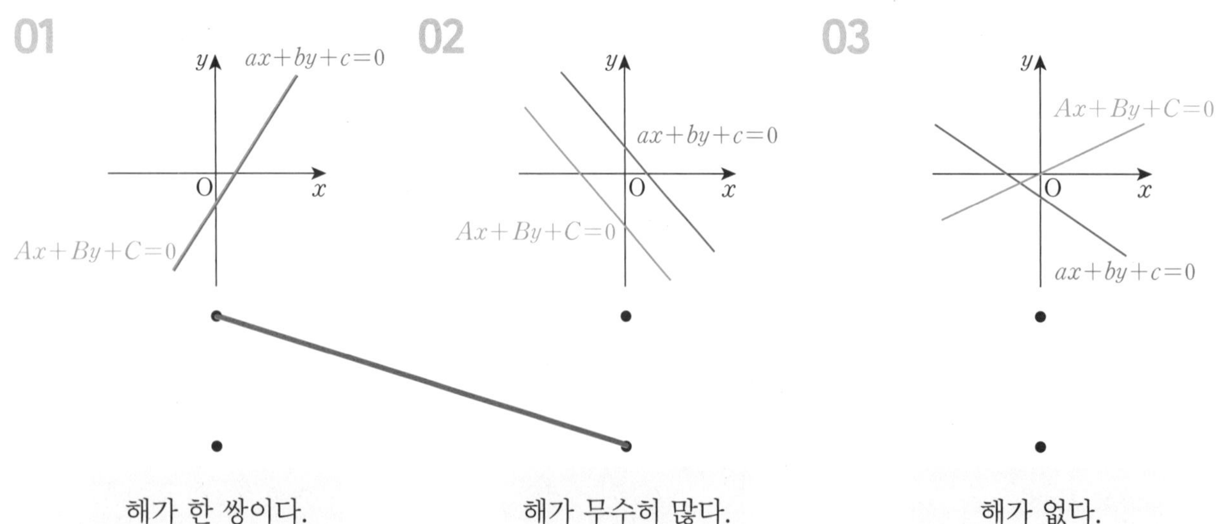

해가 한 쌍이다. 해가 무수히 많다. 해가 없다.

▶ 정답 및 해설 78쪽

연립방정식의 유형 ❶ 해가 무수히 많을 때

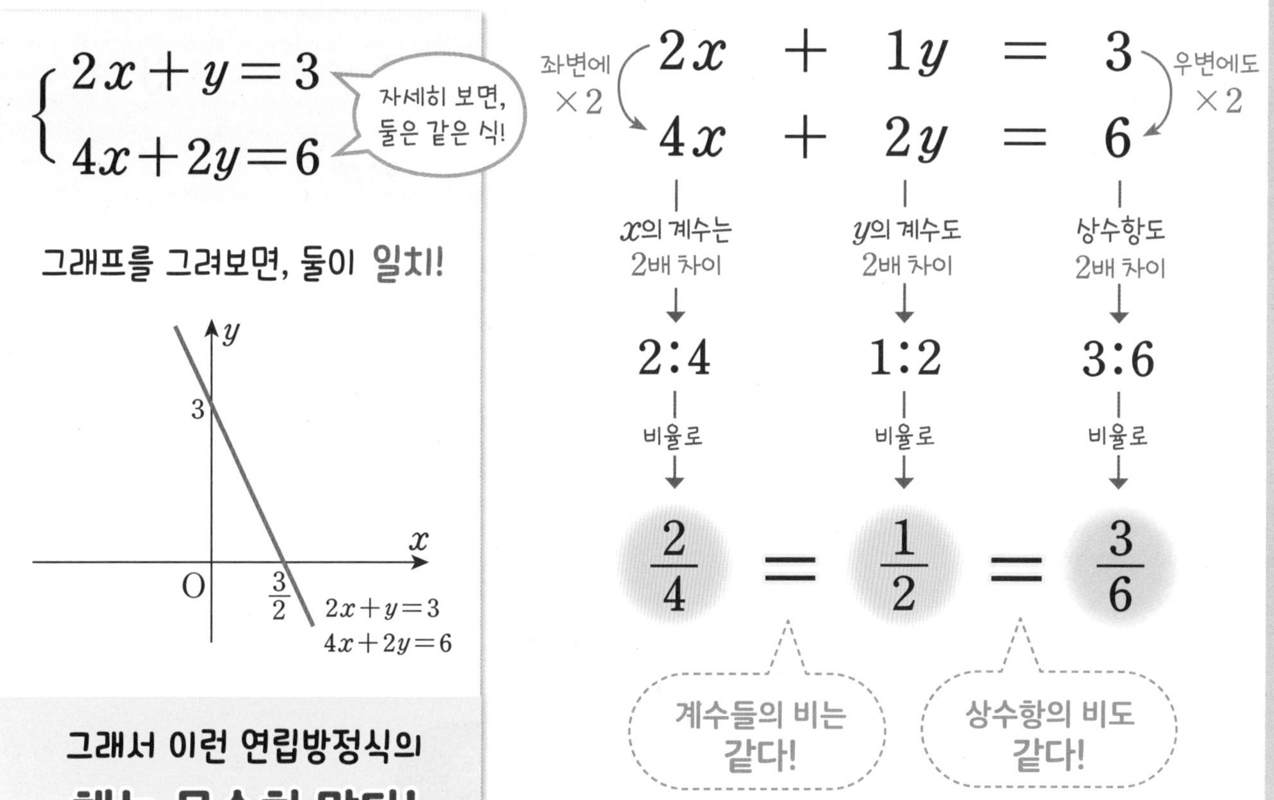

개념 익히기 2

연립방정식의 해가 무수히 많을 때, 빈칸을 알맞게 채우세요.

01

$$\begin{cases} x+2y+3=0 \\ 2x+4y+\boxed{6}=0 \end{cases}$$

02

$$\begin{cases} 6x+9y=12 \\ 2x+\square y=4 \end{cases}$$

03

$$\begin{cases} 4x-8y-\square=0 \\ 20x-40y-15=0 \end{cases}$$

6 연립방정식의 해와 그래프 (2)

연립방정식의 유형 ❷ 해가 없을 때

$$\begin{cases} 2x+y=3 \\ 4x+2y=2 \end{cases}$$

좌변의 비는 같고, 우변은 완전 달라!

그래프를 그려보면, 둘이 **평행!**

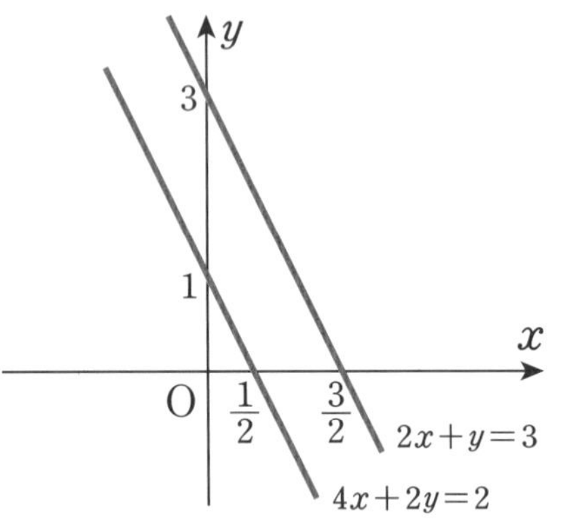

그래서 이런 연립방정식의

해는 없지~

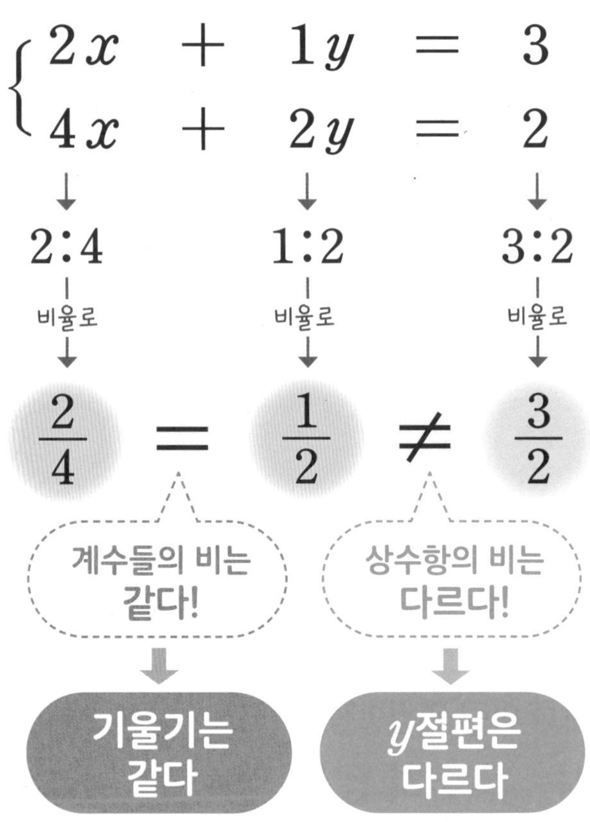

➡ 기울기가 같고, y절편이 다르면 **평행!**

개념 익히기 1

연립방정식의 계수와 상수항을 비율로 나타내었습니다. ○ 안에 =, ≠를 쓰고, 괄호 안에서 알맞은 말에 ○표 하세요.

01

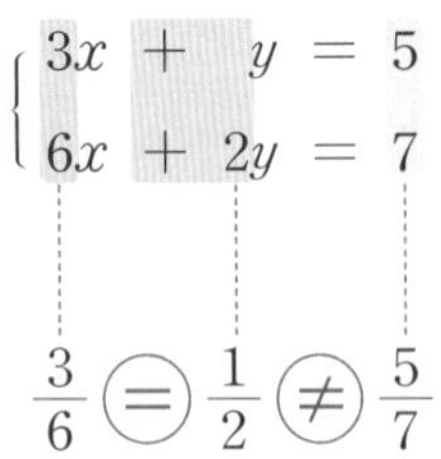

$$\begin{cases} 3x + y = 5 \\ 6x + 2y = 7 \end{cases}$$

$\frac{3}{6}$ (=) $\frac{1}{2}$ (≠) $\frac{5}{7}$

➡ 연립방정식의 해는
(무수히 많다 , (없다)).

02

$$\begin{cases} x - 2y = 4 \\ 4x - 8y = 1 \end{cases}$$

$\frac{1}{4}$ ○ $\frac{-2}{-8}$ ○ $\frac{4}{1}$

➡ 연립방정식의 해는
(무수히 많다 , 없다).

03

$$\begin{cases} 9x + 3y = 12 \\ 6x + 2y = 8 \end{cases}$$

$\frac{9}{6}$ ○ $\frac{3}{2}$ ○ $\frac{12}{8}$

➡ 연립방정식의 해는
(무수히 많다 , 없다).

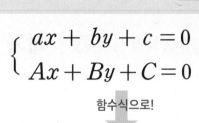

7-23

▶ 정답 및 해설 78쪽

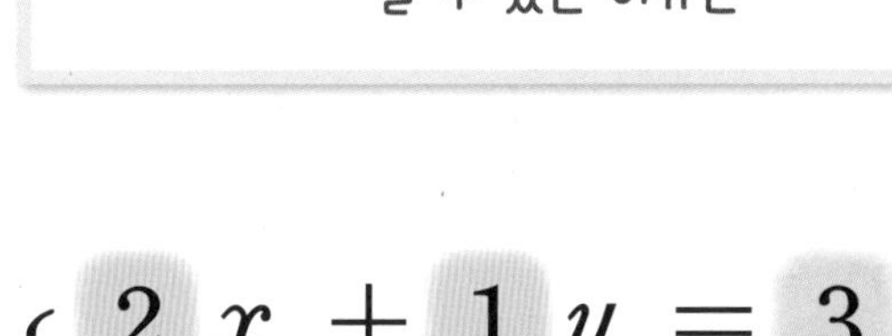

연립방정식의 **계수와 상수항으로**
기울기랑 y절편이 같은지, 다른지
알 수 있는 이유는~

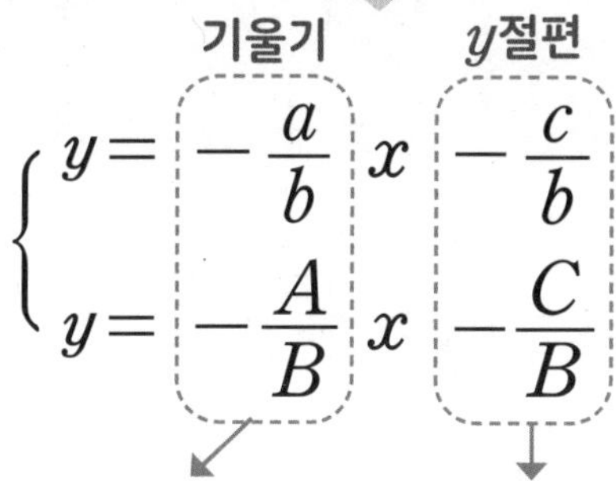

$\begin{cases} ax+by+c=0 \\ Ax+By+C=0 \end{cases}$
함수식으로!
기울기
y절편

$$\begin{cases} 2x+1y=3 \\ 4x+2y=2 \end{cases}$$

$\frac{2}{4}=\frac{1}{2}$ 계수들의 비는 **같다!** → **기울기는 같다**

$\frac{1}{2}\neq\frac{3}{2}$ 상수항의 비는 **다르다!** → **y절편은 다르다**

$$\begin{cases} y=-\frac{a}{b}x-\frac{c}{b} \\ y=-\frac{A}{B}x-\frac{C}{B} \end{cases}$$

기울기가 같을 때

$-\frac{a}{b}=-\frac{A}{B}$
↓
$\frac{a}{b}=\frac{A}{B}$
↓
$aB=Ab$
↓
$a:A=b:B$
↓
$\frac{a}{A}=\frac{b}{B}$ (x계수끼리 비율, y계수끼리 비율)

y절편이 같을 때

$-\frac{c}{b}=-\frac{C}{B}$
↓
$\frac{c}{b}=\frac{C}{B}$
↓
$cB=Cb$
↓
$b:B=c:C$
↓
$\frac{b}{B}=\frac{c}{C}$ (y계수끼리 비율, 상수항끼리 비율)

개념 익히기 2

두 일차방정식의 그래프에 대한 설명으로 옳은 것에 ○표, 틀린 것에 ×표 하세요.

7-24

$$\begin{cases} 4x-2y=3 \\ 10x-5y=4 \end{cases}$$

01 계수들의 비가 같으므로 기울기가 같다. (○)

02 계수들의 비와 상수항의 비가 같으므로 y절편은 같다. (   )

03 두 일차방정식의 그래프는 서로 평행하다. (   )

7 연립방정식의 해와 그래프 (3)

연립방정식의 유형 ❸ 해가 한 쌍일 때

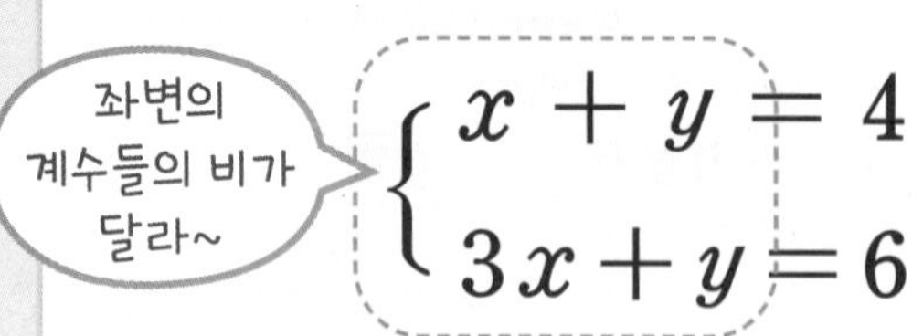

$$\begin{cases} x+y=4 \\ 3x+y=6 \end{cases}$$

그래프를 그려보면, 한 점에서 만남

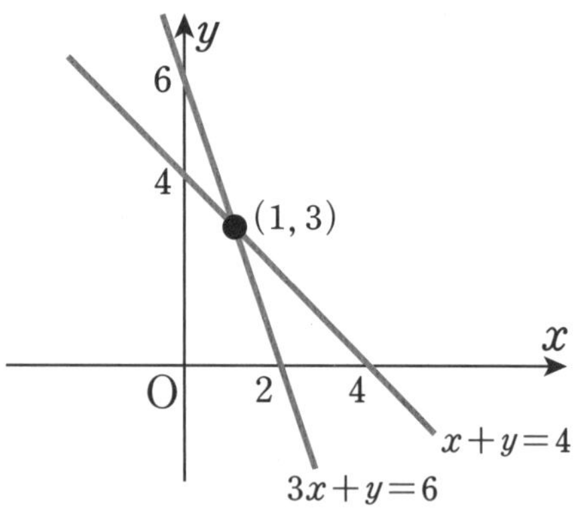

그래서 이런 연립방정식의

해는 딱! 한 쌍~

$$\begin{cases} 1x+1y=4 \\ 3x+1y=6 \end{cases}$$

$\frac{1}{3} \neq \frac{1}{1}$ 계수들의 비가 다르다!

→ **기울기가 다르다**

기울기가 다르면 y절편을 나타내는 상수항의 비는 같든지, 다르든지 관계없이 **그래프가 만난다!**

➡ 기울기가 다르면 **그래프가 한 점에서 만난다!**

➡ 이런 연립방정식의 **해는 한 쌍이다!** $(x=1, y=3)$

▶ 개념 익히기 1

연립방정식의 계수를 비율로 나타내었습니다. ○ 안에 =, ≠를 쓰고, 괄호 안에서 알맞은 말에 ○표 하세요.

01

$$\begin{cases} 2x-4y=9 \\ 3x-6y=16 \end{cases}$$

$\frac{2}{3}$ (=) $\frac{-4}{-6}$

➡ 기울기가 ((같다), 다르다).

02

$$\begin{cases} 8x+2y=9 \\ 6x+y=16 \end{cases}$$

$\frac{8}{6}$ ○ $\frac{2}{1}$

➡ 기울기가 (같다 , 다르다).

03

$$\begin{cases} 15x+5y=2 \\ -6x+3y=1 \end{cases}$$

$\frac{15}{-6}$ ○ $\frac{5}{3}$

➡ 기울기가 (같다 , 다르다).

▶정답 및 해설 79쪽

7-25

연립방정식 $\begin{cases} ax+by+c=0 \\ a'x+b'y+c'=0 \end{cases}$ 의 **해의 개수** = 두 일차방정식의 그래프의 **교점의 개수**

연립방정식의 해의 개수	**해가 무수히 많다.**	**해가 없다.**	**해가 한 쌍이다.**
두 일차방정식의 그래프	(일치) 두 직선이 **일치한다.**	(평행) 두 직선이 **평행하다.**	(한 점) 두 직선이 **한 점에서 만난다.**
기울기와 y절편	기울기와 y절편이 각각 같다. $\frac{a}{a'}=\frac{b}{b'}=\frac{c}{c'}$	기울기는 같고, y절편은 다르다. $\frac{a}{a'}=\frac{b}{b'}\neq\frac{c}{c'}$	기울기가 다르다. (y절편은 관계없음) $\frac{a}{a'}\neq\frac{b}{b'}$

개념 익히기 2

7-26

관계있는 것끼리 선으로 이으세요.

01	연립방정식의 해가 무수히 많다. •	• 두 직선이 한 점에서 만난다. •	• 계수들과 상수항의 비가 모두 같다.
02	연립방정식의 해가 한 쌍이다. •	• 두 직선이 평행하다. •	• 계수들의 비는 같고, 상수항의 비는 다르다.
03	연립방정식의 해가 없다. •	• 두 직선이 일치한다. •	• 계수들의 비가 다르다.

▶ 정답 및 해설 79쪽

개념 다지기 1

연립방정식의 계수와 상수항을 비율로 나타냈습니다. 보기에서 알맞은 것을 골라 빈칸을 채우세요.

보기						
$=$	$\neq$	같다	다르다	평행하다	한 점에서 만난다	일치한다

01

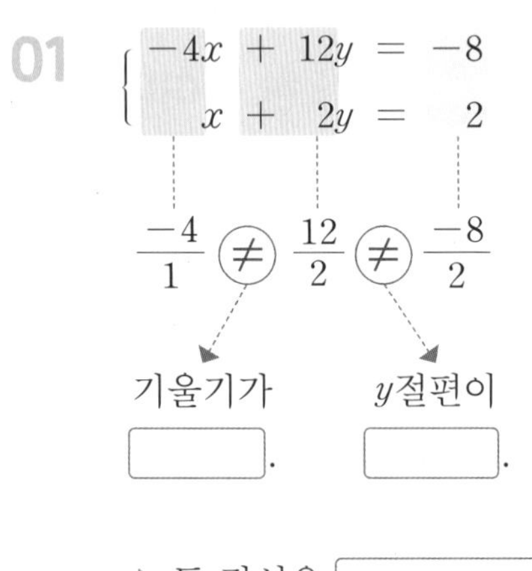

$$\begin{cases} -4x + 12y = -8 \\ x + 2y = 2 \end{cases}$$

$\frac{-4}{1} \neq \frac{12}{2} \neq \frac{-8}{2}$

기울기가 ☐. y절편이 ☐.

➡ 두 직선은 ☐.

02

$$\begin{cases} 6x + 9y = -4 \\ 2x + 3y = 1 \end{cases}$$

$\frac{6}{2} \bigcirc \frac{9}{3} \bigcirc \frac{-4}{1}$

기울기가 ☐. y절편이 ☐.

➡ 두 직선은 ☐.

03

$$\begin{cases} -3x + 2y = 6 \\ 3x - 2y = -6 \end{cases}$$

$\frac{-3}{3} \bigcirc \frac{2}{-2} \bigcirc \frac{6}{-6}$

기울기가 ☐. y절편이 ☐.

➡ 두 직선은 ☐.

04

$$\begin{cases} x - 2y = -3 \\ 2x + 4y = 5 \end{cases}$$

$\frac{1}{2} \bigcirc \frac{-2}{4} \bigcirc \frac{-3}{5}$

기울기가 ☐. y절편이 ☐.

➡ 두 직선은 ☐.

05

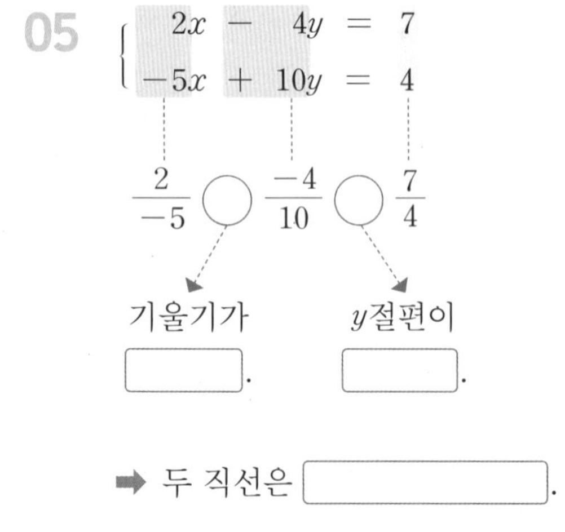

$$\begin{cases} 2x - 4y = 7 \\ -5x + 10y = 4 \end{cases}$$

$\frac{2}{-5} \bigcirc \frac{-4}{10} \bigcirc \frac{7}{4}$

기울기가 ☐. y절편이 ☐.

➡ 두 직선은 ☐.

06

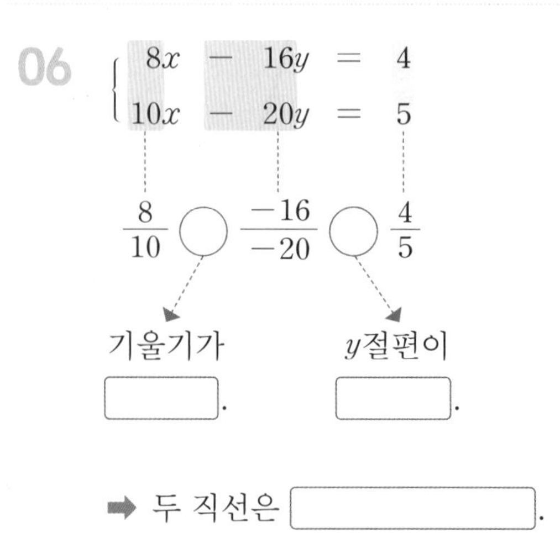

$$\begin{cases} 8x - 16y = 4 \\ 10x - 20y = 5 \end{cases}$$

$\frac{8}{10} \bigcirc \frac{-16}{-20} \bigcirc \frac{4}{5}$

기울기가 ☐. y절편이 ☐.

➡ 두 직선은 ☐.

▶ 정답 및 해설 80쪽

개념 다지기 2

연립방정식의 해를 보고 상수 a의 값을 구하세요.

01 $\begin{cases} 3x+y=5 \\ 6x+2y=a \end{cases}$ ➡ 해가 무수히 많다.

→ 기울기가 같고, y절편도 같음

$\frac{3}{6}=\frac{1}{2}=\frac{5}{a}$

$\rightarrow \frac{1}{2}=\frac{5}{a}$

$\frac{a}{2}=5$

$a=10$

답: 10

02 $\begin{cases} -x+ay=5 \\ 3x+12y=-15 \end{cases}$ ➡ 해가 무수히 많다.

03 $\begin{cases} 5x-10y=25 \\ ax-8y=12 \end{cases}$ ➡ 해가 없다.

04 $\begin{cases} 2x-y=2 \\ -7x+3y=a \end{cases}$ ➡ 해가 $(3, 4)$

05 $\begin{cases} ax-2y=1 \\ 9x-6y=3 \end{cases}$ ➡ 해가 무수히 많다.

06 $\begin{cases} ax+y=-8 \\ 4x-y=3 \end{cases}$ ➡ 해가 없다.

▶정답 및 해설 81쪽

개념 마무리 1

물음에 답하세요.

01 두 일차방정식 $7x+y=a$, $bx-y=3$의 그래프의 교점이 하나일 때, 상수 a, b의 조건은?

→ 기울기가 다름
y절편은 같든 말든~

$7x+y=a$
$bx-y=3$

$\frac{7}{b} \neq \frac{1}{-1} \bigcirc \frac{a}{3}$

$\frac{1}{-1} = -1$

$\frac{7}{b} \neq -1$
$b \neq -7$

$\frac{a}{3}$는 -1이어도 되고, 아니어도 됨
→ a는 모든 수

답: a는 모든 수, $b \neq -7$

02 두 일차방정식 $x-2y=a$, $bx+4y=5$의 그래프의 기울기는 같고 y절편이 다를 때, 상수 a, b의 조건은?

03 두 일차함수 $y=ax+5$, $y=4x+b$의 그래프가 한 점에서 만날 때, 상수 a, b의 조건은?

04 연립방정식 $\begin{cases} 10x-ay=4 \\ bx+3y=2 \end{cases}$ 에서 각 방정식의 그래프를 그렸더니 두 직선이 일치하였습니다. 상수 a, b의 조건은?

05 두 일차함수 $y=-2x+a$, $y=bx+\frac{1}{2}$의 그래프의 교점이 무수히 많을 때, 상수 a, b의 조건은?

06 두 일차방정식 $6x+ay=4$, $6x-12y=b$의 그래프가 서로 평행할 때, 상수 a, b의 조건은?

▶ 정답 및 해설 82쪽

개념 마무리 2

설명에 알맞은 직선의 방정식을 보기에서 찾아 기호를 쓰세요.

보기

㉠ $6x-2y-6=0$	㉡ $4x-2y-4=0$	㉢ $2x-y+1=0$
㉣ $-x-2y+3=0$	㉤ $5x-y-1=0$	㉥ $x-4y+13=0$

01 직선 $x+2y=-3$과 평행한 직선

기울기가 같고, y절편은 다름

㉠~㉥ 중 그런 식을 찾아보면

$x+2y=-3$

$\rightarrow x+2y+3=0$

㉣ $-x-2y+3=0$

$$\frac{1}{-1}=\frac{2}{-2}\neq\frac{3}{3}$$

$-1 \quad -1 \quad 1$

답: ㉣

02 점 $(3, 4)$에서 만나는 두 직선

03 직선 $-10x+2y+2=0$과 교점이 무수히 많은 직선

04 교점이 없는 두 직선

05 직선 $-3x+y+3=0$과 일치하는 직선

06 직선 $4x+2y-12=0$과 x축에서 만나는 직선

8 그래프 3개로 삼각형 만들기

직선 3개로 삼각형을 만드는 방법

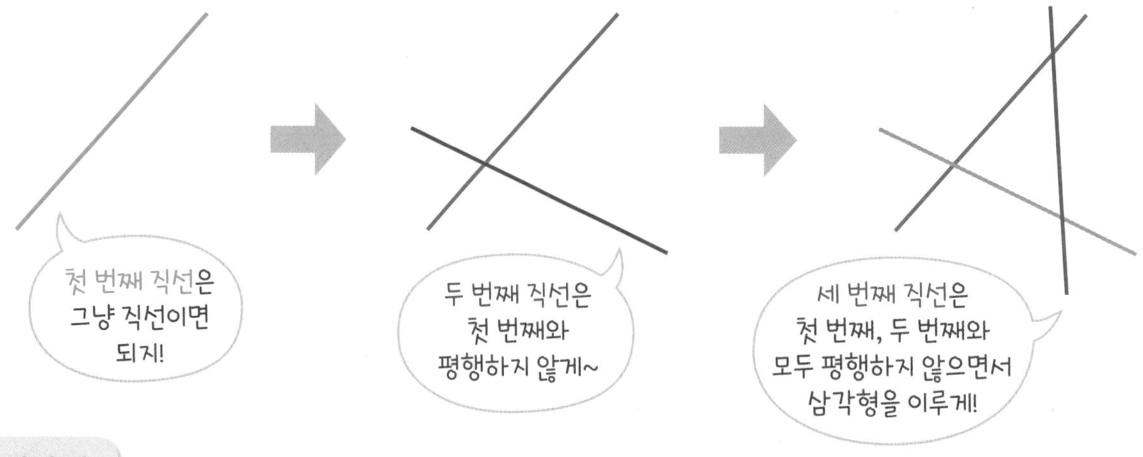

왜냐면

❶ 일치하거나 평행한 두 직선이 있거나,
❷ 직선 3개가 한 점에서 만나면,

삼각형이 만들어지지 않거든~!

개념 익히기 1

그림에 알맞은 설명을 찾아 선으로 이으세요.

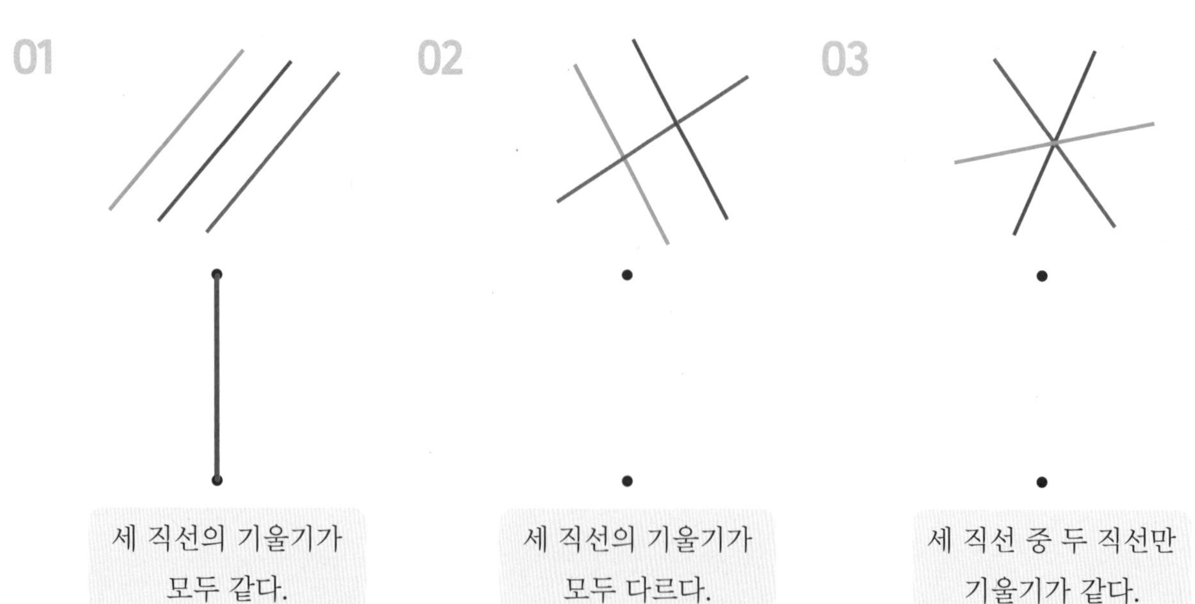

▶ 정답 및 해설 83쪽

7-31

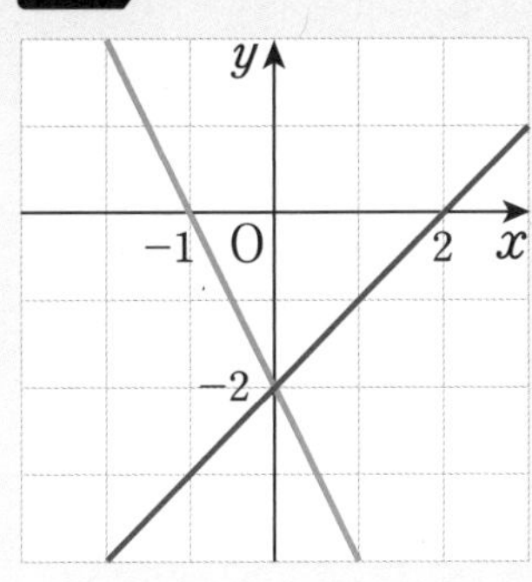

왼쪽 그림은 두 일차방정식 $\begin{cases} 2x+y=-2 \\ -x+y=-2 \end{cases}$ 의 그래프입니다.

이 두 그래프와 일차함수 $y=ax-4$의 그래프로 둘러싸인 삼각형을 만들 때, 상수 a의 조건을 구하세요.

다음의 경우 모두 안 된다는 뜻이야~

ⓘ 한 점에서 만날 때	ⓘⓘ 초록 직선과 평행 또는 일치	ⓘⓘⓘ 분홍 직선과 평행 또는 일치
	 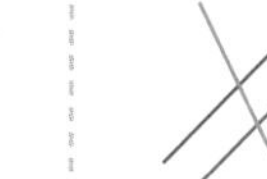	

풀이 $y=ax-4$의 그래프가

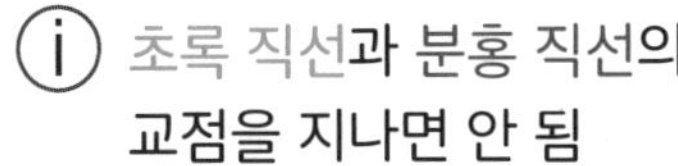

ⓘ 초록 직선과 분홍 직선의 교점을 지나면 안 됨

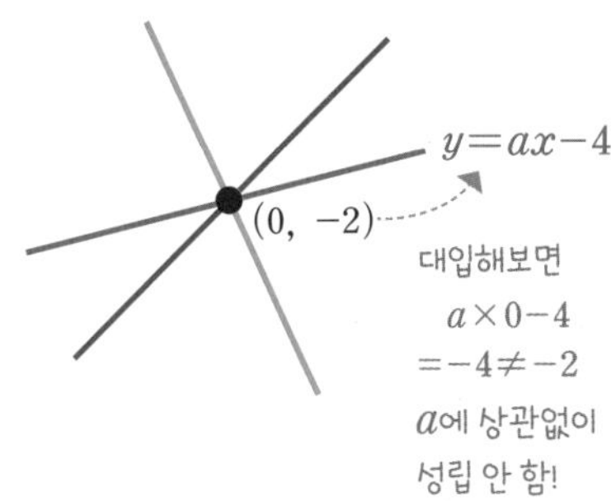

a는 어떤 수여도 상관없음

ⓘⓘ 초록 직선과 평행하거나 일치하면 안 됨

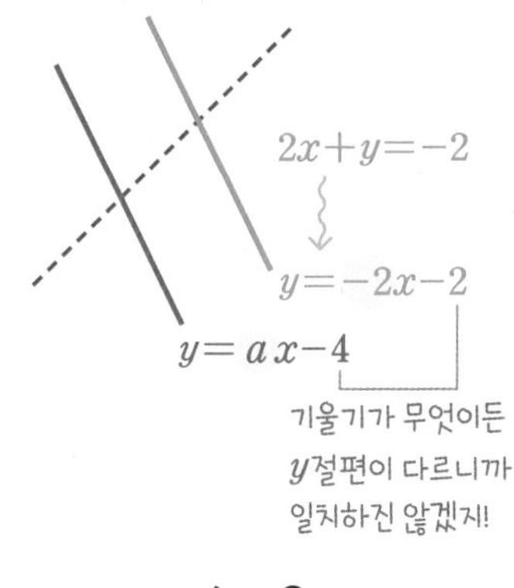

$a\neq-2$

ⓘⓘⓘ 분홍 직선과 평행하거나 일치하면 안 됨

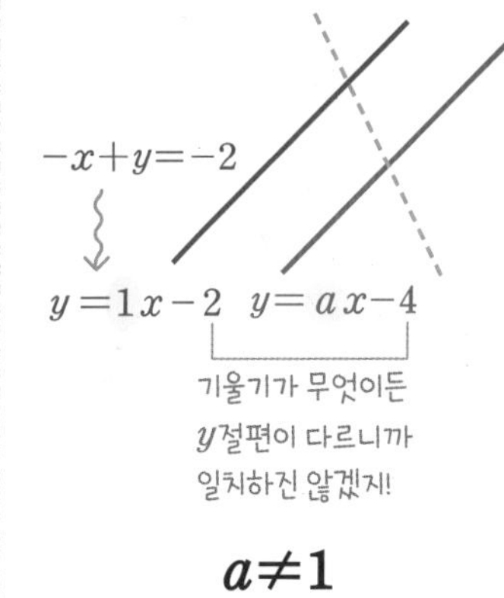

$a\neq1$

답 $a\neq-2,\ a\neq1$

개념 익히기 2

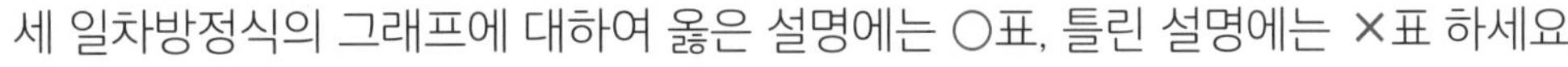

세 일차방정식의 그래프에 대하여 옳은 설명에는 ○표, 틀린 설명에는 ×표 하세요.

7-32

$$\begin{cases} x+y=1 & \cdots ㉠ \\ x-2y=3 & \cdots ㉡ \\ 2x+2y=4 & \cdots ㉢ \end{cases}$$

01 ㉠과 ㉡은 평행하다. (×)

$x+y=1 \cdots ㉠$
$x-2y=3 \cdots ㉡$
$\frac{1}{1}\neq\frac{1}{-2}$ → 기울기 다름 평행 ×

02 ㉡과 ㉢은 평행하다. (　　)

03 ㉠과 ㉢은 평행하다. (　　)

▶정답 및 해설 84쪽

개념 다지기 1

세 직선을 보고, 상수 a의 값을 구하세요.

01 세 직선이 한 점에서 만난다.

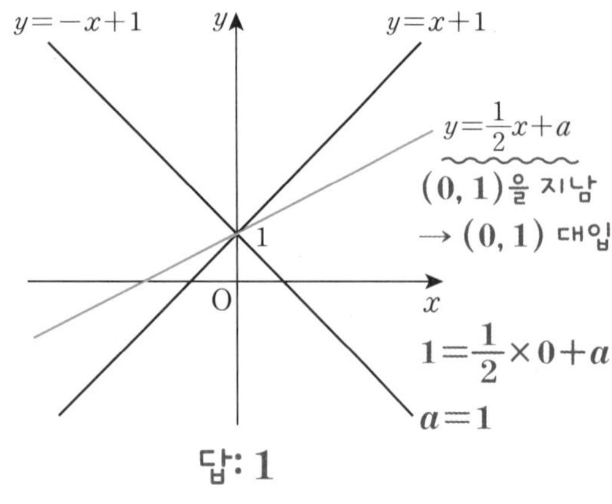

답: 1

02 세 직선이 모두 평행하다.

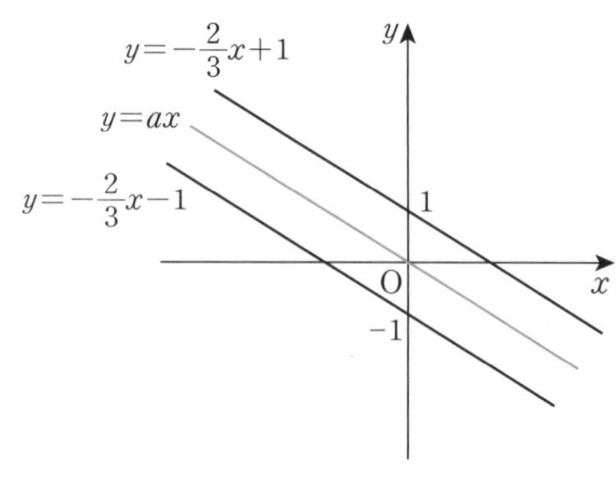

03 두 직선만 평행하다.

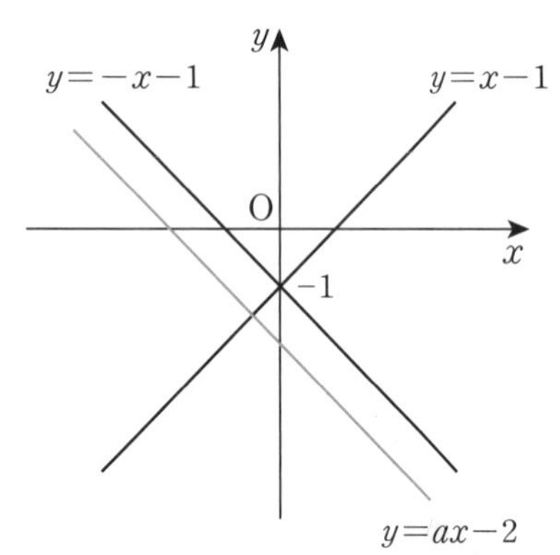

04 세 직선이 한 점에서 만난다.

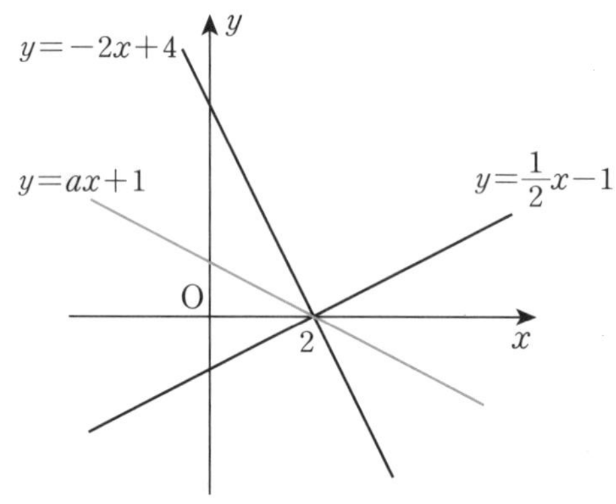

05 세 직선이 삼각형을 만든다.

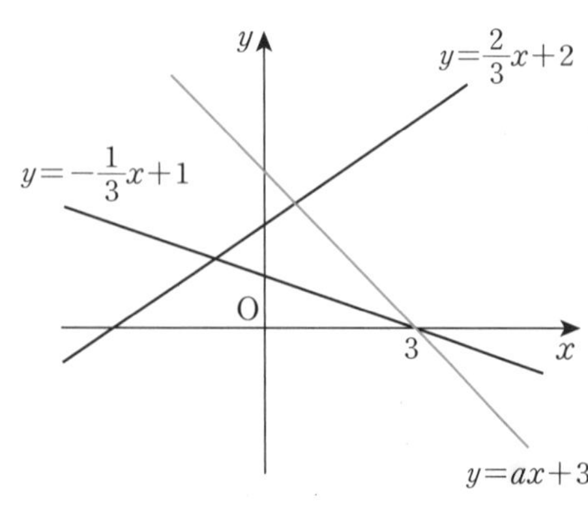

06 두 직선만 평행하다.

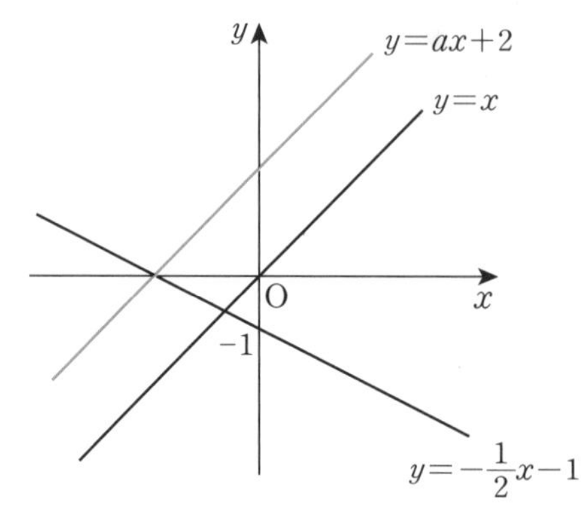

▶ 정답 및 해설 85~86쪽

7-34

개념 다지기 2

세 일차방정식의 그래프에 대한 설명을 보고 상수 a의 값을 구하세요.

01 세 직선이 한 점에서 만난다.

$$\begin{cases} x+y=-1 \\ -x+2y=-2 \\ x+ay=4 \end{cases}$$

① 교점 구하기

$$\begin{array}{r} x+y=-1 \\ +)\ -x+2y=-2 \\ \hline 3y=-3 \\ y=-1 \end{array}$$

대입하면 $x=0$

➡ $a=$ -4

② $x+ay=4$에 $(0,\ -1)$ 대입
$\rightarrow 0+a\times(-1)=4$
$-a=4$
$a=-4$

02 세 직선이 모두 평행하다.

$$\begin{cases} 2x-y=-3 \\ 6x+ay=4 \\ 4x-2y=5 \end{cases}$$

➡ $a=$ ________

03 두 직선만 평행하다.

$$\begin{cases} x+ay=4 \\ 4x+y=4 \\ 2x+3y=1 \end{cases}$$

➡ $a=$ ________ 또는 ________

04 세 직선이 일치한다.

$$\begin{cases} 8x+4y=8 \\ ax+2y=4 \\ 6x+3y=6 \end{cases}$$

➡ $a=$ ________

05 두 직선만 평행하다.

$$\begin{cases} ax+y=1 \\ 6x-2y=7 \\ 4x+6y=4 \end{cases}$$

➡ $a=$ ________ 또는 ________

06 세 직선이 한 점에서 만난다.

$$\begin{cases} 3x-y=-1 \\ 2x+y=-4 \\ 5x+ay=5 \end{cases}$$

➡ $a=$ ________

▶ 정답 및 해설 86~88쪽

개념 마무리 1

세 일차방정식의 그래프에 대한 설명으로 알맞은 것을 찾아 선으로 이으세요.

01 $\begin{cases} 2x-3y=1 \\ -6x+9y=-3 \\ 4x-6y=2 \end{cases}$ • —— • 세 직선이 일치한다.

02 $\begin{cases} 2x+y=4 \\ 4x+y=6 \\ x+5y=4 \end{cases}$ • • 세 직선이 모두 평행하다.

03 $\begin{cases} 4x+5y=2 \\ -2x+y=-7 \\ 4x-2y=1 \end{cases}$ • • 세 직선이 한 점에서 만난다.

04 $\begin{cases} -x+y=2 \\ x-4y=1 \\ 5x-3y=-12 \end{cases}$ • • 두 직선만 평행하다.

05 $\begin{cases} x+y=4 \\ x+y=2 \\ -3x-3y=3 \end{cases}$ • • 세 직선이 삼각형을 만든다.

7-36

개념 마무리 2

물음에 답하세요.

기울기가 모두 다르고, 한 점에서 만나지 않음

01 세 일차방정식의 그래프가 삼각형을 만들 때, 상수 a의 조건을 구하세요.

$$\begin{cases} ax+y+4=0 \\ x-y-3=0 \\ 3x+y-5=0 \end{cases}$$

기울기 다름 → $\frac{a}{3} \neq \frac{1}{1}$, $a \neq 3$

기울기 다름 → $\frac{a}{1} \neq \frac{1}{-1}$, $a \neq -1$

기울기 다름 → $\frac{1}{3} \neq \frac{-1}{1}$

교점은,

$$\begin{array}{r} x-y-3=0 \\ +)\ 3x+y-5=0 \\ \hline 4x\quad -8=0 \\ x=2 \end{array}$$

대입 $y=-1$

$ax+y+4=0$에 $(2, -1)$을 대입하면 성립 안 함

$\rightarrow a\times2+(-1)+4\neq0$

$2a+3\neq0$

$a\neq-\frac{3}{2}$

답: $a\neq3$, $a\neq-1$, $a\neq-\frac{3}{2}$

02 세 일차방정식의 그래프가 삼각형을 만들 때, 상수 a의 조건을 구하세요.

$$\begin{cases} 6x+3y=0 \\ -x+3y-7=0 \\ ax+y-1=0 \end{cases}$$

03 세 일차방정식의 그래프가 삼각형을 만들 때, 상수 a의 조건을 구하세요.

$$\begin{cases} ax-y=0 \\ -4x+y+12-0 \\ x+y-3=0 \end{cases}$$

04 세 일차방정식의 그래프가 삼각형을 만들지 못할 때, 상수 a의 값을 모두 구하세요.

$$\begin{cases} ax+4y=0 \\ 4x-2y-12=0 \\ 3x+2y-16=0 \end{cases}$$

05 세 일차방정식의 그래프가 삼각형을 만들지 못할 때, 상수 a의 값을 모두 구하세요.

$$\begin{cases} 4x-y-2=0 \\ -x+y+5=0 \\ ax+y+1=0 \end{cases}$$

06 세 일차방정식의 그래프가 삼각형을 만들지 못할 때, 상수 a의 값을 모두 구하세요.

$$\begin{cases} 2x-y-6=0 \\ 2x+y+2=0 \\ ax-y+1=0 \end{cases}$$

단원 마무리

01 다음 중 미지수가 2개인 일차방정식은?

① $4x-2=0$ ② $y=3$

③ $y=\frac{-1}{x}$ ④ $2x-5y=3$

⑤ $x+y+2$

02 다음 중 일차방정식 $3x+2y-10=0$의 그래프 위의 점이 아닌 것은?

① $(3, 0)$ ② $(0, 5)$

③ $(-2, 8)$ ④ $(2, 2)$

⑤ $(4, -1)$

03 일차방정식 $5x-y+10=0$의 그래프에 대한 설명으로 옳지 않은 것은?

① 기울기는 5이다.

② x절편은 -2이다.

③ 점 $(1, -5)$를 지난다.

④ 일차함수 $y=5x+10$의 그래프와 같다.

⑤ 제1사분면을 지난다.

04 일차방정식 $x+3y=-3$의 그래프가 지나는 두 점을 찾아 표시하고, 그래프를 완성하시오.

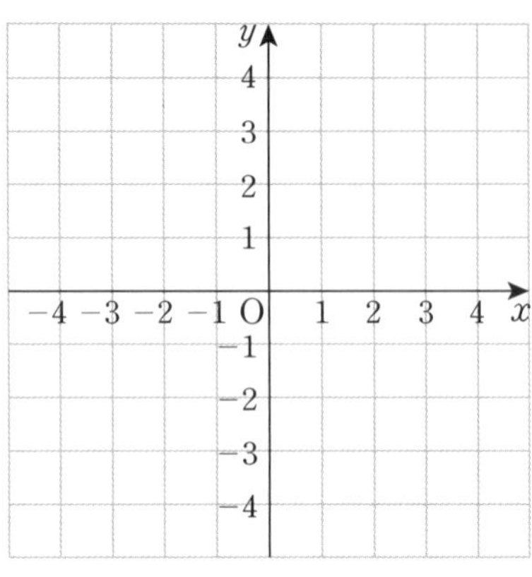

05 다음 연립방정식 중 변끼리 더하거나 뺐을 때, 없어지는 미지수가 다른 하나는?

① $\begin{cases} 2x+3y=1 \\ -2x+y=-1 \end{cases}$

② $\begin{cases} x-6y=0 \\ 2x+6y=2 \end{cases}$

③ $\begin{cases} 5x-4y=7 \\ 5x+2y=3 \end{cases}$

④ $\begin{cases} -3x+y=8 \\ -3x+6y=5 \end{cases}$

⑤ $\begin{cases} 7x-y=10 \\ -7x+8y=4 \end{cases}$

06 연립방정식 $\begin{cases} 4x-2y=4 \\ 3x+2y=17 \end{cases}$ 의 해를 구하시오.

07 일차방정식 $3x+by+1=0$의 그래프가 점 $(-1, 2)$를 지날 때, 이 그래프의 기울기를 구하시오. (단, b는 상수)

08 일차방정식 $ax+by+10=0$의 그래프가 다음과 같을 때, 상수 a, b의 값을 각각 구하시오.

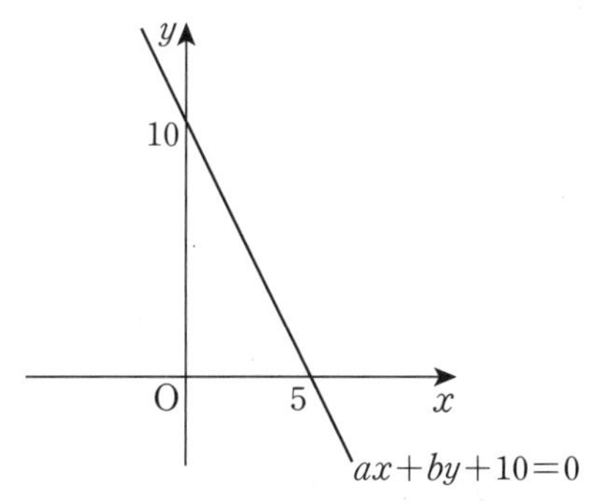

09 주어진 그래프를 이용하여 연립방정식의 해를 구하시오.

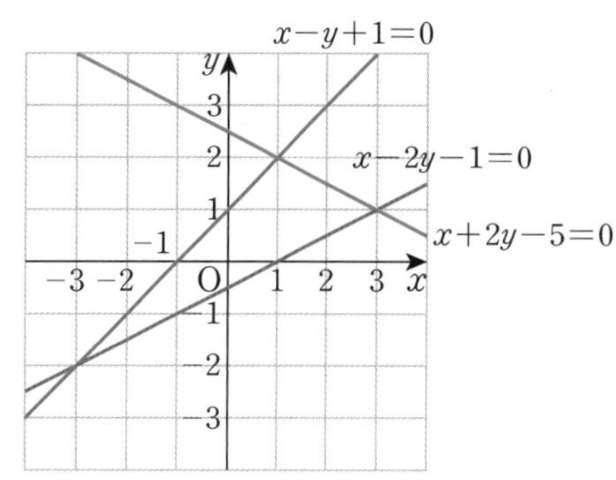

(1) $\begin{cases} x-y+1=0 \\ x-2y-1=0 \end{cases}$

(2) $\begin{cases} x-2y-1=0 \\ x+2y-5=0 \end{cases}$

10 일차방정식 $ax-by+3=0$의 그래프가 다음과 같을 때, 상수 a, b의 부호를 구하시오.

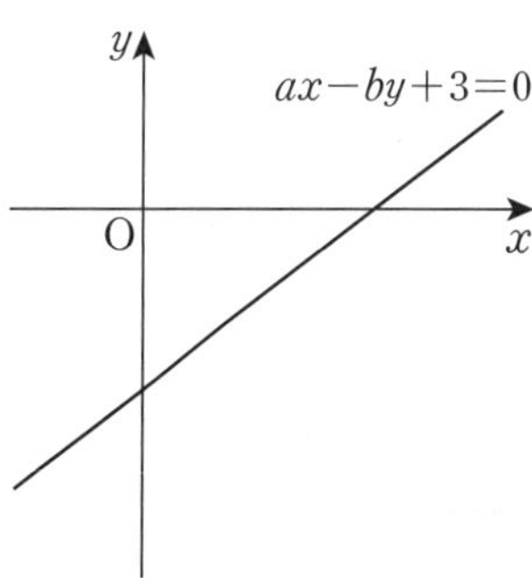

7-39

11 두 일차방정식 $3x+4y=0$과 $x+4y-8=0$의 그래프의 교점의 좌표를 구하시오.

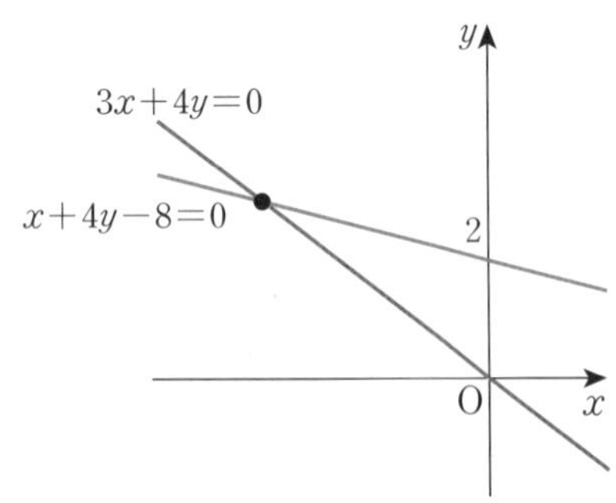

12 연립방정식 $\begin{cases} 2x+ay=-4 \\ 3x+9y=b \end{cases}$에서 각 방정식의 그래프를 그렸더니 두 직선이 서로 평행합니다. 이때, 상수 a, b의 조건은?

① $a=6$, $b=-6$ ② $a=6$, $b\neq-6$
③ $a\neq6$, $b=-6$ ④ $a=-6$, $b=6$
⑤ $a=6$, $b\neq6$

13 다음 연립방정식 중 해가 한 쌍인 것은?

① $\begin{cases} -x+2y=-1 \\ x-2y=1 \end{cases}$

② $\begin{cases} 4x+3y=2 \\ 8x+6y=1 \end{cases}$

③ $\begin{cases} 6x-12y=10 \\ -3x+6y=-5 \end{cases}$

④ $\begin{cases} 5x-4y=2 \\ 4x+5y=-1 \end{cases}$

⑤ $\begin{cases} 2x-7y=-4 \\ 4x-14y=8 \end{cases}$

14 다음 세 직선 중 두 직선만 평행할 때, 가능한 상수 a의 값의 합을 구하시오.

$$\begin{cases} 3x+y-4=0 \\ 2x-y-1=0 \\ 6x+ay-5=0 \end{cases}$$

15 연립방정식 $\begin{cases} ax+5y=-7 \\ 4x+by=14 \end{cases}$의 해가 무수히 많을 때, $a+b$의 값을 구하시오.
(단, a, b는 상수)

16 연립방정식에서 두 일차방정식과 그 그래프에 대한 설명으로 옳은 것은?

① 두 직선이 평행하면 연립방정식의 해는 무수히 많다.
② 두 직선이 일치하면 연립방정식의 해는 없다.
③ 두 직선이 기울기가 같고, y절편이 다르면 연립방정식의 해는 무수히 많다.
④ 연립방정식의 해가 없으면, 두 직선의 기울기와 y절편은 각각 같다.
⑤ 두 직선이 기울기가 다르고, y절편이 같으면 연립방정식의 해는 한 쌍이다.

17 연립방정식 $\begin{cases} 5x-by=-9 \\ ax+3y=4 \end{cases}$ 에서 두 일차방정식의 그래프의 교점의 좌표가 $(-1, 1)$일 때, 상수 a, b의 값을 각각 구하시오.

18 $a>0$, $b>0$, $c<0$일 때, 일차방정식 $ax+by+c=0$의 그래프가 지나지 않는 사분면을 구하시오.

19 두 일차방정식 $4x-7y=-6$, $2x+7y=-24$의 그래프의 교점을 지나고, 기울기가 1인 직선의 방정식을 구하여 $ax+by+c=0$의 모양으로 나타내시오.

20 세 일차방정식 $3x+2y-20=0$, $x-2y+4=0$, $ax-4y-12=0$의 그래프가 삼각형을 만들지 못할 때, 상수 a의 값을 모두 구하시오.

서술형 문제

21 일차방정식 $5x+3y-4=0$의 그래프가 점 $(a,\ 4-a)$를 지날 때, a의 값을 구하시오.

풀이

서술형 문제

22 일차함수 $y=\frac{1}{2}x+1$의 그래프와 평행하고 점 $(3,\ 4)$를 지나는 직선의 방정식이 $ax+2y+b=0$일 때, 상수 a, b에 대하여 ab의 값을 구하시오.

풀이

서술형 문제

23 다음 그림과 같이 직선 ㉠, ㉡과 x축으로 둘러싸인 도형의 넓이를 구하려고 합니다. 물음에 답하시오.

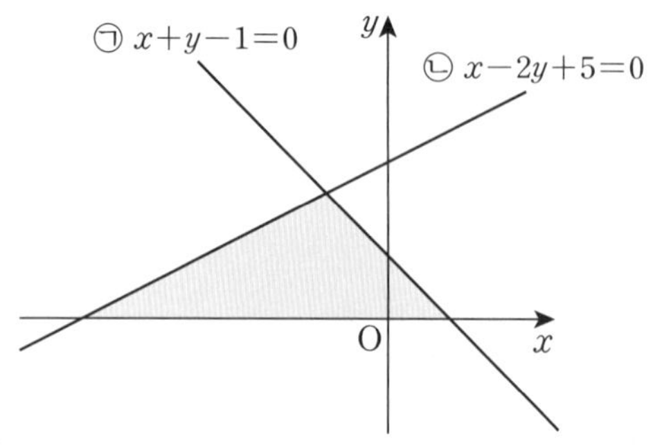

(1) 두 직선의 교점의 좌표를 구하시오.

(2) 두 직선의 x절편을 각각 구하시오.

(3) 직선 ㉠, ㉡과 x축으로 둘러싸인 도형의 넓이를 구하시오.

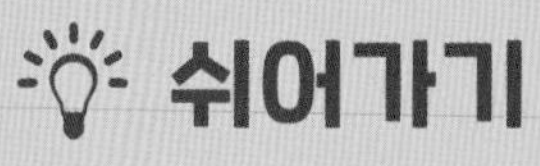

아킬레스와 거북이의 역설

역설은 '모순되는 말'이라는 뜻으로, 고대 그리스의 철학자 제논(B.C. 490~430)이 남긴 아킬레스와 거북이의 역설이 유명해.

트로이의 전쟁 영웅 아킬레스가 거북이와 경주를 한다.
거북이는 100 m 앞에서 출발하지만, 아킬레스는 거북이보다 10배 빠르다.
아킬레스가 100 m만큼 가면 거북이는 그보다 10 m 앞서있고, 아킬레스가 10 m만큼 더 가면 거북이는 그보다 1 m 앞서있다. 이처럼 둘 사이의 거리는 점점 좁혀질 수 있지만, 거리가 0이 될 수는 없다.
따라서 아킬레스는 거북이를 영원히 따라잡을 수 없다!

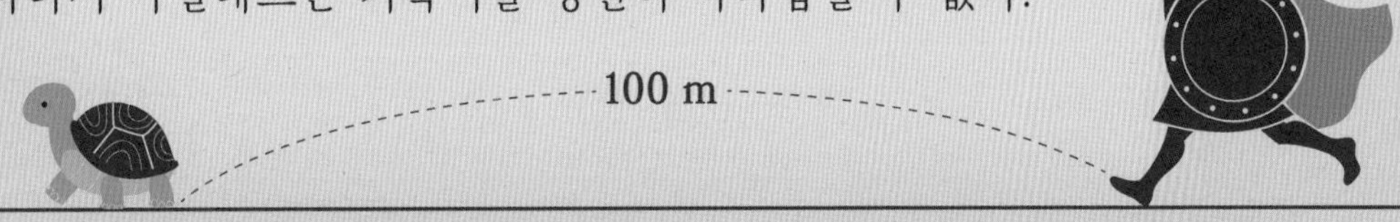

하지만 이것을 그래프로 그려보면 거짓이라는 것을 금방 알 수 있지.
시간을 x, 위치를 y로 두고 그려보자!

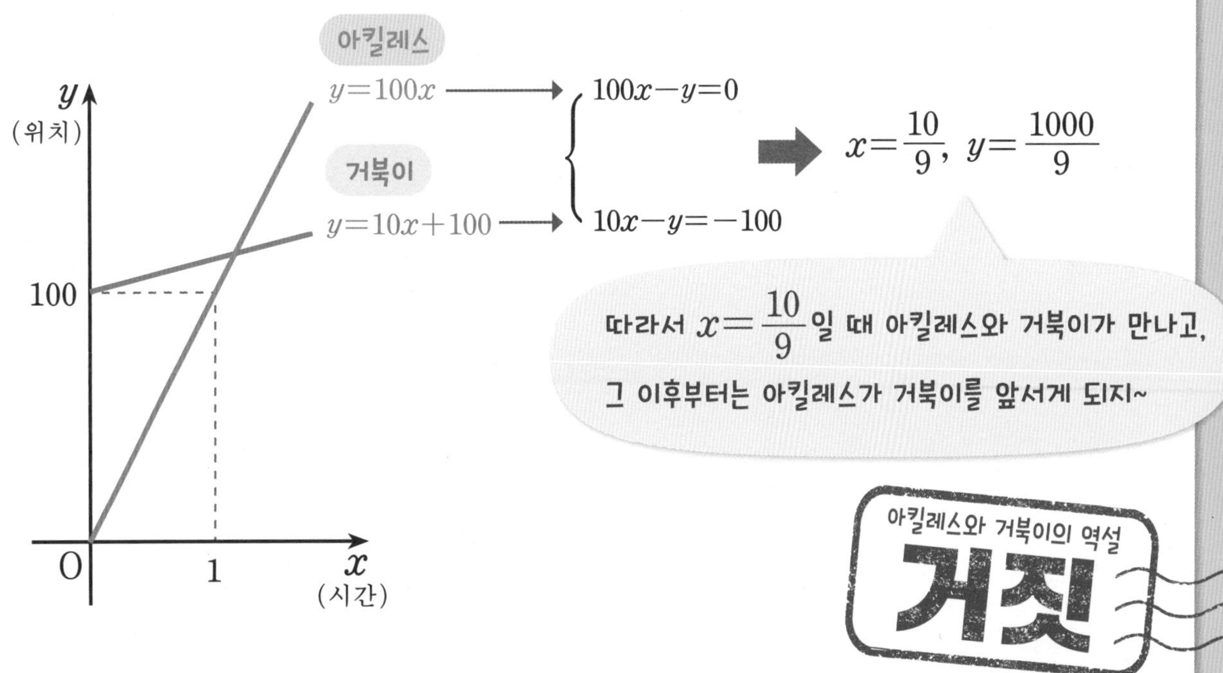

총정리 문제

* 일차함수 1, 2권에 대한 총정리 문제입니다.

01 함수 $f(x)=-2x+3$에 대하여 $f(-2)$의 값을 구하시오.

02 다음 중 정비례 관계식이 아닌 것은?

① $y=2x$　　② $y=-5x$

③ $y=\frac{1}{2}x$　　④ $y=\frac{2}{x}$

⑤ $y=\frac{x}{4}$

03 다음 중 제4사분면 위의 점인 것은?

① $(1, 3)$　　② $(-1, 3)$

③ $(-2, -2)$　　④ $(0, 7)$

⑤ $(4, -5)$

04 다음 중 y가 x의 함수가 아닌 것은?

① 한 자루에 1000원 하는 연필 x자루의 가격 y원

② 넓이가 20 cm^2인 삼각형의 밑변의 길이가 x cm, 높이가 y cm

③ 절댓값이 x인 수 y

④ 시속 x km로 3시간 동안 이동한 거리 y km

⑤ 한 변의 길이가 x cm인 정사각형의 둘레 y cm

05 y가 x에 정비례하고, $x=2$일 때 $y=-4$입니다. x와 y 사이의 관계식을 구하시오.

06 두 점 (2, 5), (−1, 8)을 지나는 직선의 기울기를 구하시오.

07 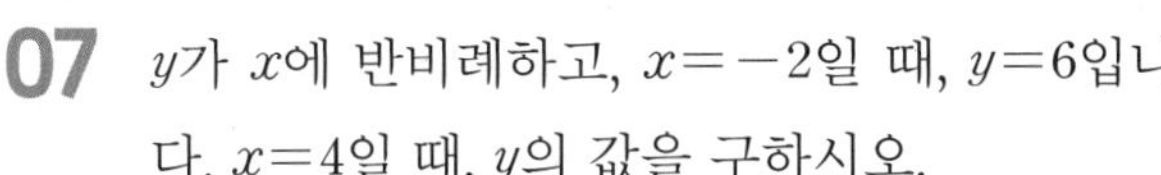
y가 x에 반비례하고, $x=-2$일 때, $y=6$입니다. $x=4$일 때, y의 값을 구하시오.

08 x축에 평행한 직선이 점 $(-2, 5)$와 점 $(3, -4k+1)$을 지날 때, k의 값을 구하시오.

09 다음 그래프에 알맞은 관계식은?

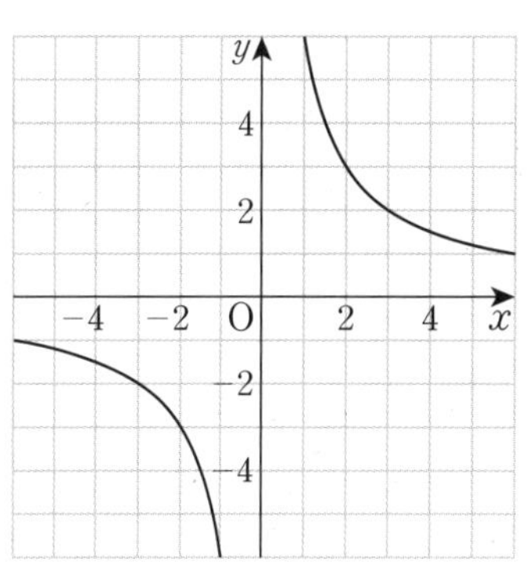

① $y=\frac{2}{x}$　　② $y=\frac{4}{x}$

③ $y=\frac{6}{x}$　　④ $y=\frac{x}{4}$

⑤ $y=\frac{x}{6}$

10 다음 중 두 점이 원점 대칭인 것은?

① $(3, 2), (-3, 2)$
② $(-4, -7), (4, 7)$
③ $(5, -3), (-3, 5)$
④ $(-1, 1), (-1, -1)$
⑤ $(9, -6), (-9, -6)$

11 다음 중 그래프의 x절편이 3, y절편이 5인 일차함수의 식은?

① $y=3x+5$　② $x=3$
③ $y=\frac{15}{x}$　④ $5x+3y-15=0$
⑤ $3x+5y=1$

12 정비례 관계 $y=-2x$의 그래프에 대한 설명으로 옳은 것은?

① 그래프는 오른쪽 위로 향한다.
② x가 증가할 때, y도 증가한다.
③ x가 양수일 때, y는 음수이다.
④ 그래프는 제1, 3사분면을 지난다.
⑤ 점 $(-2, -4)$를 지난다.

13 $-2\leq x\leq 6$일 때, 함수 $y=-\frac{1}{2}x+2$의 최댓값과 최솟값을 각각 구하시오.

14 두 그래프의 교점의 좌표를 연립방정식을 이용하여 구하시오.

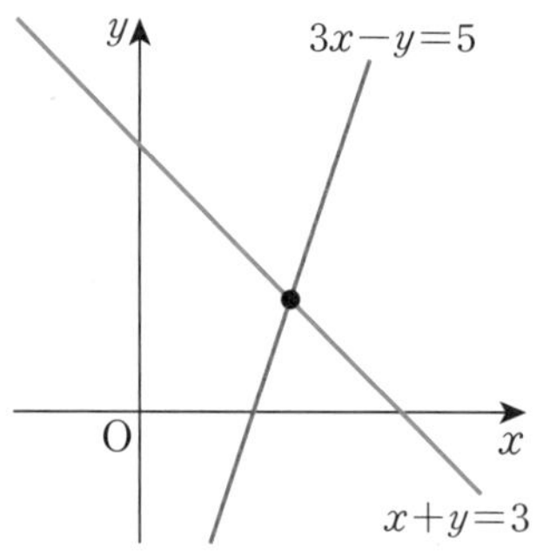

15 점 $(4, -1)$을 지나고 기울기가 $\frac{1}{2}$인 직선의 방정식이 $x+ay+b=0$일 때, 상수 a, b의 값은?

① $a=-2$, $b=-6$　② $a=2$, $b=6$
③ $a=2$, $b=3$　④ $a=-2$, $b=-3$
⑤ $a=-3$, $b=6$

16 점 P$(-a, b)$가 제3사분면 위의 점일 때, 점 Q$(b, a-b)$는 어느 사분면 위의 점인지 구하시오.

17 반비례 관계 $y=\frac{2}{x}$의 그래프에 대한 설명으로 옳은 것을 보기에서 모두 찾아 기호를 쓰시오.

보기

㉠ x와 y의 곱은 항상 1로 일정하다.
㉡ 원점을 지나는 한 쌍의 곡선이다.
㉢ 점 $(1, 2)$를 지난다.
㉣ 제1사분면과 제3사분면을 지난다.

18 $a<0$, $b>0$일 때, 일차방정식 $ax-by-1=0$의 그래프가 지나는 사분면을 모두 쓰시오. (단, a, b는 상수)

19 다음 연립방정식 중 해가 없는 것은?

① $\begin{cases} x+2y=4 \\ x-2y=-4 \end{cases}$
② $\begin{cases} -3x+3y=6 \\ 2x-2y=-4 \end{cases}$
③ $\begin{cases} 4x+y=0 \\ x+4y=4 \end{cases}$
④ $\begin{cases} 5x=10 \\ x-y=2 \end{cases}$
⑤ $\begin{cases} x-3y=5 \\ 2x-6y=5 \end{cases}$

20 세 직선 $y=-2x$, $x=3$, $y=0$으로 둘러싸인 도형의 넓이를 구하시오.

21 두 점 $(0, 5)$, $(-1, 3)$을 지나는 직선이 점 $(k, -3)$을 지날 때, k의 값을 구하시오.

22 일차함수 $y=mx+5$의 그래프는 일차함수 $y=2x$의 그래프를 x축 방향으로 a만큼, y축 방향으로 1만큼 평행이동한 그래프입니다. 상수 m, a에 대하여 $m+a$의 값을 구하시오.

23 세 일차방정식 $4x-6y+10=0$, $6x+ay=0$, $4x+7y-29=0$의 그래프가 한 점에서 만날 때, 상수 a의 값을 구하시오.

서술형 문제

24 그래프를 보고 상수 a, b의 값을 각각 구하시오.

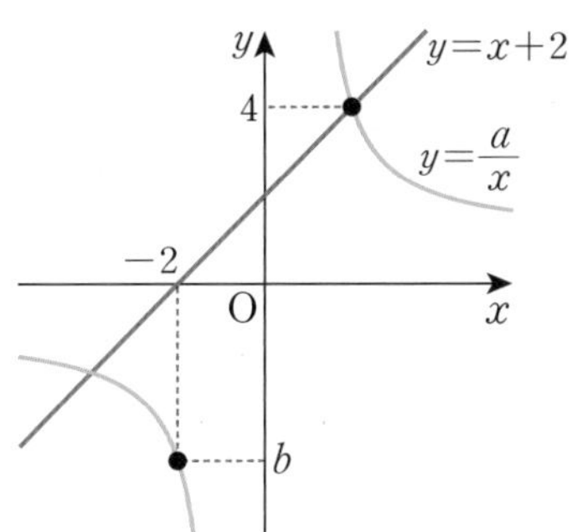

풀이

서술형 문제

25 점 Q가 반비례 관계 $y=\frac{12}{x}$의 그래프 위의 점일 때, 직사각형 OPQR의 넓이를 구하시오.

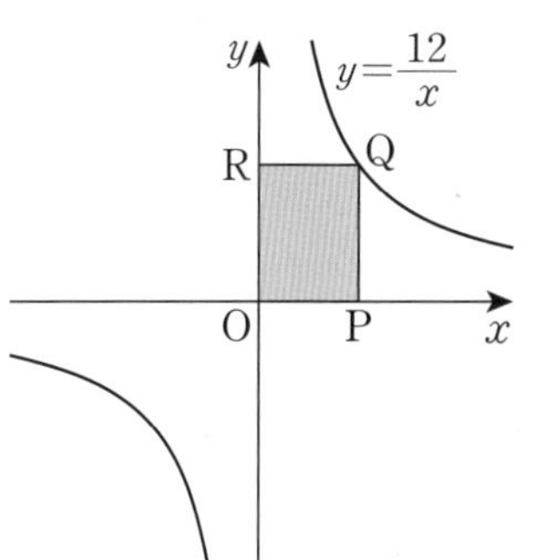

풀이

MEMO

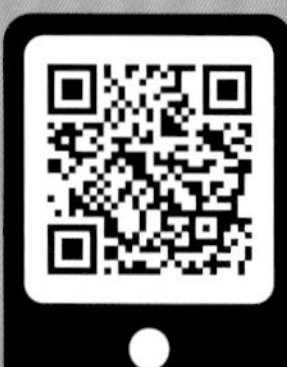

정답 및 해설은 키출판사 홈페이지
(www.keymedia.co.kr)에서도
볼 수 있습니다.

중등수학 일차함수 개념이 먼저다

개념으로 한번에
내신 대비까지!

정답 및 해설 2

정답 및 해설

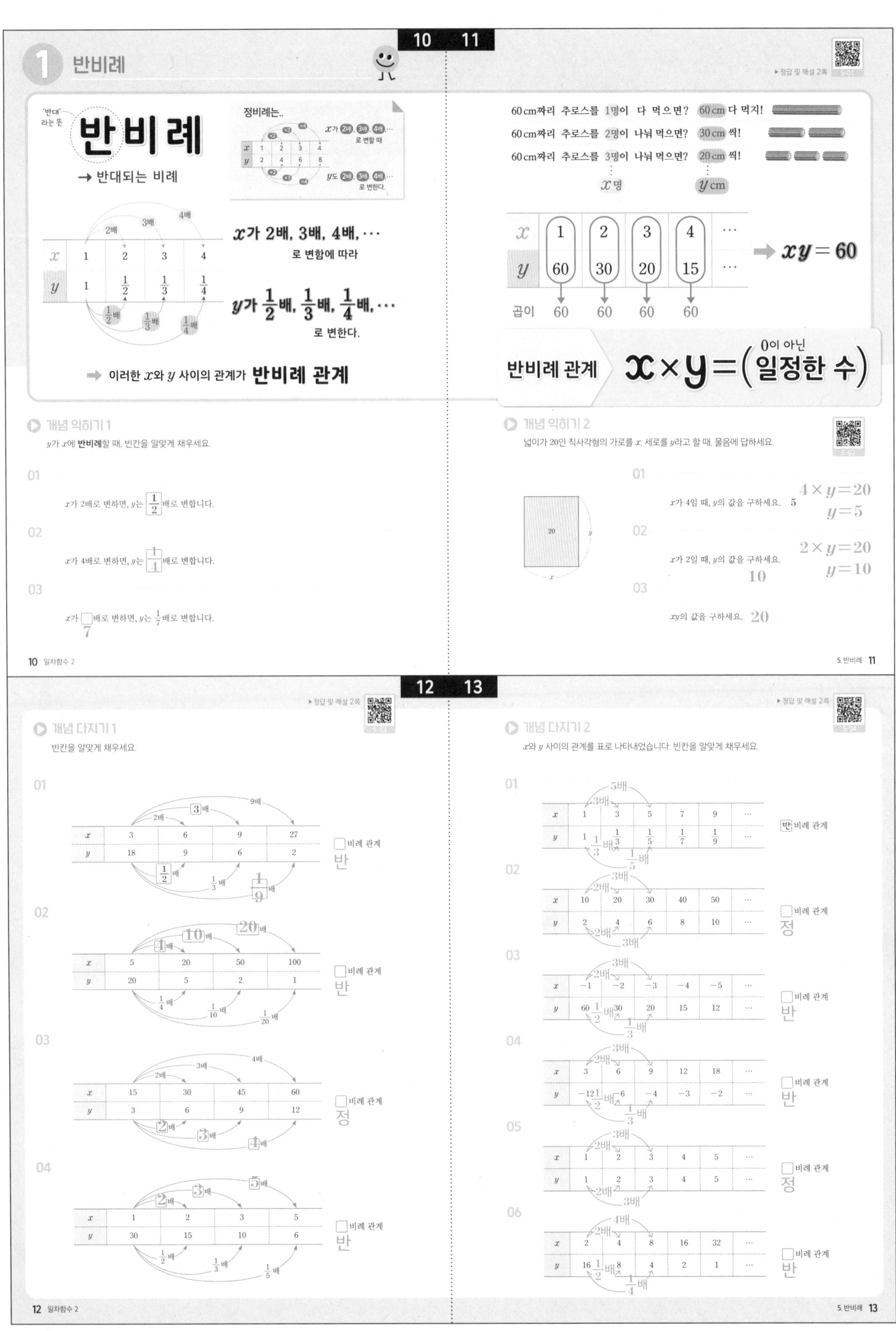
1 반비례
반비례
→ 반대되는 비례
x가 2배, 3배, 4배, …
로 변함에 따라
y가 1/2배, 1/3배, 1/4배, …
로 변한다.
➡ 이러한 x와 y 사이의 관계가 반비례 관계
60 cm짜리 추로스를 1명이 다 먹으면? 60 cm 다 먹지!
60 cm짜리 추로스를 2명이 나눠 먹으면? 30 cm 씩!
60 cm짜리 추로스를 3명이 나눠 먹으면? 20 cm 씩!
곱이 60 60 60 60
xy = 60
반비례 관계 x × y = (0이 아닌 일정한 수)
개념 익히기 1
y가 x에 반비례할 때, 빈칸을 알맞게 채우세요.
개념 익히기 2
넓이가 20인 직사각형의 가로를 x, 세로를 y라고 할 때, 물음에 답하세요.
개념 다지기 1
빈칸을 알맞게 채우세요.
개념 다지기 2
x와 y 사이의 관계를 표로 나타내었습니다. 빈칸을 알맞게 채우세요.

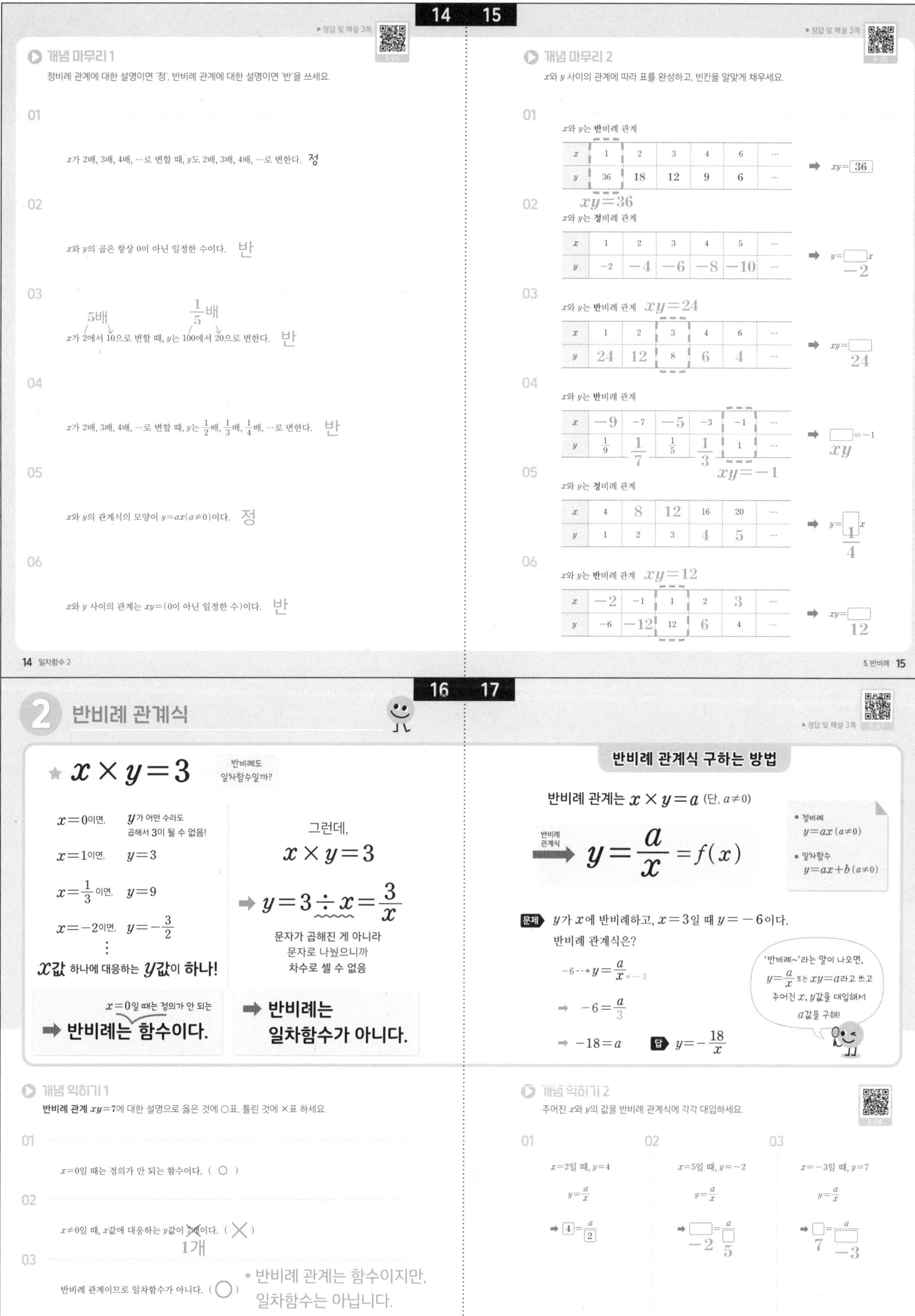

14 15

▸정답 및 해설 3쪽

개념 마무리 1

정비례 관계에 대한 설명이면 '정', 반비례 관계에 대한 설명이면 '반'을 쓰세요.

01 x가 2배, 3배, 4배, …로 변할 때, y도 2배, 3배, 4배, …로 변한다. 정

02 x와 y의 곱은 항상 0이 아닌 일정한 수이다. 반

03 x가 2에서 10으로 변할 때, y는 100에서 20으로 변한다. 반 (5배, $\frac{1}{5}$배)

04 x가 2배, 3배, 4배, …로 변할 때, y는 $\frac{1}{2}$배, $\frac{1}{3}$배, $\frac{1}{4}$배, …로 변한다. 반

05 x와 y의 관계식의 모양이 $y=ax(a\neq0)$이다. 정

06 x와 y 사이의 관계는 $xy=$(0이 아닌 일정한 수)이다. 반

14 일차함수 2

▸정답 및 해설 3쪽

개념 마무리 2

x와 y 사이의 관계에 따라 표를 완성하고, 빈칸을 알맞게 채우세요.

01 x와 y는 반비례 관계 ($xy=36$)

x	1	2	3	4	6	…
y	36	18	12	9	6	…

➡ $xy=$ 36

02 x와 y는 정비례 관계

x	1	2	3	4	5	…
y	−2	−4	−6	−8	−10	…

➡ $y=$ −2 x

03 x와 y는 반비례 관계 $xy=24$

x	1	2	3	4	6	…
y	24	12	8	6	4	…

➡ $xy=$ 24

04 x와 y는 반비례 관계 ($xy=-1$)

x	−9	−7	−5	−3	−1	…
y	$\frac{1}{9}$	$\frac{1}{7}$	$\frac{1}{5}$	$\frac{1}{3}$	1	…

➡ xy $=-1$

05 x와 y는 정비례 관계

x	4	8	12	16	20	…
y	1	2	3	4	5	…

➡ $y=$ $\frac{1}{4}$ x

06 x와 y는 반비례 관계 $xy=12$

x	−2	−1	1	2	3	…
y	−6	−12	12	6	4	…

➡ $xy=$ 12

5. 반비례 15

16 17

2 반비례 관계식

★ $x\times y=3$ 반비례도 일차함수일까?

$x=0$이면, y가 어떤 수라도 곱해서 3이 될 수 없음!

$x=1$이면, $y=3$

$x=\frac{1}{3}$이면, $y=9$

$x=-2$이면, $y=-\frac{3}{2}$

⋮

x값 하나에 대응하는 y값이 하나!

$x=0$일 때는 정의가 안 되는

➡ 반비례는 함수이다.

그런데, $x\times y=3$

➡ $y=3\div x=\frac{3}{x}$

문자가 곱해진 게 아니라 문자로 나눴으니까 차수로 셀 수 없음

➡ 반비례는 일차함수가 아니다.

▸정답 및 해설 3쪽

반비례 관계식 구하는 방법

반비례 관계는 $x\times y=a$ (단, $a\neq0$)

반비례 관계식 ➡ $y=\frac{a}{x}=f(x)$

• 정비례 $y=ax\,(a\neq0)$

• 일차함수 $y=ax+b\,(a\neq0)$

문제 y가 x에 반비례하고, $x=3$일 때 $y=-6$이다. 반비례 관계식은?

$-6 \dashrightarrow y=\frac{a}{x} \dashleftarrow 3$

➡ $-6=\frac{a}{3}$

➡ $-18=a$ 답 $y=-\frac{18}{x}$

'반비례~'라는 말이 나오면, $y=\frac{a}{x}$ 또는 $xy=a$라고 쓰고 주어진 x, y값을 대입해서 a값을 구해!

개념 익히기 1

반비례 관계 $xy=7$에 대한 설명으로 옳은 것에 ○표, 틀린 것에 ×표 하세요.

01 $x=0$일 때는 정의가 안 되는 함수이다. (○)

02 $x\neq0$일 때, x값에 대응하는 y값이 2개이다. (×) 1개

03 반비례 관계이므로 일차함수가 아니다. (○) * 반비례 관계는 함수이지만, 일차함수는 아닙니다.

16 일차함수 2

개념 익히기 2

주어진 x와 y의 값을 반비례 관계식에 각각 대입하세요.

01 $x=2$일 때, $y=4$
$y=\frac{a}{x}$
➡ $4=\frac{a}{2}$

02 $x=5$일 때, $y=-2$
$y=\frac{a}{x}$
➡ $-2=\frac{a}{5}$

03 $x=-3$일 때, $y=7$
$y=\frac{a}{x}$
➡ $7=\frac{a}{-3}$

5. 반비례 17

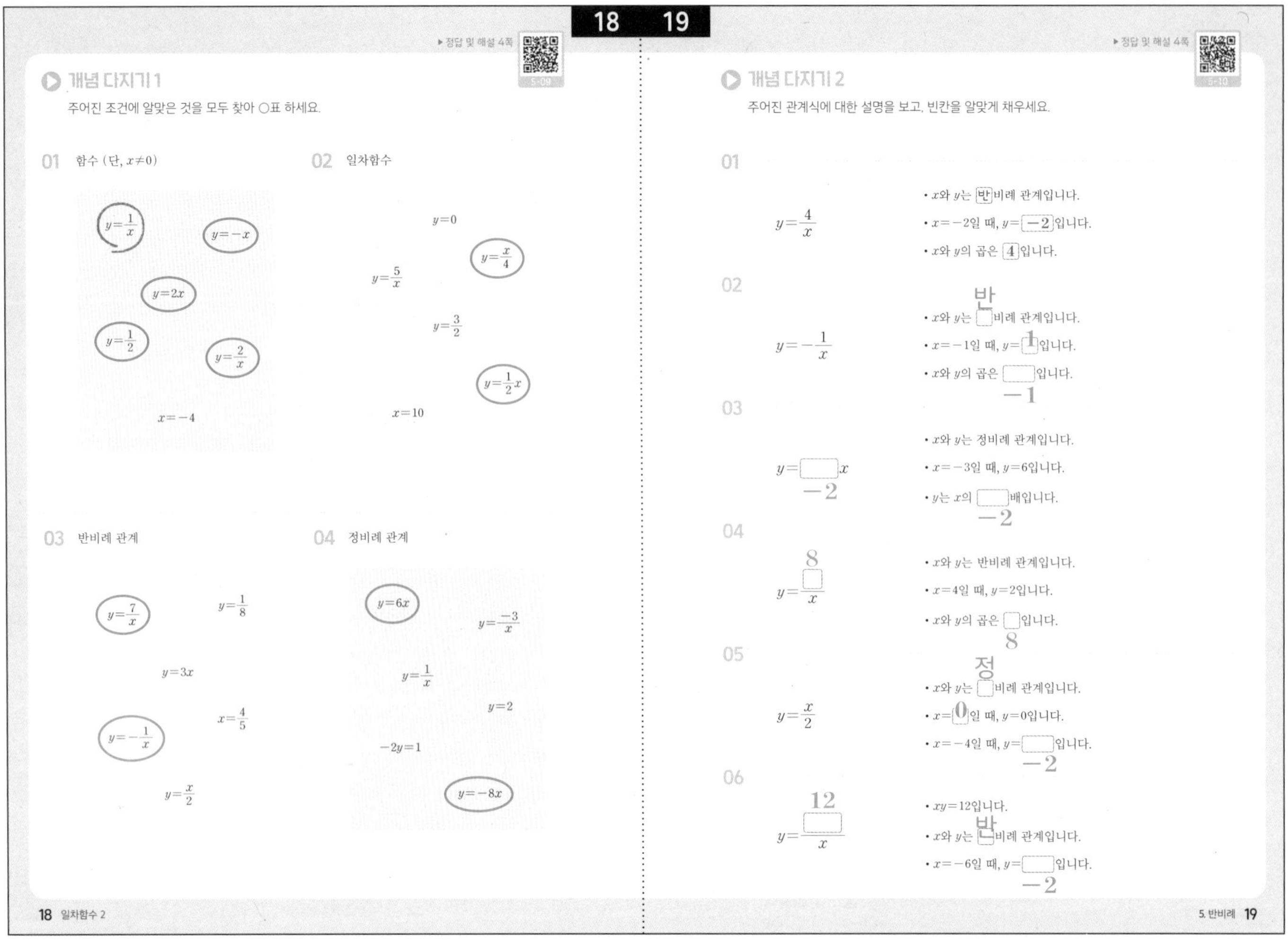

18 19

▶ 정답 및 해설 4쪽 5-09

개념 다지기 1

주어진 조건에 알맞은 것을 모두 찾아 ○표 하세요.

01 함수 (단, $x\neq 0$)

($y=\frac{1}{x}$) ($y=-x$) ($y=2x$) ($y=\frac{1}{2}$) ($y=\frac{2}{x}$) $x=-4$

02 일차함수

$y=0$ ($y=\frac{x}{4}$) $y=\frac{5}{x}$ $y=\frac{3}{2}$ ($y=\frac{1}{2}x$) $x=10$

03 반비례 관계

($y=\frac{7}{x}$) $y=\frac{1}{8}$ $y=3x$ $x=\frac{4}{5}$ ($y=-\frac{1}{x}$) $y=\frac{x}{2}$

04 정비례 관계

($y=6x$) $y=\frac{-3}{x}$ $y=\frac{1}{x}$ $y=2$ $-2y=1$ ($y=-8x$)

▶ 정답 및 해설 4쪽 5-10

개념 다지기 2

주어진 관계식에 대한 설명을 보고, 빈칸을 알맞게 채우세요.

01 $y=\frac{4}{x}$
- x와 y는 [반]비례 관계입니다.
- $x=-2$일 때, $y=$[-2]입니다.
- x와 y의 곱은 [4]입니다.

02 $y=-\frac{1}{x}$
- x와 y는 [반]비례 관계입니다.
- $x=-1$일 때, $y=$[1]입니다.
- x와 y의 곱은 [-1]입니다.

03 $y=$[-2]x
- x와 y는 정비례 관계입니다.
- $x=-3$일 때, $y=6$입니다.
- y는 x의 [-2]배입니다.

04 $y=\frac{[8]}{x}$
- x와 y는 반비례 관계입니다.
- $x=4$일 때, $y=2$입니다.
- x와 y의 곱은 [8]입니다.

05 $y=\frac{x}{2}$
- x와 y는 [정]비례 관계입니다.
- $x=$[0]일 때, $y=0$입니다.
- $x=-4$일 때, $y=$[-2]입니다.

06 $y=\frac{[12]}{x}$
- $xy=12$입니다.
- x와 y는 [반]비례 관계입니다.
- $x=-6$일 때, $y=$[-2]입니다.

19쪽 풀이

01 • $x=-2$일 때, $y=$☐입니다.

→ $y=\frac{4}{x}$에 $x=-2$ 대입

$y=\frac{4}{(-2)}$

$y=-2$

• x와 y의 곱은 ☐입니다.

→ $y=\frac{4}{x}$이므로 $xy=4$

02 • $x=-1$일 때, $y=$☐입니다.

→ $y=-\frac{1}{x}$에 $x=-1$ 대입

$y=-\frac{1}{(-1)}$

$y=-(-1)$

$y=+(+1)$

$y=1$

03 • x와 y는 정비례 관계입니다.

관계식은 $y=ax$ 모양

• $x=-3$일 때, $y=6$입니다.

→ $y=ax$에 $x=-3$, $y=6$ 대입

$6=a\times(-3)$

$6=-3a$

$a=-2$

따라서 관계식은 $y=-2x$

04 • x와 y는 반비례 관계입니다.

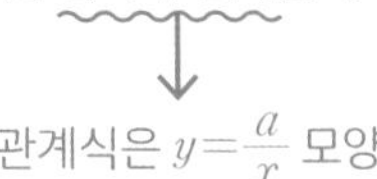

관계식은 $y=\frac{a}{x}$ 모양

• $x=4$일 때, $y=2$입니다.

→ $xy=8$

따라서 관계식은 $y=\frac{8}{x}$

05 • $x=$☐일 때, $y=0$입니다.

→ $y=\frac{x}{2}$에 $y=0$ 대입

$0=\frac{x}{2}$

$x=0$

• $x=-4$일 때, $y=$☐입니다.

→ $y=\frac{x}{2}$에 $x=-4$ 대입

$y=\frac{(-4)}{2}$

$y=-2$

06 • $xy=12$입니다.

→ $y=\frac{12}{x}$

• $x=-6$일 때, $y=$☐입니다.

→ $y=\frac{12}{x}$에 $x=-6$ 대입

$y=\frac{12}{(-6)}$

$y=-2$

개념 마무리 1

물음에 답하세요.

01 반비례 관계 $y=-\frac{2}{x}$에서 $x=-8$일 때, y의 값은?

$y=-\frac{2}{x}$에 $x=-8$ 대입

$\rightarrow y=-\frac{2}{(-8)}$

$y=-\left(-\frac{1}{4}\right)$

$y=+\left(+\frac{1}{4}\right)$

$y=\frac{1}{4}$

답: $\frac{1}{4}$

02 y가 x에 반비례하고, $x=3$일 때, $y=2$이다. x와 y 사이의 관계식은?

$y=\frac{a}{x}$에 $x=3$, $y=2$ 대입

$\rightarrow 2=\frac{a}{3}$

$a=6$

답: $y=\frac{6}{x}$

03 반비례 관계 $y=\frac{4}{x}$에서 $x=2$일 때, y의 값은?

$y=\frac{4}{x}$에 $x=2$ 대입

$\rightarrow y=\frac{4}{2}$

$y=2$

답: 2

04 y가 x에 정비례하고, $x=4$일 때, $y=-8$이다. x와 y 사이의 관계식은?

$y=ax$에 $x=4$, $y=-8$ 대입

$\rightarrow (-8)=a\times4$

$-8=4a$

$a=-2$

답: $y=-2x$

05 반비례 관계 $y=\frac{3}{x}$에서 $x=-3$일 때, y의 값은?

$y=\frac{3}{x}$에 $x=-3$ 대입

$\rightarrow y=\frac{3}{(-3)}$

$y=-1$

답: -1

06 x와 y는 반비례하고, $x=5$일 때, $y=-3$이다. x와 y 사이의 관계식은?

$y=\frac{a}{x}$에 $x=5$, $y=-3$ 대입

$\rightarrow (-3)=\frac{a}{5}$

$a=-15$

답: $y=-\frac{15}{x}$

21쪽 풀이

* 반비례 관계식을 $xy=a$ 모양으로 써도 되지만, 교과 과정에서는 $y=\frac{a}{x}$ 모양으로 쓰는 것이 일반적이므로, $y=\frac{a}{x}$ 모양으로 쓰는 것이 좋습니다.

02 (삼각형의 넓이)=(밑변)×(높이)×$\frac{1}{2}$

→ 삼각형의 넓이가 12 cm²이므로, $x\times y=24$

→ $y=\frac{24}{x}$

03

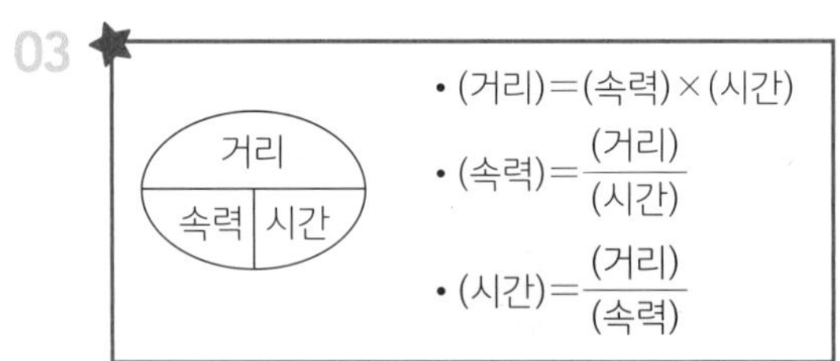

시속 x km로 y시간 동안 걸은 거리가 4 km

속력: x 시간: y 거리: 4

→ $y=\frac{4}{x}$

04 200쪽짜리 책을 하루에 x쪽씩 y일 동안 모두 읽음

쪽 수		시간
1쪽씩	→	200일 걸림
2쪽씩	→	100일 걸림
4쪽씩	→	50일 걸림
⋮		
x쪽씩	→	$\frac{200}{x}$일 걸림 → $y=\frac{200}{x}$

05 1분에 x자씩 y분 동안 1000자를 입력

글자 수		시간
1자씩	→	1000분 걸림
2자씩	→	500분 걸림
5자씩	→	200분 걸림
⋮		
x자씩	→	$\frac{1000}{x}$분 걸림 → $y=\frac{1000}{x}$

06 350 cm짜리 막대를 x도막으로 나누면, 한 도막이 y cm

도막 수		한 도막 길이
1도막	→	350 cm
2도막	→	175 cm
5도막	→	70 cm
⋮		
x도막	→	$\frac{350}{x}$ cm → $y=\frac{350}{x}$

▶ 정답 및 해설 6쪽

개념 마무리 2

x와 y 사이의 관계식을 구하세요.

01 사탕 60개가 있습니다. 한 묶음에 x개씩 포장했을 때, 묶음의 수는 y개입니다.

x(개)	1	2	3	4	5	6
y(묶음)	60	30	20	15	12	10

➡ 관계식: $y=\frac{60}{x}$

02 넓이가 12 cm²인 삼각형이 있습니다. 밑변이 x cm일 때, 높이는 y cm입니다.

x(cm)	1	2	3	4	6	8
y(cm)	24	12	8	6	4	3

➡ 관계식: $y=\frac{24}{x}$

03 집에서 학교까지의 거리는 4 km입니다. 집에서 출발하여 시속 x km로 걸어갈 때, 학교에 도착하는 데 걸린 시간은 y시간입니다.

➡ 관계식: $y=\frac{4}{x}$

04 200쪽짜리 책이 있습니다. 하루에 x쪽씩 읽으면 y일 동안 책을 모두 읽을 수 있습니다.

➡ 관계식: $y=\frac{200}{x}$

05 컴퓨터로 1분에 x자를 입력할 때, 1000자를 입력하는 데 걸리는 시간이 y분입니다.

➡ 관계식: $y=\frac{1000}{x}$

06 길이가 350 cm인 막대를 x도막으로 똑같이 나누었을 때, 막대 한 도막의 길이가 y cm입니다.

➡ 관계식: $y=\frac{350}{x}$

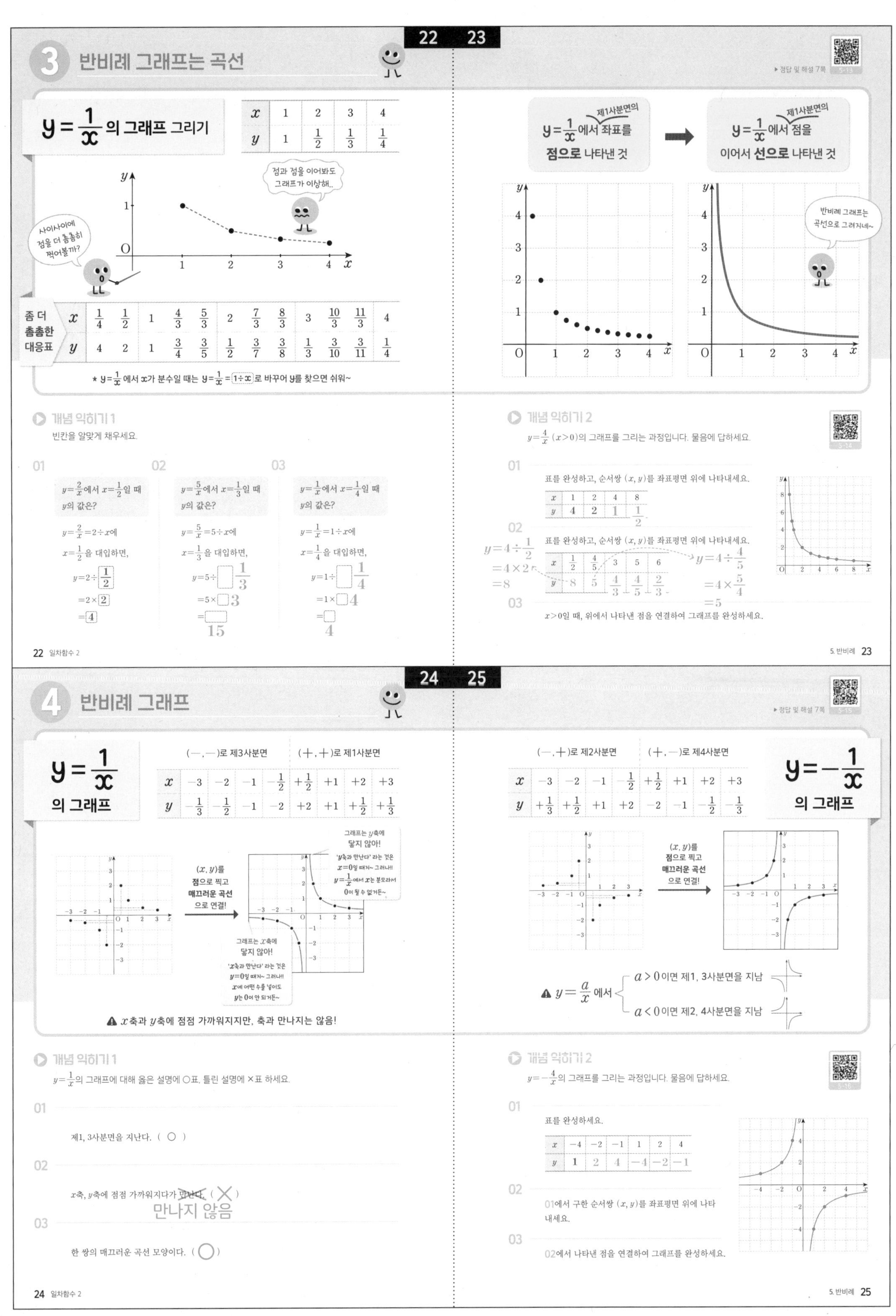
22 23
3 반비례 그래프는 곡선
▸정답 및 해설 7쪽
y = 1/x 의 그래프 그리기
x 1 2 3 4
y 1 1/2 1/3 1/4
점과 점을 이어봐도 그래프가 이상해..
사이사이에 점을 더 촘촘히 찍어볼까?
좀 더 촘촘한 대응표
x 1/4 1/2 1 4/3 5/3 2 7/3 8/3 3 10/3 11/3 4
y 4 2 1 3/4 3/5 1/2 3/7 3/8 1/3 3/10 3/11 1/4
★ y=1/x 에서 x가 분수일 때는 y=1/x=1÷x로 바꾸어 y를 찾으면 쉬워~
y=1/x에서 제1사분면의 좌표를 점으로 나타낸 것
y=1/x에서 제1사분면의 점을 이어서 선으로 나타낸 것
반비례 그래프는 곡선으로 그려지네~
개념 익히기 1
빈칸을 알맞게 채우세요.
01 y=2/x에서 x=1/2일 때 y의 값은?
y=2/x=2÷x에 x=1/2을 대입하면, y=2÷1/2 =2×2 =4
02 y=5/x에서 x=1/3일 때 y의 값은?
y=5/x=5÷x에 x=1/3을 대입하면, y=5÷1/3 =5×3 =15
03 y=1/x에서 x=1/4일 때 y의 값은?
y=1/x=1÷x에 x=1/4을 대입하면, y=1÷1/4 =1×4 =4
개념 익히기 2
y=4/x (x>0)의 그래프를 그리는 과정입니다. 물음에 답하세요.
01 표를 완성하고, 순서쌍 (x, y)를 좌표평면 위에 나타내세요.
x 1 2 4 8
y 4 2 1 1/2
02 표를 완성하고, 순서쌍 (x, y)를 좌표평면 위에 나타내세요.
x 1/2 4/5 3 5 6
y 8 5 4/3 4/5 2/3
y=4÷1/2 =4×2 =8
y=4÷4/5 =4×5/4 =5
03 x>0일 때, 위에서 나타낸 점을 연결하여 그래프를 완성하세요.
22 일차함수 2
5. 반비례 23
24 25
4 반비례 그래프
▸정답 및 해설 7쪽
y = 1/x 의 그래프
(−, −)로 제3사분면 (+, +)로 제1사분면
x −3 −2 −1 −1/2 +1/2 +1 +2 +3
y −1/3 −1/2 −1 −2 +2 +1 +1/2 +1/3
(x, y)를 점으로 찍고 매끄러운 곡선으로 연결!
그래프는 y축에 닿지 않아! 'y축과 만난다'라는 것은 x=0일 때지~ 그러나! y=1/x에서 x는 분모라서 0이 될 수 없거든~
그래프는 x축에 닿지 않아! 'x축과 만난다'라는 것은 y=0일 때지~ 그러나! x에 어떤 수를 넣어도 y는 0이 안 되거든~
⚠ x축과 y축에 점점 가까워지지만, 축과 만나지는 않음!
y = −1/x 의 그래프
(−, +)로 제2사분면 (+, −)로 제4사분면
x −3 −2 −1 −1/2 +1/2 +1 +2 +3
y +1/3 +1/2 +1 +2 −2 −1 −1/2 −1/3
(x, y)를 점으로 찍고 매끄러운 곡선으로 연결!
⚠ y = a/x 에서 a>0이면 제1, 3사분면을 지남 a<0이면 제2, 4사분면을 지남
개념 익히기 1
y=1/x의 그래프에 대해 옳은 설명에 ○표, 틀린 설명에 ×표 하세요.
01 제1, 3사분면을 지난다. (○)
02 x축, y축에 점점 가까워지다가 만난다. (×) 만나지 않음
03 한 쌍의 매끄러운 곡선 모양이다. (○)
개념 익히기 2
y=−4/x의 그래프를 그리는 과정입니다. 물음에 답하세요.
01 표를 완성하세요.
x −4 −2 −1 1 2 4
y 1 2 4 −4 −2 −1
02 01에서 구한 순서쌍 (x, y)를 좌표평면 위에 나타내세요.
03 02에서 나타낸 점을 연결하여 그래프를 완성하세요.
24 일차함수 2
5. 반비례 25

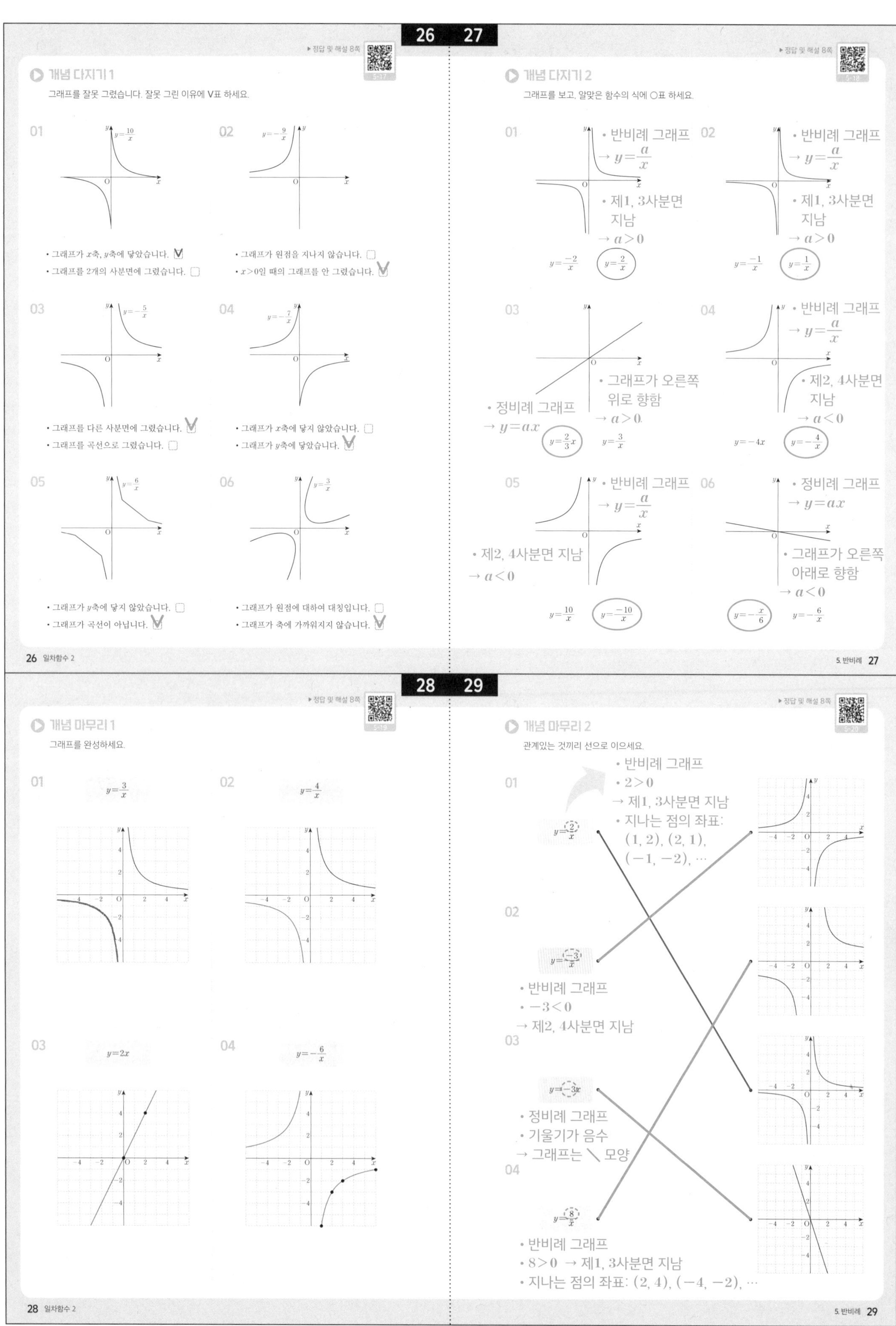

26 27

▶정답 및 해설 8쪽

▶ 개념 다지기 1

그래프를 잘못 그렸습니다. 잘못 그린 이유에 V표 하세요.

01 $y=\frac{10}{x}$
- 그래프가 x축, y축에 닿았습니다. ☑
- 그래프를 2개의 사분면에 그렸습니다. ☐

02 $y=-\frac{9}{x}$
- 그래프가 원점을 지나지 않습니다. ☐
- $x>0$일 때의 그래프를 안 그렸습니다. ☑

03 $y=-\frac{5}{x}$
- 그래프를 다른 사분면에 그렸습니다. ☑
- 그래프를 곡선으로 그렸습니다. ☐

04 $y=-\frac{7}{x}$
- 그래프가 x축에 닿지 않았습니다. ☐
- 그래프가 y축에 닿았습니다. ☑

05 $y=\frac{6}{x}$
- 그래프가 y축에 닿지 않았습니다. ☐
- 그래프가 곡선이 아닙니다. ☑

06 $y=\frac{3}{x}$
- 그래프가 원점에 대하여 대칭입니다. ☐
- 그래프가 축에 가까워지지 않습니다. ☑

26 일차함수 2

▶ 개념 다지기 2

그래프를 보고, 알맞은 함수의 식에 ○표 하세요.

01
- 반비례 그래프 → $y=\frac{a}{x}$
- 제1, 3사분면 지남 → $a>0$
$y=\frac{-2}{x}$ ⃝$y=\frac{2}{x}$⃝

02
- 반비례 그래프 → $y=\frac{a}{x}$
- 제1, 3사분면 지남 → $a>0$
$y=\frac{-1}{x}$ ⃝$y=\frac{1}{x}$⃝

03
- 정비례 그래프 → $y=ax$
- 그래프가 오른쪽 위로 향함 → $a>0$
⃝$y=\frac{2}{3}x$⃝ $y=\frac{3}{x}$

04
- 반비례 그래프 → $y=\frac{a}{x}$
- 제2, 4사분면 지남 → $a<0$
$y=-4x$ ⃝$y=-\frac{4}{x}$⃝

05
- 반비례 그래프 → $y=\frac{a}{x}$
- 제2, 4사분면 지남 → $a<0$
$y=\frac{10}{x}$ ⃝$y=\frac{-10}{x}$⃝

06
- 정비례 그래프 → $y=ax$
- 그래프가 오른쪽 아래로 향함 → $a<0$
⃝$y=-\frac{x}{6}$⃝ $y=-\frac{6}{x}$

5. 반비례 27

28 29

▶정답 및 해설 8쪽

▶ 개념 마무리 1

그래프를 완성하세요.

01 $y=\frac{3}{x}$

02 $y=\frac{4}{x}$

03 $y=2x$

04 $y=-\frac{6}{x}$

28 일차함수 2

▶ 개념 마무리 2

관계있는 것끼리 선으로 이으세요.

01 $y=\frac{2}{x}$
- 반비례 그래프
- $2>0$
→ 제1, 3사분면 지남
- 지나는 점의 좌표: $(1, 2), (2, 1),$ $(-1, -2),$ …

02 $y=\frac{-3}{x}$
- 반비례 그래프
- $-3<0$
→ 제2, 4사분면 지남

03 $y=-3x$
- 정비례 그래프
- 기울기가 음수
→ 그래프는 ＼ 모양

04 $y=\frac{8}{x}$
- 반비례 그래프
- $8>0$ → 제1, 3사분면 지남
- 지나는 점의 좌표: $(2, 4), (-4, -2),$ …

5. 반비례 29

5 $y=\frac{a}{x}$의 그래프의 성질

▸ 정답 및 해설 9쪽

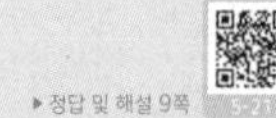

★ $a=1, 2, 3, -1, -2, -3$일 때, $y=\frac{a}{x}$의 그래프

$a>0$

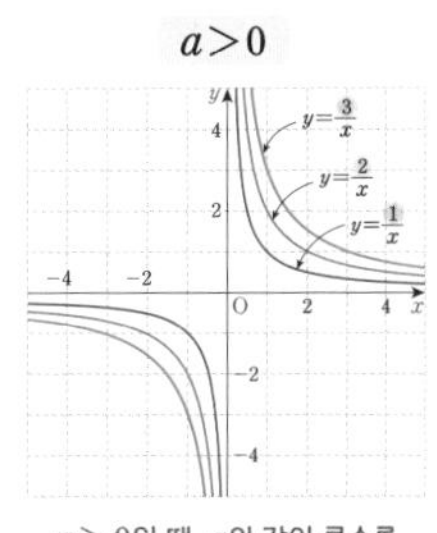

$a>0$일 때, a의 값이 클수록 그래프가 원점에서 멀어짐

$a<0$

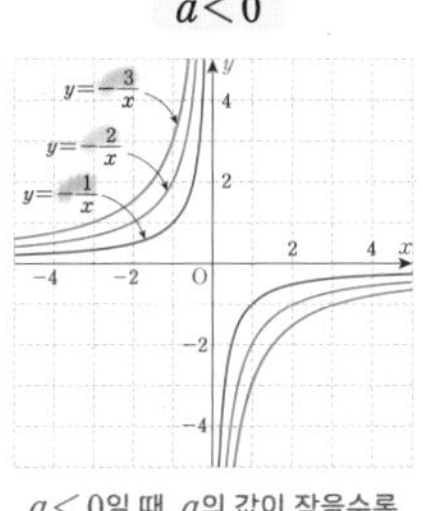

$a<0$일 때, a의 값이 작을수록 그래프가 원점에서 멀어짐

➡ $y=\frac{a}{x}$에서 $|a|$가 클수록 **원점에서 먼** 한 쌍의 곡선

★ $y=\frac{a}{x}(a\neq0)$ 의 그래프 : 원점에 대해 대칭인 한 쌍의 곡선!

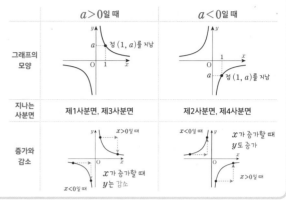

	$a>0$일 때	$a<0$일 때
그래프의 모양	점 $(1, a)$를 지남	점 $(1, a)$를 지남
지나는 사분면	제1사분면, 제3사분면	제2사분면, 제4사분면
증가와 감소	$x>0$일 때, $x<0$일 때 / x가 증가할 때 y는 감소	$x<0$일 때, $x>0$일 때 / x가 증가할 때 y도 증가

개념 익히기 1

두 함수의 그래프 중에서, 원점에서 더 멀리 있는 것에 ○표 하세요.

01

$y=\frac{1}{x}$ ( )

$y=\frac{2}{x}$ (○)

$|1|<|2|$
1　2

02

$y=\frac{4}{x}$ (○)

$y=\frac{3}{x}$ ( )

$|4|>|3|$
4　3

03

$y=-\frac{5}{x}$ ( )

$y=-\frac{10}{x}$ (○)

$|-5|<|-10|$
5　10

개념 익히기 2

함수의 그래프에 알맞은 설명을 찾아 선으로 이으세요.

01 $y=\frac{4}{x}$　02 $y=-\frac{1}{x}$　03 $y=5x$

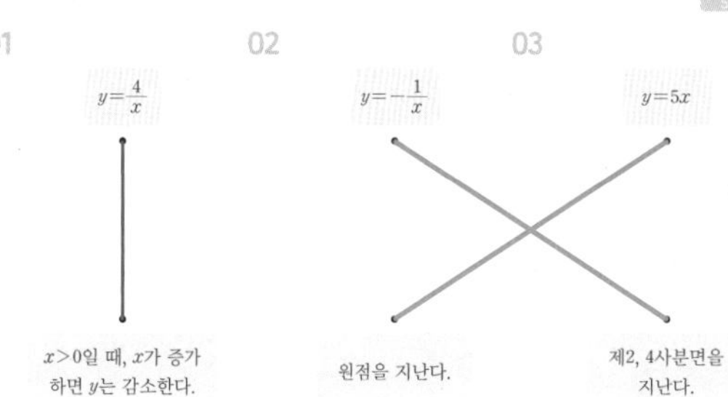

$x>0$일 때, x가 증가하면 y는 감소한다.　원점을 지난다.　제2, 4사분면을 지난다.

▸ 정답 및 해설 9쪽

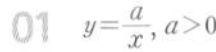

개념 다지기 1

주어진 함수에 알맞은 그래프를 대략적으로 그리세요.

01 $y=\frac{a}{x}$, $a>0$

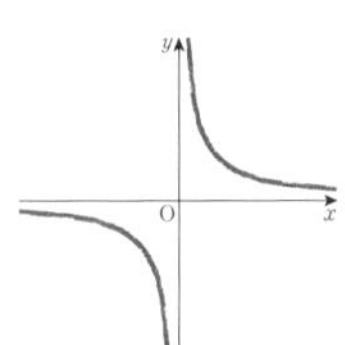

02 $y=ax$, $a>0$

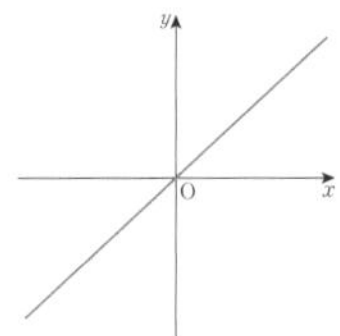

03 $y=\frac{a}{x}$, $a<0$

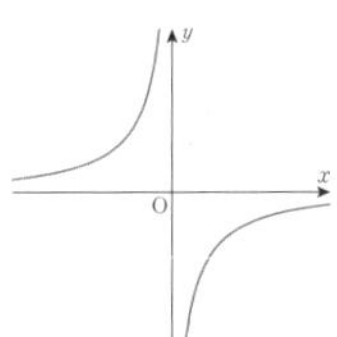

04 $y=ax$, $a<0$

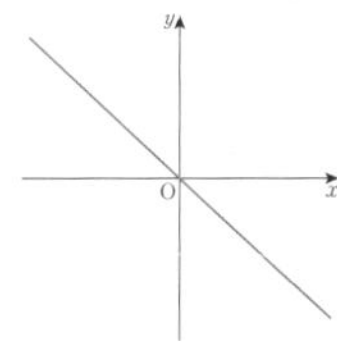

05 $y=a$, $a>0$

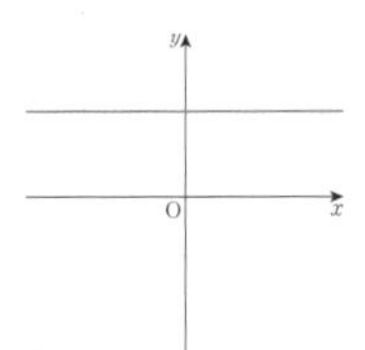

06 $y=-\frac{a}{x}$, $a<0$

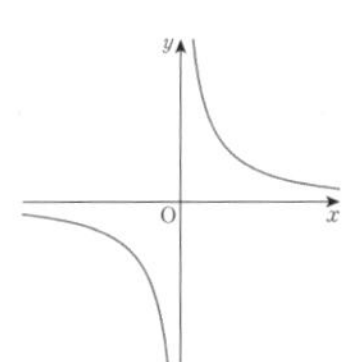

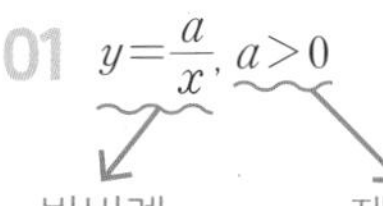

32쪽 풀이

01 $y=\frac{a}{x}$, $a>0$
반비례 → 그래프는 한 쌍의 곡선
제1, 3사분면 지남

02 $y=ax$, $a>0$
정비례 → 그래프는 원점을 지나는 직선
그래프가 ／ 모양

03 $y=\frac{a}{x}$, $a<0$
반비례 → 그래프는 한 쌍의 곡선
제2, 4사분면 지남

04 $y=ax$, $a<0$
정비례 → 그래프는 원점을 지나는 직선
그래프가 ＼ 모양

05 $y=a$, $a>0$
→ x값에 관계없이 y값이 a인 모든 점을 이은 직선

06 $y=-\frac{a}{x}$, $a<0$
반비례 → 그래프는 한 쌍의 곡선
a가 음수 → $-a$는 $-(-)=+(+)=(+)$ 이므로 양수
→ 제1, 3사분면 지남

33쪽 풀이

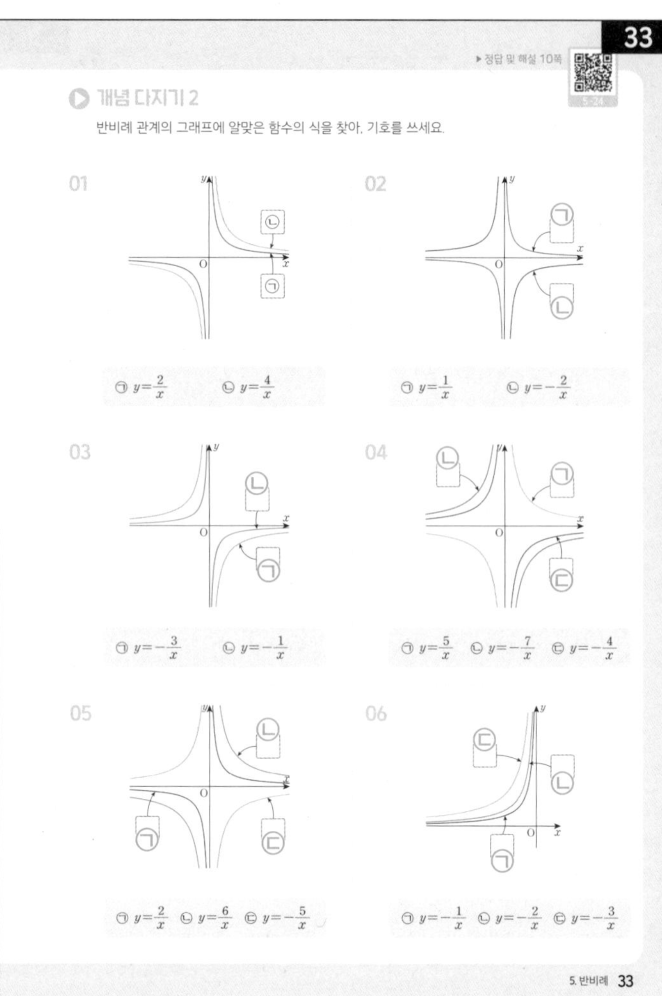

01 ㉠ $y=\frac{2}{x}$ ㉡ $y=\frac{4}{x}$

→ $|2|<|4|$이므로 ($|2|=2$, $|4|=4$)

㉡ 그래프가 ㉠ 그래프보다
원점에서 더 멀리 떨어져 있음

02 ㉠ $y=\frac{1}{x}$ ㉡ $y=-\frac{2}{x}$

→ $1>0$이므로 제1, 3사분면을 지남

→ $-2<0$이므로 제2, 4사분면을 지남

03 ㉠ $y=-\frac{3}{x}$ ㉡ $y=-\frac{1}{x}$

→ $|-3|>|-1|$이므로 ($|-3|=3$, $|-1|=1$)

㉠ 그래프가 ㉡ 그래프보다
원점에서 더 멀리 떨어져 있음

04 ㉠ $y=\frac{5}{x}$ ㉡ $y=-\frac{7}{x}$ ㉢ $y=-\frac{4}{x}$

→ $5>0$이므로 제1, 3사분면을 지남

→ $-7<0$이므로 제2, 4사분면을 지남

→ $-4<0$이므로 제2, 4사분면을 지남

→ $|-7|>|-4|$이므로 ($|-7|=7$, $|-4|=4$)

㉡ 그래프가 ㉢ 그래프보다
원점에서 더 멀리 떨어져 있음

05 ㉠ $y=\frac{2}{x}$ ㉡ $y=\frac{6}{x}$ ㉢ $y=-\frac{5}{x}$

→ $2>0$이므로 제1, 3사분면을 지남

→ $6>0$이므로 제1, 3사분면을 지남

→ $-5<0$이므로 제2, 4사분면을 지남

→ $|2|<|6|$이므로 ($|2|=2$, $|6|=6$)

㉡ 그래프가 ㉠ 그래프보다
원점에서 더 멀리 떨어져 있음

06 ㉠ $y=-\frac{1}{x}$ ㉡ $y=-\frac{2}{x}$ ㉢ $y=-\frac{3}{x}$

→ $|-1|<|-2|<|-3|$이므로 ($|-1|=1$, $|-2|=2$, $|-3|=3$)

㉢ 그래프가 원점에서 가장 멀리 떨어져 있고,
㉠ 그래프가 원점에서 가장 가까움

34쪽 풀이

01 $y=\frac{a}{x}$에서 $|a|$가 클수록 그래프가 원점에서 멀다.

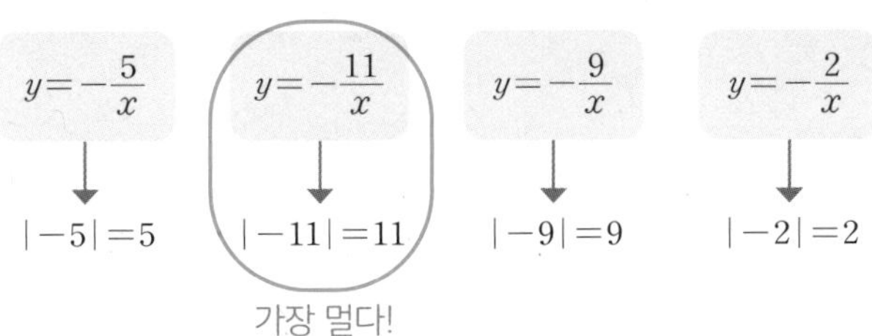

가장 멀다!

02

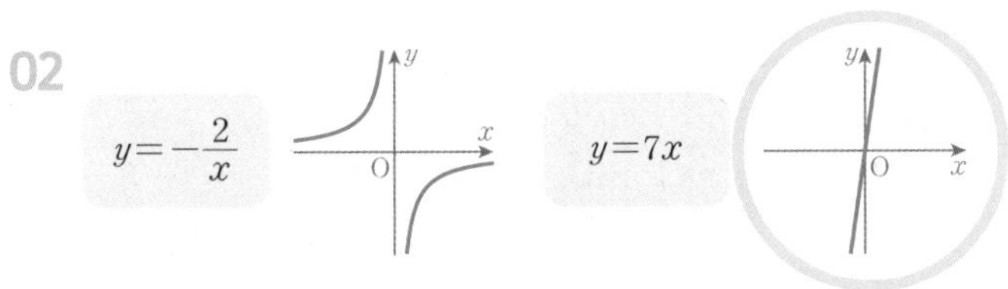

제2, 4사분면 지남　　제1, 3사분면 지남

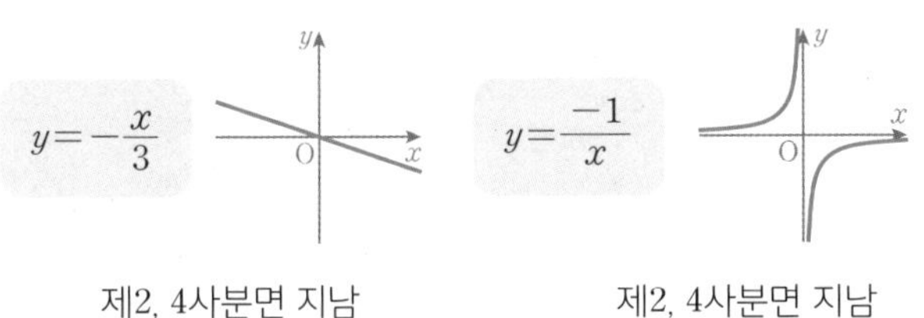

제2, 4사분면 지남　　제2, 4사분면 지남

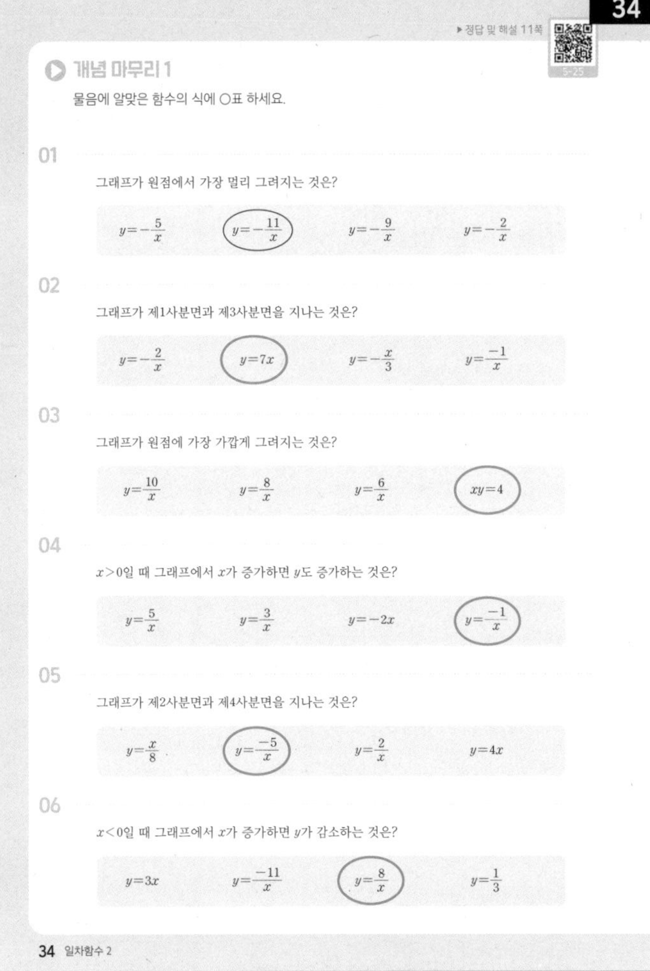

34

▶정답 및 해설 11쪽

개념 마무리 1

물음에 알맞은 함수의 식에 ○표 하세요.

01 그래프가 원점에서 가장 멀리 그려지는 것은?

$y=-\frac{5}{x}$　(○ $y=-\frac{11}{x}$)　$y=-\frac{9}{x}$　$y=-\frac{2}{x}$

02 그래프가 제1사분면과 제3사분면을 지나는 것은?

$y=-\frac{2}{x}$　(○ $y=7x$)　$y=-\frac{x}{3}$　$y=\frac{-1}{x}$

03 그래프가 원점에 가장 가깝게 그려지는 것은?

$y=\frac{10}{x}$　$y=\frac{8}{x}$　$y=\frac{6}{x}$　(○ $xy=4$)

04 $x>0$일 때 그래프에서 x가 증가하면 y도 증가하는 것은?

$y=\frac{5}{x}$　$y=\frac{3}{x}$　$y=-2x$　(○ $y=\frac{-1}{x}$)

05 그래프가 제2사분면과 제4사분면을 지나는 것은?

$y=\frac{x}{8}$　(○ $y=\frac{-5}{x}$)　$y=\frac{2}{x}$　$y=4x$

06 $x<0$일 때 그래프에서 x가 증가하면 y가 감소하는 것은?

$y=3x$　$y=\frac{-11}{x}$　(○ $y=\frac{8}{x}$)　$y=\frac{1}{3}$

34 일차함수 2

03 $y=\frac{a}{x}$에서 $|a|$가 작을수록 그래프가 원점에서 가깝다.

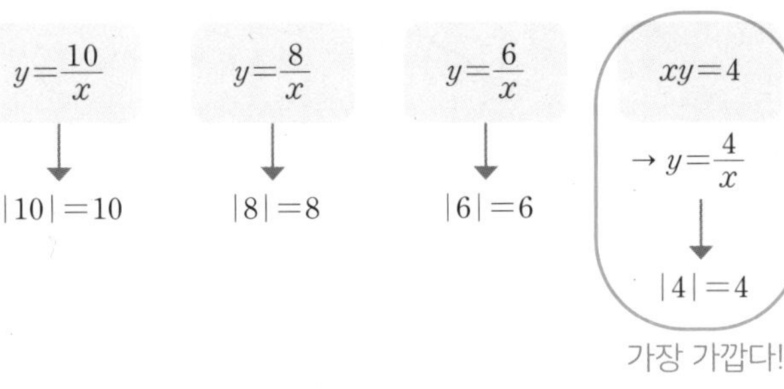

가장 가깝다!

04

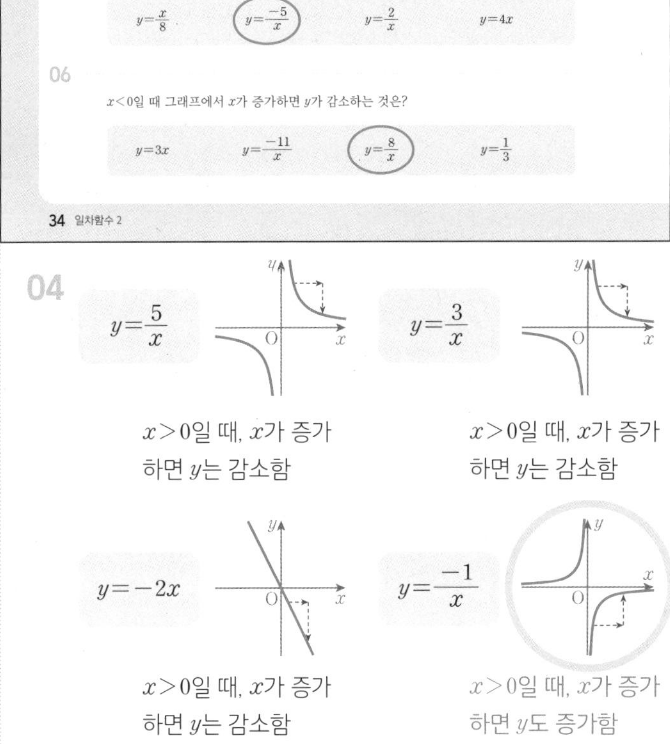

$x>0$일 때, x가 증가하면 y는 감소함　　$x>0$일 때, x가 증가하면 y는 감소함

$x>0$일 때, x가 증가하면 y는 감소함　　$x>0$일 때, x가 증가하면 y도 증가함

05

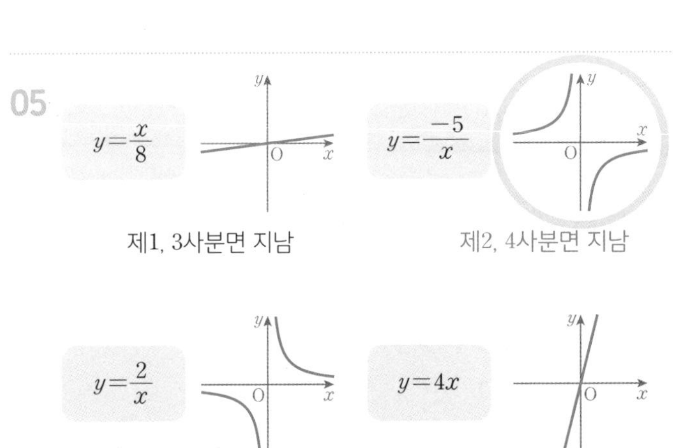

제1, 3사분면 지남　　제2, 4사분면 지남

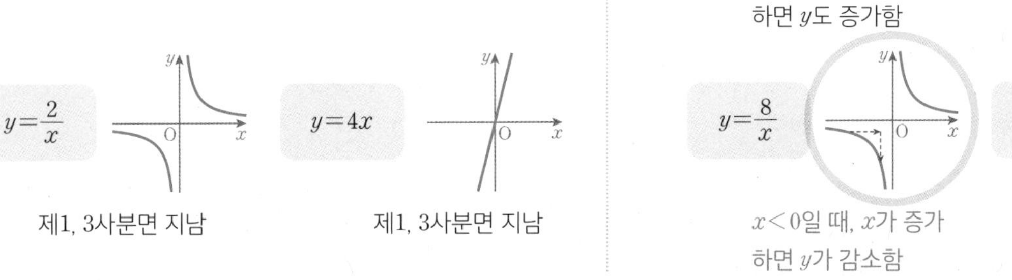

제1, 3사분면 지남　　제1, 3사분면 지남

06

$x<0$일 때, x가 증가하면 y도 증가함　　$x<0$일 때, x가 증가하면 y도 증가함

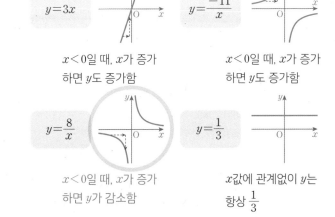

$x<0$일 때, x가 증가하면 y가 감소함　　x값에 관계없이 y는 항상 $\frac{1}{3}$

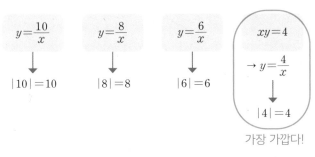

35쪽 풀이

01 $y=\frac{7}{x}$

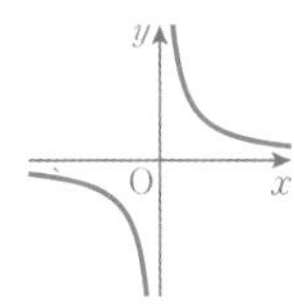

- 원점을 지나는 직선이다. (×)
  → 한 쌍의 매끄러운 곡선 모양
- 점 $(1, 7)$을 지난다. (○)
  → $y=\frac{7}{x}$에 $(1, 7)$ 대입

  $7=\frac{7}{1}$

  $7=7$ ➡ 성립함
- 제1사분면과 제3사분면을 지난다. (○)
- $x>0$일 때, x가 증가하면 y도 증가한다. (×)

  → $x>0$일 때, x가 증가하면 y는 감소

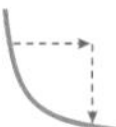

02 $y=\frac{-3}{x}$

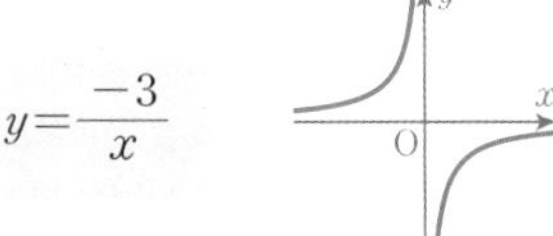

- 점 $(1, -3)$을 지난다. (○)
  → $y=\frac{-3}{x}$에 $(1, -3)$ 대입

  $(-3)=\frac{-3}{1}$

  $-3=-3$ ➡ 성립함
- 제2사분면과 제4사분면을 지난다. (○)
- $x<0$일 때, x가 증가하면 y는 감소한다. (×)

  → $x<0$일 때, x가 증가하면 y도 증가

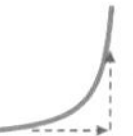

- 원점에 대해 대칭인 한 쌍의 곡선이다. (○)

03 $y=-\frac{5}{x}$

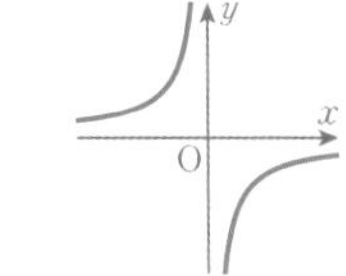

- 점 $(5, -1)$을 지난다. (○)
  → $y=-\frac{5}{x}$에 $(5, -1)$ 대입

  $(-1)=-\frac{5}{5}$

  $-1=-1$ ➡ 성립함
- 일차함수이다. (×)
  → 반비례 관계는 함수이지만, 일차함수는 아님
- 한 쌍의 매끄러운 곡선이다. (○)
- x축과 두 점에서 만난다. (×)
  → x축, y축과 만나지 않음

35

▶ 정답 및 해설 12~13쪽

개념 마무리 2

주어진 함수의 그래프에 대한 설명으로 옳은 것에 ○표, 틀린 것에 ×표 하세요.

01 $y=\frac{7}{x}$
- 원점을 지나는 직선이다. (×)
- 점 $(1, 7)$을 지난다. (○)
- 제1사분면과 제3사분면을 지난다. (○)
- $x>0$일 때, x가 증가하면 y도 증가한다. (×)

02 $y=\frac{-3}{x}$
- 점 $(1, -3)$을 지난다. (○)
- 제2사분면과 제4사분면을 지난다. (○)
- $x<0$일 때, x가 증가하면 y는 감소한다. (×)
- 원점에 대해 대칭인 한 쌍의 곡선이다. (○)

03 $y=-\frac{5}{x}$
- 점 $(5, -1)$을 지난다. (○)
- 일차함수이다. (×)
- 한 쌍의 매끄러운 곡선이다. (○)
- x축과 두 점에서 만난다. (×)

04 $y=\frac{x}{2}$
- 원점을 지난다. (○)
- x가 증가하면 y도 증가한다. (○)
- 제2사분면과 제4사분면을 지난다. (×)
- x와 y는 반비례 관계이다. (×)

05 $y=\frac{1}{x}$
- 좌표축에 점점 가까워지면서 한없이 뻗어 나가는 곡선이다. (○)
- 점 $\left(2, -\frac{1}{2}\right)$을 지난다. (×)
- 그래프가 점 (a, b)를 지날 때, ab의 값은 3이다. (×)
- $x=0$일 때 정의가 안 되는 함수이다. (○)

06 $y=\frac{-4}{x}$
- 점 $(1, -4)$를 지난다. (○)
- x와 y의 곱은 항상 일정하다. (○)
- x가 음수이면, y도 음수이다. (×)
- $y=\frac{-3}{x}$의 그래프보다 원점에 더 가깝다. (×)

5. 반비례 35

04 $y=\frac{x}{2}$

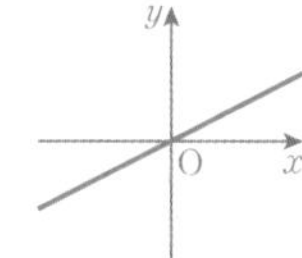

- 원점을 지난다. (○)
- x가 증가하면 y도 증가한다. (○)
- 제2사분면과 제4사분면을 지난다. (×)
  → 제1, 3사분면을 지남
- x와 y는 반비례 관계이다. (×)
  → x와 y는 정비례 관계

35쪽 풀이

05 $y=\frac{1}{x}$

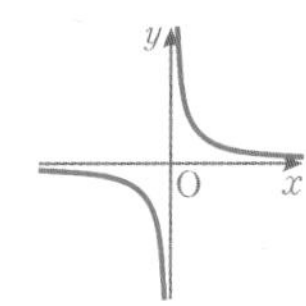

- 좌표축에 점점 가까워지면서 한없이 뻗어 나가는 곡선이다. (○)
- 점 $\left(2, -\frac{1}{2}\right)$을 지난다. (×)
  → $y=\frac{1}{x}$에 $\left(2, -\frac{1}{2}\right)$ 대입
  $\left(-\frac{1}{2}\right)\neq\frac{1}{2}$ ➡ 성립 안 함
- 그래프가 점 (a, b)를 지날 때, ab의 값은 3이다. (×)
  → $b=\frac{1}{a}$
  $ab=1$
- $x=0$일 때 정의가 안 되는 함수이다. (○)

06 $y=\frac{-4}{x}$

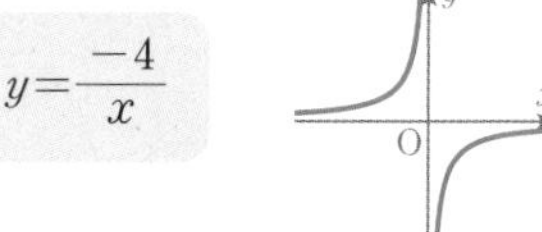

- 점 $(1, -4)$를 지난다. (○)
  → $y=\frac{-4}{x}$에 $(1, -4)$ 대입
  $(-4)=\frac{-4}{1}$
  $-4=-4$ ➡ 성립함
- x와 y의 곱은 항상 일정하다. (○)
  → xy는 항상 -4로 일정함
- x가 음수이면, y도 음수이다. (×)
  → 예를 들어, $x=-1$이면
  $y=\frac{-4}{(-1)}$
  $y=4$ ← y는 양수
- $y=\frac{-3}{x}$의 그래프보다 원점에 더 가깝다. (×)
  → $y=\frac{a}{x}$에서 $|a|$가 클수록 그래프는 원점에서 멀어짐
  $y=\frac{-4}{x}$ → $|-4|=4$ > $y=\frac{-3}{x}$ → $|-3|=3$

따라서, $y=\frac{-4}{x}$의 그래프가 $y=\frac{-3}{x}$의 그래프보다 원점에서 더 멀리 떨어져 있음

36 37

6 그래프의 모양 총정리

▸정답 및 해설 13쪽

★ 지금까지 배운 그래프는 2가지 모양

원점을 지나는 직선 (정비례 그래프의 모양)	한 쌍의 매끄러운 곡선 (반비례 그래프의 모양)	
$y=ax$	$y=\frac{a}{x}$	모양은 달라도,
$a>0$일 때	$a>0$일 때	$a>0$이면 제1, 3사분면을 지나고,
$a<0$일 때	$a<0$일 때	$a<0$이면 제2, 4사분면을 지나네~

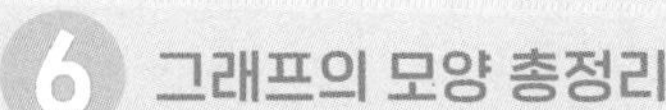

★ 그래프를 보고 함수의 식 찾기

원점을 지나는 직선이니까 $y=ax$	❶ 그래프의 모양 보고 함수의 식 모양 떠올리기	한 쌍의 곡선이니까 $y=\frac{a}{x}$
점 $(1, 2)$를 지난다. 대입 ↓ $2=a\times1$, $2=a$	❷ 지나는 한 점을 함수의 식에 대입	점 $(-1, 3)$을 지난다. 대입 ↓ $3=\frac{a}{-1}$, $a=-3$
$y=2x$	❸ 함수의 식 찾기	$y=\frac{-3}{x}$

개념 익히기 1

그래프를 보고, 알맞은 함수의 식 모양을 찾아 선으로 이으세요.

01 02 03

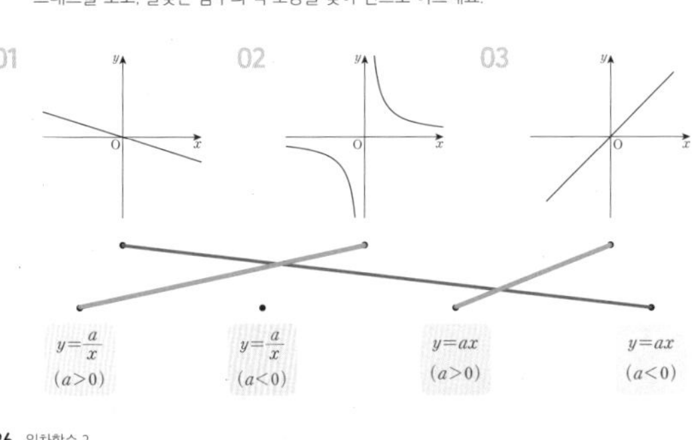

개념 익히기 2

그래프를 보고, 함수의 식을 찾는 과정입니다. 물음에 답하세요.

01 그래프를 보고 함수의 식 모양으로 알맞은 것에 ○표 하세요.

$y=ax$ $\quad$ ($y=\frac{a}{x}$)

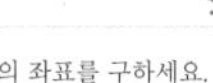

02 표시한 점의 좌표를 구하세요.
$(2, 1)$

03 02의 좌표를 01에 대입하여 함수의 식을 구하세요.
$y=\frac{a}{x}$에 $(2, 1)$ 대입
→ $1=\frac{a}{2}$
$a=2$
$y=\frac{2}{x}$

36 일차함수 2 $\quad$ 5. 반비례 37

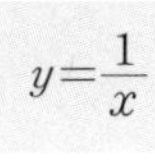

38쪽 풀이

01

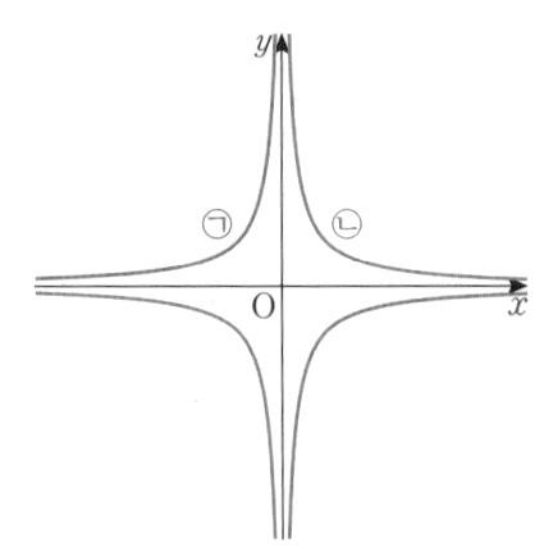

㉠, ㉡ 둘 다 한 쌍의 곡선

→ 함수의 식은 둘 다 $y=\frac{a}{x}$ 모양

㉠ 그래프는
제2, 4사분면을 지남
→ $y=\frac{a}{x}$에서 $a<0$
➡ 보기 중에서 $y=\frac{-2}{x}$

㉡ 그래프는
제1, 3사분면을 지남
→ $y=\frac{a}{x}$에서 $a>0$
➡ 보기 중에서 $y=\frac{2}{x}$

02

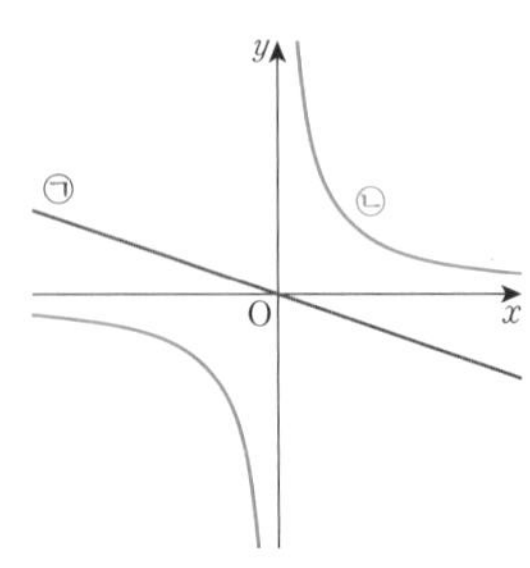

㉠ 그래프는
• 원점을 지나는 직선
→ 함수의 식은 $y=ax$ 모양
• ╲ 모양
→ 기울기 a가 음수
➡ 보기 중에서 $y=-\frac{1}{3}x$

㉡ 그래프는
• 한 쌍의 곡선
→ 함수의 식은 $y=\frac{a}{x}$ 모양
• 제1, 3사분면을 지남
→ $y=\frac{a}{x}$에서 $a>0$
➡ 보기 중에서 $y=\frac{3}{x}$

03

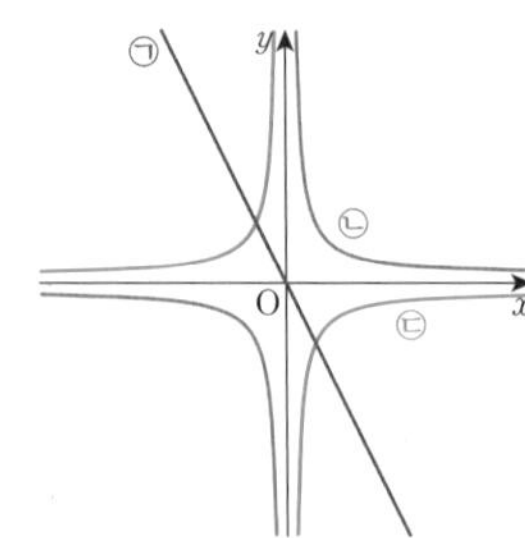

㉠ 그래프는
• 원점을 지나는 직선
→ 함수의 식은 $y=ax$ 모양
• ╲ 모양
→ 기울기 a가 음수
➡ 보기 중에서 $y=-2x$

㉡ 그래프는
• 한 쌍의 곡선
→ 함수의 식은 $y=\frac{a}{x}$ 모양
• 제1, 3사분면을 지남
→ $y=\frac{a}{x}$에서 $a>0$
➡ 보기 중에서 $y=\frac{1}{x}$

㉢ 그래프는
• 한 쌍의 곡선
→ 함수의 식은 $y=\frac{a}{x}$ 모양
• 제2, 4사분면을 지남
→ $y=\frac{a}{x}$에서 $a<0$
➡ 보기 중에서 $y=\frac{-1}{x}$

38

▶정답 및 해설 14쪽

개념 다지기 1

그래프에 알맞은 함수의 식을 찾아 빈칸에 기호를 쓰세요.

01

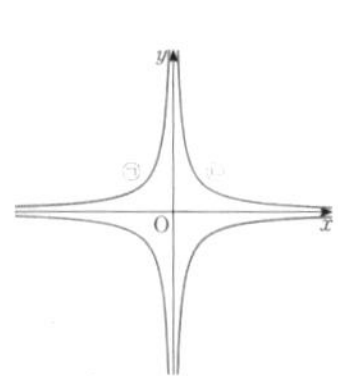

$y=\frac{2}{x}$ (㉡) $y=\frac{-2}{x}$ (㉠)
$y=\frac{x}{2}$ ( ) $y=2x$ ( )

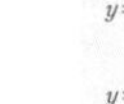

02

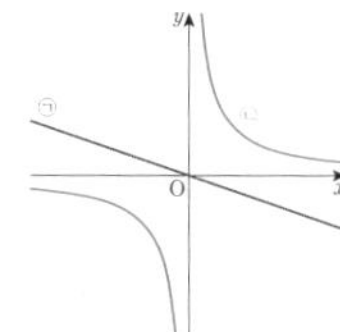

$y=-\frac{1}{3}x$ (㉠) $y=3x$ ( )
$y=\frac{3}{x}$ (㉡) $y=-\frac{3}{x}$ ( )

03

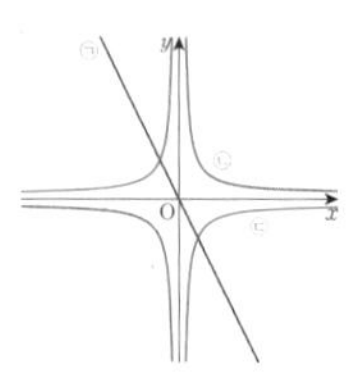

$y=\frac{1}{x}$ (㉡) $y=\frac{-1}{x}$ (㉢)
$y=\frac{x}{2}$ ( ) $y=-2x$ (㉠)

04

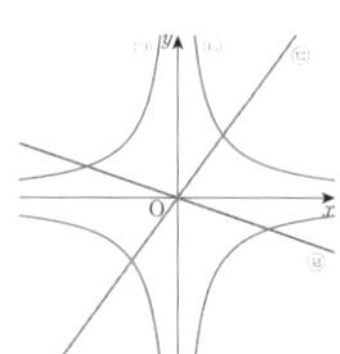

$y=-\frac{1}{3}x$ (㉣) $y=\frac{4}{3}x$ (㉢)
$y=\frac{4}{x}$ (㉡) $y=-\frac{4}{x}$ (㉠)

38 일차함수 2

04

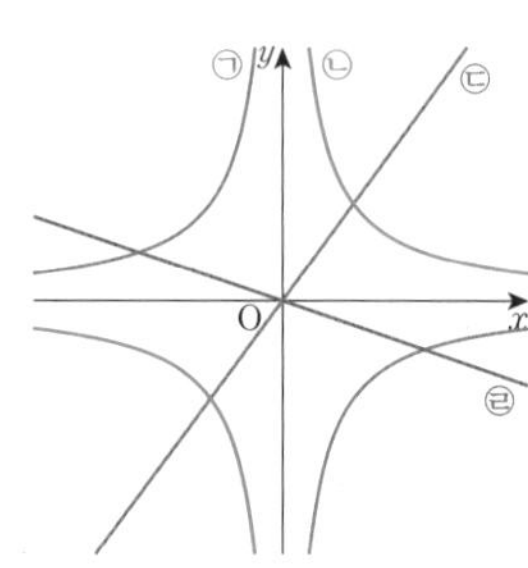

㉠ 그래프는
• 한 쌍의 곡선
→ 함수의 식은 $y=\frac{a}{x}$ 모양
• 제2, 4사분면을 지남
→ $y=\frac{a}{x}$에서 $a<0$
➡ 보기 중에서 $y=-\frac{4}{x}$

㉡ 그래프는
• 한 쌍의 곡선
→ 함수의 식은 $y=\frac{a}{x}$ 모양
• 제1, 3사분면을 지남
→ $y=\frac{a}{x}$에서 $a>0$
➡ 보기 중에서 $y=\frac{4}{x}$

㉢ 그래프는
• 원점을 지나는 직선
→ 함수의 식은 $y=ax$ 모양
• ╱ 모양
→ 기울기 a가 양수
➡ 보기 중에서 $y=\frac{4}{3}x$

㉣ 그래프는
• 원점을 지나는 직선
→ 함수의 식은 $y=ax$ 모양
• ╲ 모양
→ 기울기 a가 음수
➡ 보기 중에서 $y=-\frac{1}{3}x$

개념 다지기 2

그래프를 보고 함수의 식을 구하세요.

* 그래프가 지나는 한 점의 좌표를 대입하여, 함수의 식을 구하면 됩니다.

01

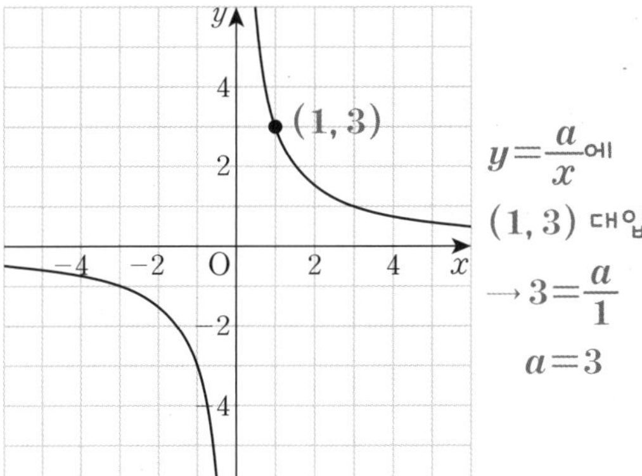

$y=\frac{a}{x}$에 $(1, 3)$ 대입

$\rightarrow 3=\frac{a}{1}$

$a=3$

➡ $y=\frac{3}{x}$

02

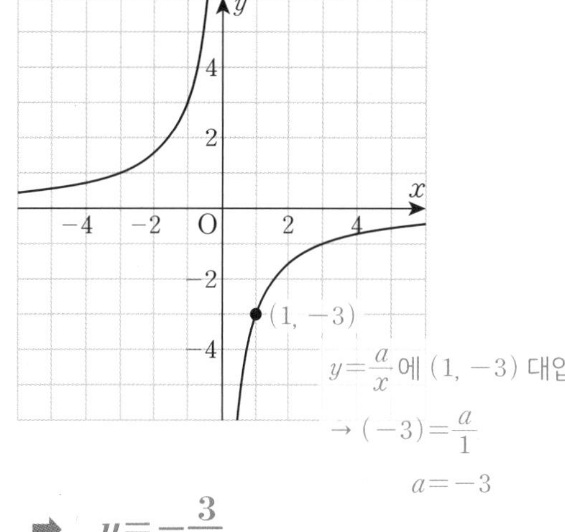

$y=\frac{a}{x}$에 $(1, -3)$ 대입

$\rightarrow (-3)=\frac{a}{1}$

$a=-3$

➡ $y=-\frac{3}{x}$

03

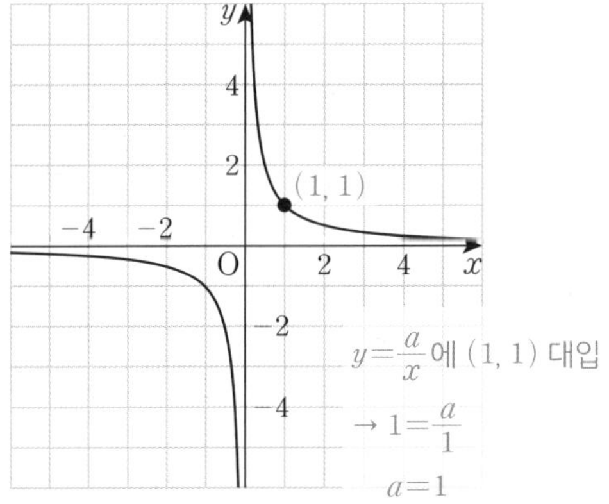

$y=\frac{a}{x}$에 $(1, 1)$ 대입

$\rightarrow 1=\frac{a}{1}$

$a=1$

➡ $y=\frac{1}{x}$

04

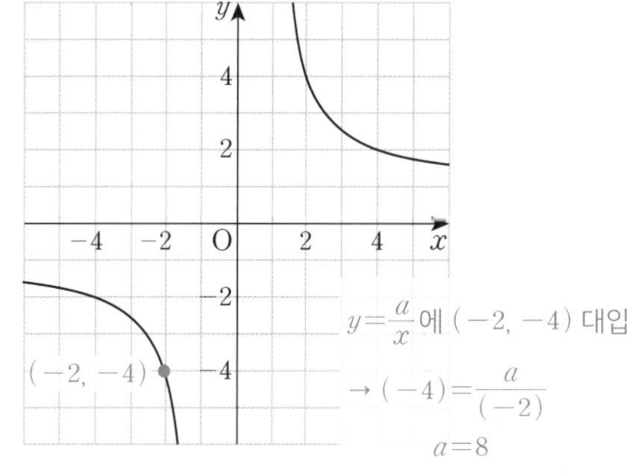

$y=\frac{a}{x}$에 $(-2, -4)$ 대입

$\rightarrow (-4)=\frac{a}{(-2)}$

$a=8$

➡ $y=\frac{8}{x}$

05

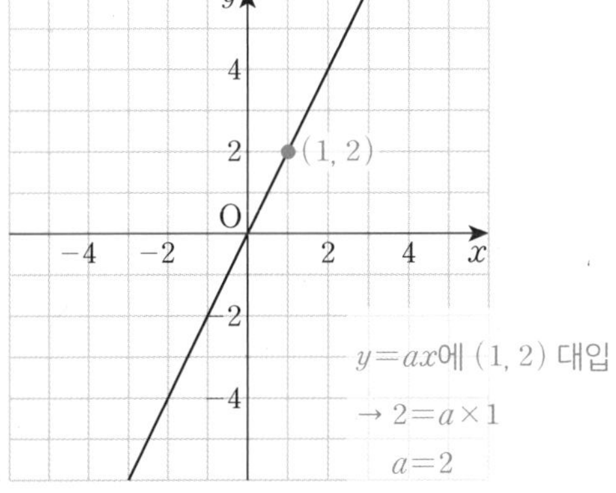

$y=ax$에 $(1, 2)$ 대입

$\rightarrow 2=a\times 1$

$a=2$

➡ $y=2x$

06

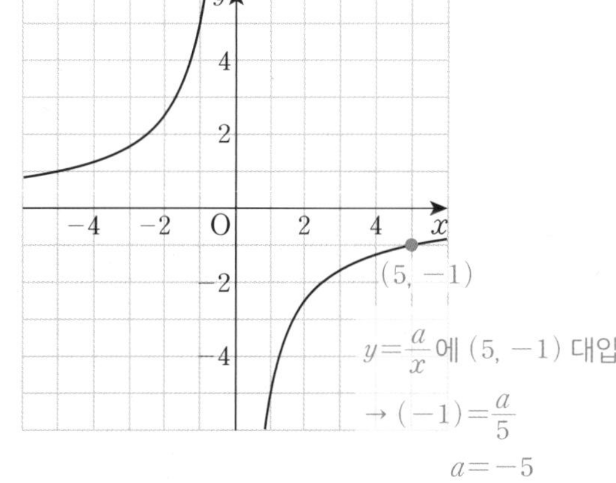

$y=\frac{a}{x}$에 $(5, -1)$ 대입

$\rightarrow (-1)=\frac{a}{5}$

$a=-5$

➡ $y=-\frac{5}{x}$

40쪽 풀이

02

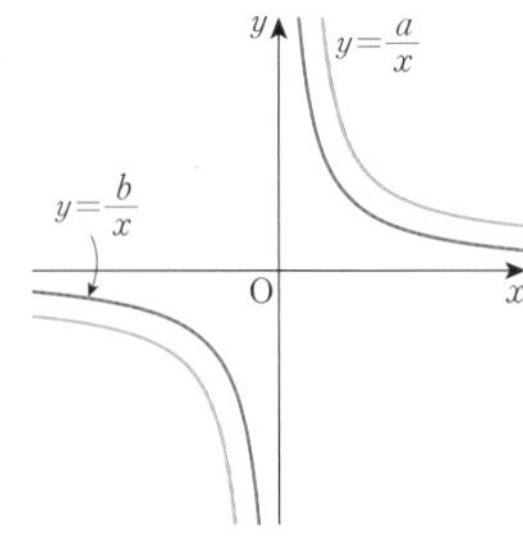

- 그래프가 제1, 3사분면을 지남
  → a, b 둘 다 양수
- $y=\frac{a}{x}$가 $y=\frac{b}{x}$보다 원점에서 멀리 떨어져 있음
  → $|a|>|b|$

➡ $0<b<a$

03

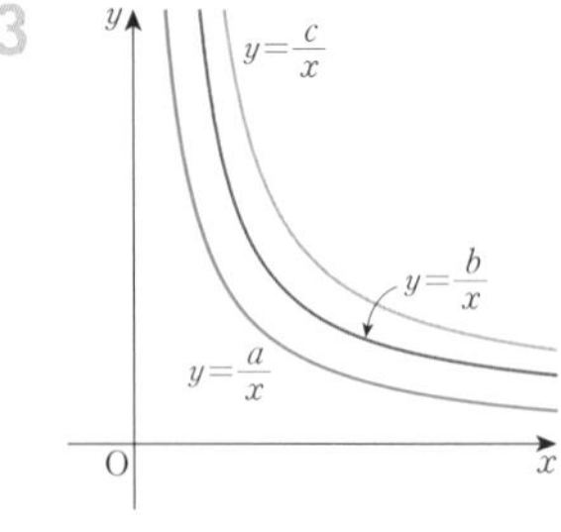

- 그래프가 모두 제1사분면을 지남
  → a, b, c 모두 양수
- $y=\frac{c}{x}$가 원점에서 가장 멀리 떨어져 있고, 그 다음이 $y=\frac{b}{x}$, 가장 가까운 것이 $y=\frac{a}{x}$
  → $|a|<|b|<|c|$

➡ $0<a<b<c$

04

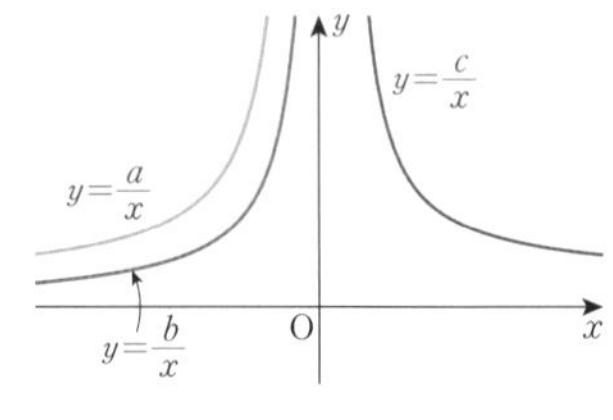

- $y=\frac{c}{x}$는 제1사분면을 지남
  → c는 양수
- $y=\frac{a}{x}$, $y=\frac{b}{x}$는 제2사분면을 지남 → a, b는 음수
- $y=\frac{a}{x}$가 $y=\frac{b}{x}$보다 원점에서 멀리 떨어져 있음
  → $|a|>|b|$

➡ $a<b<0<c$

06

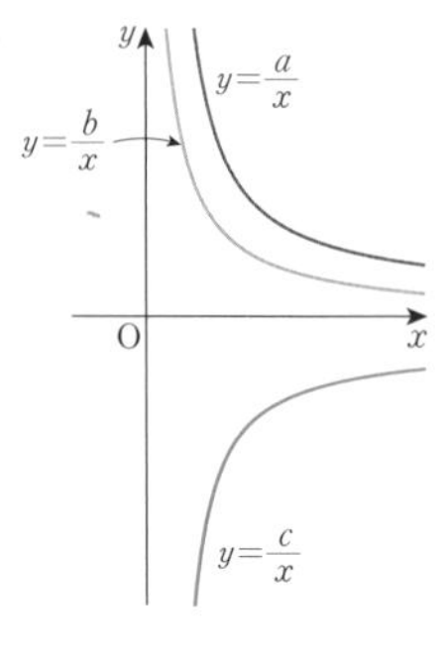

- $y=\frac{c}{x}$는 제4사분면을 지남
  → c는 음수
- $y=\frac{a}{x}$, $y=\frac{b}{x}$는 제1사분면을 지남 → a, b는 양수
- $y=\frac{a}{x}$가 $y=\frac{b}{x}$보다 원점에서 멀리 떨어져 있음
  → $|a|>|b|$

➡ $c<0<b<a$

40

▶ 정답 및 해설 16쪽

개념 마무리 1

반비례 관계의 그래프를 보고, 상수 a, b, c의 크기를 비교하여 가장 큰 것을 쓰세요.

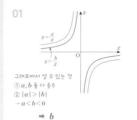

01 그래프에서 알 수 있는 것 ① a, b 둘 다 음수 ② $|a|>|b|$ → $a<b<0$ ➡ b

02 ➡ a

03 ➡ c

04 ➡ c

05

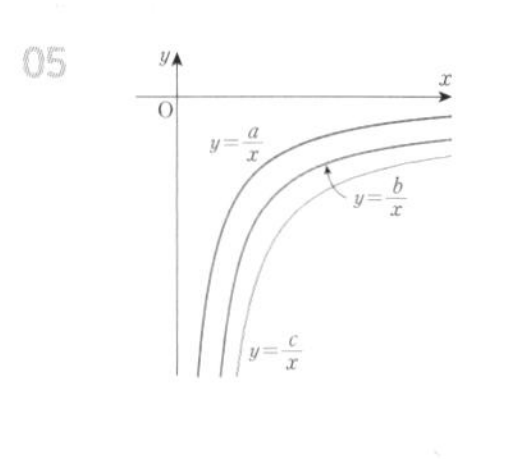

➡ a

06

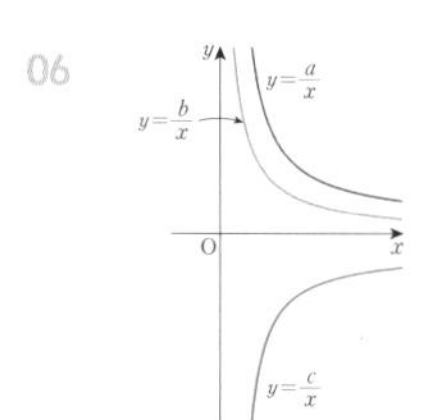

➡ a

40 일차함수 2

05

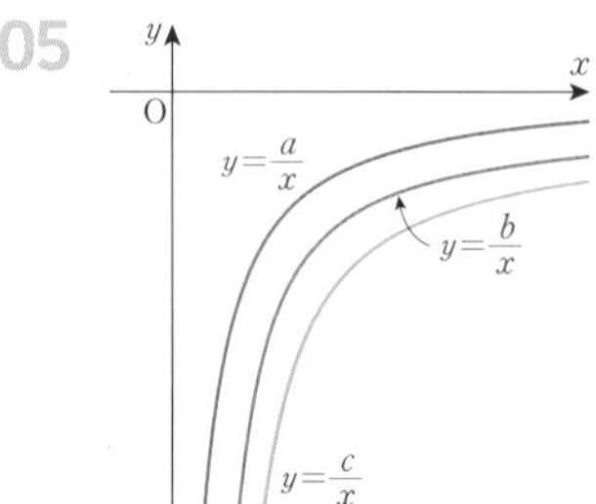

- 그래프가 모두 제4사분면을 지남
  → a, b, c 모두 음수
- $y=\frac{c}{x}$가 원점에서 가장 멀리 떨어져 있고, 그 다음이 $y=\frac{b}{x}$, 가장 가까운 것이 $y=\frac{a}{x}$
  → $|a|<|b|<|c|$

➡ $c<b<a<0$

41쪽 풀이

01

❶ $y=\frac{a}{x}$에
$(-3, -1)$ 대입
$\rightarrow (-1)=\frac{a}{(-3)}$
$a=3$
$\rightarrow$ 관계식은 $y=\frac{3}{x}$

❷ $y=\frac{3}{x}$에 $x=1$ 대입
$\rightarrow y=\frac{3}{1}$
$y=3$
$\rightarrow$ 점의 좌표는 $(1, 3)$

$\rightarrow$ 사각형의 넓이: $1\times3=3$

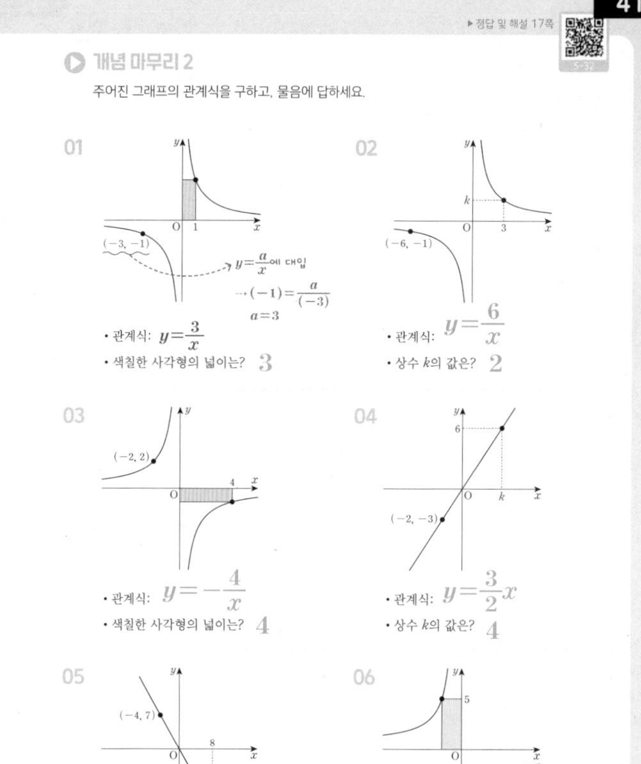

41

▸ 정답 및 해설 17쪽

개념 마무리 2

주어진 그래프의 관계식을 구하고, 물음에 답하세요.

01
- 관계식: $y=\frac{3}{x}$
- 색칠한 사각형의 넓이는? 3

02
- 관계식: $y=\frac{6}{x}$
- 상수 k의 값은? 2

03
- 관계식: $y=-\frac{4}{x}$
- 색칠한 사각형의 넓이는? 4

04
- 관계식: $y=\frac{3}{2}x$
- 상수 k의 값은? 4

05
- 관계식: $y=-\frac{7}{4}x$
- 상수 k의 값은? -14

06
- 관계식: $y=-\frac{10}{x}$
- 색칠한 사각형의 넓이는? 10

5. 반비례 41

02

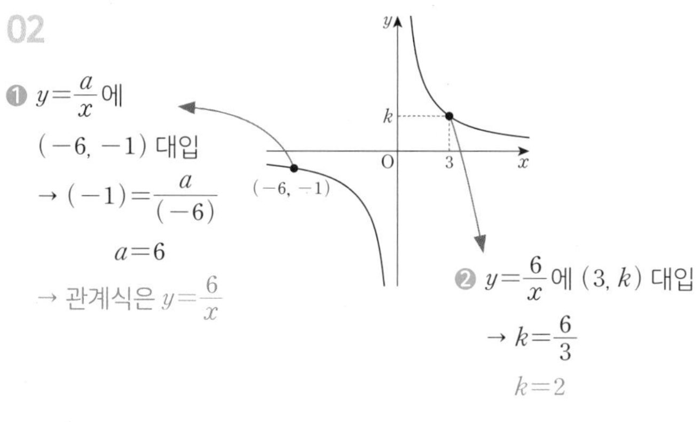

❶ $y=\frac{a}{x}$에
$(-6, -1)$ 대입
$\rightarrow (-1)=\frac{a}{(-6)}$
$a=6$
$\rightarrow$ 관계식은 $y=\frac{6}{x}$

❷ $y=\frac{6}{x}$에 $(3, k)$ 대입
$\rightarrow k=\frac{6}{3}$
$k=2$

03

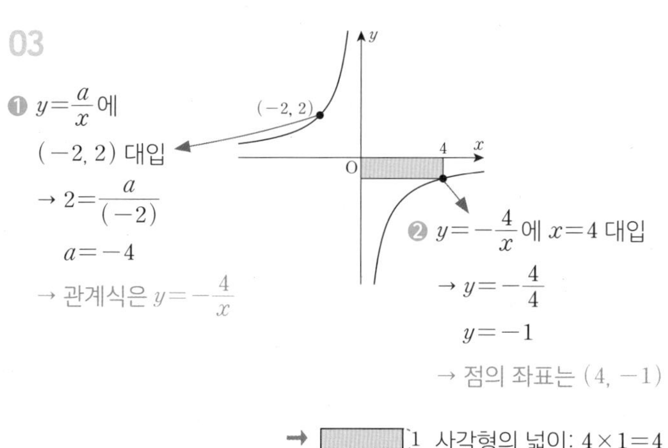

❶ $y=\frac{a}{x}$에
$(-2, 2)$ 대입
$\rightarrow 2=\frac{a}{(-2)}$
$a=-4$
$\rightarrow$ 관계식은 $y=-\frac{4}{x}$

❷ $y=-\frac{4}{x}$에 $x=4$ 대입
$\rightarrow y=-\frac{4}{4}$
$y=-1$
$\rightarrow$ 점의 좌표는 $(4, -1)$

$\rightarrow$ 사각형의 넓이: $4\times1=4$

04

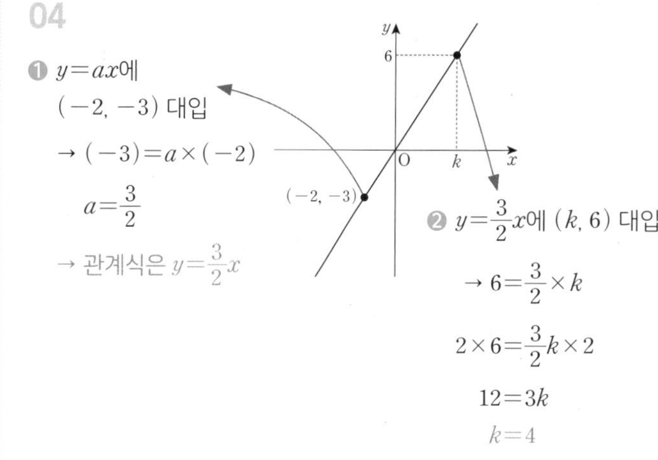

❶ $y=ax$에
$(-2, -3)$ 대입
$\rightarrow (-3)=a\times(-2)$
$a=\frac{3}{2}$
$\rightarrow$ 관계식은 $y=\frac{3}{2}x$

❷ $y=\frac{3}{2}x$에 $(k, 6)$ 대입
$\rightarrow 6=\frac{3}{2}\times k$
$2\times6=\frac{3}{2}k\times2$
$12=3k$
$k=4$

05

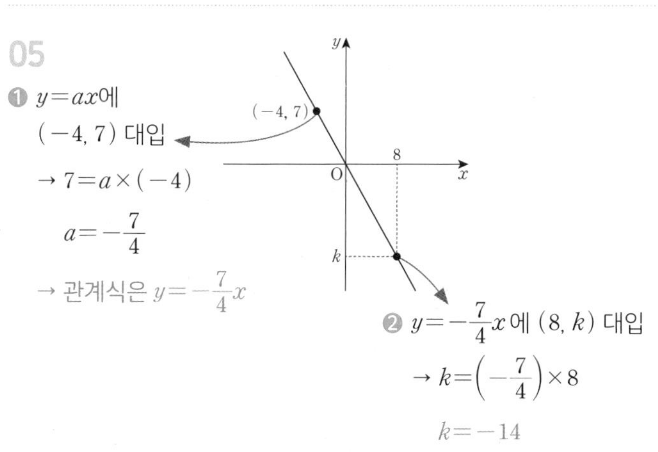

❶ $y=ax$에
$(-4, 7)$ 대입
$\rightarrow 7=a\times(-4)$
$a=-\frac{7}{4}$
$\rightarrow$ 관계식은 $y=-\frac{7}{4}x$

❷ $y=-\frac{7}{4}x$에 $(8, k)$ 대입
$\rightarrow k=\left(-\frac{7}{4}\right)\times8$
$k=-14$

06

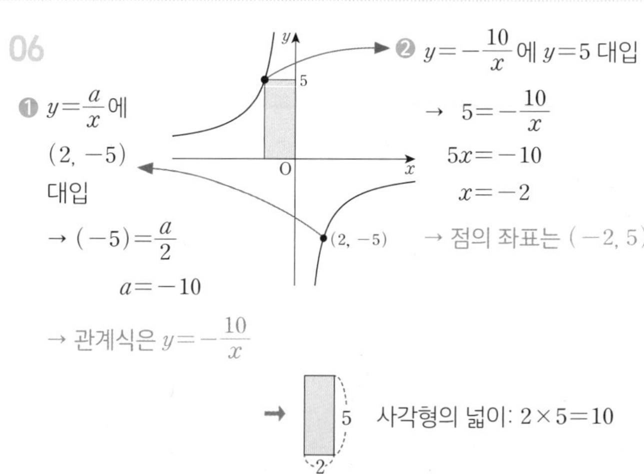

❶ $y=\frac{a}{x}$에
$(2, -5)$
대입
$\rightarrow (-5)=\frac{a}{2}$
$a=-10$
$\rightarrow$ 관계식은 $y=-\frac{10}{x}$

❷ $y=-\frac{10}{x}$에 $y=5$ 대입
$\rightarrow 5=-\frac{10}{x}$
$5x=-10$
$x=-2$
$\rightarrow$ 점의 좌표는 $(-2, 5)$

$\rightarrow$ 사각형의 넓이: $2\times5=10$

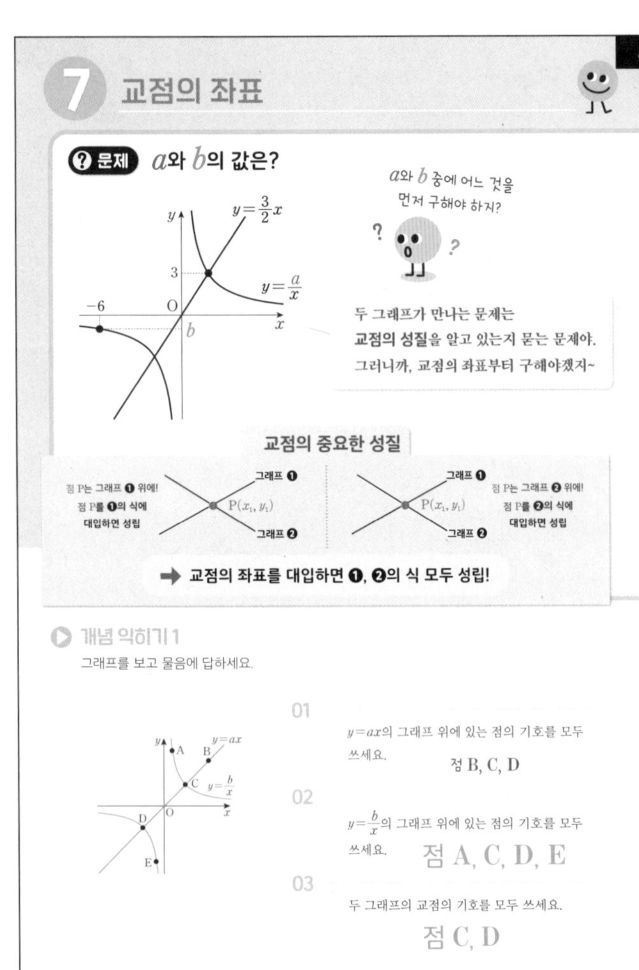
42 43
7 교점의 좌표
문제 a와 b의 값은?
$y=\frac{3}{2}x$
$y=\frac{a}{x}$
a와 b 중에 어느 것을 먼저 구해야 하지?
두 그래프가 만나는 문제는 교점의 성질을 알고 있는지 묻는 문제야. 그러니까, 교점의 좌표부터 구해야겠지~
교점의 중요한 성질
점 P는 그래프 ❶ 위에! 점 P를 ❶의 식에 대입하면 성립
점 P는 그래프 ❷ 위에! 점 P를 ❷의 식에 대입하면 성립
P(x_1, y_1)
교점의 좌표를 대입하면 ❶, ❷의 식 모두 성립!

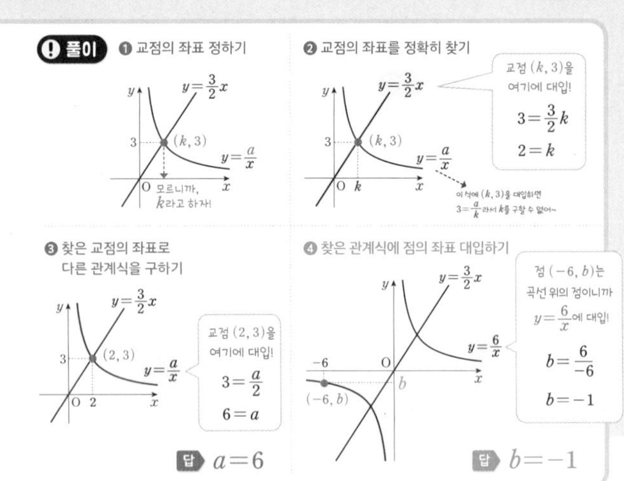
▸정답 및 해설 18쪽
풀이 ❶ 교점의 좌표 정하기
$(k, 3)$
모르니까, k라고 하자!
❷ 교점의 좌표를 정확히 찾기
교점 $(k, 3)$을 여기에 대입!
$3=\frac{3}{2}k$
$2=k$
이 식에 $(k, 3)$을 대입하면 $3=\frac{a}{k}$라서 k를 구할 수 없어~
❸ 찾은 교점의 좌표로 다른 관계식을 구하기
교점 $(2, 3)$을 여기에 대입!
$3=\frac{a}{2}$
$6=a$
답 $a=6$
❹ 찾은 관계식에 점의 좌표 대입하기
점 $(-6, b)$는 곡선 위의 점이니까 $y=\frac{6}{x}$에 대입!
$b=\frac{6}{-6}$
$b=-1$
답 $b=-1$

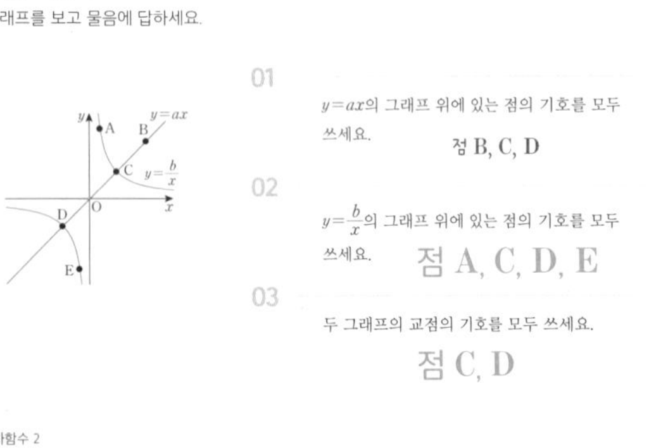
개념 익히기 1
그래프를 보고 물음에 답하세요.
01 $y=ax$의 그래프 위에 있는 점의 기호를 모두 쓰세요. 점 B, C, D
02 $y=\frac{b}{x}$의 그래프 위에 있는 점의 기호를 모두 쓰세요. 점 A, C, D, E
03 두 그래프의 교점의 기호를 모두 쓰세요. 점 C, D

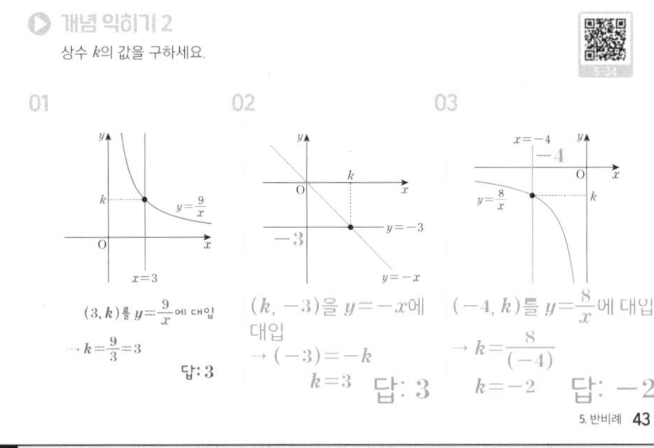
개념 익히기 2
상수 k의 값을 구하세요.
01 $(3, k)$를 $y=\frac{9}{x}$에 대입 → $k=\frac{9}{3}=3$ 답: 3
02 $(k, -3)$을 $y=-x$에 대입 → $(-3)=-k$ $k=3$ 답: 3
03 $(-4, k)$를 $y=\frac{8}{x}$에 대입 → $k=\frac{8}{(-4)}$ $k=-2$ 답: -2

44쪽 풀이

02

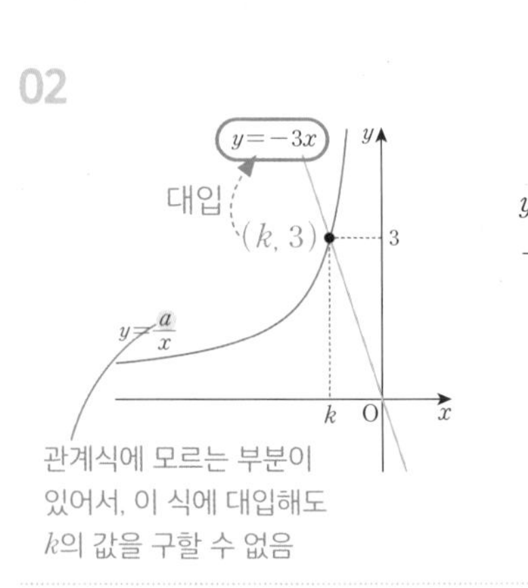
$y=-3x$
대입
$(k, 3)$
$y=\frac{a}{x}$
관계식에 모르는 부분이 있어서, 이 식에 대입해도 k의 값을 구할 수 없음

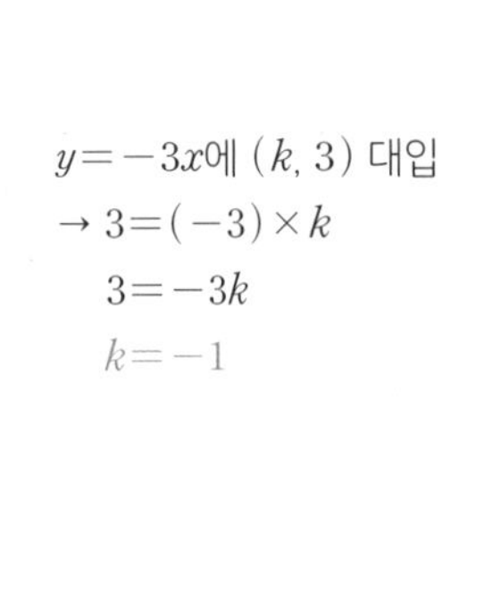
$y=-3x$에 $(k, 3)$ 대입
→ $3=(-3)\times k$
$3=-3k$
$k=-1$

03

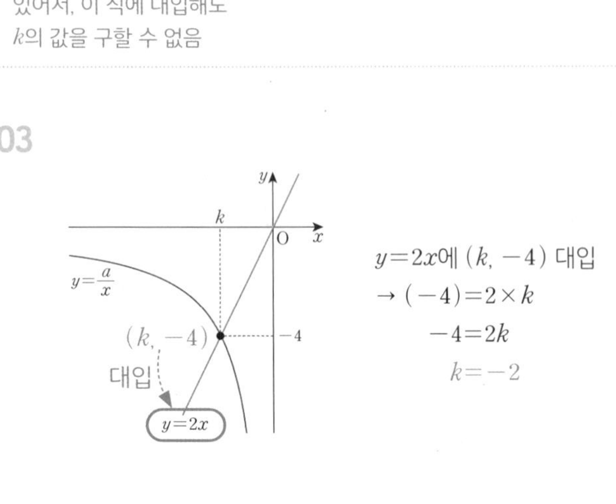
$y=\frac{a}{x}$
$(k, -4)$
대입
$y=2x$
$y=2x$에 $(k, -4)$ 대입
→ $(-4)=2\times k$
$-4=2k$
$k=-2$

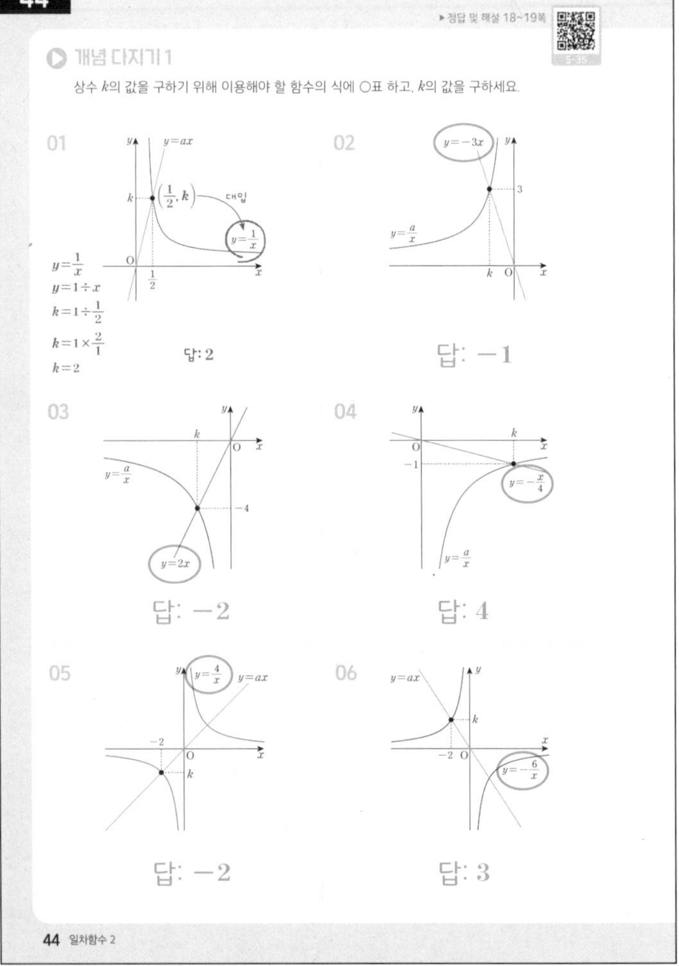
44
▸정답 및 해설 18~19쪽
개념 다지기 1
상수 k의 값을 구하기 위해 이용해야 할 함수의 식에 ○표 하고, k의 값을 구하세요.
01 $y=\frac{1}{x}$, $y=1\div x$, $k=1\div\frac{1}{2}$, $k=1\times\frac{2}{1}$, $k=2$ 답: 2
02 답: -1
03 답: -2
04 답: 4
05 답: -2
06 답: 3
44 일차함수 2

44쪽 풀이

04

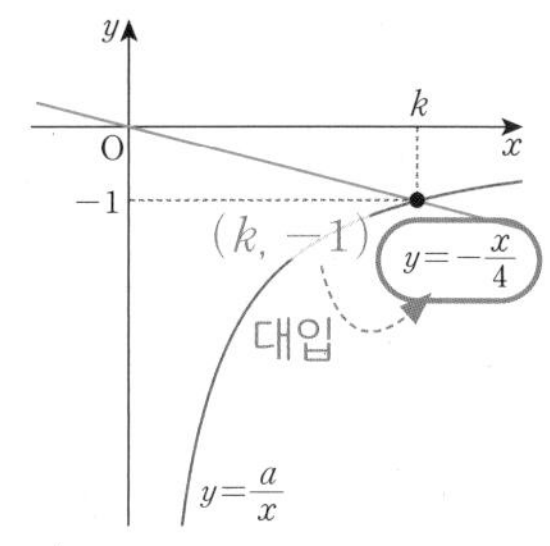

$y=-\frac{x}{4}$에 $(k, -1)$ 대입

$\rightarrow (-1)=-\frac{k}{4}$

$(-4)\times(-1)=\left(-\frac{k}{4}\right)\times(-4)$

$4=k$

05

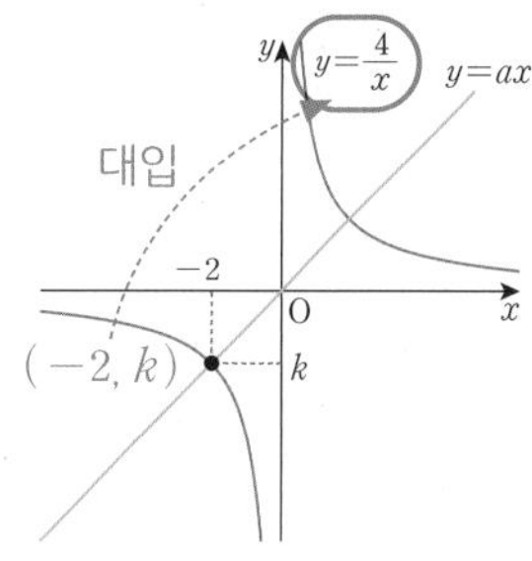

$y=\frac{4}{x}$에 $(-2, k)$ 대입

$\rightarrow k=\frac{4}{(-2)}$

$k=-2$

06

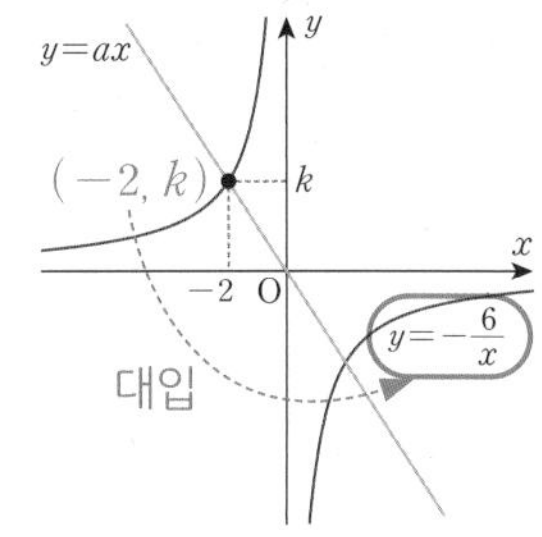

$y=-\frac{6}{x}$에 $(-2, k)$ 대입

$\rightarrow k=-\frac{6}{(-2)}$

$k=-(-3)$

$k=+(+3)$

$k=3$

45쪽 풀이

02

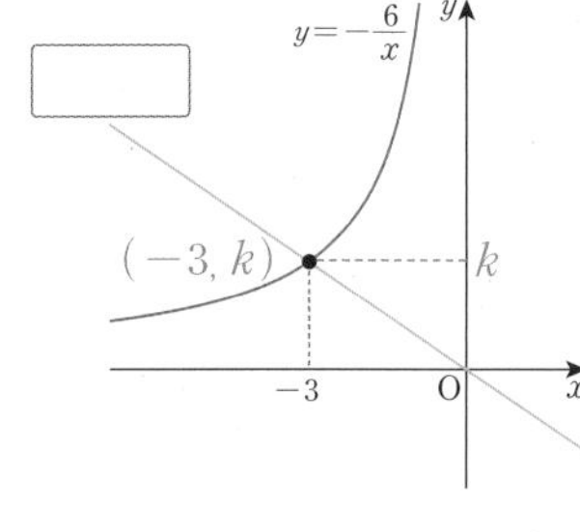

① **교점 좌표 구하기**

$y=-\frac{6}{x}$에 $(-3, k)$ 대입

$\rightarrow k=-\frac{6}{(-3)}$

$k=-(-2)$

$k=+(+2)$

$k=2$

➡ 교점 좌표는 $(-3, 2)$

② **교점 좌표를 대입하여 다른 함수의 식 구하기**

연두색 그래프는 원점을 지나는 직선

→ 함수의 식이 $y=ax$ 모양

$y=ax$에 $(-3, 2)$ 대입

$\rightarrow 2=a\times(-3)$

$2=-3a$

$a=-\frac{2}{3}$

➡ 구하는 함수의 식은 $y=-\frac{2}{3}x$

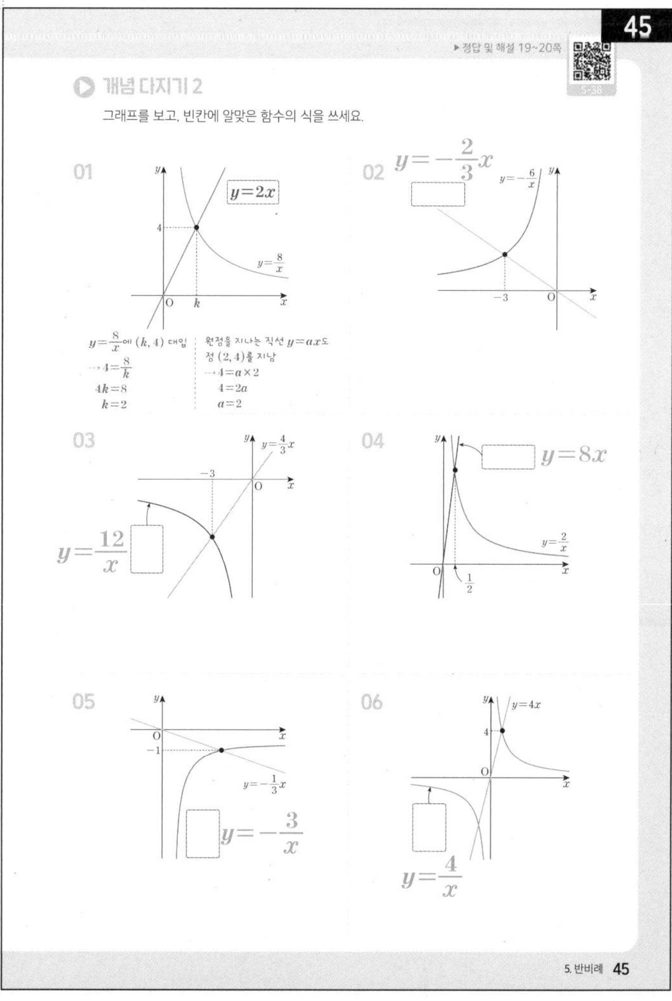

45쪽 풀이

03

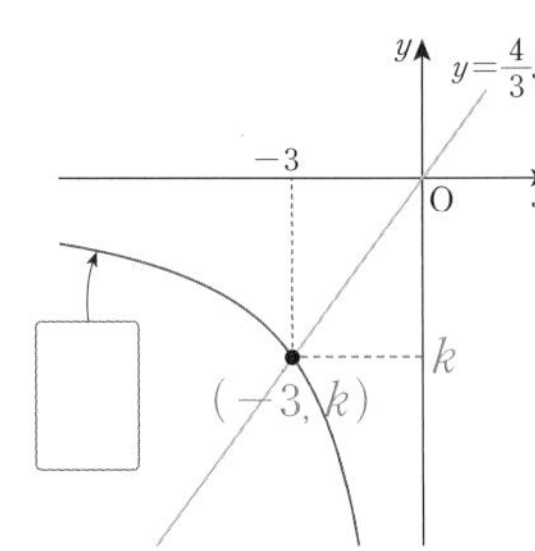

① 교점 좌표 구하기

$y=\frac{4}{3}x$에 $(-3, k)$ 대입

$\rightarrow k=\frac{4}{3}\times(-3)$

$k=-4$

➡ 교점 좌표는 $(-3, -4)$

② 교점 좌표를 대입하여 다른 함수의 식 구하기

보라색 그래프는 축에 닿지 않는 곡선

→ 함수의 식이 $y=\frac{a}{x}$ 모양

$y=\frac{a}{x}$에 $(-3, -4)$ 대입

$\rightarrow (-4)=\frac{a}{(-3)}$

$(-3)\times(-4)=\frac{a}{(-3)}\times(-3)$

$12=a$

➡ 구하는 함수의 식은 $y=\frac{12}{x}$

04

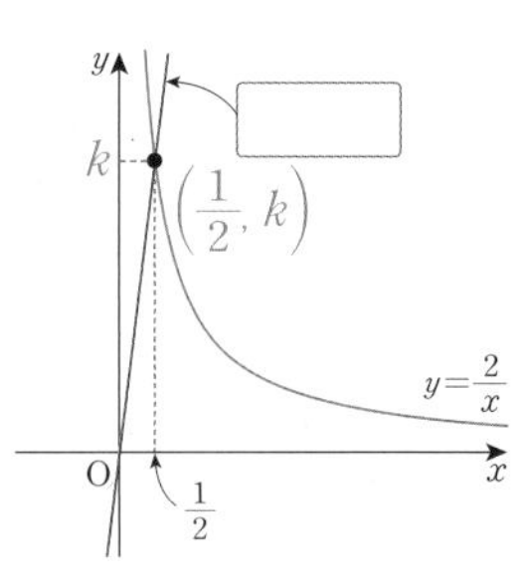

① 교점 좌표 구하기

$y=\frac{2}{x}$에 $\left(\frac{1}{2}, k\right)$ 대입

$y=\frac{2}{x}=2\div x$

$\rightarrow k=2\div\frac{1}{2}$

$k=2\times\frac{2}{1}$

$k=4$

➡ 교점 좌표는 $\left(\frac{1}{2}, 4\right)$

② 교점 좌표를 대입하여 다른 함수의 식 구하기

보라색 그래프는 원점을 지나는 직선

→ 함수의 식이 $y=ax$ 모양

$y=ax$에 $\left(\frac{1}{2}, 4\right)$ 대입

$\rightarrow 4=a\times\frac{1}{2}$

$4=\frac{a}{2}$

$a=8$

➡ 구하는 함수의 식은 $y=8x$

05

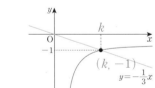

① 교점 좌표 구하기

$y=-\frac{1}{3}x$에 $(k, -1)$ 대입

$\rightarrow (-1)=\left(-\frac{1}{3}\right)\times k$

$-1=-\frac{k}{3}$

$(-3)\times(-1)=\left(-\frac{k}{3}\right)\times(-3)$

$3=k$

➡ 교점 좌표는 $(3, -1)$

② 교점 좌표를 대입하여 다른 함수의 식 구하기

주황색 그래프는 축에 닿지 않는 곡선

→ 함수의 식이 $y=\frac{a}{x}$ 모양

$y=\frac{a}{x}$에 $(3, -1)$ 대입

$\rightarrow (-1)=\frac{a}{3}$

$a=-3$

➡ 구하는 함수의 식은 $y=-\frac{3}{x}$

06

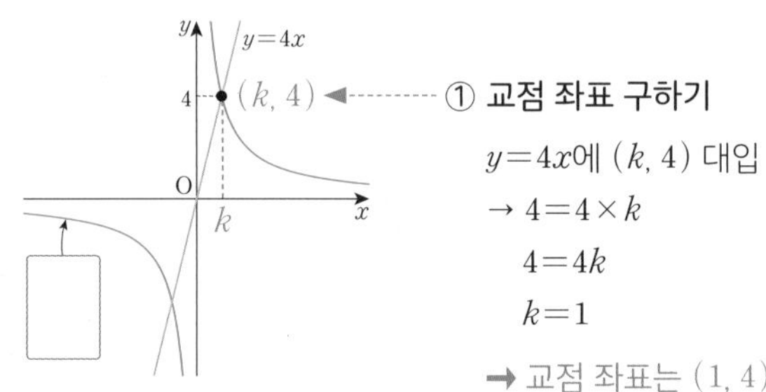

① 교점 좌표 구하기

$y=4x$에 $(k, 4)$ 대입

$\rightarrow 4=4\times k$

$4=4k$

$k=1$

➡ 교점 좌표는 $(1, 4)$

② 교점 좌표를 대입하여 다른 함수의 식 구하기

초록색 그래프는 축에 닿지 않는 곡선

→ 함수의 식이 $y=\frac{a}{x}$ 모양

$y=\frac{a}{x}$에 $(1, 4)$ 대입

$\rightarrow 4=\frac{a}{1}$

$a=4$

➡ 구하는 함수의 식은 $y=\frac{4}{x}$

46쪽 풀이

02

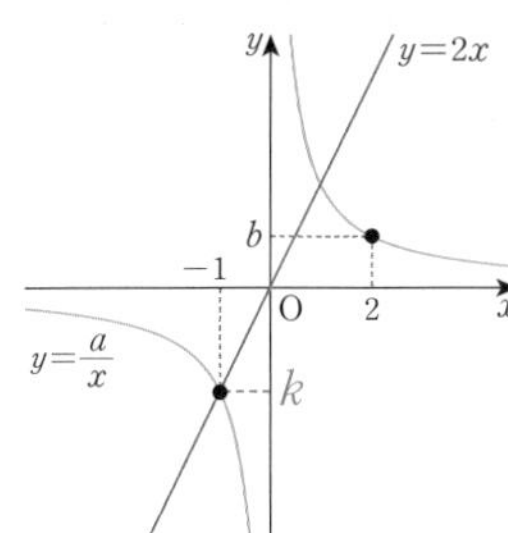

① **교점 좌표 구하기**

$y=2x$에 $(-1,\ k)$ 대입

$\rightarrow k=2\times(-1)$

$k=-2$

➡ 교점 좌표는 $(-1,\ -2)$

② **교점 좌표를 대입하여 다른 함수의 식 구하기**

연두색 그래프의 식 $y=\frac{a}{x}$에 $(-1,\ -2)$ 대입

$\rightarrow (-2)=\frac{a}{(-1)}$

$a=2$

➡ 구하는 함수의 식은 $y=\frac{2}{x}$

③ **b값 구하기**

$y=\frac{2}{x}$에 $(2,\ b)$ 대입

$\rightarrow b=\frac{2}{2}$

$b=1$

답 $a=2,\ b=1$

46

▶ 정답 및 해설 21~22쪽

개념 마무리 1

그래프를 보고 상수 a, b의 값을 구하세요.

01

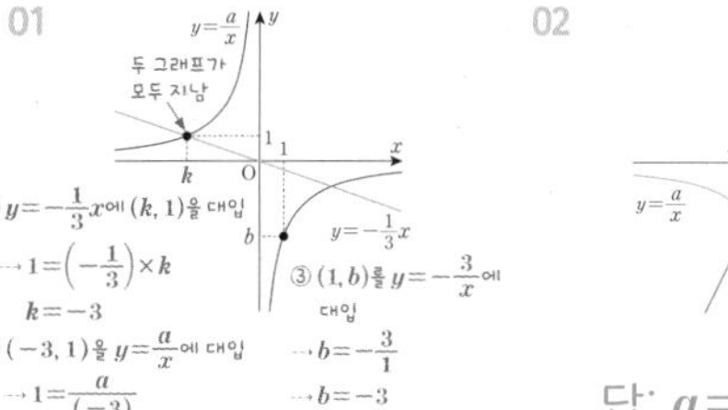

① $y=-\frac{1}{3}x$에 $(k,\ 1)$을 대입

$\rightarrow 1=\left(-\frac{1}{3}\right)\times k$

$k=-3$

② $(-3,\ 1)$을 $y=\frac{a}{x}$에 대입

$\rightarrow 1=\frac{a}{(-3)}$

$a=-3$

③ $(1,\ b)$를 $y=-\frac{3}{x}$에 대입

$\rightarrow b=-\frac{3}{1}$

$\rightarrow b=-3$

답: $a=-3,\ b=-3$

02

답: $a=2,\ b=1$

03

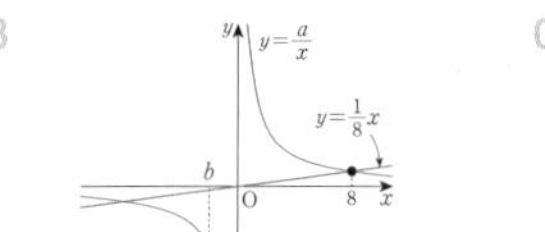

답: $a=8,\ b=-2$

04

답: $a=4,\ b=-4$

05

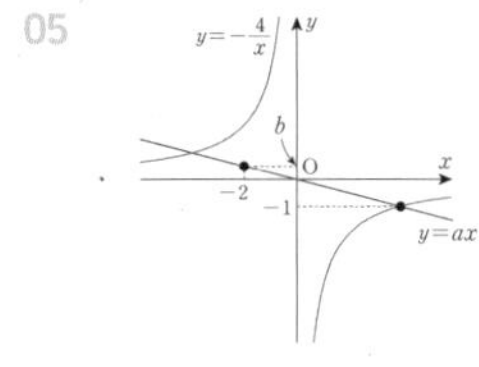

답: $a=-\frac{1}{4},\ b=\frac{1}{2}$

06

답: $a=2,\ b=-10$

46 일차함수 2

03

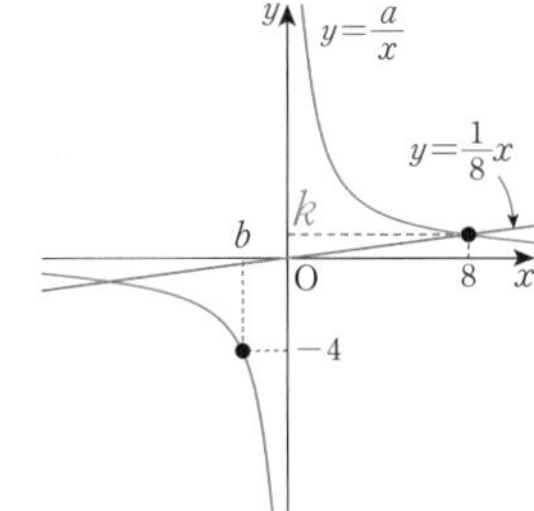

① **교점 좌표 구하기**

$y=\frac{1}{8}x$에 $(8,\ k)$ 대입

$\rightarrow k=\frac{1}{8}\times 8$

$k=1$

➡ 교점 좌표는 $(8,\ 1)$

② **교점 좌표를 대입하여 다른 함수의 식 구하기**

초록색 그래프의 식 $y=\frac{a}{x}$에 $(8,\ 1)$ 대입

$\rightarrow 1=\frac{a}{8}$

$a=8$

➡ 구하는 함수의 식은 $y=\frac{8}{x}$

③ **b값 구하기**

$y=\frac{8}{x}$에 $(b,\ -4)$ 대입

$\rightarrow (-4)=\frac{8}{b}$

$b\times(-4)=\frac{8}{b}\times b$

$-4b=8$

$b=-2$

답 $a=8,\ b=-2$

04

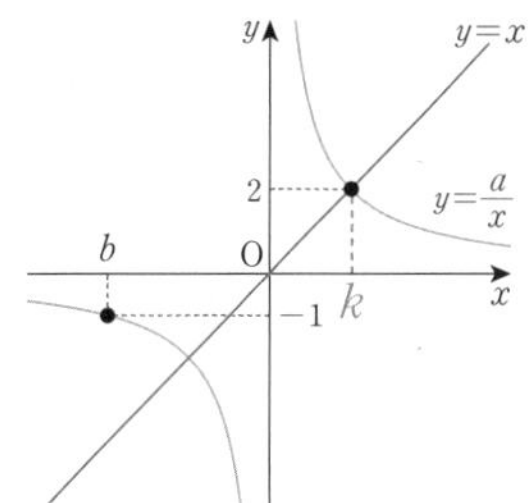

① **교점 좌표 구하기**

$y=x$에 $(k,\ 2)$ 대입

$\rightarrow 2=k$

➡ 교점 좌표는 $(2,\ 2)$

② **교점 좌표를 대입하여 다른 함수의 식 구하기**

노란색 그래프의 식 $y=\frac{a}{x}$에 $(2,\ 2)$ 대입

$\rightarrow 2=\frac{a}{2}$

$a=4$

➡ 구하는 함수의 식은 $y=\frac{4}{x}$

③ **b값 구하기**

$y=\frac{4}{x}$에 $(b,\ -1)$ 대입

$\rightarrow (-1)=\frac{4}{b}$

$b\times(-1)=\frac{4}{b}\times b$

$-b=4$

$b=-4$

답 $a=4,\ b=-4$

46쪽 풀이

05

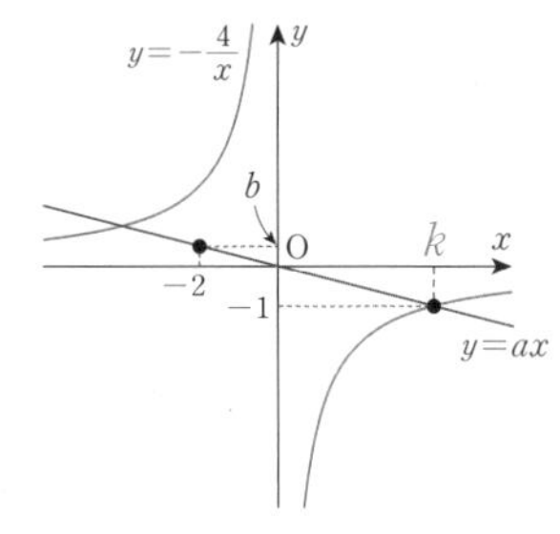

① 교점 좌표 구하기

$y=-\frac{4}{x}$에 $(k,\ -1)$ 대입

$\rightarrow (-1)=-\frac{4}{k}$

$k\times(-1)=\left(-\frac{4}{k}\right)\times k$

$-k=-4$

$k=4$

➡ 교점 좌표는 $(4,\ -1)$

② 교점 좌표를 대입하여 다른 함수의 식 구하기

보라색 그래프의 식 $y=ax$에 $(4,\ -1)$ 대입

$\rightarrow (-1)=a\times 4$

$-1=4a$

$a=-\frac{1}{4}$

➡ 구하는 함수의 식은 $y=-\frac{1}{4}x$

③ b값 구하기

$y=-\frac{1}{4}x$에 $(-2,\ b)$ 대입

$\rightarrow b=\left(-\frac{1}{4}\right)\times(-2)$

$b=\frac{1}{2}$

답 $a=-\frac{1}{4},\ b=\frac{1}{2}$

06

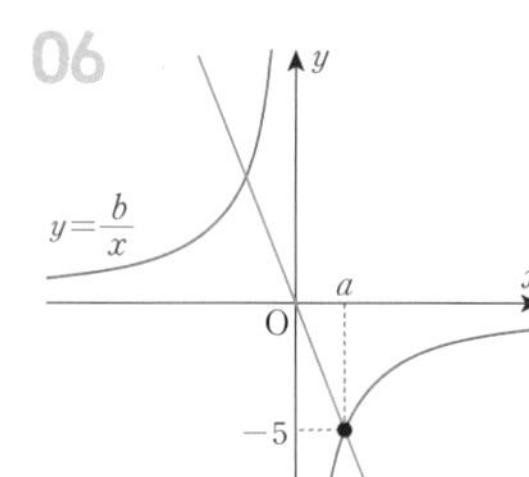

① 교점 좌표 구하기

$y=-\frac{5}{2}x$에 $(a,\ -5)$ 대입

$\rightarrow (-5)=\left(-\frac{5}{2}\right)\times a$

$-5=-\frac{5}{2}a$

$(-2)\times(-5)=\left(-\frac{5}{2}a\right)\times(-2)$

$10=5a$

$a=2$

➡ 교점 좌표는 $(2,\ -5)$

② 교점 좌표를 대입하여 다른 함수의 식 구하기

분홍색 그래프의 식 $y=\frac{b}{x}$에 $(2,\ -5)$ 대입

$\rightarrow (-5)=\frac{b}{2}$

$b=-10$

➡ 구하는 함수의 식은 $y=\frac{-10}{x}$

답 $a=2,\ b=-10$

47쪽 풀이

01

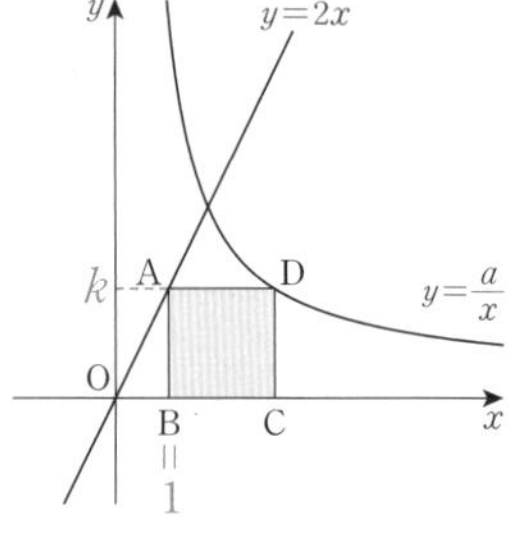

(1) 점 B의 x좌표가 1일 때, 점 A의 좌표?

점 A의 좌표를 $(1,\ k)$

점 A는 $y=2x$ 위의 점이므로

$y=2x$에 $(1,\ k)$ 대입

$\rightarrow k=2\times 1$

$k=2$

➡ 점 A의 좌표는 $(1,\ 2)$

(2) 정사각형 ABCD의 한 변 길이

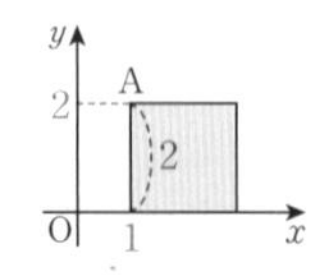

➡ 한 변 길이: 2

(3) 점 D의 좌표

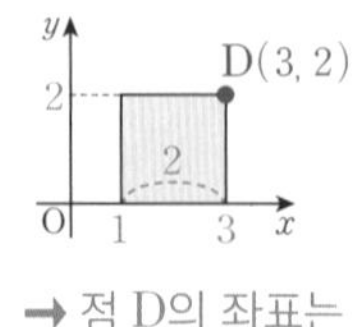

➡ 점 D의 좌표는 $(3,\ 2)$

(4) a값 구하기

$y=\frac{a}{x}$에 $(3,\ 2)$ 대입

$\rightarrow 2=\frac{a}{3}$

$a=6$

47

▸ 정답 및 해설 22~23쪽

개념 마무리 2

정사각형 ABCD의 점 A는 정비례 관계의 그래프 위에 있고, 점 D는 반비례 관계의 그래프 위에 있습니다. 물음에 답하세요.

01

$x=1$일 때 → y값!
$y=2\times1$
$y=2$

(1) 점 B의 x좌표가 1일 때, 점 A의 좌표는? $(1,\ 2)$

(2) 정사각형 ABCD의 한 변의 길이는? 2

(3) 점 D의 좌표는? $(3,\ 2)$

(4) 상수 a의 값은? 6

02

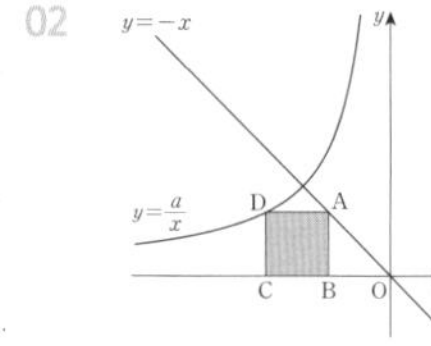

(1) 점 B의 x좌표가 -2일 때, 점 A의 좌표는? $(-2,\ 2)$

(2) 정사각형 ABCD의 한 변의 길이는? 2

(3) 점 D의 좌표는? $(-4,\ 2)$

(4) 상수 a의 값은? -8

03

(1) 점 A의 y좌표가 -3일 때, 점 A의 x좌표는? -3

(2) 점 D의 좌표는? $(-6,\ -3)$

(3) 상수 a의 값은? 18

04

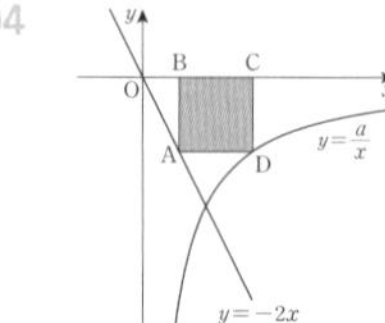

(1) 정사각형 ABCD의 넓이가 4일 때, 점 A의 좌표는? $(1,\ -2)$

(2) 점 D의 좌표는? $(3,\ -2)$

(3) 상수 a의 값은? -6

5. 반비례 47

47쪽 풀이

02

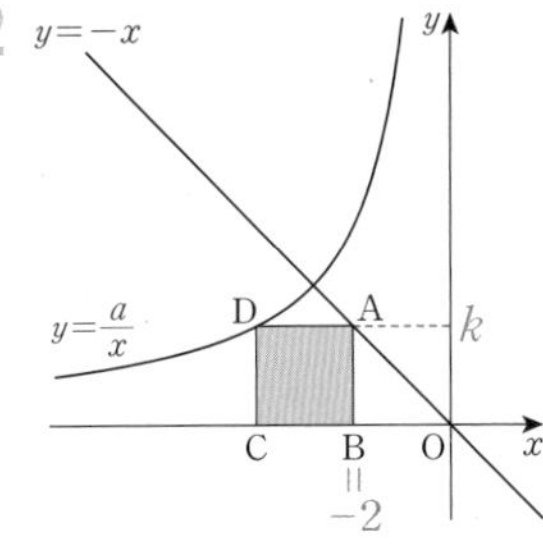

(1) 점 B의 x좌표가 -2일 때, 점 A의 좌표?

점 A의 좌표를 $(-2, k)$

점 A는 $y=-x$ 위의 점이므로

$y=-x$에 $(-2, k)$ 대입

$\rightarrow k=-(-2)$

$k=+(+2)$

$k=2$

→ 점 A의 좌표는 $(-2, 2)$

(2) 정사각형 ABCD의 한 변 길이

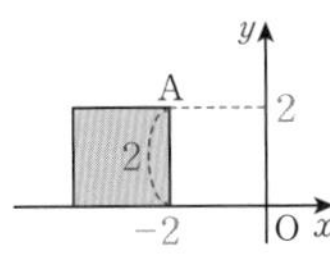

→ 한 변 길이: 2

(3) 점 D의 좌표

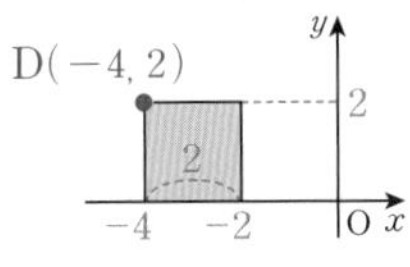
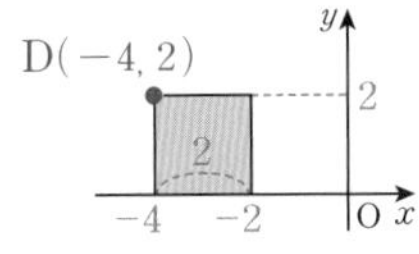

→ 점 D의 좌표는 $(-4, 2)$

(4) a값 구하기

$y=\frac{a}{x}$에 $(-4, 2)$ 대입

$\rightarrow 2=\frac{a}{(-4)}$

$a=-8$

03

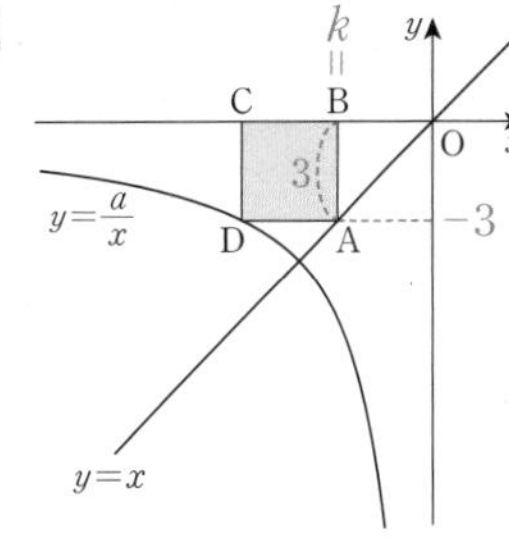

(1) 점 A의 y좌표가 -3일 때, 점 A의 x좌표?

점 A의 좌표를 $(k, -3)$

점 A는 $y=x$ 위의 점이므로

$y=x$에 $(k, -3)$ 대입

$\rightarrow k=-3$

→ 점 A의 좌표는 $(-3, -3)$

(2) 점 D의 좌표

정사각형의 한 변 길이가 3이므로

-6 -3 3 O x -3 D$(-6, -3)$

→ 점 D의 좌표는 $(-6, -3)$

(3) a값 구하기

$y=\frac{a}{x}$에 $(-6, -3)$ 대입

$\rightarrow (-3)=\frac{a}{(-6)}$

$a=18$

04

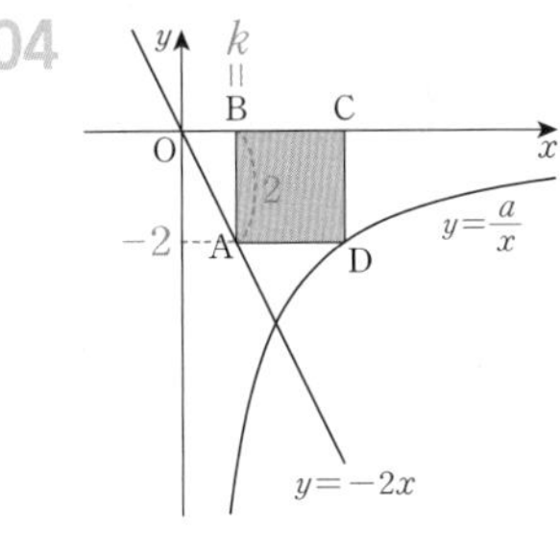

(1) 정사각형 ABCD의 넓이가 4일 때, 점 A의 좌표?

→ 정사각형의 한 변 길이: 2

따라서 점 A의 y좌표는 -2

점 A의 좌표를 $(k, -2)$

$y=-2x$에 $(k, -2)$ 대입

$\rightarrow (-2)=(-2)\times k$

$-2=-2k$

$k=1$

→ 점 A의 좌표는 $(1, -2)$

(2) 점 D의 좌표

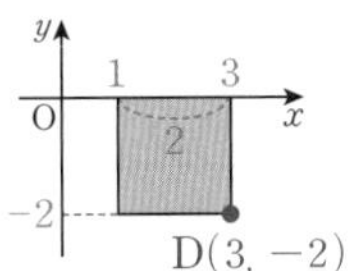

→ 점 D의 좌표는 $(3, -2)$

(3) a값 구하기

$y=\frac{a}{x}$에 $(3, -2)$ 대입

$\rightarrow (-2)=\frac{a}{3}$

$a=-6$

48쪽 풀이

03 $y=-\frac{3}{x}$에서 $x=-6$일 때 y값?

→ $y=-\frac{3}{(-6)}$

$y=-\left(-\frac{1}{2}\right)$

$y=+\left(+\frac{1}{2}\right)$

$y=\frac{1}{2}$

답 $\frac{1}{2}$

05 기체의 부피 y와 압력 x가 반비례

→ $y=\frac{a}{x}$

부피가 20일 때, 압력은 4
($y=20$, $x=4$)

→ $y=\frac{a}{x}$에 $(4, 20)$을 대입

$20=\frac{a}{4}$

$a=80$

답 $y=\frac{80}{x}$

49쪽 풀이

06

• 원점에 대칭인 한 쌍의 매끄러운 곡선
→ 반비례 관계의 그래프
함수의 식 모양은 $y=\frac{a}{x}$

• 제1, 3사분면을 지남
→ $y=\frac{a}{x}$에서 $a>0$

① $y=\frac{-3}{x}$ → $-3<0$
② $y=\frac{x}{6}$ → 정비례 관계식
③ $y=\frac{3}{x}$ → $3>0$
④ $y=\frac{1}{2}x$ → 정비례 관계식
⑤ $xy=-2$ → $y=\frac{-2}{x}$ → $-2<0$

답 ③

07 $y=\frac{18}{x}$의 그래프 위의 점인지 확인

→ 각 점의 좌표를 $y=\frac{18}{x}$에 대입해서 성립하는지 보기

① $(-6, -3)$
→ $(-3)=\frac{18}{(-6)}$
$-3=-3$
→ 성립!

② $(-2, -9)$
→ $(-9)=\frac{18}{(-2)}$
$-9=-9$
→ 성립!

③ $(18, 1)$
→ $1=\frac{18}{18}$
$1=1$
→ 성립!

④ $(1, 18)$
→ $18=\frac{18}{1}$
$18=18$
→ 성립!

⑤ $(9, -2)$
→ $(-2)\neq\frac{18}{9}$ ($=2$)
→ 성립 안 함!

답 ⑤

48

5. 반비례 **단원 마무리**

01 x와 y가 반비례할 때, 다음 표를 완성하시오.

x	1	2	4	8	16
y	-16	-8	-4	-2	-1

$xy=-16$

04 다음 중 반비례 관계 $y=\frac{a}{x}$ $(a<0)$의 그래프는? ①

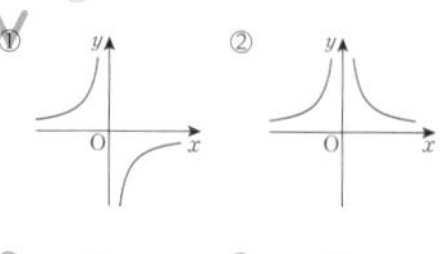

① ② ③ ④ ⑤

↳ $y=\frac{a}{x}$ $(a>0)$

②, ③, ⑤는 잘못된 그래프

02 다음 중 반비례 관계식은? ④

① $y=2x$ ② $y=\frac{x}{3}$ ③ $y=\frac{1}{5}$ ④ $y=-\frac{1}{x}$ ⑤ $x+y=3$

03 반비례 관계 $y=-\frac{3}{x}$에서 $x=-6$일 때, y의 값을 구하시오.

$\frac{1}{2}$

05 같은 온도에서 기체의 부피 y mL는 압력 x 기압에 반비례합니다. 어떤 기체의 부피가 20 mL일 때, 압력은 4기압입니다. 이때, x와 y 사이의 관계식을 구하시오.

$y=\frac{80}{x}$

49

▸정답 및 해설 24~25쪽

06 다음 그래프에 알맞은 식은? ③

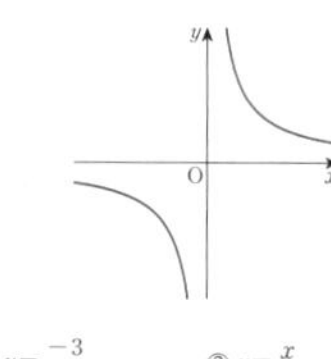

① $y=\frac{-3}{x}$ ② $y=\frac{x}{6}$

③ $y=\frac{3}{x}$ ④ $y=\frac{1}{2}x$

⑤ $xy=-2$

09 다음 그래프에 알맞은 반비례 관계식을 쓰시오.

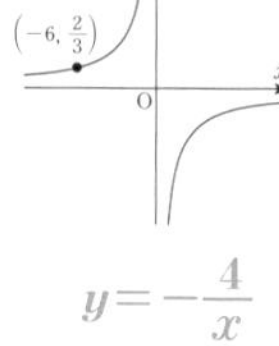

$y=-\frac{4}{x}$

07 다음 중 반비례 관계 $y=\frac{18}{x}$의 그래프 위의 점이 아닌 것은? ⑤

① $(-6, -3)$ ② $(-2, -9)$ ③ $(18, 1)$ ④ $(1, 18)$ ⑤ $(9, -2)$

10 다음 중 y가 x에 반비례하는 것을 모두 고르면? (정답 2개) ②, ⑤

① 시속 50 km로 x시간 동안 달린 거리 y km
② 넓이가 30 cm^2인 직사각형의 가로 x cm와 세로 y cm
③ x살인 민규보다 2살 많은 형의 나이는 y살
④ 떡을 한 사람당 3개씩 x명에게 나누어 줄 때, 필요한 떡의 개수 y개
⑤ 140쪽짜리 문제집을 하루에 x쪽씩 풀어서 모두 푸는 데 걸린 기간이 y일

08 다음 중 그래프가 원점에 가장 가깝게 그려지는 것은? ①

① $y=\frac{1}{x}$ ② $y=\frac{-4}{x}$ ③ $xy=3$ ④ $y=\frac{6}{x}$ ⑤ $y=-\frac{2}{x}$

49쪽 풀이

08 $y=\frac{a}{x}$에서 $|a|$가 작을수록 그래프가 원점에 가까움

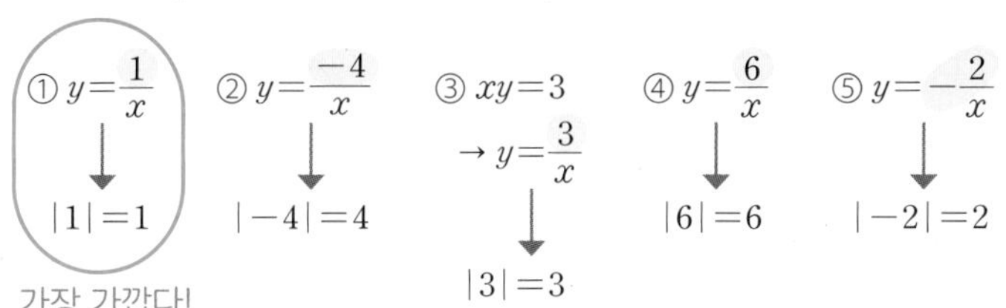

답 ①

09

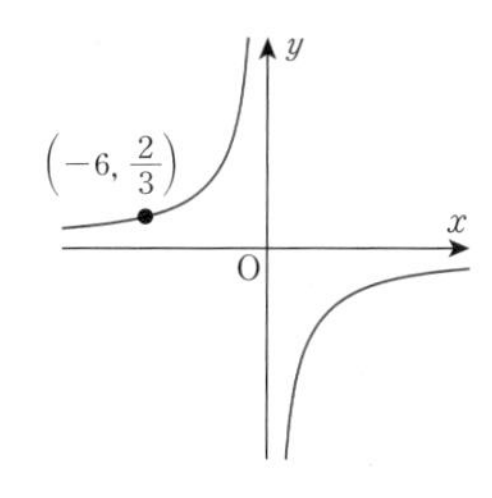

• 반비례 그래프

→ 함수의 식 모양은 $y=\frac{a}{x}$

• $y=\frac{a}{x}$에 $\left(-6, \frac{2}{3}\right)$ 대입

→ $\frac{2}{3}=\frac{a}{(-6)}$

$(-6)\times\frac{2}{3}=\frac{a}{(-6)}\times(-6)$

$-4=a$

답 $y=-\frac{4}{x}$

10 y가 x에 반비례하는 것 찾기

① 시속 50 km로 x시간 동안 달린 거리 y km

속력: 50 시간: x 거리: y

→ $y=50x$

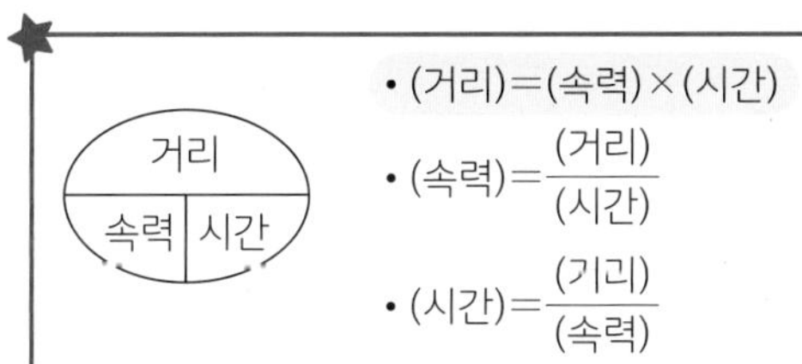

• (거리)=(속력)×(시간)

• (속력)$=\frac{(거리)}{(시간)}$

• (시간)$=\frac{(기리)}{(속력)}$

④ 떡을 한 사람당 3개씩 x명에게 나누어 줄 때, 필요한 떡의 개수 y개

사람		떡
1명	------▶	3개
2명	------▶	6개
3명	------▶	9개
⋮		
x명	------▶	$3x$개 → $y=3x$

② 넓이가 30 cm²인 직사각형의 가로 x cm와 세로 y cm

넓이: 30 cm², y cm, x cm

(직사각형의 넓이)=(가로)×(세로)

→ $30 = x \times y$

→ $y=\frac{30}{x}$ (반비례)

⑤ 140쪽짜리 문제집을 하루에 x쪽씩 풀어서 모두 푸는 데 걸린 기간이 y일

쪽 수		푼 기간		전체 쪽 수
1쪽		140일		140쪽
2쪽		70일		140쪽
4쪽		35일		140쪽
⋮		⋮		⋮
x	×	y	=	140

→ $y=\frac{140}{x}$ (반비례)

③ x살인 민규보다 2살 많은 형의 나이는 y살

민규		형
1살	------▶	3살
2살	------▶	4살
3살	------▶	5살
⋮		
x살	------▶	$(x+2)$살 → $y=x+2$

답 ②, ⑤

50쪽 풀이

12

$y=-5x$

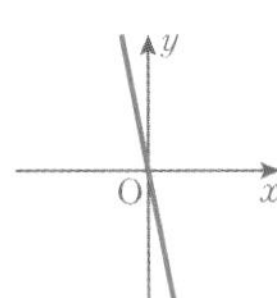

→ 제②, 4사분면을 지남

$y=-\frac{7}{x}$

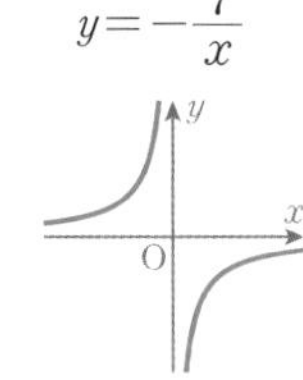

→ 제②, 4사분면을 지남

$y=\frac{2}{3}x$

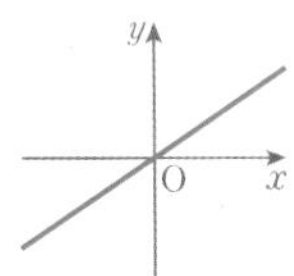

→ 제1, 3사분면을 지남

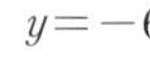

$y=-6$

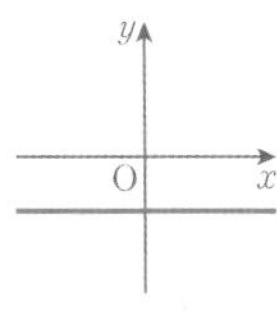

→ 제3, 4사분면을 지남

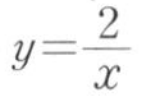

$y=\frac{2}{x}$

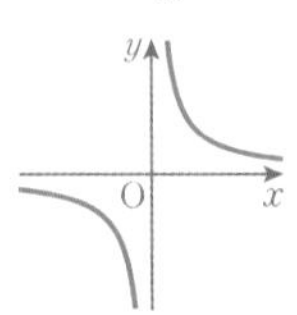

→ 제1, 3사분면을 지남

$y=-\frac{x}{9}$

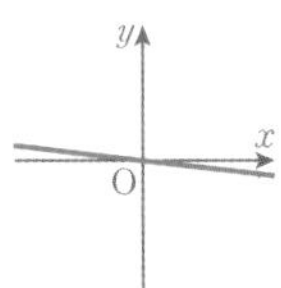

→ 제②, 4사분면을 지남

답 3개

50

단원 마무리

11 좌표평면 위에 반비례 관계 $y=-\frac{4}{x}$의 그래프를 그리시오.

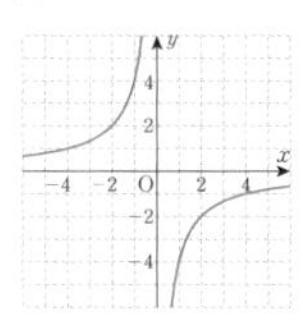

12 보기의 관계식을 그래프로 나타냈을 때, 그래프가 제2사분면을 지나는 것은 몇 개인지 쓰시오. 3개

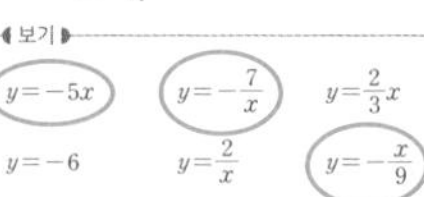

보기

$y=-5x$ $y=-\frac{7}{x}$ $y=\frac{2}{3}x$

$y=-6$ $y=\frac{2}{x}$ $y=-\frac{x}{9}$

13 반비례 관계 $y=\frac{5}{x}$의 그래프에 대한 설명으로 옳은 것은? ④

① 제2사분면과 제4사분면을 지난다.
② 점 $(-1, 5)$를 지난다.
③ $x>0$일 때, x가 증가하면 y도 증가한다.
④ x와 y의 곱이 5로 일정하다.
⑤ 원점을 지나는 한 쌍의 곡선이다.

14 다음 조건을 모두 만족하는 x와 y 사이의 관계식을 구하시오.

• 그래프는 한 쌍의 매끄러운 곡선이다.
• xy의 값은 항상 일정하다.
• 점 $(-3, 4)$가 그래프 위의 점이다.

$y=-\frac{12}{x}$

15 아래 그래프 중 다음 설명에 알맞은 것을 찾아 기호를 쓰시오.

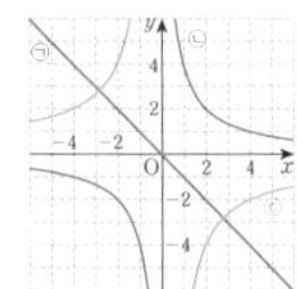

(1) 점 $(-2, 2)$를 지난다. ㉠

(2) $y=-\frac{8}{x}$의 그래프이다. ㉢

(3) 그래프 위의 점의 x좌표와 y좌표의 곱이 항상 4이다. ㉡

50 일차함수 2

13

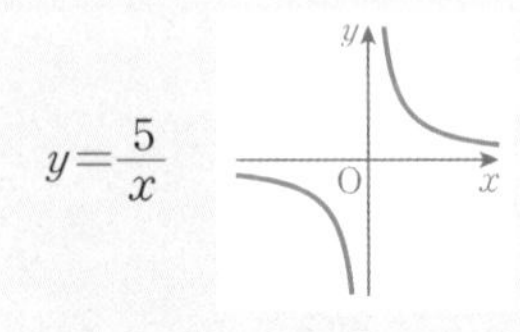

① 제2사분면과 제4사분면을 지난다. (×)
→ 제1, 3사분면을 지남

② 점 $(-1, 5)$를 지난다. (×)
→ $y=\frac{5}{x}$에 $(-1, 5)$ 대입

$5\neq\frac{5}{(-1)}$ → 성립 안 함!
$\quad\;\; = -5$

③ $x>0$일 때, x가 증가하면 y도 증가한다. (×)
→ $x>0$일 때, x가 증가하면 y는 감소함

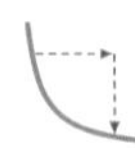

④ x와 y의 곱이 5로 일정하다. (○)
→ $y=\frac{5}{x}$
$xy=5$

⑤ 원점을 지나는 한 쌍의 곡선이다. (×)
→ 원점을 지나지 않음

답 ④

14

• 그래프는 한 쌍의 매끄러운 곡선이다.
• xy의 값은 항상 일정하다.
→ 반비례 관계니까, 함수의 식은 $y=\frac{a}{x}$ 모양
• 점 $(-3, 4)$가 그래프 위의 점이다.
→ $y=\frac{a}{x}$에 $(-3, 4)$ 대입

$4=\frac{a}{(-3)}$

$a=-12$

답 $y=-\frac{12}{x}$

15

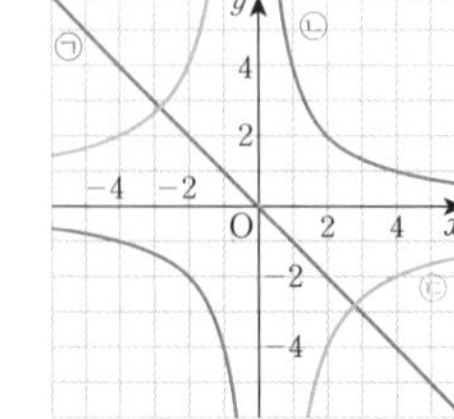

(2) $y=-\frac{8}{x}$
→ $-8<0$이니까
제2, 4사분면을 지나는 곡선
→ 그래프 ㉢

(3) x좌표와 y좌표의 곱이 4
$xy=4$
→ $y=\frac{4}{x}$
→ $4>0$이니까
제1, 3사분면을 지나는 곡선
→ 그래프 ㉡

답 (1) ㉠ (2) ㉢ (3) ㉡

51쪽 풀이

16 $y=\frac{a}{x}$의 그래프가 두 점 $\left(4, -\frac{5}{4}\right)$, $(-5, b)$를 지남

- **a값 구하기**

$y=\frac{a}{x}$에 $\left(4, -\frac{5}{4}\right)$ 대입

$\rightarrow -\frac{5}{4}=\frac{a}{4}$

$4\times\left(-\frac{5}{4}\right)=\frac{a}{4}\times 4$

$-5=a$

- **b값 구하기**

$y=-\frac{5}{x}$에 $(-5, b)$ 대입

$\rightarrow b=-\frac{5}{(-5)}$

$b=-(-1)$

$b=1$

$\rightarrow a+b=(-5)+1=-4$

답 -4

51

▸정답 및 해설 26~28쪽

16 반비례 관계 $y=\frac{a}{x}$의 그래프가 두 점 $\left(4, -\frac{5}{4}\right)$, $(-5, b)$를 지날 때, $a+b$의 값을 구하시오. (단, a는 상수) -4

17 정비례 관계 $y=ax$의 그래프는 x가 증가할 때 y가 감소합니다. 이때 반비례 관계 $y=\frac{a}{x}$의 그래프가 지나는 사분면을 모두 쓰시오. (단, a는 상수)

제2, 4사분면

18 다음 그림과 같이 정비례 관계 $y=\frac{1}{6}x$의 그래프와 반비례 관계 $y=\frac{a}{x}$의 그래프가 점 P에서 만날 때, $a+k$의 값을 구하시오. (단, a는 상수) 5

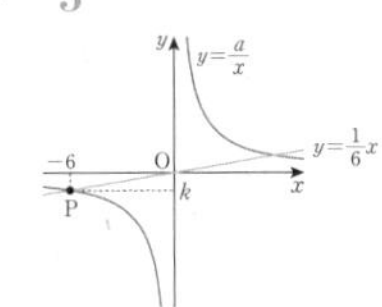

19 정사각형 ABCD에서 점 A는 정비례 관계 $y=x$의 그래프 위의 점이고, 점 D는 반비례 관계 $y=\frac{a}{x}$의 그래프 위의 점입니다. 점 B의 좌표가 $(5, 0)$일 때, 상수 a의 값을 구하시오. 50

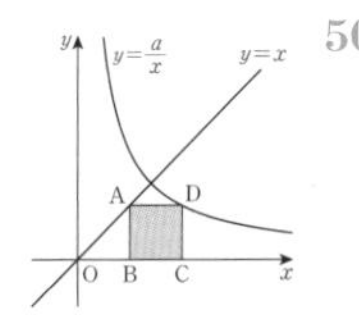

20 다음 그림과 같이 두 점 B, D가 반비례 관계 $y=\frac{a}{x}$의 그래프 위에 있습니다. 직사각형 ABCD의 넓이가 24일 때, 상수 a의 값을 구하시오. (단, 직사각형의 모든 변은 각각 좌표축과 평행하다.) 6

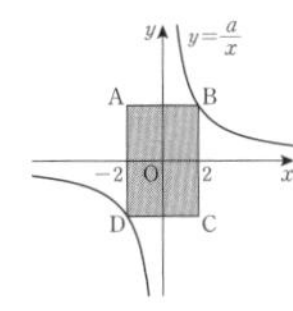

5. 반비례 51

17 • $y=ax$의 그래프는 x가 증가하면 y가 감소

→ 그래프는 ↘ 모양이니까 기울기 a는 음수

• $y=\frac{a}{x}$에서 a가 음수이면, 그래프는 제2, 4사분면을 지남

답 제2, 4사분면

18

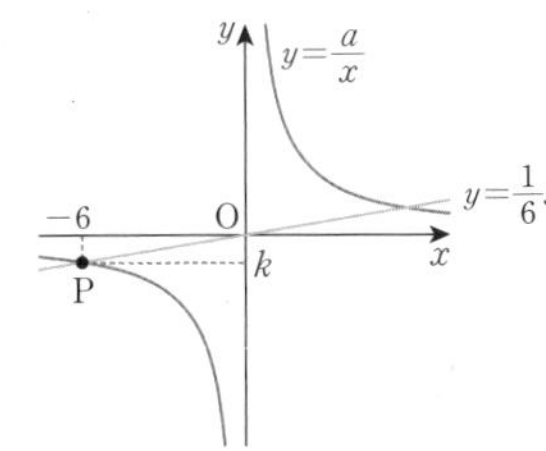

① **교점 좌표 구하기**

$y=\frac{1}{6}x$에 $(-6, k)$ 대입

$\rightarrow k=\frac{1}{6}\times(-6)$

$k=-1$

→ 교점 좌표는 $(-6, -1)$

② **교점 좌표를 대입하여 다른 함수의 식 구하기**

$y=\frac{a}{x}$에 $(-6, -1)$ 대입

$\rightarrow (-1)=\frac{a}{(-6)}$

$a=6$

$\rightarrow a+k=6+(-1)=5$

답 5

19

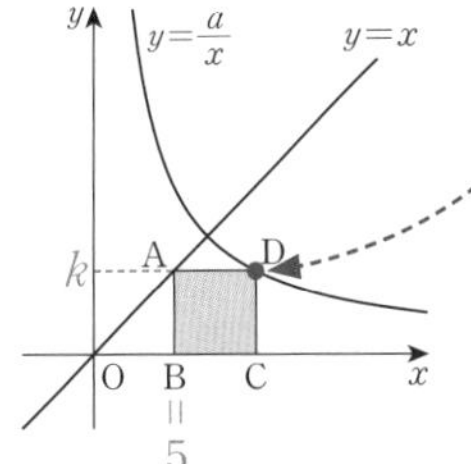

그래프 위의 한 점 좌표를 이용해서 함수의 식을 구할 수 있음
→ $y=\frac{a}{x}$의 그래프 위에 있는 점 D의 좌표를 이용해서 a를 구할 수 있음!

① **점 A의 좌표 구하기**

점 A의 좌표를 $(5, k)$라 하면, 점 A는 $y=x$ 위의 점이므로

$y=x$에 $(5, k)$ 대입

$\rightarrow k=5$

→ 점 A의 좌표는 $(5, 5)$

② **정사각형 ABCD의 한 변 길이**

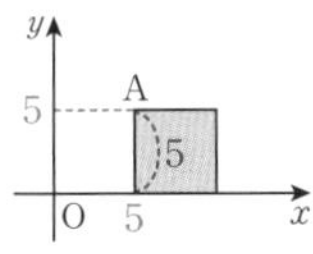

→ 한 변 길이: 5

③ **점 D의 좌표**

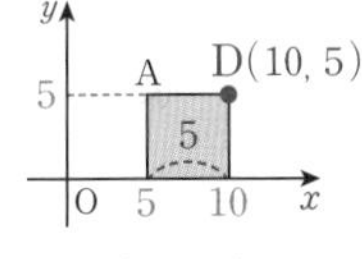

→ D(10, 5)

④ **점 D의 좌표를 대입해 a값 구하기**

$y=\frac{a}{x}$에 $(10, 5)$ 대입

$\rightarrow 5=\frac{a}{10}$

$a=50$

답 50

51쪽 풀이

20 점 D의 x좌표가 -2

$\rightarrow y=\dfrac{a}{(-2)}=-\dfrac{a}{2}$

$\rightarrow$ 점 D $\left(-2, -\dfrac{a}{2}\right)$

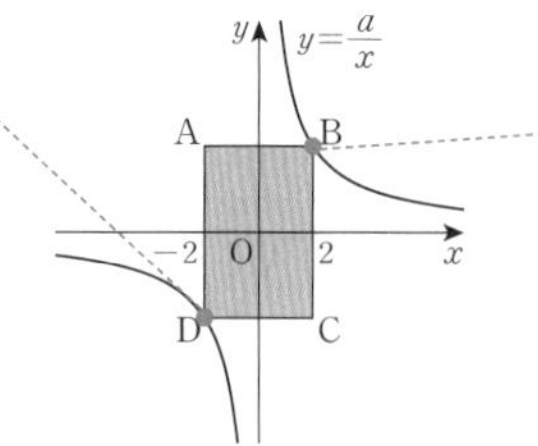

점 B의 x좌표가 2

$\rightarrow y=\dfrac{a}{2}$

$\rightarrow$ 점 B $\left(2, \dfrac{a}{2}\right)$

• 직사각형의 가로: 4

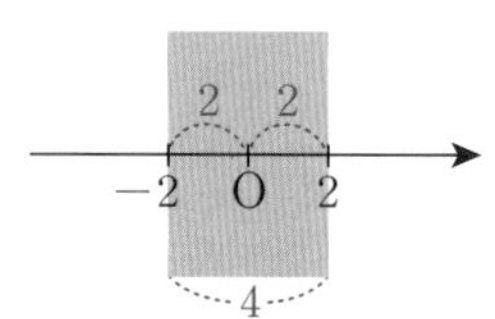

• 직사각형의 세로: $\dfrac{a}{2}+\dfrac{a}{2}=\dfrac{2a}{2}=a$

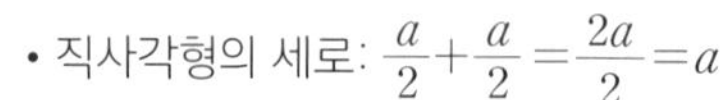

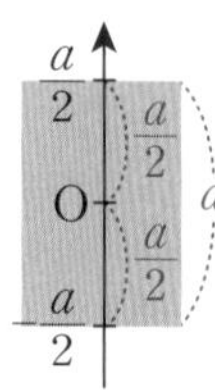

이때 직사각형의 넓이는 24이므로,

(가로)×(세로)=(넓이)

$4\times a=24$

$a=6$

답 6

52쪽 풀이

21 톱니바퀴 A: 톱니 15개, 1분에 20바퀴 회전

톱니바퀴 B: 톱니 x개, 1분에 y바퀴 회전

(1) A가 1분 동안 회전

$\rightarrow$ 톱니 15개가 20바퀴 회전

맞물려 돌아간 톱니의 수: $15\times 20=300$(개)

답 300개

(2) A와 B가 서로 맞물려서 돌아가니까, 맞물려 돌아간 톱니의 수가 서로 같음

$\rightarrow$ A가 1분 동안 톱니 300개만큼 돌아가므로 B도 1분 동안 톱니 300개만큼 돌아감

B의 톱니 수		바퀴 수		돌아간 톱니 수
300개		1바퀴		300개
150개		2바퀴		300개
100개		3바퀴		300개
⋮		⋮		⋮
x	×	y	=	300

$\rightarrow y=\dfrac{300}{x}$

답 $y=\dfrac{300}{x}$

52

단원 마무리 ▸ 정답 및 해설 28~29쪽

21 톱니바퀴 A는 톱니가 15개이고, 1분에 20바퀴 회전합니다. 톱니바퀴 A와 맞물려 회전하는 톱니바퀴 B는 톱니가 x개이고 1분에 y바퀴 회전합니다. 물음에 답하시오.

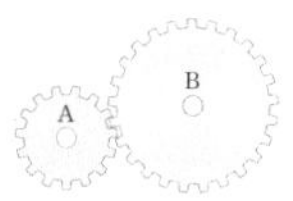

(1) 톱니바퀴 A가 1분 동안 회전할 때, 맞물려 돌아간 톱니의 수를 구하시오.

300개

(2) x와 y 사이의 관계식을 구하시오.

$y=\dfrac{300}{x}$

(3) 톱니바퀴 B의 톱니가 25개일 때, 1분에 몇 바퀴를 회전하는지 구하시오.

12바퀴

22 직사각형 OABC에서 점 B는 반비례 관계 $y=\dfrac{14}{x}$의 그래프 위의 점입니다. 직사각형 OABC의 넓이를 구하시오.

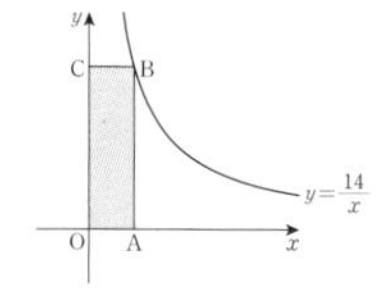

풀이

14

23 다음 그림과 같이 반비례 관계 $y=\dfrac{a}{x}$의 그래프가 점 (6, 1)을 지날 때, 그래프 위의 점 중에서 x좌표와 y좌표가 모두 정수인 점의 개수를 구하시오. (단, a는 상수)

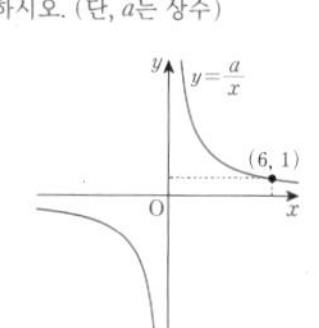
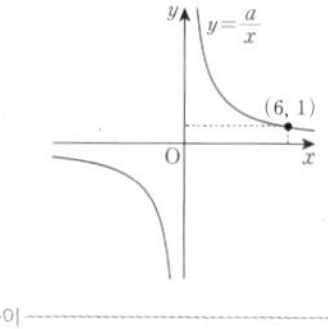

풀이

8개

52 일차함수 2

(3) B의 톱니가 25개일 때, 1분에 몇 바퀴?

$x=25$

$\rightarrow y=\dfrac{300}{x}$에 $x=25$ 대입

$y=\dfrac{300}{25}$

$y=12$

답 12바퀴

52쪽 풀이

22

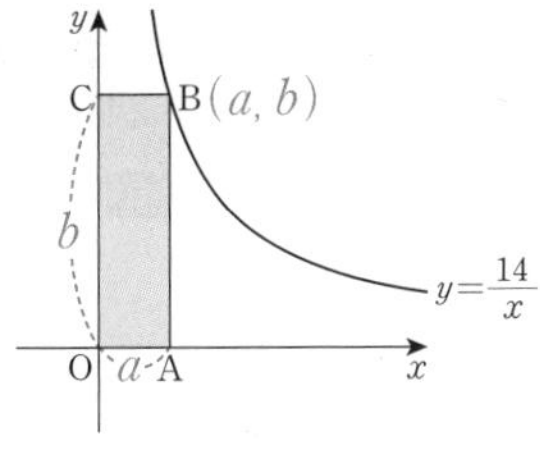

점 B의 좌표를 (a, b)라고 하면,

점 B는 $y=\frac{14}{x}$ 위의 점이므로

$b=\frac{14}{a}$ → $ab=14$

직사각형 OABC의 가로는 a, 세로는 b이므로
넓이는 $a\times b=14$

답 14

23

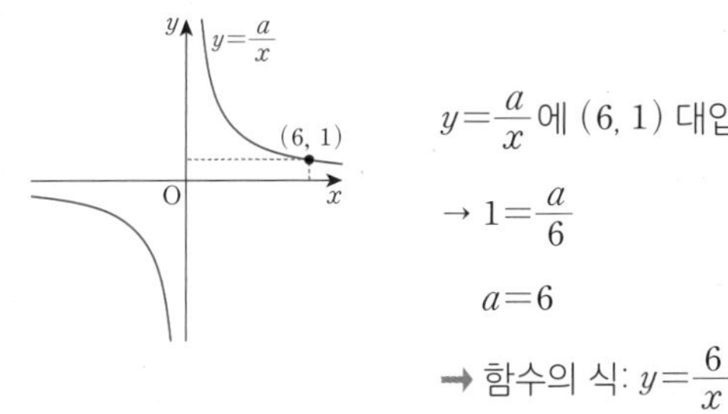

$y=\frac{a}{x}$에 $(6, 1)$ 대입

→ $1=\frac{a}{6}$

$a=6$

→ 함수의 식: $y=\frac{6}{x}$

$y=\frac{6}{x}$ → $xy=6$이므로

곱이 6이 되는 두 정수는 표와 같음

x	-6	-3	-2	-1	1	2	3	6
y	-1	-2	-3	-6	6	3	2	1

답 8개

이제 반비례에
대해서
잘 알겠지~?

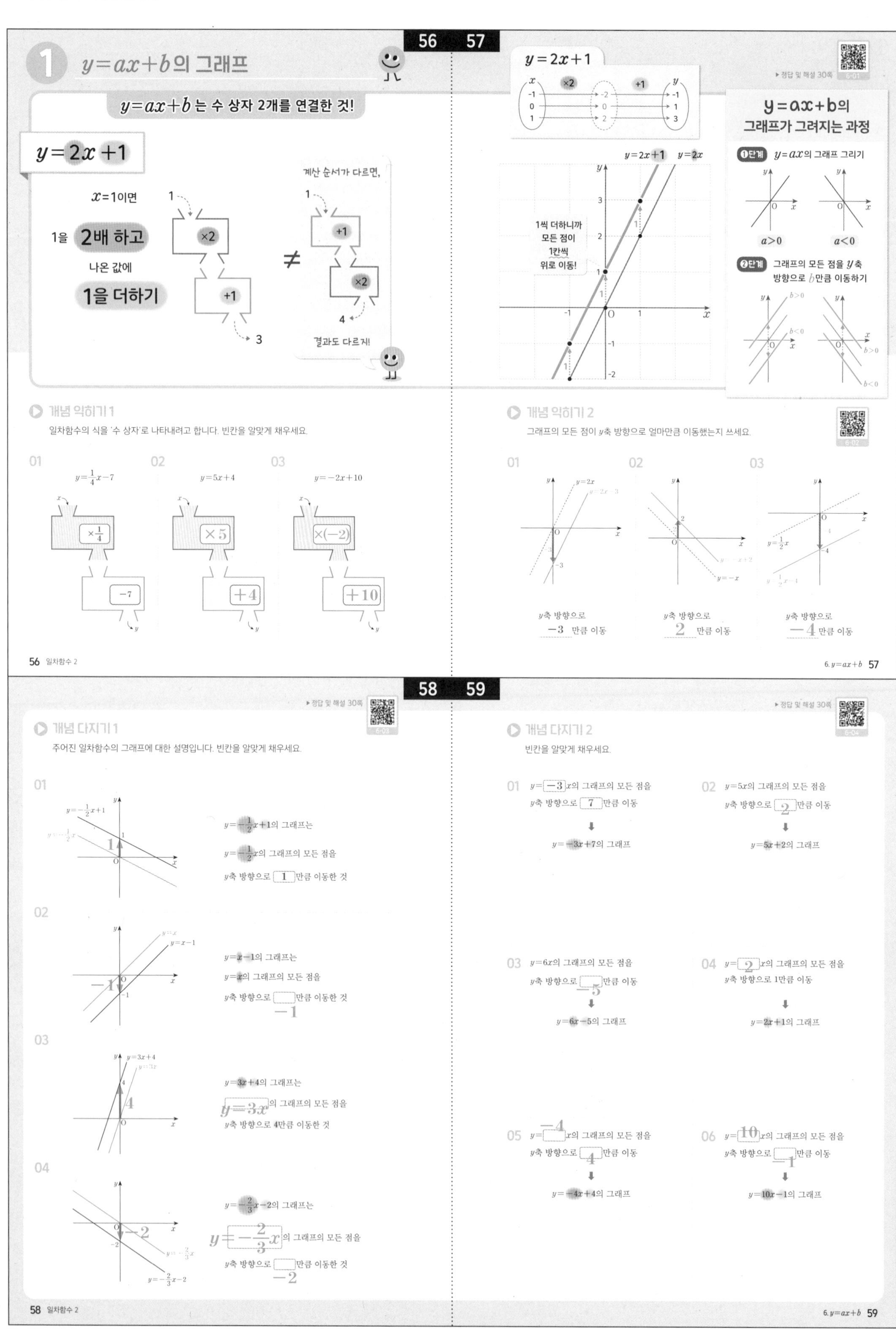
56 57
1 $y=ax+b$의 그래프
$y=ax+b$ 는 수 상자 2개를 연결한 것!
$y=2x+1$
x=1이면
1을 2배 하고
나온 값에
1을 더하기
계산 순서가 다르면,
결과도 다르지!
1씩 더하니까 모든 점이 1칸씩 위로 이동!
$y=ax+b$의 그래프가 그려지는 과정
❶단계 $y=ax$의 그래프 그리기
$a>0$ $a<0$
❷단계 그래프의 모든 점을 y축 방향으로 b만큼 이동하기
개념 익히기 1
일차함수의 식을 '수 상자'로 나타내려고 합니다. 빈칸을 알맞게 채우세요.
개념 익히기 2
그래프의 모든 점이 y축 방향으로 얼마만큼 이동했는지 쓰세요.
y축 방향으로 -3 만큼 이동
y축 방향으로 2 만큼 이동
y축 방향으로 -4 만큼 이동
58 59
개념 다지기 1
주어진 일차함수의 그래프에 대한 설명입니다. 빈칸을 알맞게 채우세요.
$y=-\frac{1}{2}x+1$의 그래프는 $y=-\frac{1}{2}x$의 그래프의 모든 점을 y축 방향으로 1 만큼 이동한 것
$y=x-1$의 그래프는 $y=x$의 그래프의 모든 점을 y축 방향으로 -1 만큼 이동한 것
$y=3x+4$의 그래프는 $y=3x$의 그래프의 모든 점을 y축 방향으로 4만큼 이동한 것
$y=-\frac{2}{3}x-2$의 그래프는 $y=-\frac{2}{3}x$의 그래프의 모든 점을 y축 방향으로 -2 만큼 이동한 것
개념 다지기 2
빈칸을 알맞게 채우세요.
01 $y=-3x$의 그래프의 모든 점을 y축 방향으로 7 만큼 이동 → $y=-3x+7$의 그래프
02 $y=5x$의 그래프의 모든 점을 y축 방향으로 2 만큼 이동 → $y=5x+2$의 그래프
03 $y=6x$의 그래프의 모든 점을 y축 방향으로 -5 만큼 이동 → $y=6x-5$의 그래프
04 $y=2x$의 그래프의 모든 점을 y축 방향으로 1만큼 이동 → $y=2x+1$의 그래프
05 $y=-4x$의 그래프의 모든 점을 y축 방향으로 4 만큼 이동 → $y=-4x+4$의 그래프
06 $y=10x$의 그래프의 모든 점을 y축 방향으로 -1 만큼 이동 → $y=10x-1$의 그래프

60쪽 풀이

01 $y=-x-3$

$y=-x$의 그래프의 모든 점을 / -3만큼 y축 방향으로 이동

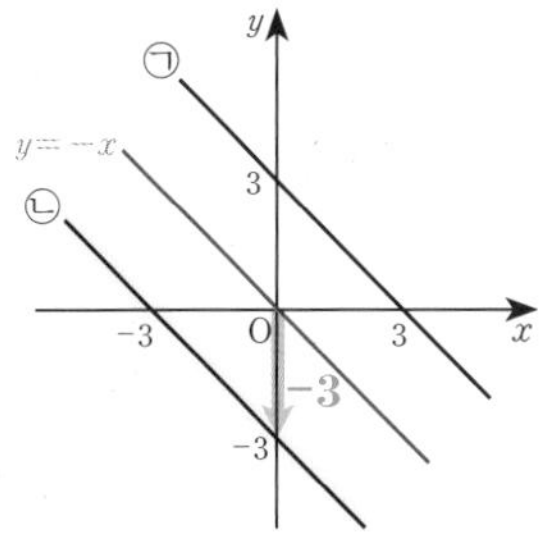

답 ㉡

02 $y=2x+4$

$y=2x$의 그래프의 모든 점을 / 4만큼 y축 방향으로 이동

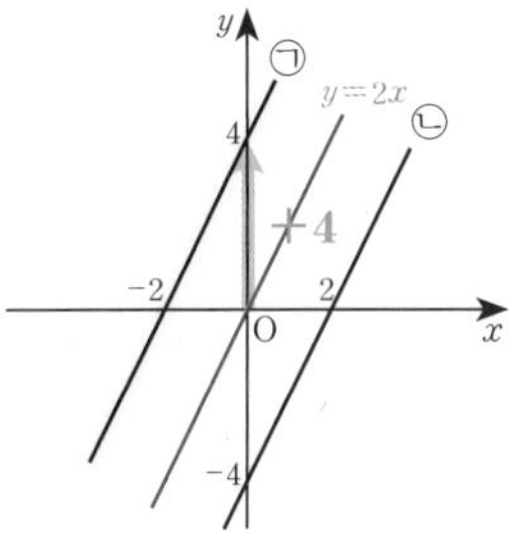

답 ㉠

03 $y=\frac{1}{2}x+3$

$y=\frac{1}{2}x$의 그래프의 모든 점을 / 3만큼 y축 방향으로 이동

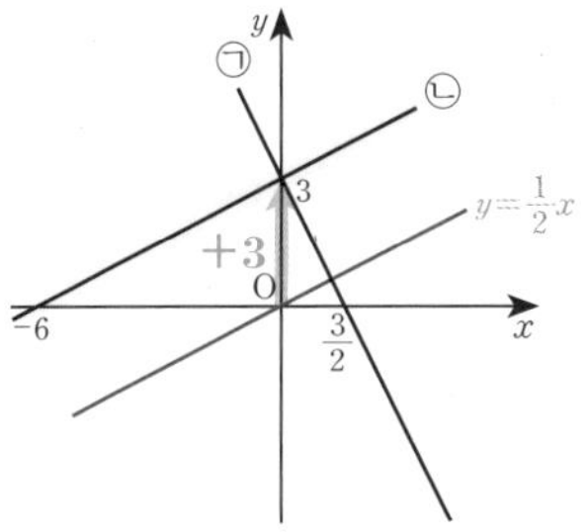

답 ㉡

04 $y=x+2$

$y=x$의 그래프의 모든 점을 / 2만큼 y축 방향으로 이동

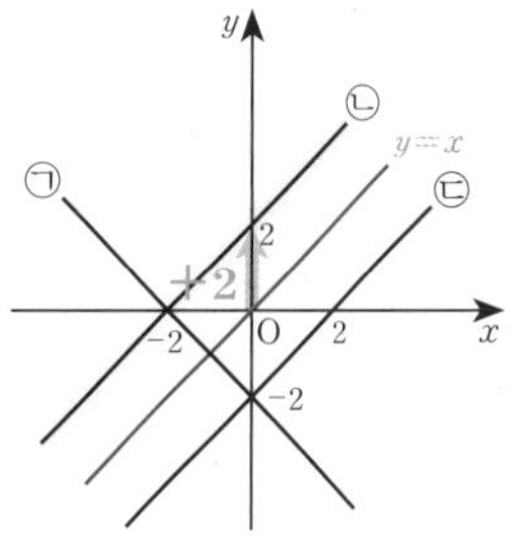

답 ㉡

05 $y=-x-2$

$y=-x$의 그래프의 모든 점을 / -2만큼 y축 방향으로 이동

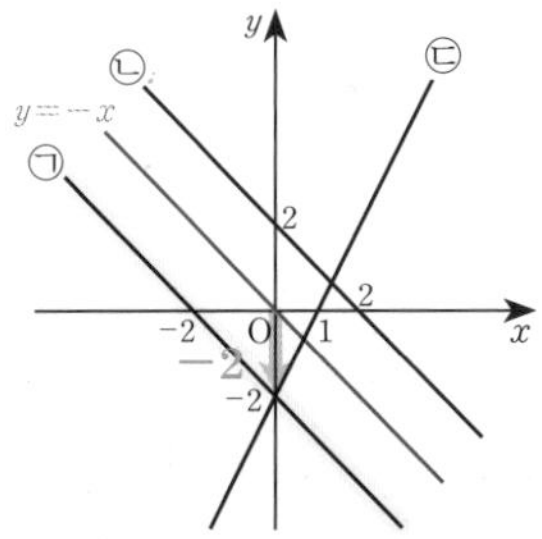

답 ㉠

06 $y=-\frac{1}{3}x+2$

$y=-\frac{1}{3}x$의 그래프의 모든 점을 / 2만큼 y축 방향으로 이동

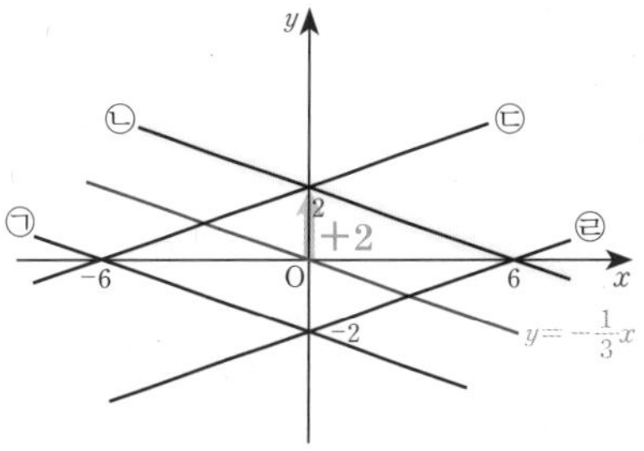

답 ㉡

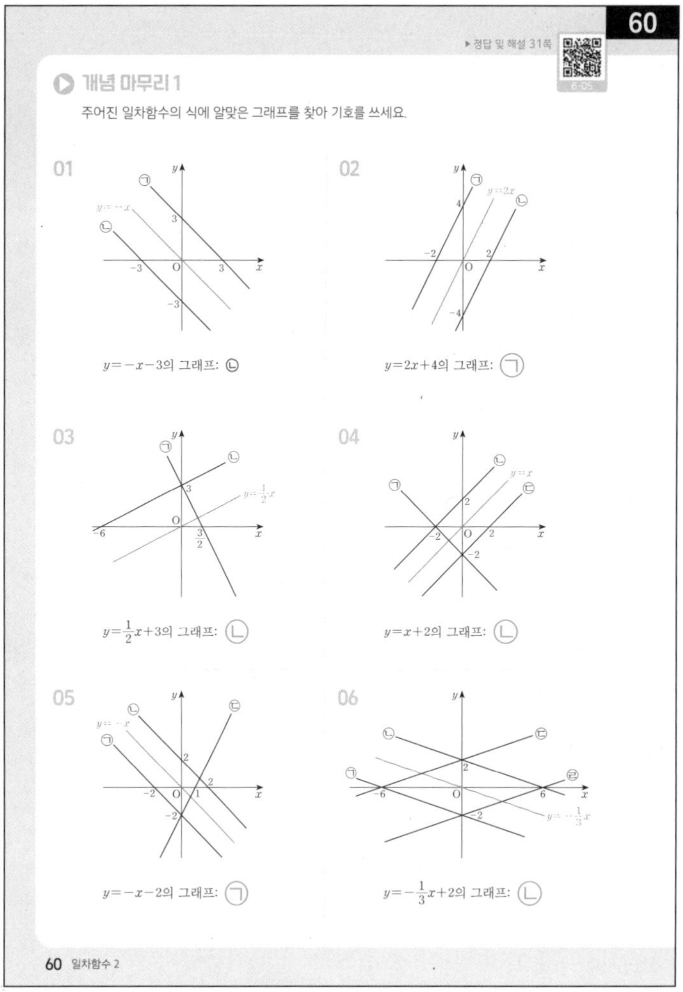

60

▸정답 및 해설 31쪽

개념 마무리 1

주어진 일차함수의 식에 알맞은 그래프를 찾아 기호를 쓰세요.

01 $y=-x-3$의 그래프: ㉡

02 $y=2x+4$의 그래프: ㉠

03 $y=\frac{1}{2}x+3$의 그래프: ㉡

04 $y=x+2$의 그래프: ㉡

05 $y=-x-2$의 그래프: ㉠

06 $y=-\frac{1}{3}x+2$의 그래프: ㉡

60 일차함수 2

61쪽 풀이

02

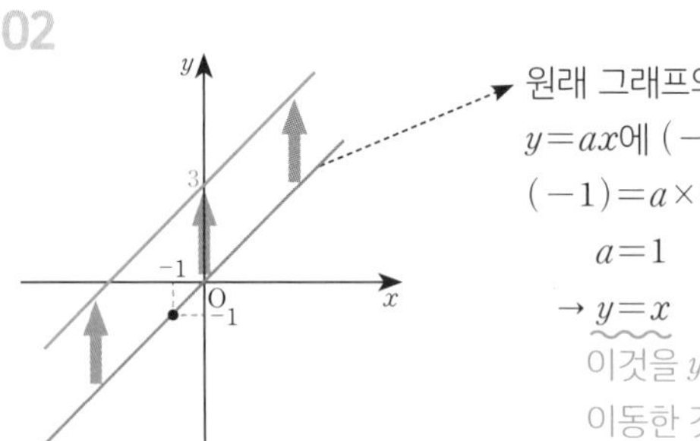

원래 그래프의 식:
$y=ax$에 $(-1, -1)$ 대입
$(-1)=a\times(-1)$
$a=1$
→ $y=x$
이것을 y축 방향으로 3만큼 이동한 것이 초록색 그래프
→ $y=x+3$

03

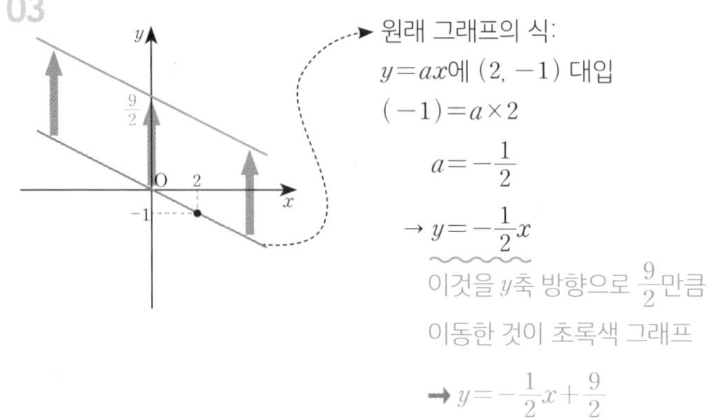

원래 그래프의 식:
$y=ax$에 $(2, -1)$ 대입
$(-1)=a\times2$
$a=-\frac{1}{2}$
→ $y=-\frac{1}{2}x$
이것을 y축 방향으로 $\frac{9}{2}$만큼 이동한 것이 초록색 그래프
→ $y=-\frac{1}{2}x+\frac{9}{2}$

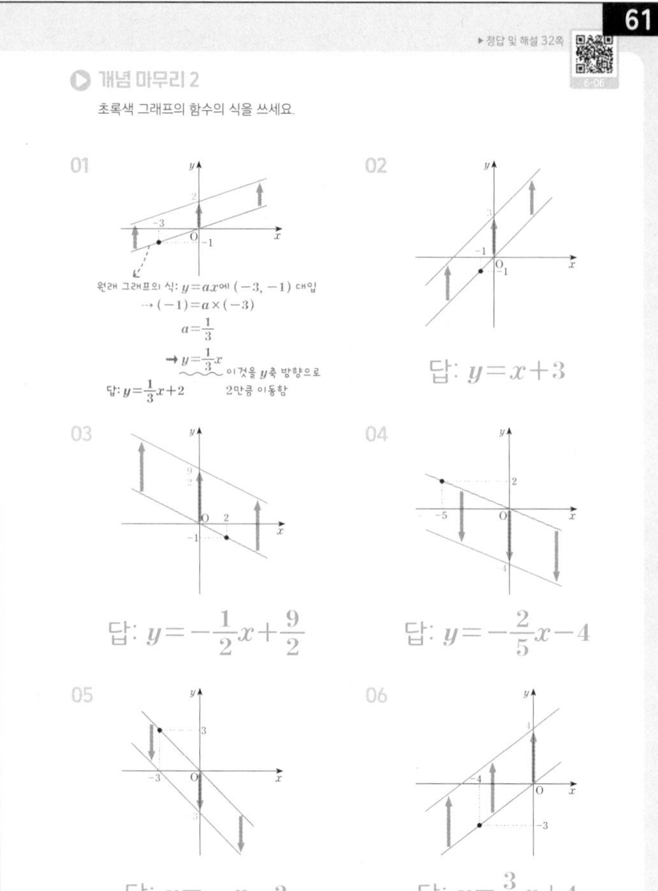

04

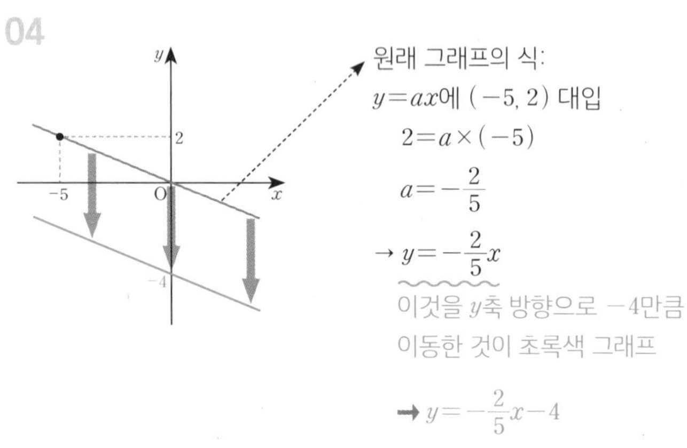

원래 그래프의 식:
$y=ax$에 $(-5, 2)$ 대입
$2=a\times(-5)$
$a=-\frac{2}{5}$
→ $y=-\frac{2}{5}x$
이것을 y축 방향으로 -4만큼 이동한 것이 초록색 그래프
→ $y=-\frac{2}{5}x-4$

05

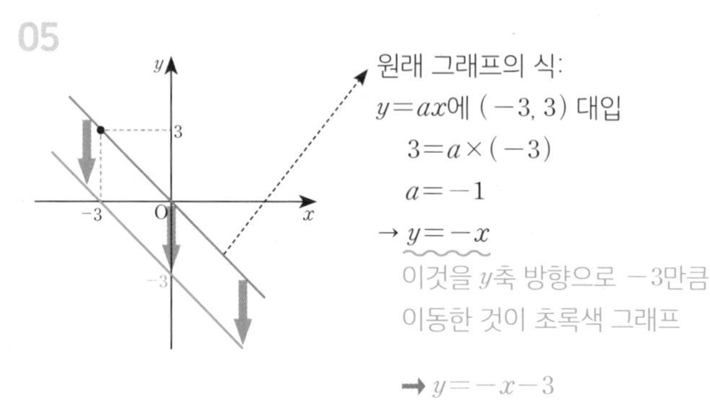

원래 그래프의 식:
$y=ax$에 $(-3, 3)$ 대입
$3=a\times(-3)$
$a=-1$
→ $y=-x$
이것을 y축 방향으로 -3만큼 이동한 것이 초록색 그래프
→ $y=-x-3$

06

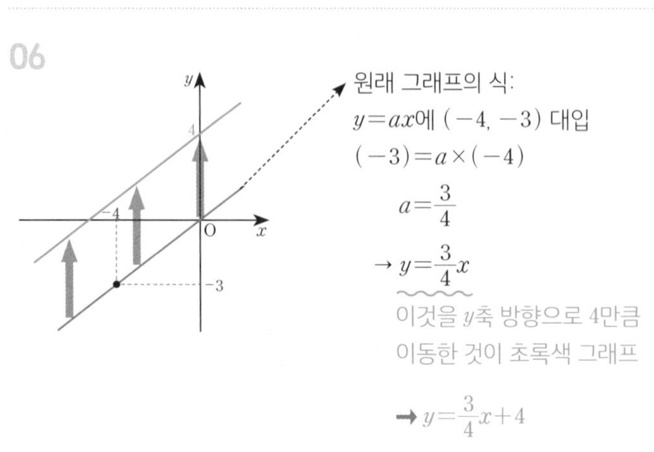

원래 그래프의 식:
$y=ax$에 $(-4, -3)$ 대입
$(-3)=a\times(-4)$
$a=\frac{3}{4}$
→ $y=\frac{3}{4}x$
이것을 y축 방향으로 4만큼 이동한 것이 초록색 그래프
→ $y=\frac{3}{4}x+4$

62 63

2 기울기와 평행이동

▸정답 및 해설 33쪽

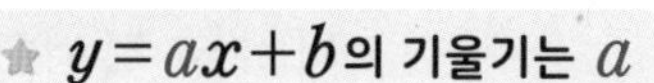

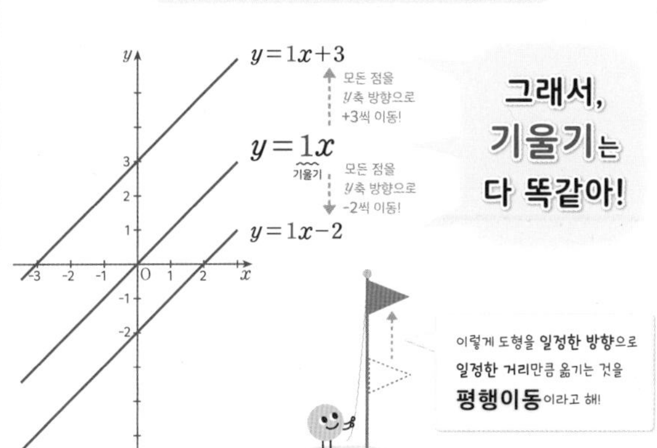

$y=1x+3$
모든 점을 y축 방향으로 +3씩 이동!
$y=1x$
기울기
모든 점을 y축 방향으로 -2씩 이동!
$y=1x-2$
그래서, 기울기는 다 똑같아!
이렇게 도형을 일정한 방향으로 일정한 거리만큼 옮기는 것을 평행이동이라고 해!

직선이…
평행이동을 하면? 기울기가 같다!
기울기가 같으면? 평행이동을 했다!

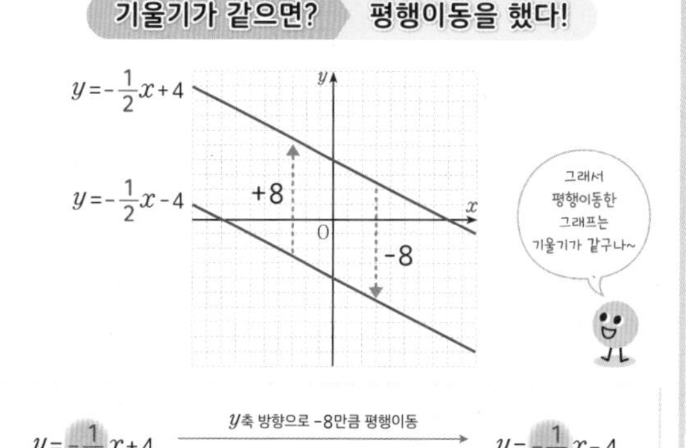

$y=-\frac{1}{2}x+4$ (기울기) —y축 방향으로 -8만큼 평행이동→ $y=-\frac{1}{2}x-4$ (기울기)
←y축 방향으로 +8만큼 평행이동—

개념 익히기 1

빈칸을 알맞게 채우세요.

01 기울기가 -4인 직선을 y축 방향으로 7만큼 평행이동하면, 직선의 기울기는 $\boxed{-4}$입니다.

02 어떤 직선을 y축 방향으로 $-\frac{1}{8}$만큼 평행이동했을 때 기울기가 2라면, 원래 직선의 기울기는 $\boxed{2}$입니다.

03 일차함수 $y=ax+b$의 그래프를 y축 방향으로 c만큼 평행이동한 그래프의 기울기는 $\boxed{a}$입니다.

개념 익히기 2

주어진 그래프를 평행이동했더니 초록 그래프가 되었습니다. 두 그래프의 기울기를 쓰세요.

01 $y=-\frac{4}{5}x$

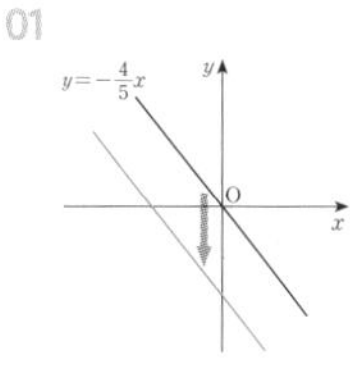

원래 그래프의 기울기: $-\frac{4}{5}$
초록 그래프의 기울기: $-\frac{4}{5}$

02 $y=\frac{2}{3}x+2$

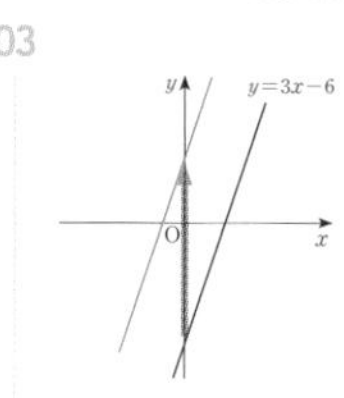

원래 그래프의 기울기: $\frac{2}{3}$
초록 그래프의 기울기: $\frac{2}{3}$

03 $y=3x-6$

원래 그래프의 기울기: 3
초록 그래프의 기울기: 3

64 65

▸정답 및 해설 33쪽

개념 다지기 1

일차함수 $y=f(x)$의 식을 보고, 그래프의 기울기를 쓰세요.

01 $y=-7x+4$
➡ 기울기: -7

02 $y=ax+b$
➡ 기울기: a

03 $y=4-x$
➡ 기울기: -1

04 $y=☆x+♡$
➡ 기울기: ☆

05 $y=Ax+B$
➡ 기울기: A

06 $y=(㉮-1)x+㉯$
➡ 기울기: $㉮-1$

▸정답 및 해설 33쪽

개념 다지기 2

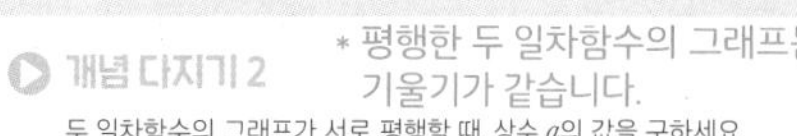

두 일차함수의 그래프가 서로 평행할 때, 상수 a의 값을 구하세요.

01 $\begin{cases} y=ax+8 \\ y=-11x-4 \end{cases}$

답: -11

02 $\begin{cases} y=5x-5 \\ y=ax \end{cases}$

답: 5

03 $\begin{cases} y=-4(x+1)=-4x-4 \\ y=ax-9 \end{cases}$

답: -4

04 $\begin{cases} y=-\frac{1}{2}x+4 \\ y=(a+1)x+7 \end{cases}$

$-\frac{1}{2}=a+1$
$a=-\frac{3}{2}$

답: $-\frac{3}{2}$

05 $\begin{cases} y=3ax-8 \\ y=6x+6 \end{cases}$

$3a=6$
$a=2$

답: 2

06 $\begin{cases} y=ax+1 \\ y=(2a+1)x-7 \end{cases}$

$a=2a+1$
$-a=1$
$a=-1$

답: -1

66

개념 마무리 1

평행한 것끼리 선으로 이으세요.

* 평행한 두 일차함수의 그래프는 기울기가 같습니다.

* 두 점 (x_1, y_1), (x_2, y_2)를 지나는 직선의 기울기

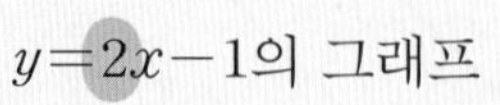

$\rightarrow \dfrac{y_1-y_2}{x_1-x_2}=\dfrac{y_2-y_1}{x_2-x_1}$

01 두 점 $(-3, -4)$, $(1, 4)$를 지나는 직선 — $y=2x-1$의 그래프

기울기: $\dfrac{-4-4}{-3-1}=\dfrac{-8}{-4}=2$

02 원점과 점 $(1, -5)$를 지나는 일차함수의 그래프 — $y=-5x+9$의 그래프

원점 = $(0, 0)$

기울기: $\dfrac{0-(-5)}{0-1}=\dfrac{0+(+5)}{-1}=\dfrac{5}{-1}=-5$

03 두 점 $(7, 3)$, $(6, 2)$를 지나는 직선 — $y=1x+5$의 그래프

기울기: $\dfrac{3-2}{7-6}=\dfrac{1}{1}=1$

04 점 $(3, -3)$을 지나는 정비례 관계의 그래프 — $y=-x+2$의 그래프

정비례 관계의 그래프 → 원점 $(0, 0)$을 지남

기울기: $\dfrac{0-(-3)}{0-3}=\dfrac{0+(+3)}{-3}=\dfrac{3}{-3}=-1$

05 두 점 $(2, 0)$, $(0, -6)$을 지나는 직선 — $y=3x+6$의 그래프

기울기: $\dfrac{0-(-6)}{2-0}=\dfrac{0+(+6)}{2}=\dfrac{6}{2}=3$

- $y=2x-1$의 그래프 — 기울기: 2
- $y=3x+6$의 그래프 — 기울기: 3
- $y=4x+7$의 그래프 — 기울기: 4
- $y=-x+2$의 그래프 — 기울기: -1
- $y=-5x+9$의 그래프 — 기울기: -5
- $y=1x+5$의 그래프 — 기울기: 1

개념 마무리 2

물음에 답하세요.

01 두 점 $(2, k)$, $(-4, -3)$을 지나는 직선이 일차함수 $y=-\frac{1}{2}x-1$의 그래프와 평행할 때, k의 값을 구하세요.

① 직선의 기울기: $\frac{k-(-3)}{2-(-4)}=\frac{k+(+3)}{2+(+4)}=\frac{k+3}{6}$

② 평행하니까 기울기가 같음

$\frac{k+3}{6}=-\frac{1}{2}$

$6\times\left(\frac{k+3}{6}\right)=\left(-\frac{1}{2}\right)\times 6$

$k+3=-3$

$k=-6$

답: -6

02 두 점 $(1, k)$, $(5, -10)$을 지나는 직선이 일차함수 $y=3x+2$의 그래프와 평행할 때, k의 값을 구하세요.

① 직선의 기울기: $\frac{k-(-10)}{1-5}=\frac{k+(+10)}{-4}=\frac{k+10}{-4}$

② 두 그래프가 평행하니까 기울기가 같음

$\frac{k+10}{-4}=3$

$(-4)\times\left(\frac{k+10}{-4}\right)=3\times(-4)$

$k+10=-12$

$k=-22$

답: -22

03 일차함수 $y=4x+3$의 그래프가 원점과 점 $(2, k)$를 지나는 직선과 평행할 때, k의 값을 구하세요.

(0, 0)

① 직선의 기울기: $\frac{0-k}{0-2}=\frac{-k}{-2}=\frac{k}{2}$

② 두 그래프가 평행하니까 기울기가 같음

$\frac{k}{2}=4$

$k=8$

답: 8

04 두 점 $(0, 3)$, $(5, 0)$을 지나는 직선과 일차함수 $y=ax+7$의 그래프가 평행할 때, 상수 a의 값을 구하세요.

① 직선의 기울기: $\frac{3-0}{0-5}=\frac{3}{-5}=-\frac{3}{5}$

② 두 그래프가 평행하니까 기울기가 같음

$-\frac{3}{5}=a$

답: $-\frac{3}{5}$

05 일차함수 $y=(a+1)x-6$의 그래프가 두 점 $(-1, 3)$, $(-2, 2a)$를 지나는 직선과 평행할 때, 상수 a의 값을 구하세요.

① 직선의 기울기: $\frac{3-2a}{-1-(-2)}=\frac{3-2a}{-1+(+2)}=\frac{3-2a}{1}=3-2a$

② 두 그래프가 평행하니까 기울기가 같음

$3-2a=a+1$

$-3a=-2$

$a=\frac{2}{3}$

답: $\frac{2}{3}$

06 점 $(1, 4)$를 지나는 일차함수 $y=ax$의 그래프가 일차함수 $y=mx+4$의 그래프와 평행할 때, 상수 a, m의 값을 각각 구하세요.

① 직선의 기울기: $y=ax$에 $(1, 4)$를 대입

$4=a\times1$

$a=4$

→ 기울기: 4

② 두 그래프가 평행하니까 기울기가 같음

$4=m$

답: $a=4$, $m=4$

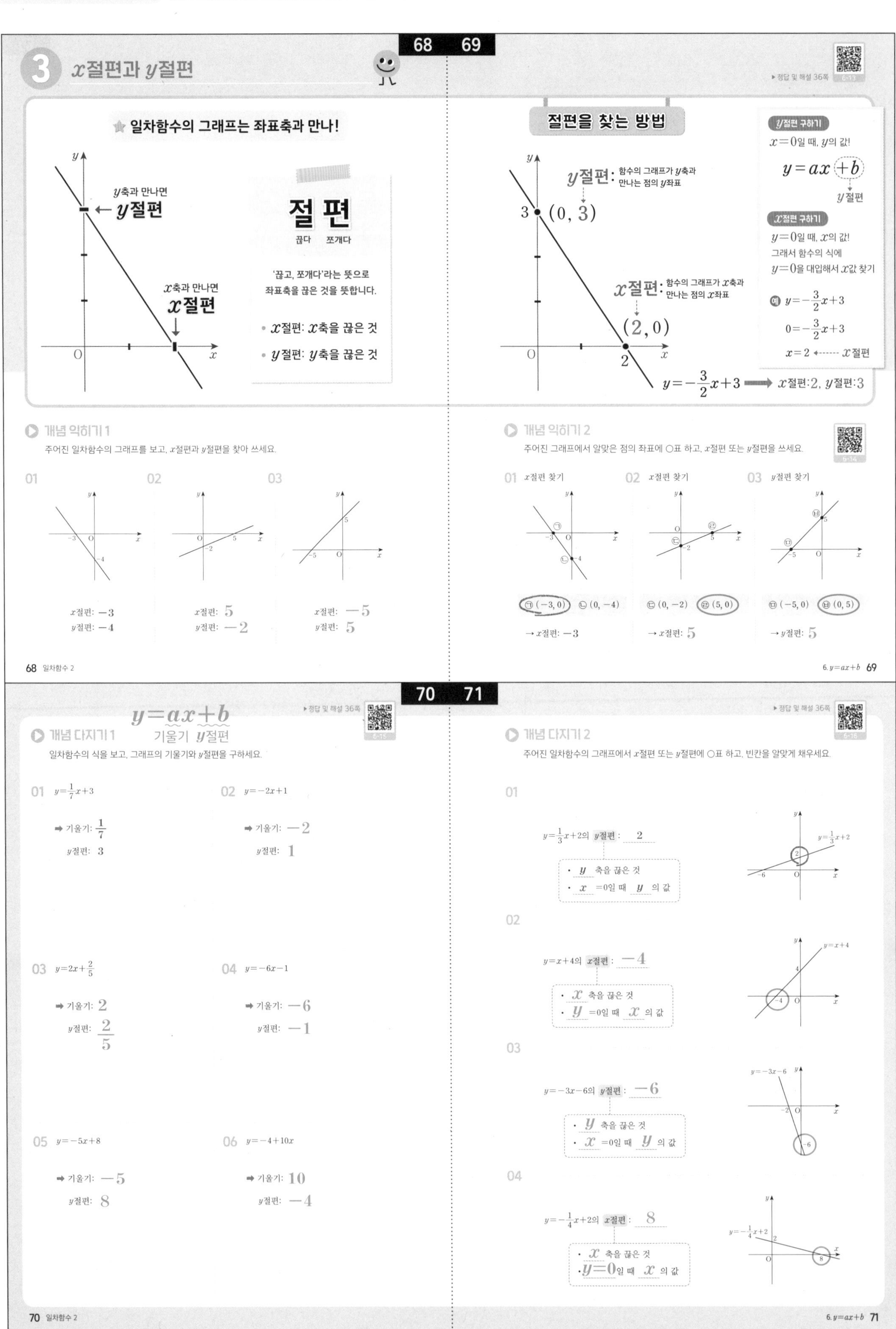

개념 마무리 1

주어진 일차함수의 그래프의 x절편과 y절편을 구하세요.

01 $y=3x-6$

➡ x절편: 2

y절편: -6

• x절편: $y=0$일 때 x의 값

→ $0=3x-6$

$6=3x$

$x=2$

• $y=3x\underbrace{-6}_{y\text{절편}}$

02 $y=x-7$

➡ x절편: 7

y절편: -7

• x절편: $y=0$일 때 x의 값

→ $0=x-7$

$x=7$

• $y=x\underbrace{-7}_{y\text{절편}}$

03 $y=4x-16$

➡ x절편: 4

y절편: -16

• x절편: $y=0$일 때 x의 값

→ $0=4x-16$

$16=4x$

$x=4$

• $y=4x\underbrace{-16}_{y\text{절편}}$

04 $y=25-5x$

→ $y=-5x+25$

➡ x절편: 5

y절편: 25

• x절편: $y=0$일 때 x의 값

→ $0=-5x+25$

$5x=25$

$x=5$

• $y=-5x\underbrace{+25}_{y\text{절편}}$

05 $y=2(x+5)-4$

→ $y=2x+10-4$

→ $y=2x+6$

➡ x절편: -3

y절편: 6

• x절편: $y=0$일 때 x의 값

→ $0=2x+6$

$-6=2x$

$x=-3$

• $y=2x\underbrace{+6}_{y\text{절편}}$

06 $y=-(9-3x)$

→ $y=-9+3x$

→ $y=3x-9$

➡ x절편: 3

y절편: -9

• x절편: $y=0$일 때 x의 값

→ $0=3x-9$

$9=3x$

$x=3$

• $y=3x\underbrace{-9}_{y\text{절편}}$

73쪽 풀이

01 x절편이 3인 일차함수의 그래프

→ x축과 점 $(3, 0)$에서 만남

- 점 $(3, 0)$을 지난다. (○)
- $(0, 3)$을 일차함수의 식에 대입하면 식이 성립한다. (×)
  → 그래프가 점 $(0, 3)$을 지난다는 뜻
  항상 그런 것이 아니므로 ×

예 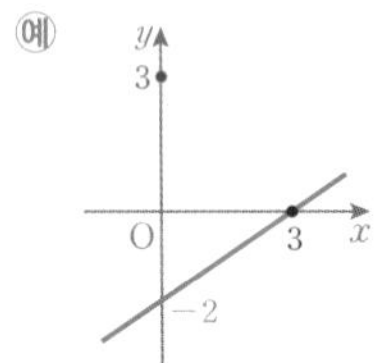

이렇게 점 $(0, 3)$을 안 지날 수도 있음

- 기울기가 3이다. (×)
  → 항상 그런 것이 아니므로 ×

예 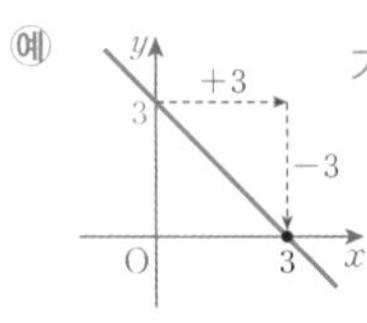

기울기: $\frac{-3}{3}=-1$

이렇게 기울기가 3이 아닐 수도 있음

02 y절편이 -1인 일차함수의 그래프

→ y축과 점 $(0, -1)$에서 만남

- $y=-x+5$와 y절편이 같다. (×)
  → $y=-x+5$의 y절편은 5
- 점 $(-1, 0)$을 지난다. (×)
  → 항상 그런 것이 아니므로 ×

예 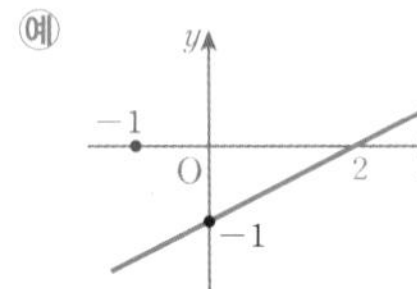

이렇게 점 $(-1, 0)$을 안 지날 수도 있음

- y축과 만나는 점의 좌표는 $(0, -1)$이다. (○)

03 x절편이 2인 일차함수의 그래프

→ x축과 점 $(2, 0)$에서 만남

- 점 $(2, 0)$은 그래프 위에 있다. (○)
- $y=2x$와 x절편이 같다. (×)
  → $y=2x$가 x축과 만나는 점은 원점 $(0, 0)$이므로 x절편은 0
- y축과 만나는 점의 좌표는 $(0, 2)$이다. (×)
  → 항상 그런 것이 아니므로 ×

예 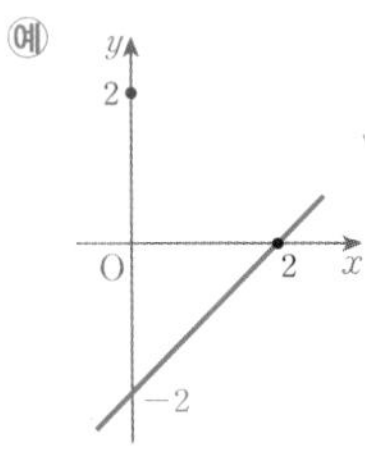

이렇게 점 $(0, 2)$를 안 지날 수도 있음

73

▸ 정답 및 해설 38~39쪽

개념 마무리 2

주어진 일차함수의 그래프에 대한 설명으로 항상 옳은 것에 ○표, 틀린 것에 ×표 하세요.

01 x절편이 3인 일차함수의 그래프
- 점 $(3, 0)$을 지난다. (○)
- $(0, 3)$을 일차함수의 식에 대입하면 식이 성립한다. (×)
- 기울기가 3이다. (×)

02 y절편이 -1인 일차함수의 그래프
- $y=-x+5$와 y절편이 같다. (×)
- 점 $(-1, 0)$을 지난다. (×)
- y축과 만나는 점의 좌표는 $(0, -1)$이다. (○)

03 x절편이 2인 일차함수의 그래프
- 점 $(2, 0)$은 그래프 위에 있다. (○)
- $y=2x$와 x절편이 같다. (×)
- y축과 만나는 점의 좌표는 $(0, 2)$이다. (×)

04 x절편이 5, y절편이 10인 일차함수의 그래프
- y축과 만나는 점의 좌표는 $(0, 10)$이다. (○)
- 점 $(5, 10)$을 지난다. (×)
- $y=0$일 때, x의 값은 5이다. (○)

05 y절편이 -5인 일차함수의 그래프
- 일차함수의 식 모양은 $y=ax-5$이다. ($a\neq0$, a는 상수) (○)
- $y=0$일 때, x의 값은 -5이다. (×)
- y축과 만나는 점의 y좌표는 -5이다. (○)

06 x절편이 $\frac{4}{3}$, y절편이 $\frac{8}{3}$인 일차함수의 그래프
- 두 점 $\left(0, \frac{4}{3}\right)$, $\left(\frac{8}{3}, 0\right)$을 지난다. (×)
- x축과 만나는 점의 x좌표는 $\frac{4}{3}$이다. (○)
- 일차함수의 식은 $y=ax+\frac{4}{3}$ 모양이다. ($a\neq0$, a는 상수) (×)

6. $y=ax+b$ 73

---

04 x절편이 5, y절편이 10인 일차함수의 그래프

→ x축과 점 $(5, 0)$에서 만나고, y축과 점 $(0, 10)$에서 만남

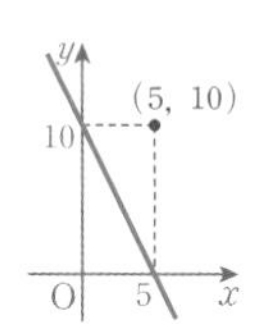

- y축과 만나는 점의 좌표는 $(0, 10)$이다. (○)
- 점 $(5, 10)$을 지난다. (×)
- $y=0$일 때, x의 값은 5이다. (○)

73쪽 풀이

05 y절편이 -5인 일차함수의 그래프

→ y축과 점 $(0, -5)$에서 만남

- 일차함수의 식 모양은 $y=ax-5$이다. ($a\neq0$, a는 상수) (○)
  → y절편은 -5이지만, 기울기는 알 수 없으므로 일차함수의 식은 $y=ax-5$ 모양
- $y=0$일 때, x의 값은 -5이다. (×)
  → 항상 그런 것이 아니므로 ×

예

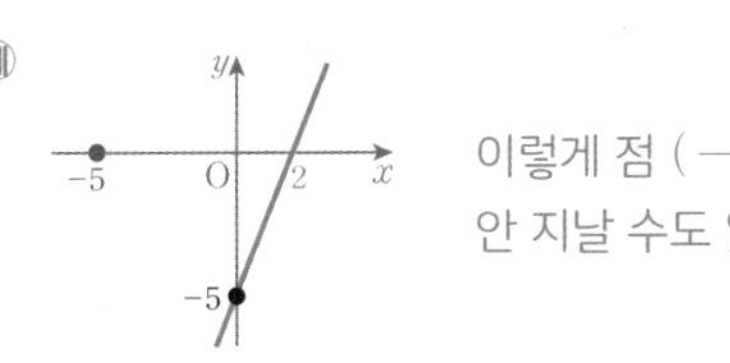

이렇게 점 $(-5, 0)$을 안 지날 수도 있음

- y축과 만나는 점의 y좌표는 -5이다. (○)

06 x절편이 $\frac{4}{3}$, y절편이 $\frac{8}{3}$인 일차함수의 그래프

→ x축과 점 $\left(\frac{4}{3}, 0\right)$에서 만나고, y축과 점 $\left(0, \frac{8}{3}\right)$에서 만남

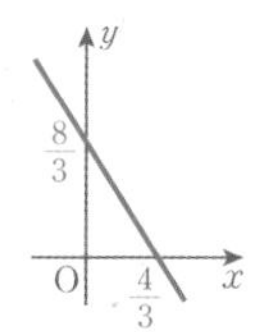

- 두 점 $\left(0, \frac{4}{3}\right)$, $\left(\frac{8}{3}, 0\right)$을 지난다. (×)
  → 점 $\left(\frac{4}{3}, 0\right)$과 점 $\left(0, \frac{8}{3}\right)$을 지남
- x축과 만나는 점의 x좌표는 $\frac{4}{3}$이다. (○)
- 일차함수의 식은 $y=ax+\frac{4}{3}$ 모양이다. ($a\neq0$, a는 상수) (×)
  → y절편이 $\frac{8}{3}$이므로 일차함수의 식은 $y=ax+\frac{8}{3}$ 모양

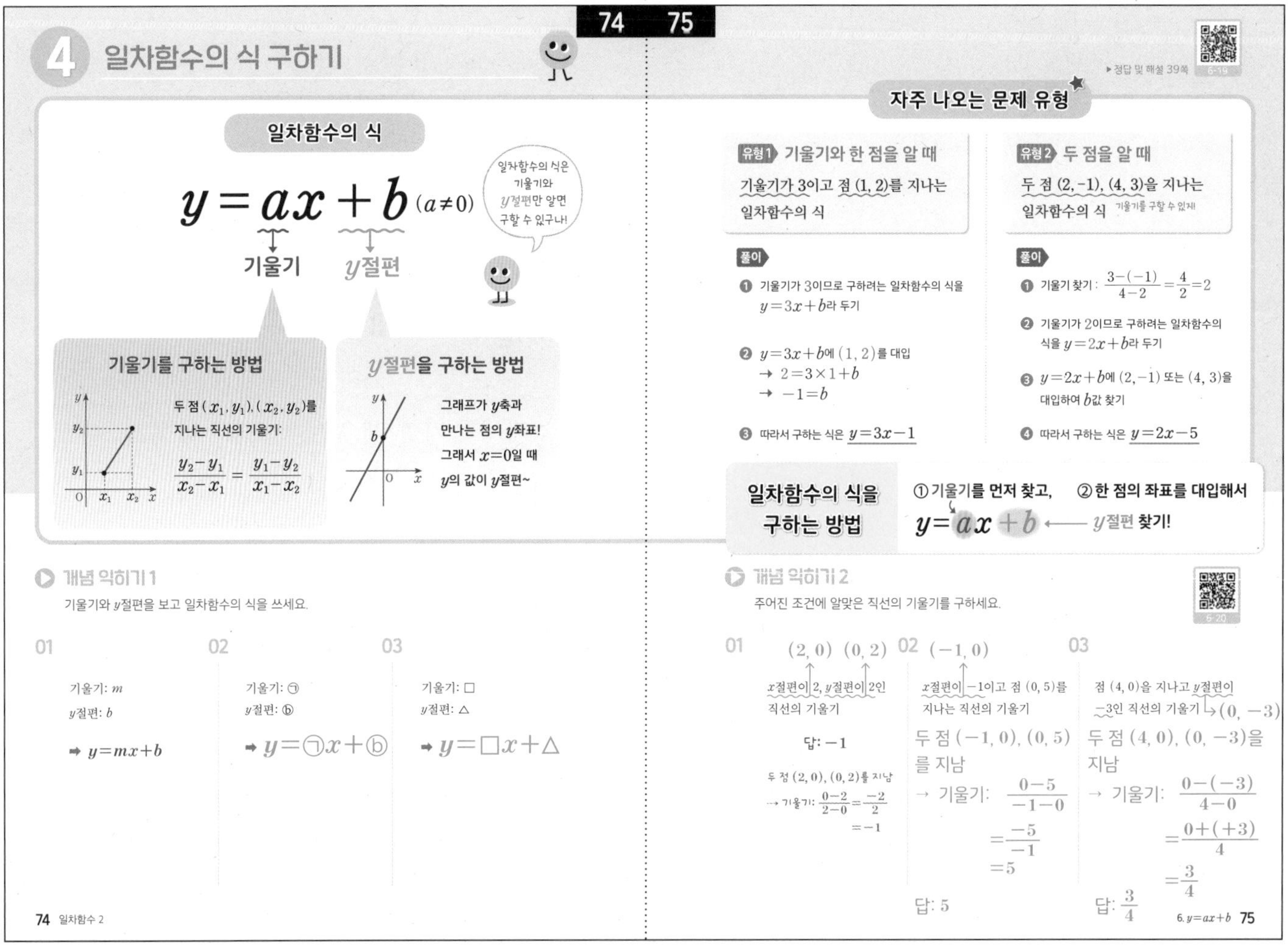

74 75

4 일차함수의 식 구하기

▶정답 및 해설 39쪽

일차함수의 식

$$y=ax+b \ (a\neq0)$$

a: 기울기, b: y절편

일차함수의 식은 기울기와 y절편만 알면 구할 수 있구나!

기울기를 구하는 방법

두 점 (x_1, y_1), (x_2, y_2)를 지나는 직선의 기울기: $\frac{y_2-y_1}{x_2-x_1}=\frac{y_1-y_2}{x_1-x_2}$

y절편을 구하는 방법

그래프가 y축과 만나는 점의 y좌표! 그래서 $x=0$일 때 y의 값이 y절편~

자주 나오는 문제 유형

유형1 기울기와 한 점을 알 때

기울기가 3이고 점 (1, 2)를 지나는 일차함수의 식

풀이

① 기울기가 3이므로 구하려는 일차함수의 식을 $y=3x+b$라 두기

② $y=3x+b$에 $(1, 2)$를 대입
→ $2=3\times1+b$
→ $-1=b$

③ 따라서 구하는 식은 $y=3x-1$

유형2 두 점을 알 때

두 점 (2, -1), (4, 3)을 지나는 일차함수의 식 (기울기를 구할 수 있게)

풀이

① 기울기 찾기: $\frac{3-(-1)}{4-2}=\frac{4}{2}=2$

② 기울기가 2이므로 구하려는 일차함수의 식을 $y=2x+b$라 두기

③ $y=2x+b$에 $(2, -1)$ 또는 $(4, 3)$을 대입하여 b값 찾기

④ 따라서 구하는 식은 $y=2x-5$

일차함수의 식을 구하는 방법

$y=ax+b$: ① 기울기를 먼저 찾고, ② 한 점의 좌표를 대입해서 y절편 찾기!

개념 익히기 1

기울기와 y절편을 보고 일차함수의 식을 쓰세요.

01 기울기: m, y절편: b ➡ $y=mx+b$

02 기울기: ㉠, y절편: ㉡ ➡ $y=$㉠$x+$㉡

03 기울기: □, y절편: △ ➡ $y=$□$x+$△

개념 익히기 2

주어진 조건에 알맞은 직선의 기울기를 구하세요.

01 x절편이 2, y절편이 2인 직선의 기울기 → (2, 0) (0, 2)

답: -1

두 점 (2, 0), (0, 2)를 지남 → 기울기: $\frac{0-2}{2-0}=\frac{-2}{2}=-1$

02 x절편이 -1이고 점 (0, 5)를 지나는 직선의 기울기 → $(-1, 0)$

두 점 $(-1, 0)$, $(0, 5)$를 지남
→ 기울기: $\frac{0-5}{-1-0}=\frac{-5}{-1}=5$

답: 5

03 점 (4, 0)을 지나고 y절편이 -3인 직선의 기울기 → $(0, -3)$

두 점 $(4, 0)$, $(0, -3)$을 지남
→ 기울기: $\frac{0-(-3)}{4-0}=\frac{0+(+3)}{4}=\frac{3}{4}$

답: $\frac{3}{4}$

74 일차함수 2 · 6. $y=ax+b$ 75

76

개념 다지기 1

주어진 직선을 그래프로 하는 일차함수의 식을 구하세요.

01 기울기가 -3이고 점 $(2, -4)$를 지나는 직선

$y=-3x+b$

일차함수의 식에 $(2, -4)$ 대입

$y=-3x+b$

$(-4)=(-3)\times 2+b$

$-4=-6+b$

$b=2$

답: $y=-3x+2$

02 기울기가 2이고 점 $(-1, 3)$을 지나는 직선

$y=2x+b$

일차함수의 식에 $(-1, 3)$ 대입

$y=2x+b$

$3=2\times(-1)+b$

$3=-2+b$

$b=5$

답: $y=2x+5$

03 점 $(0, -8)$을 지나고 기울기가 4인 직선

$y=4x+b$

y절편이 -8

→ $y=4x+b$ (b: y절편)

$b=-8$

답: $y=4x-8$

04 x절편이 3이고 기울기가 -1인 직선

$y=-x+b$

직선이 점 $(3, 0)$을 지남

→ 일차함수의 식에 $(3, 0)$ 대입

$y=-x+b$

$0=(-1)\times 3+b$

$0=-3+b$

$b=3$

답: $y=-x+3$

05 일차함수 $y=\frac{1}{2}x$의 그래프와 평행하고 점 $(-4, 2)$를 지나는 직선

기울기는 $\frac{1}{2}$

$y=\frac{1}{2}x+b$

일차함수의 식에 $(-4, 2)$ 대입

$y=\frac{1}{2}x+b$

$2=\frac{1}{2}\times(-4)+b$

$2=-2+b$

$b=4$

답: $y=\frac{1}{2}x+4$

*기울기는 $\frac{y\text{의 증가량}}{x\text{의 증가량}}$

06 x가 1 증가할 때, y가 -5 증가하고, 점 $(1, -3)$을 지나는 직선

기울기는 $\frac{-5}{1}=-5$

$y=-5x+b$

일차함수의 식에 $(1, -3)$ 대입

$y=-5x+b$

$(-3)=(-5)\times 1+b$

$-3=-5+b$

$b=2$

답: $y=-5x+2$

개념 다지기 2

주어진 직선을 그래프로 하는 일차함수의 식을 구하세요.

01 두 점 $(2, -5)$, $(3, 0)$을 지나는 직선

• 기울기: $\frac{-5-0}{2-3}=\frac{-5}{-1}=5$

→ 구하는 일차함수의 식: $y=5x+b$

• $y=5x+b$에 $(3, 0)$을 대입

$0=5\times3+b$

$0=15+b$

$b=-15$

답: $y=5x-15$

02 두 점 $(0, -1)$, $(2, 0)$을 지나는 직선

• 기울기: $\frac{-1-0}{0-2}=\frac{-1}{-2}=\frac{1}{2}$

→ 구하는 일차함수의 식: $y=\frac{1}{2}x+b$

• 점 $(0, -1)$을 지남 → y절편이 -1

→ $y=\frac{1}{2}x+b$에서 $b=-1$

답: $y=\frac{1}{2}x-1$

03 x절편이 -4, y절편이 8인 직선

→ 점 $(-4, 0)$, 점 $(0, 8)$을 지남

• 기울기: $\frac{0-8}{-4-0}=\frac{-8}{-4}=2$

→ 구하는 일차함수의 식: $y=2x+b$

• y절편이 8이므로

$y=2x+b$에서 $b=8$

답: $y=2x+8$

04 y절편이 2이고, 점 $(-1, 1)$을 지나는 직선

→ 점 $(0, 2)$를 지남

• 기울기: $\frac{2-1}{0-(-1)}=\frac{1}{0+(+1)}=\frac{1}{1}=1$

→ 구하는 일차함수의 식: $y=x+b$

• y절편이 2이므로

$y=x+b$에서 $b=2$

답: $y=x+2$

05 두 점 $(2, 3)$, $(4, -9)$를 지나는 직선

• 기울기: $\frac{3-(-9)}{2-4}=\frac{3+(+9)}{-2}=\frac{12}{-2}=-6$

→ 구하는 일차함수의 식: $y=-6x+b$

• $y=-6x+b$에 $(2, 3)$을 대입

$3=(-6)\times2+b$

$3=-12+b$

$b=15$

* 두 점 중에서 아무 점이나 대입해도 됩니다.

답: $y=-6x+15$

06 점 $(6, -1)$을 지나고 x절편이 3인 직선

→ 점 $(3, 0)$을 지남

• 기울기: $\frac{-1-0}{6-3}=\frac{-1}{3}=-\frac{1}{3}$

→ 구하는 일차함수의 식: $y=-\frac{1}{3}x+b$

• $y=-\frac{1}{3}x+b$에 $(6, -1)$을 대입

$(-1)=\left(-\frac{1}{3}\right)\times6+b$

$-1=-2+b$

$b=1$

답: $y=-\frac{1}{3}x+1$

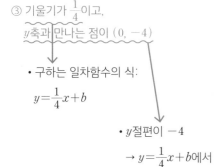

78쪽 풀이

① 두 점 $(4, -8)$과 $(1, 4)$를 지남

- 기울기: $\frac{-8-4}{4-1}=\frac{-12}{3}=-4$
  → 구하는 일차함수의 식: $y=-4x+b$
- $y=-4x+b$에 $(4, -8)$을 대입
  $(-8)=(-4)\times4+b$
  $-8=-16+b$
  $b=8$

* 두 점 중에서 아무 점이나 대입해도 됩니다.

식: $y=-4x+8$

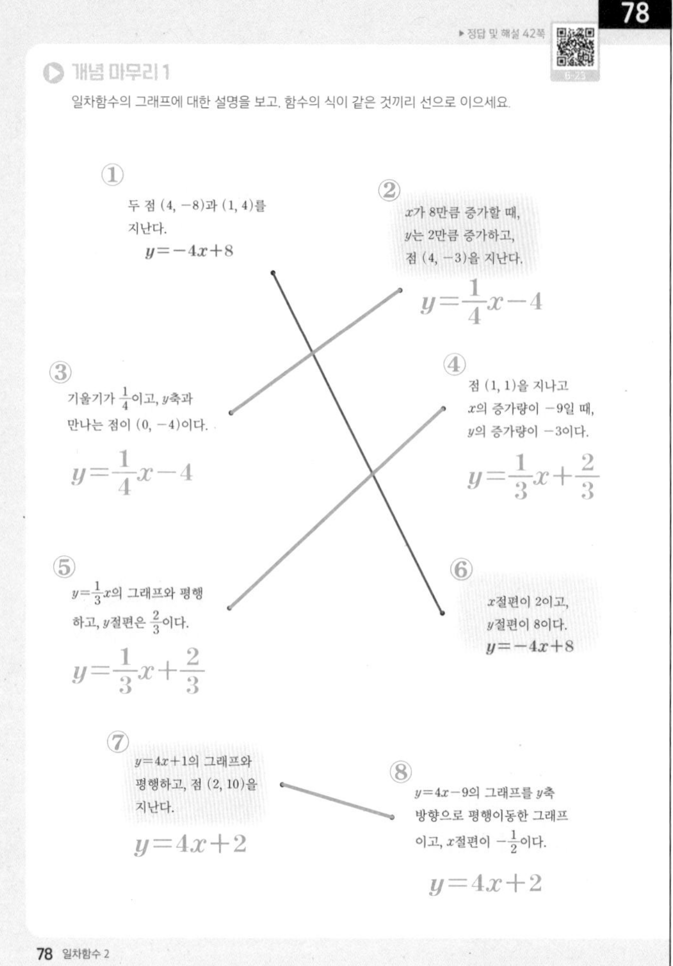
78

▶ 정답 및 해설 42쪽

개념 마무리 1

일차함수의 그래프에 대한 설명을 보고, 함수의 식이 같은 것끼리 선으로 이으세요.

① 두 점 $(4, -8)$과 $(1, 4)$를 지난다. $y=-4x+8$

② x가 8만큼 증가할 때, y는 2만큼 증가하고, 점 $(4, -3)$을 지난다. $y=\frac{1}{4}x-4$

③ 기울기가 $\frac{1}{4}$이고, y축과 만나는 점이 $(0, -4)$이다. $y=\frac{1}{4}x-4$

④ 점 $(1, 1)$을 지나고 x의 증가량이 -9일 때, y의 증가량이 -3이다. $y=\frac{1}{3}x+\frac{2}{3}$

⑤ $y=\frac{1}{3}x$의 그래프와 평행하고, y절편은 $\frac{2}{3}$이다. $y=\frac{1}{3}x+\frac{2}{3}$

⑥ x절편이 2이고, y절편이 8이다. $y=-4x+8$

⑦ $y=4x+1$의 그래프와 평행하고, 점 $(2, 10)$을 지난다. $y=4x+2$

⑧ $y=4x-9$의 그래프를 y축 방향으로 평행이동한 그래프이고, x절편이 $-\frac{1}{2}$이다. $y=4x+2$

78 일차함수 2

② x가 8만큼 증가할 때, y는 2만큼 증가하고, 점 $(4, -3)$을 지남

- 기울기: $\frac{2}{8}=\frac{1}{4}$
  → 구하는 일차함수의 식: $y=\frac{1}{4}x+b$
- $y=\frac{1}{4}x+b$에 $(4, -3)$을 대입
  $(-3)=\frac{1}{4}\times4+b$
  $-3=1+b$
  $b=-4$

식: $y=\frac{1}{4}x-4$

③ 기울기가 $\frac{1}{4}$이고, y축과 만나는 점이 $(0, -4)$

- 구하는 일차함수의 식: $y=\frac{1}{4}x+b$
- y절편이 -4
  → $y=\frac{1}{4}x+b$에서 $b=-4$

식: $y=\frac{1}{4}x-4$

④ 점 $(1, 1)$을 지나고 x의 증가량이 -9일 때, y의 증가량이 -3

- 기울기: $\frac{-3}{-9}=\frac{1}{3}$
  → 구하는 일차함수의 식: $y=\frac{1}{3}x+b$
- $y=\frac{1}{3}x+b$에 $(1, 1)$을 대입
  $1=\frac{1}{3}\times1+b$
  $1=\frac{1}{3}+b$
  $b=\frac{2}{3}$

식: $y=\frac{1}{3}x+\frac{2}{3}$

⑤ $y=\frac{1}{3}x$의 그래프와 평행하고, y절편은 $\frac{2}{3}$

- 기울기: $\frac{1}{3}$
  → 구하는 일차함수의 식: $y=\frac{1}{3}x+b$
- y절편이 $\frac{2}{3}$
  → $y=\frac{1}{3}x+b$에서 $b=\frac{2}{3}$

식: $y=\frac{1}{3}x+\frac{2}{3}$

⑥ x절편이 2이고, y절편이 8
→ 점 $(2, 0)$, $(0, 8)$을 지남

- 기울기: $\frac{0-8}{2-0}=\frac{-8}{2}=-4$
  → 구하는 일차함수의 식: $y=-4x+b$
- y절편이 8
  → $y=-4x+b$에서 $b=8$

식: $y=-4x+8$

⑦ $y=4x+1$의 그래프와 평행하고, 점 $(2, 10)$을 지남

- 기울기는 4
  → 구하는 일차함수의 식: $y=4x+b$
- $y=4x+b$에 $(2, 10)$을 대입
  $10=4\times2+b$
  $10=8+b$
  $b=2$

식: $y=4x+2$

⑧ $y=4x-9$의 그래프를 y축 방향으로 평행이동한 그래프이고, x절편이 $-\frac{1}{2}$

점 $\left(-\frac{1}{2}, 0\right)$을 지남

- 기울기는 4
  → 구하는 일차함수의 식: $y=4x+b$
- $y=4x+b$에 $\left(-\frac{1}{2}, 0\right)$을 대입
  $0=4\times\left(-\frac{1}{2}\right)+b$
  $0=-2+b$
  $b=2$

식: $y=4x+2$

개념 마무리 2

물음에 답하세요.

01 일차함수 $y=5x$의 그래프를 y축 방향으로 3만큼 평행이동한 그래프의 x절편을 구하세요.

$y=5x$의 그래프를 y축 방향으로 3만큼 평행이동
→ $y=5x+3$

x절편: $y=0$일 때 x의 값
→ $y=5x+3$
$0=5x+3$
$-3=5x$
$x=-\frac{3}{5}$

답: $-\frac{3}{5}$

02 일차함수 $y=4x+2$의 그래프와 평행하고 y절편이 -2인 그래프의 x절편을 구하세요.

• 기울기는 4 → 구하는 일차함수의 식: $y=4x+b$
• y절편이 -2 → $y=4x+b$에서 $b=-2$
→ 일차함수의 식: $y=4x-2$
• x절편: $y=0$일 때 x의 값
→ $y=4x-2$
$0=4x-2$
$2=4x$
$x=\frac{1}{2}$

답: $\frac{1}{2}$

03 점 (2, 3)을 지나고 기울기가 -2인 일차함수의 그래프가 점 $(1, k)$를 지날 때, k의 값을 구하세요.

• 구하는 일차함수의 식: $y=-2x+b$
• $y=-2x+b$에 (2, 3)을 대입
$3=(-2)\times2+b$
$3=-4+b$
$b=7$
→ 일차함수의 식: $y=-2x+7$
• $y=-2x+7$의 그래프가 점 $(1, k)$를 지남
→ 함수의 식에 $(1, k)$를 대입
$k=(-2)\times1+7$
$k=-2+7$
$k=5$

답: 5

04 두 점 (3, 0), (5, -6)을 지나는 일차함수의 그래프의 y절편을 구하세요.

• 기울기: $\frac{0-(-6)}{3-5}=\frac{0+(+6)}{-2}=\frac{6}{-2}=-3$
→ 구하는 일차함수의 식: $y=-3x+b$
• $y=-3x+b$에 (3, 0)을 대입
$0=(-3)\times3+b$
$0=-9+b$
$b=9$
→ 일차함수의 식: $y=-3x+9$
→ y절편: 9

답: 9

05 두 점 (0, 6), (2, 2)를 지나는 직선이 점 $(k, 8)$을 지날 때, k의 값을 구하세요.

• 기울기: $\frac{6-2}{0-2}=\frac{4}{-2}=-2$
→ 구하는 일차함수의 식: $y=-2x+b$
• 점 (0, 6)을 지남 → y절편이 6
→ $y=-2x+b$에서 $b=6$
→ 일차함수의 식: $y=-2x+6$
• $y=-2x+6$의 그래프가 점 $(k, 8)$을 지남
→ 함수의 식에 $(k, 8)$을 대입
$8=(-2)\times k+6$
$8=-2k+6$
$2=-2k$
$k=-1$

답: -1

06 세 점 (1, 2), (3, 4), (5, k)가 한 직선 위에 있을 때, k의 값을 구하세요.

두 점 (1, 2), (3, 4)를 지나는 직선이 점 $(5, k)$도 지남
• 기울기: $\frac{2-4}{1-3}=\frac{-2}{-2}=1$
→ 구하는 일차함수의 식: $y=x+b$
• $y=x+b$에 (1, 2)를 대입
$2=1+b$
$b=1$
→ 일차함수의 식: $y=x+1$
• $y=x+1$의 그래프가 점 $(5, k)$를 지남
→ 함수의 식에 $(5, k)$를 대입
$k=5+1$
$k=6$

답: 6

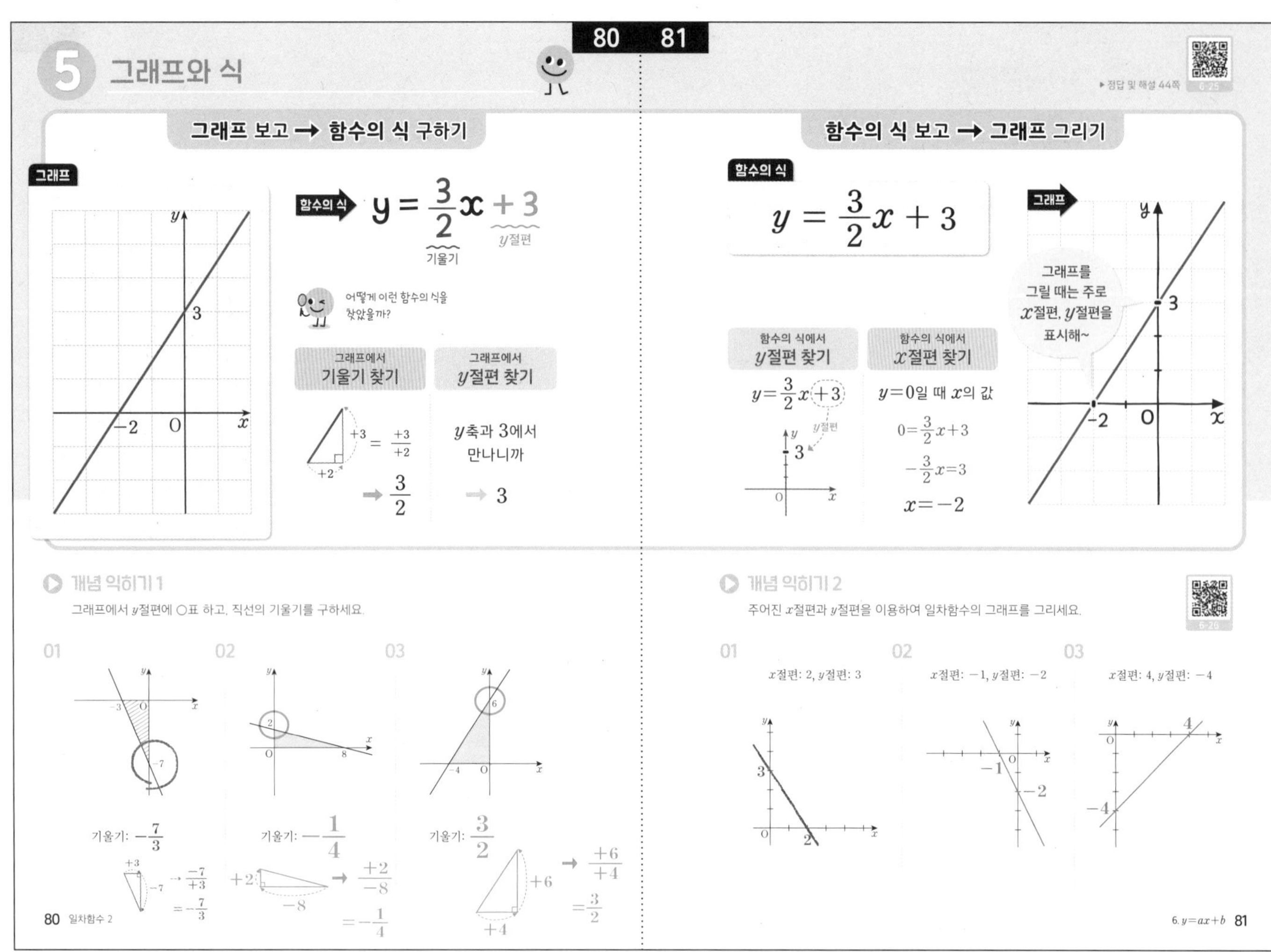
80 81
5 그래프와 식
▸정답 및 해설 44쪽
그래프 보고 → 함수의 식 구하기
그래프
함수의 식 $y=\frac{3}{2}x+3$
기울기
y절편
어떻게 이런 함수의 식을 찾았을까?
그래프에서 기울기 찾기
그래프에서 y절편 찾기
y축과 3에서 만나니까
함수의 식 보고 → 그래프 그리기
함수의 식
$y=\frac{3}{2}x+3$
그래프
그래프를 그릴 때는 주로 x절편, y절편을 표시해~
함수의 식에서 y절편 찾기
함수의 식에서 x절편 찾기
y=0일 때 x의 값
$0=\frac{3}{2}x+3$
$-\frac{3}{2}x=3$
$x=-2$
개념 익히기 1
그래프에서 y절편에 ○표 하고, 직선의 기울기를 구하세요.
기울기: $-\frac{7}{3}$
기울기: $-\frac{1}{4}$
기울기: $\frac{3}{2}$
개념 익히기 2
주어진 x절편과 y절편을 이용하여 일차함수의 그래프를 그리세요.
x절편: 2, y절편: 3
x절편: −1, y절편: −2
x절편: 4, y절편: −4
80 일차함수 2
6. y=ax+b 81

82

개념 다지기 1

주어진 직선을 그래프로 하는 일차함수의 식을 구하세요.

01

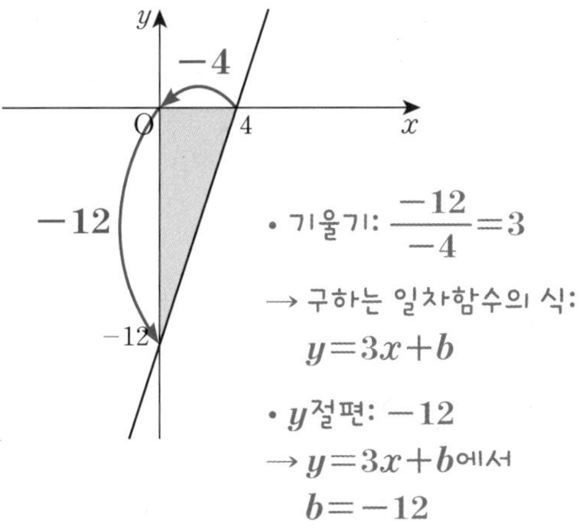

• 기울기: $\frac{-12}{-4}=3$

→ 구하는 일차함수의 식: $y=3x+b$

• y절편: -12

→ $y=3x+b$에서 $b=-12$

답: $y=3x-12$

02

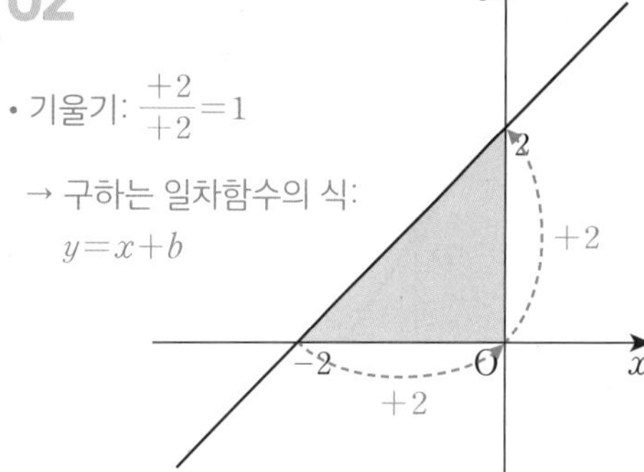

• 기울기: $\frac{+2}{+2}=1$

→ 구하는 일차함수의 식: $y=x+b$

• y절편: 2

→ $y=x+b$에서 $b=2$

답: $y=x+2$

03

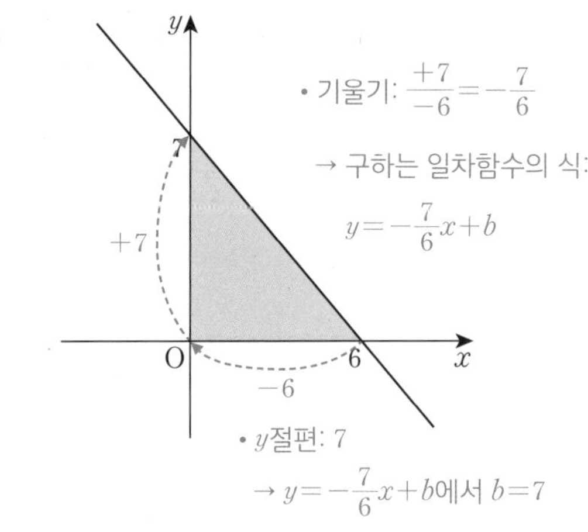

• 기울기: $\frac{+7}{-6}=-\frac{7}{6}$

→ 구하는 일차함수의 식: $y=-\frac{7}{6}x+b$

• y절편: 7

→ $y=-\frac{7}{6}x+b$에서 $b=7$

답: $y=-\frac{7}{6}x+7$

04

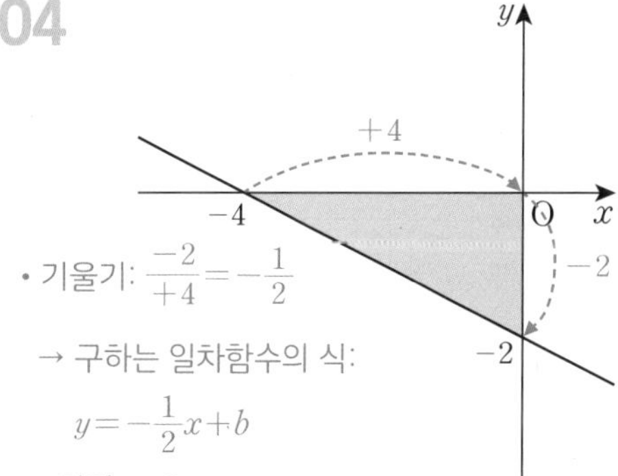

• 기울기: $\frac{-2}{+4}=-\frac{1}{2}$

→ 구하는 일차함수의 식: $y=-\frac{1}{2}x+b$

• y절편: -2

→ $y=-\frac{1}{2}x+b$에서 $b=-2$

답: $y=-\frac{1}{2}x-2$

05

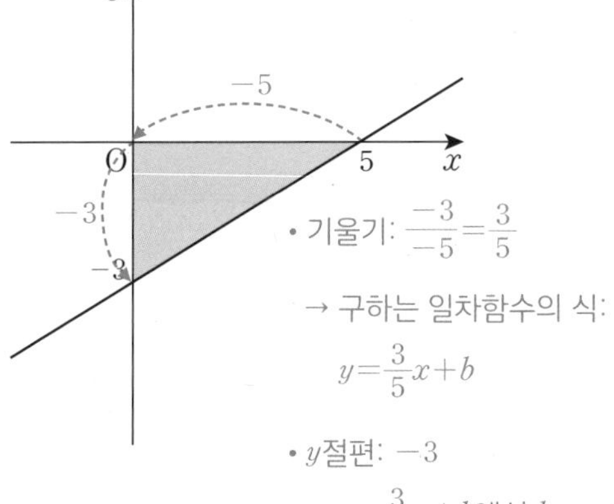

• 기울기: $\frac{-3}{-5}=\frac{3}{5}$

→ 구하는 일차함수의 식: $y=\frac{3}{5}x+b$

• y절편: -3

→ $y=\frac{3}{5}x+b$에서 $b=-3$

답: $y=\frac{3}{5}x-3$

06

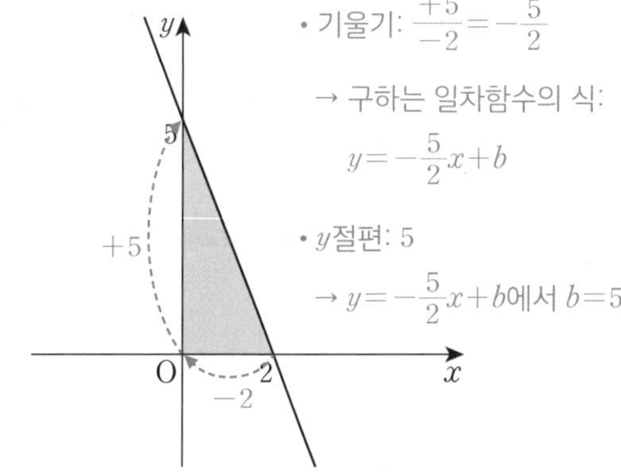

• 기울기: $\frac{+5}{-2}=-\frac{5}{2}$

→ 구하는 일차함수의 식: $y=-\frac{5}{2}x+b$

• y절편: 5

→ $y=-\frac{5}{2}x+b$에서 $b=5$

답: $y=-\frac{5}{2}x+5$

83

개념 다지기 2

y절편과 기울기를 이용하여 그래프를 대략적으로 그리세요.

01 y절편이 5, 기울기가 음수인 직선

점 $(0, 5)$를 지나는 ╲ 모양의 직선을 그리면 됩니다.

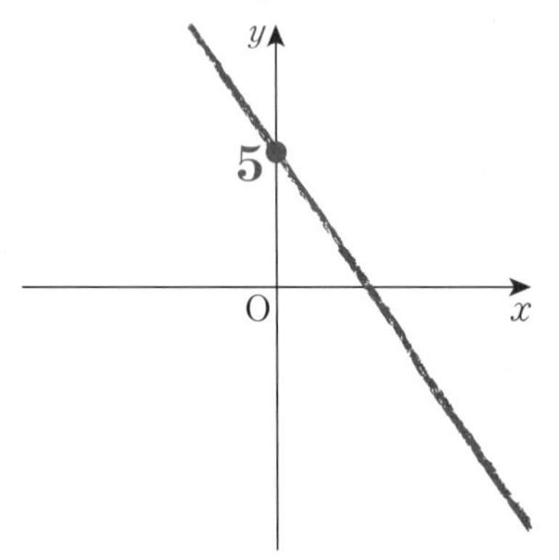

02 y절편이 -3, 기울기가 음수인 직선

점 $(0, -3)$을 지나는 ╲ 모양의 직선을 그리면 됩니다.

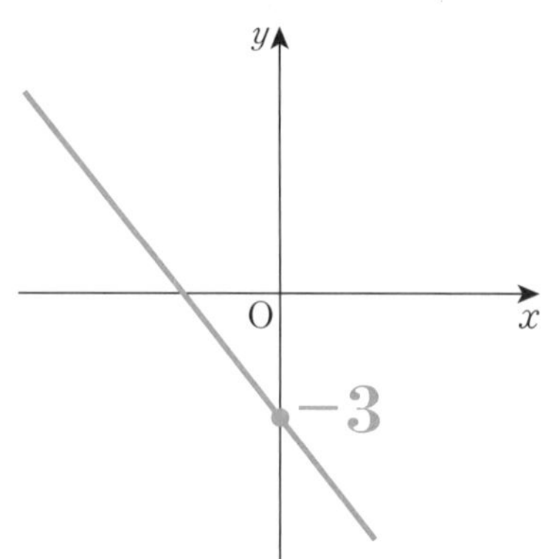

03 y절편이 1, 기울기가 양수인 직선

점 $(0, 1)$을 지나는 ╱ 모양의 직선을 그리면 됩니다.

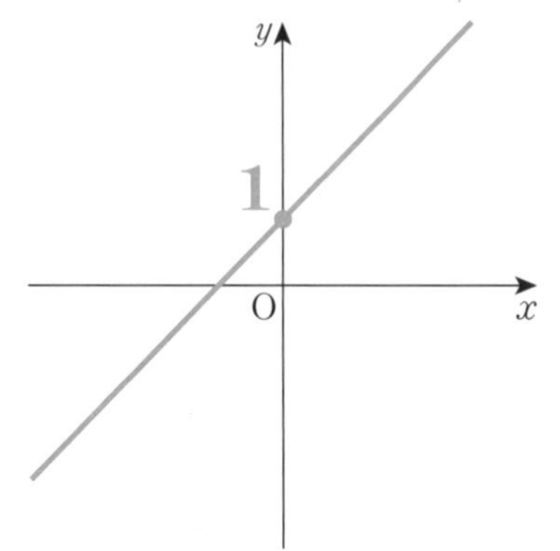

04 y절편이 -4, 기울기가 양수인 직선

점 $(0, -4)$를 지나는 ╱ 모양의 직선을 그리면 됩니다.

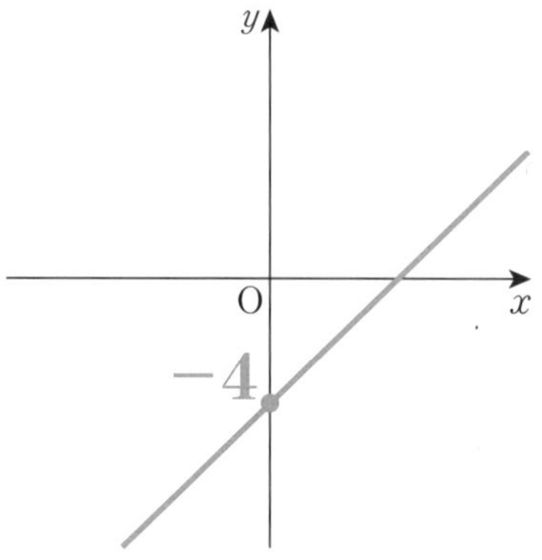

05 y절편이 6, 기울기가 양수인 직선

점 $(0, 6)$을 지나는 ╱ 모양의 직선을 그리면 됩니다.

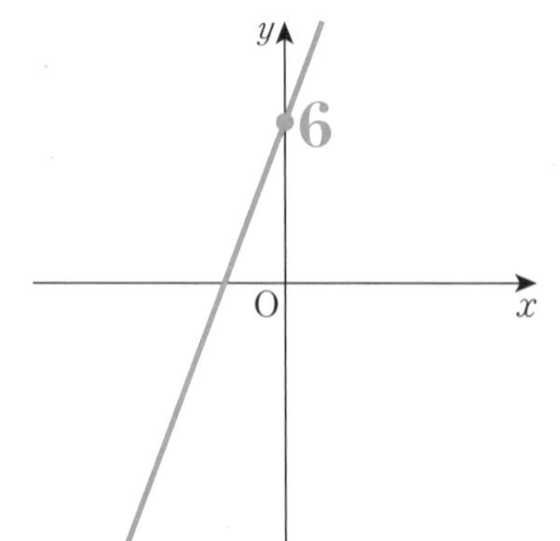

06 y절편이 2, 기울기가 음수인 직선

점 $(0, 2)$를 지나는 ╲ 모양의 직선을 그리면 됩니다.

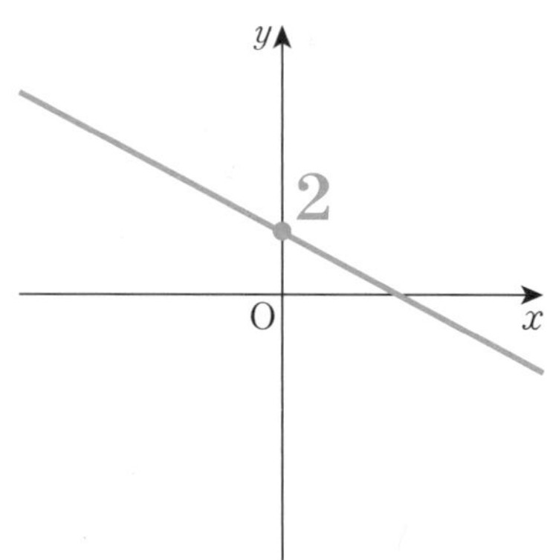

개념 마무리 1

주어진 일차함수 그래프의 x절편과 y절편을 표시하고, 그래프를 그리세요.

01 $y=-4x+20$

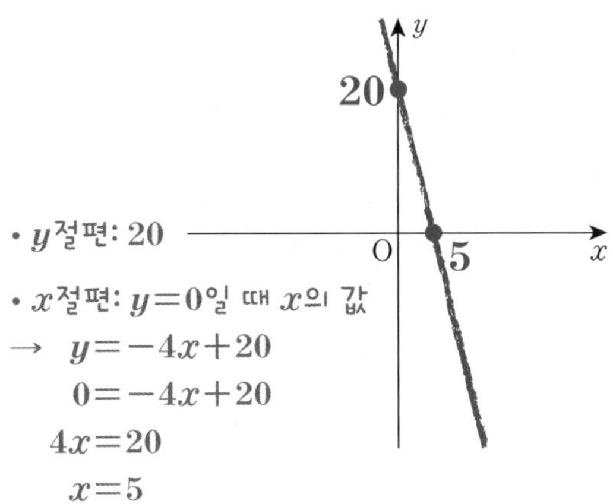

- y절편: 20
- x절편: $y=0$일 때 x의 값
  → $y=-4x+20$
  $0=-4x+20$
  $4x=20$
  $x=5$

02 $y=3x+9$

- y절편: 9
- x절편: $y=0$일 때 x의 값
  → $y=3x+9$
  $0=3x+9$
  $-3x=9$
  $x=-3$

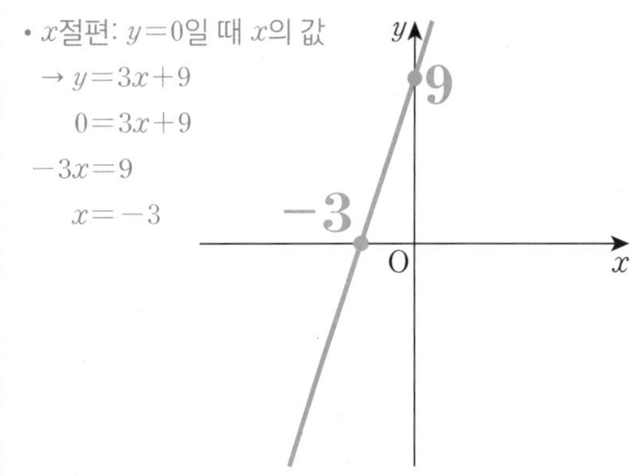

03 $y=2x-5$

- y절편: -5
- x절편: $y=0$일 때 x의 값
  → $y=2x-5$
  $0=2x-5$
  $-2x=-5$
  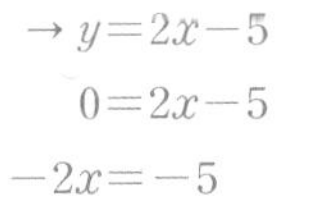
  $x=\frac{5}{2}$

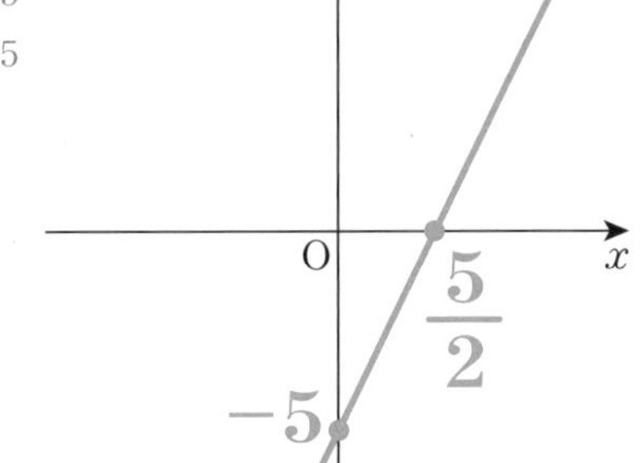

04 $y=-\frac{2}{3}x-4$

- y절편: -4
- x절편: $y=0$일 때 x의 값
  → $y=-\frac{2}{3}x-4$
  $0=-\frac{2}{3}x-4$
  $\frac{2}{3}x=-4$
  $2x=-12$
  $x=-6$

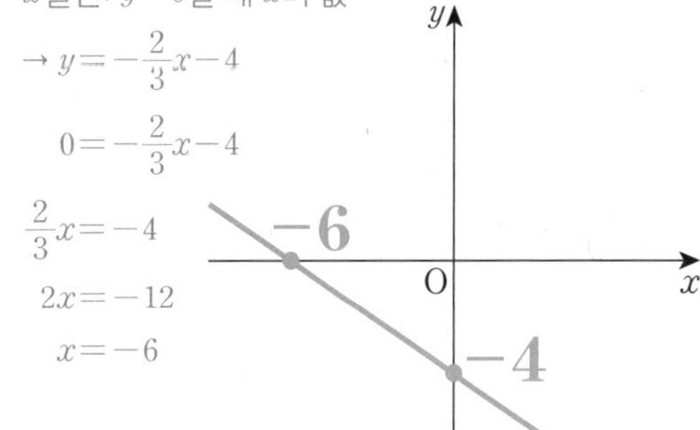

05 $y=-x+5$

- y절편: 5
- x절편: $y=0$일 때 x의 값
  → $y=-x+5$
  $0=-x+5$
  $x=5$

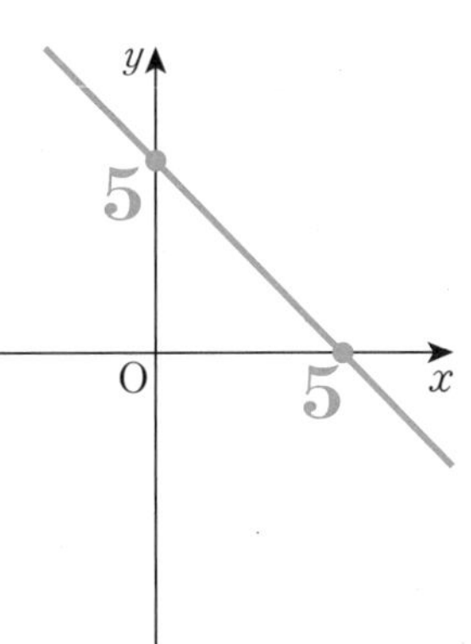

06 $y=\frac{1}{4}x-2$

- y절편: -2
- x절편: $y=0$일 때 x의 값
  → $y=\frac{1}{4}x-2$
  $0=\frac{1}{4}x-2$
  $-\frac{1}{4}x=-2$
  $x=8$

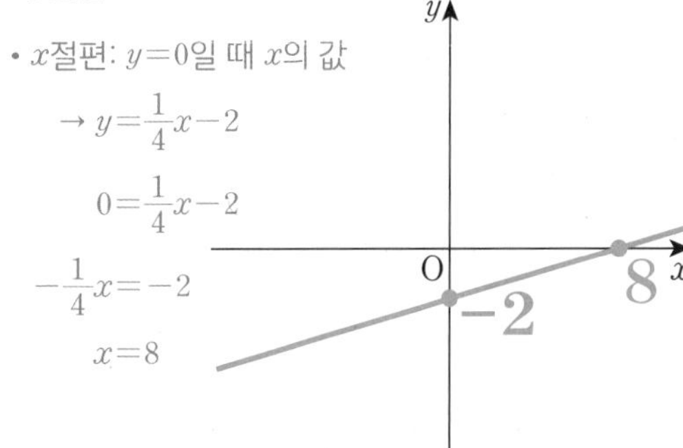

개념 마무리 2

주어진 직선을 그래프로 하는 일차함수의 식을 구하세요.

01

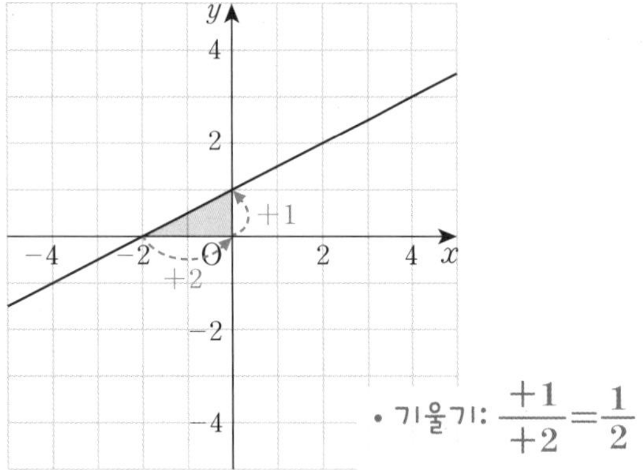

- 기울기: $\frac{+1}{+2}=\frac{1}{2}$
- y절편: 1
  → 일차함수의 식은 $y=\frac{1}{2}x+1$

답: $y=\frac{1}{2}x+1$

02

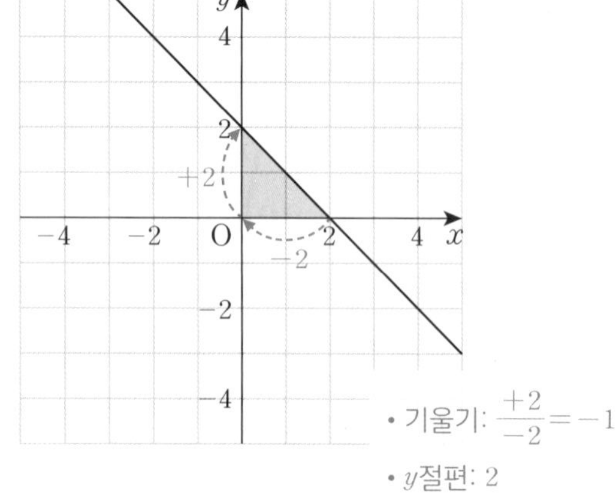

- 기울기: $\frac{+2}{-2}=-1$
- y절편: 2
  → 일차함수의 식은 $y=-x+2$

답: $y=-x+2$

03

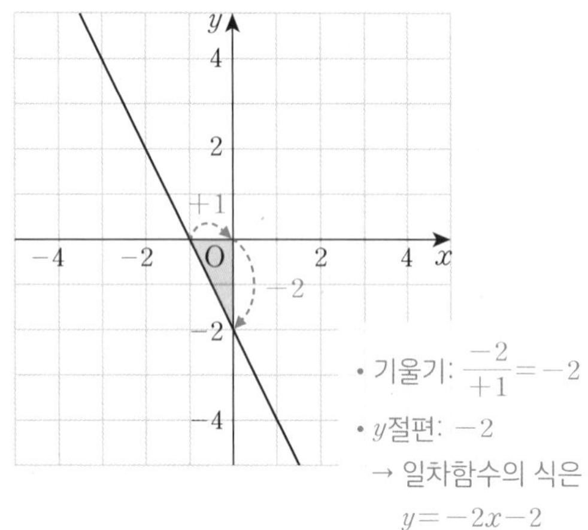

- 기울기: $\frac{-2}{+1}=-2$
- y절편: -2
  → 일차함수의 식은 $y=-2x-2$

답: $y=-2x-2$

04

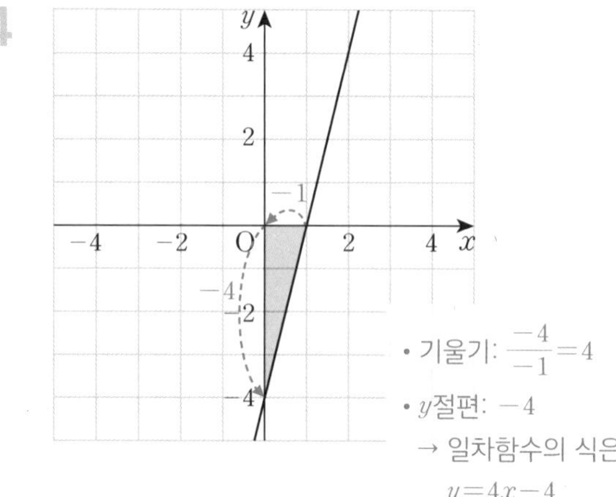

- 기울기: $\frac{-4}{-1}=4$
- y절편: -4
  → 일차함수의 식은 $y=4x-4$

답: $y=4x-4$

05

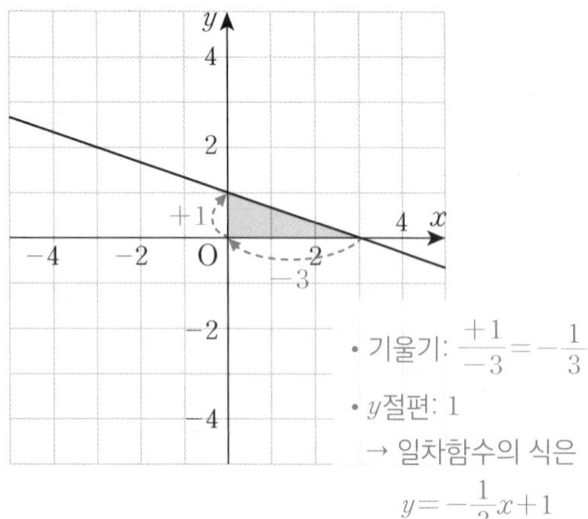

- 기울기: $\frac{+1}{-3}=-\frac{1}{3}$
- y절편: 1
  → 일차함수의 식은 $y=-\frac{1}{3}x+1$

답: $y=-\frac{1}{3}x+1$

06

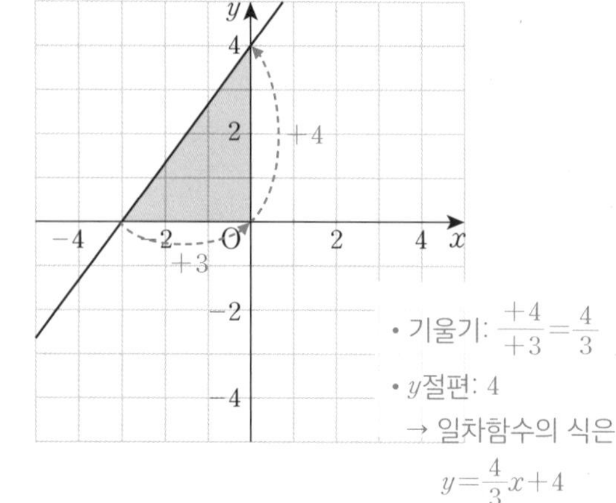

- 기울기: $\frac{+4}{+3}=\frac{4}{3}$
- y절편: 4
  → 일차함수의 식은 $y=\frac{4}{3}x+4$

답: $y=\frac{4}{3}x+4$

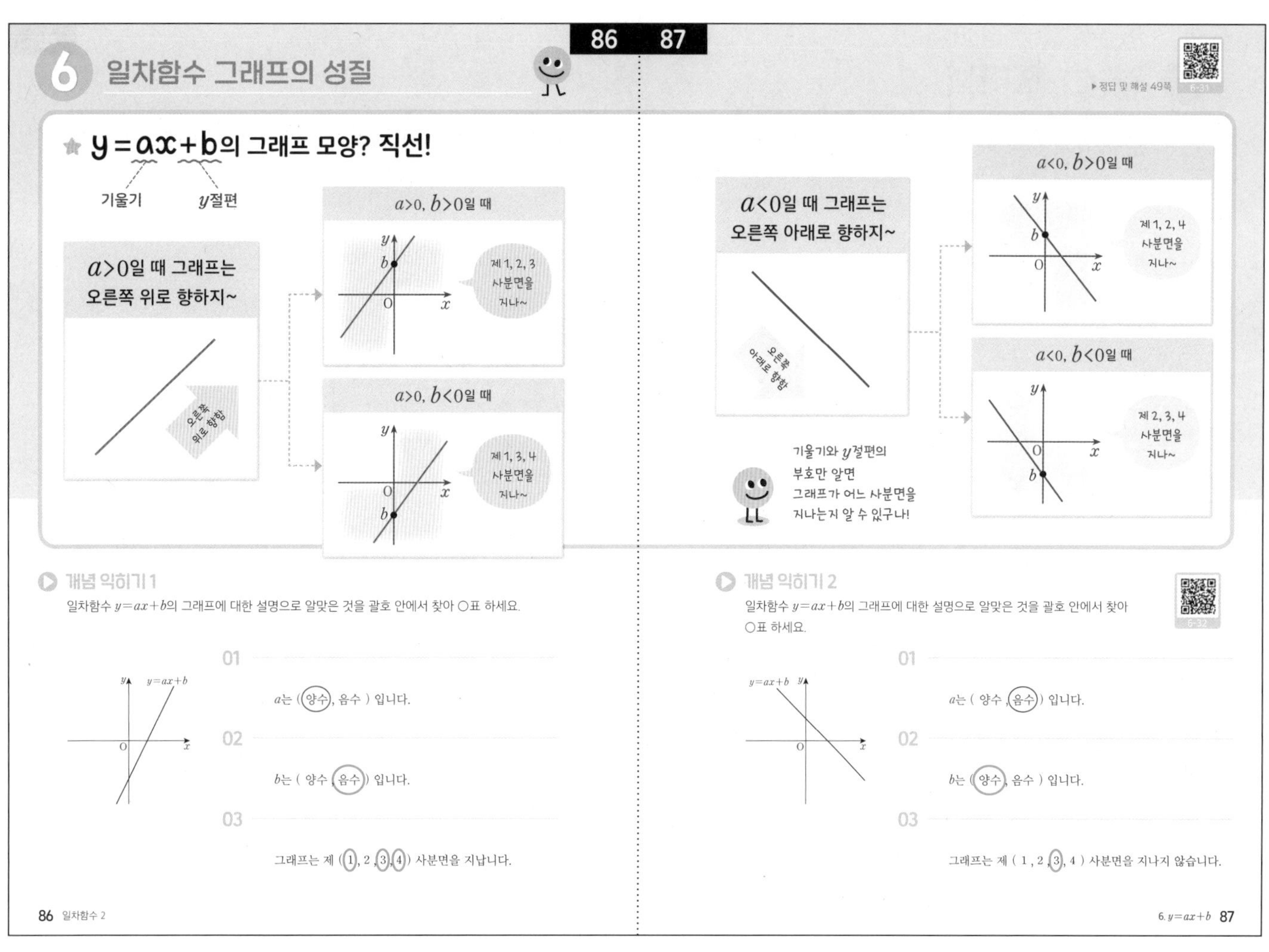
86 87
6 일차함수 그래프의 성질
▶ 정답 및 해설 49쪽
y=ax+b의 그래프 모양? 직선!
기울기
y절편
a>0일 때 그래프는 오른쪽 위로 향하지~
오른쪽 위로 향함
a>0, b>0일 때
제 1, 2, 3 사분면을 지나~
a>0, b<0일 때
제 1, 3, 4 사분면을 지나~
a<0일 때 그래프는 오른쪽 아래로 향하지~
오른쪽 아래로 향함
a<0, b>0일 때
제 1, 2, 4 사분면을 지나~
a<0, b<0일 때
제 2, 3, 4 사분면을 지나~
기울기와 y절편의 부호만 알면 그래프가 어느 사분면을 지나는지 알 수 있구나!
개념 익히기 1
일차함수 y=ax+b의 그래프에 대한 설명으로 알맞은 것을 괄호 안에서 찾아 ○표 하세요.
01 a는 (양수, 음수) 입니다.
02 b는 (양수, 음수) 입니다.
03 그래프는 제 (1, 2, 3, 4) 사분면을 지납니다.
개념 익히기 2
일차함수 y=ax+b의 그래프에 대한 설명으로 알맞은 것을 괄호 안에서 찾아 ○표 하세요.
01 a는 (양수, 음수) 입니다.
02 b는 (양수, 음수) 입니다.
03 그래프는 제 (1, 2, 3, 4) 사분면을 지나지 않습니다.
86 일차함수 2
6. y=ax+b 87

개념 다지기 1

상수 a와 b의 부호에 알맞은 일차함수의 그래프를 대략적으로 그리고, 지나는 사분면을 모두 쓰세요.

01 $y=ax-b$ $(a<0, b>0)$

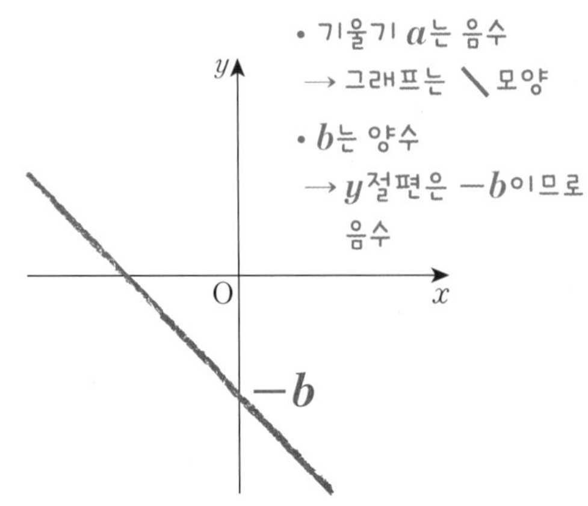

답: 제2, 3, 4사분면

02 $y=ax+b$ $(a<0, b>0)$

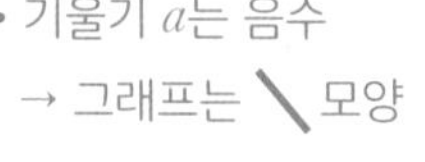

• b는 양수
→ y절편은 b이므로 양수

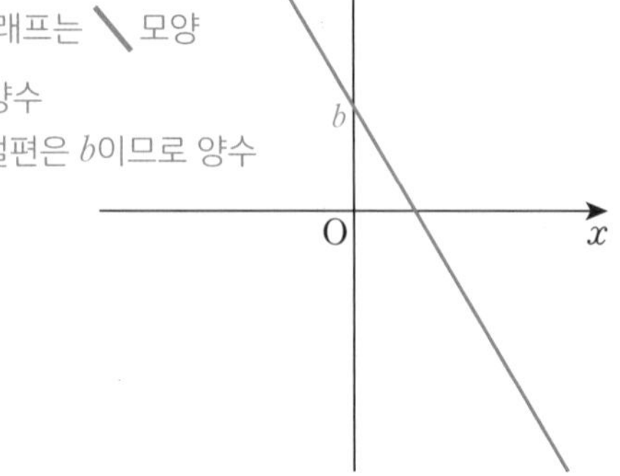

답: 제1, 2, 4사분면

03 $y=ax+b$ $(a>0, b<0)$

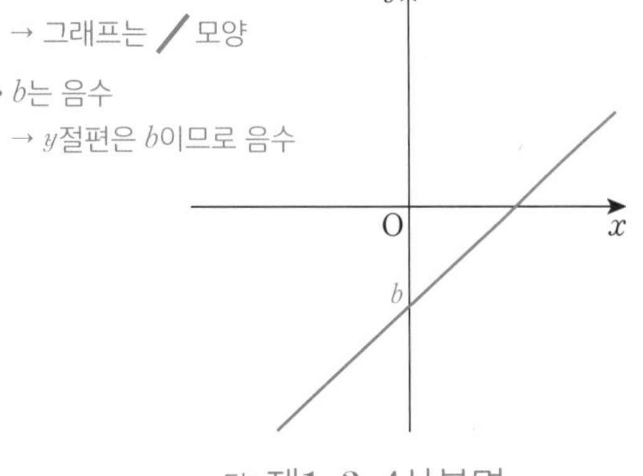

답: 제1, 3, 4사분면

04 $y=ax-b$ $(a>0, b<0)$

• 기울기 a는 양수
→ 그래프는 ╱ 모양
• b는 음수
→ y절편은 $-b$
$-(-)=(+)$
이므로 양수

y $-b$ O x

답: 제1, 2, 3사분면

05 $y=-ax+b$ $(a>0, b<0)$

• a는 양수
→ 기울기는 $-a$이므로 음수
그래프는 ╲ 모양
• b는 음수
→ y절편은 b이므로 음수

y O x b

답: 제2, 3, 4사분면

06 $y=-ax-b$ $(a>0, b<0)$

• a는 양수
→ 기울기는 $-a$이므로 음수
그래프는 ╲ 모양
• b는 음수
→ y절편은 $-b$
$-(-)=(+)$
이므로 양수

y $-b$ O x

답: 제1, 2, 4사분면

89쪽 풀이

▶정답 및 해설 51쪽

개념 다지기 2

일차함수 $y=ax+b$의 그래프 중에서 설명에 알맞은 것을 모두 찾아 기호를 쓰세요.
(단, $a\neq 0$, a, b는 상수)

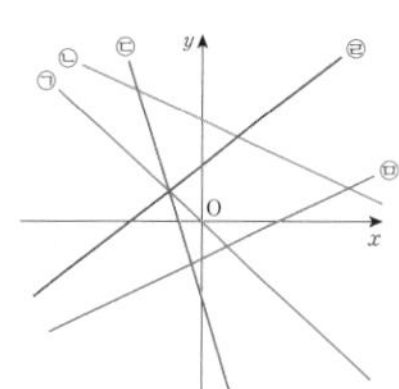

01 $a>0$인 그래프 ㉣, ㉤ 기울기 양수 → 그래프가 ／ 모양

02 $b<0$인 그래프 ㉢, ㉤ y절편 음수 → 그래프가 여기를 지남

03 제2, 3, 4사분면을 모두 지나는 그래프 ㉢

04 제2사분면을 지나지 않는 그래프 ㉤ 또는

05 $a<0$, $b>0$인 그래프 ㉡
- y절편 양수 → 그래프가 여기를 지남
- 기울기 음수 → 그래프가 ＼ 모양

06 $a>0$, $b>0$인 그래프 ㉣
- y절편 양수 → 그래프가 여기를 지남
- 기울기 양수 → 그래프가 ／ 모양

6. $y=ax+b$ 89

㉠ 그래프

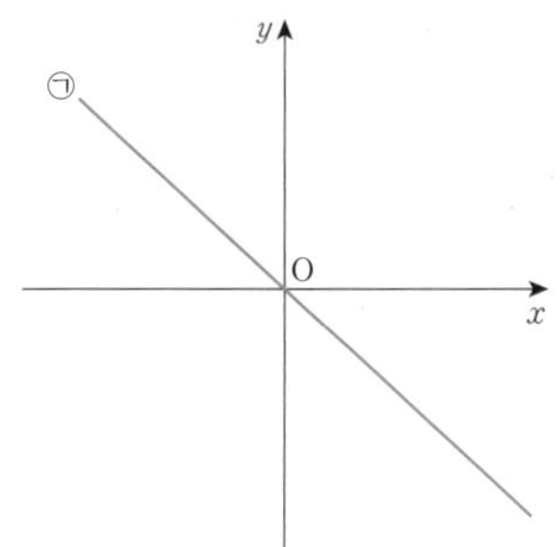

- y절편: 0
  → $b=0$
- 기울기는 음수
  → $a<0$
- 제2, 4사분면을 지남

㉡ 그래프

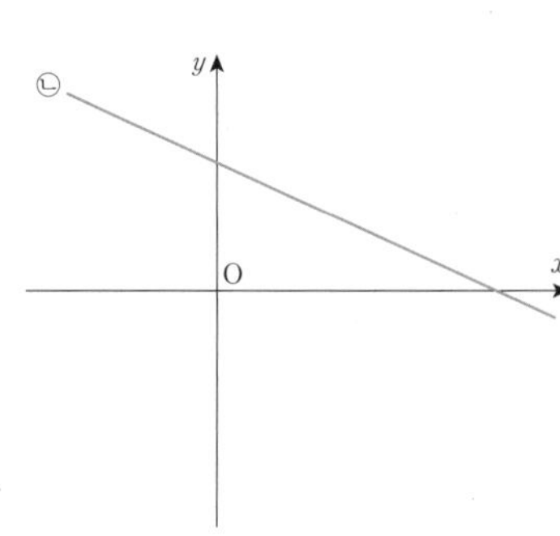

- y절편은 양수
  → $b>0$
- 기울기는 음수
  → $a<0$
- 제1, 2, 4사분면을 지남

㉢ 그래프

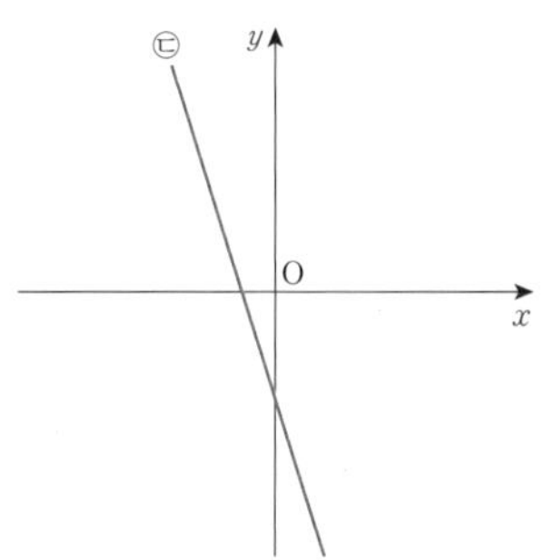

- y절편은 음수
  → $b<0$
- 기울기는 음수
  → $a<0$
- 제2, 3, 4사분면을 지남

㉣ 그래프

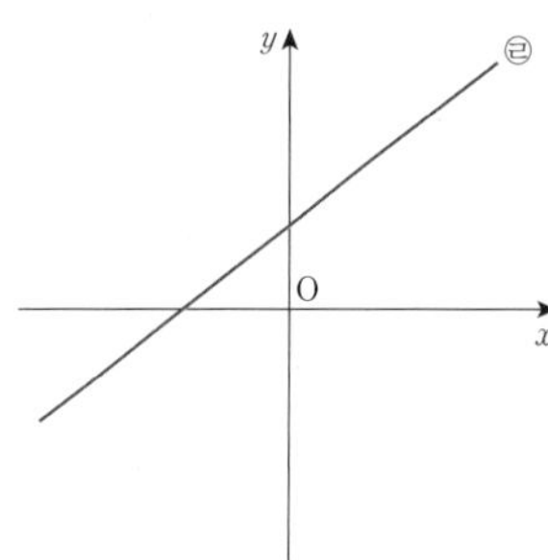

- y절편은 양수
  → $b>0$
- 기울기는 양수
  → $a>0$
- 제1, 2, 3사분면을 지남

㉤ 그래프

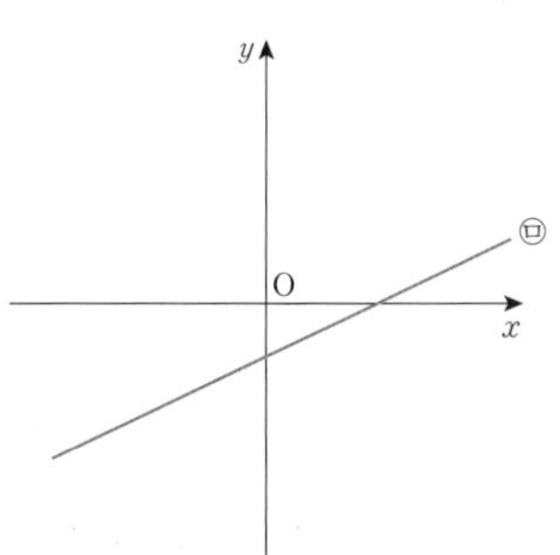

- y절편은 음수
  → $b<0$
- 기울기는 양수
  → $a>0$
- 제1, 3, 4사분면을 지남

90

개념 마무리 1

주어진 일차함수의 그래프를 보고, 상수 a와 b가 양수인지 음수인지 구하세요.

01

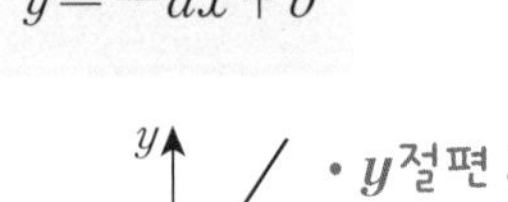

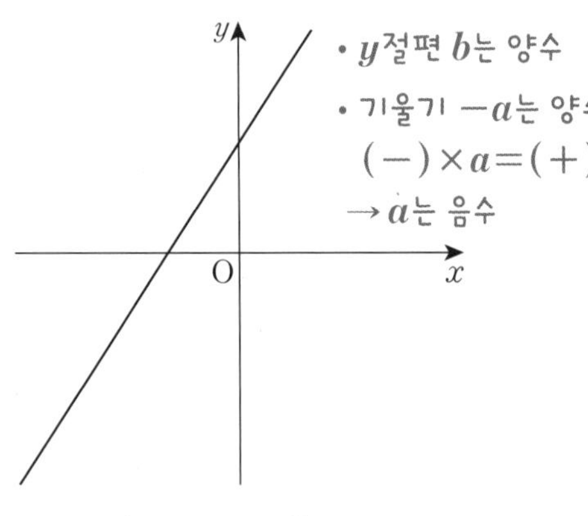

답: $a<0,\ b>0$

02

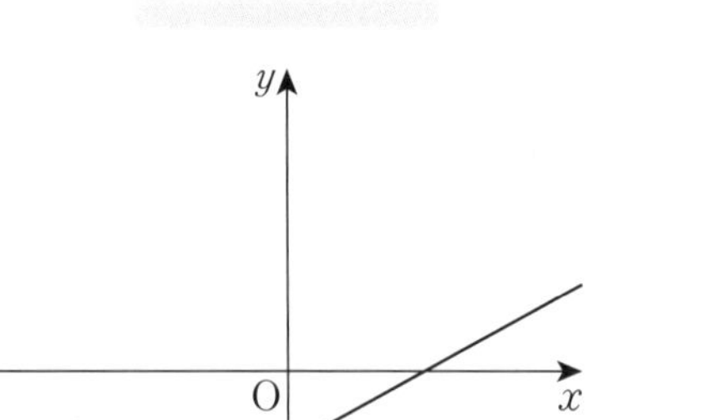

• y절편 b는 음수

• 기울기 a는 양수

답: $a>0,\ b<0$

03

$y=ax-b$

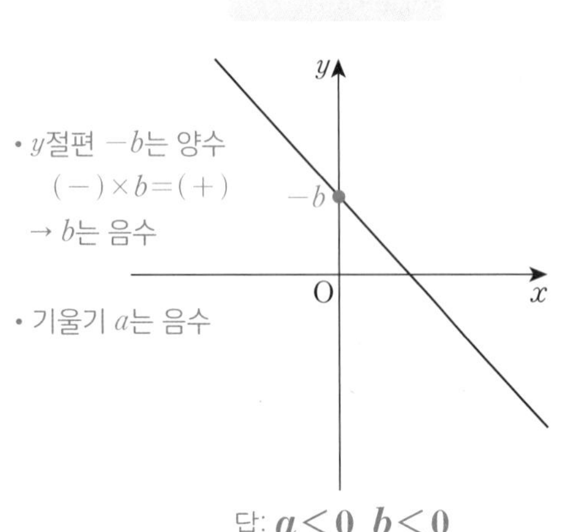

답: $a<0,\ b<0$

04

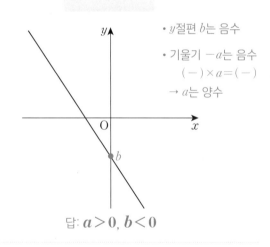

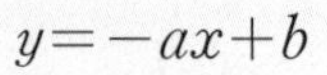

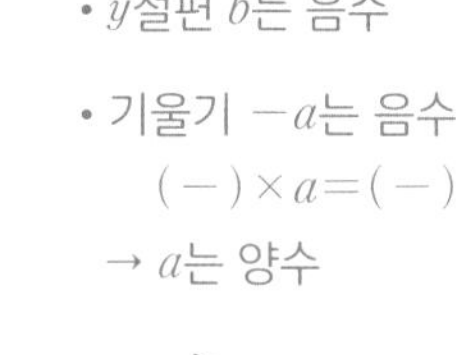

• y절편 b는 음수
• 기울기 $-a$는 음수
$(-)\times a=(-)$
→ a는 양수

답: $a>0,\ b<0$

05

$y=abx+b$

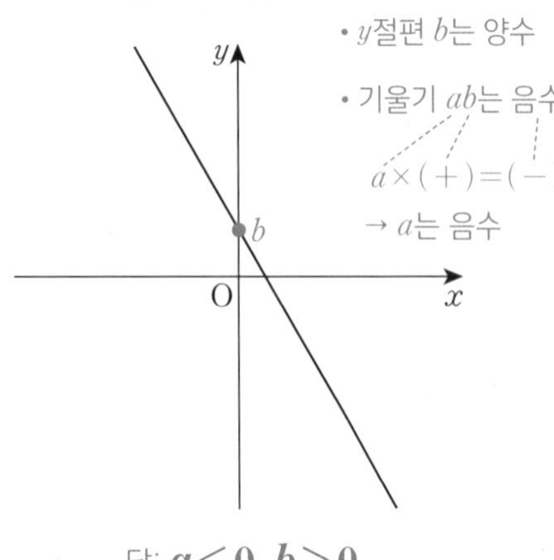

답: $a<0,\ b>0$

06

$y=ax-ab$

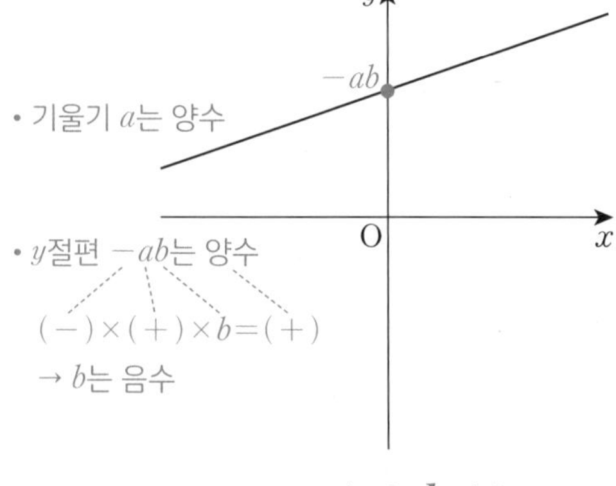

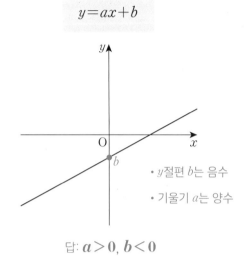

답: $a>0,\ b<0$

91쪽 풀이

02 $y=-ax-b$에서 $a>0$, $b<0$

- 기울기 $-a$
  a는 양수이므로 $(-)\times(+)=(-)$
  → 기울기는 음수
- y절편 $-b$
  b는 음수이므로 $(-)\times(-)=(+)$
  → y절편은 양수

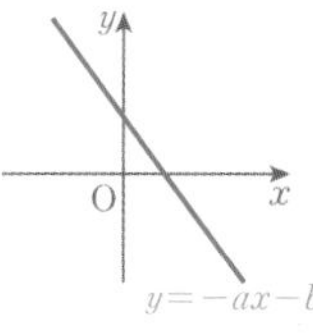

➡ 제1, 2, 4사분면을 지남

03 $y=ax+b$의 그래프에서
기울기 a는 음수,
y절편 b는 음수

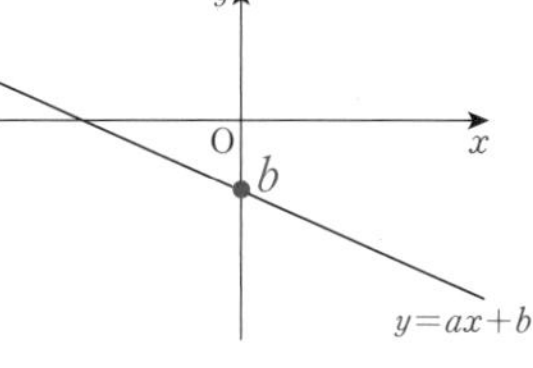

$y=ax-b$의 그래프에서

- 기울기 a는 음수
- y절편 $-b$
  b는 음수이므로 $(-)\times(-)=(+)$
  → y절편은 양수

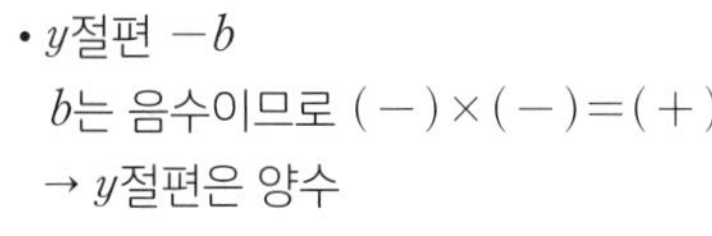
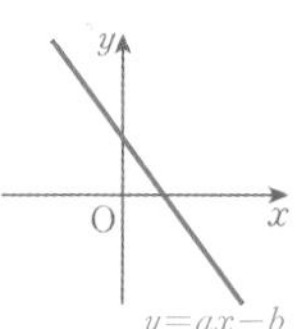
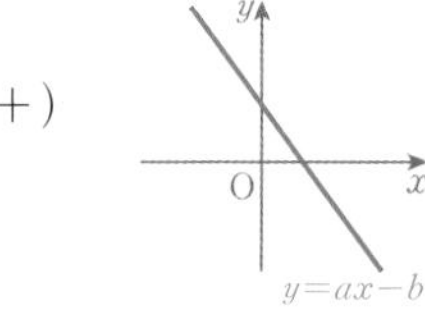

➡ 제1, 2, 4사분면을 지남

04 b는 양수, ab는 음수이므로
$a\times(+)=(-)$
→ a는 음수

$y=ax+\dfrac{a}{b}$에서

- 기울기 a는 음수
- y절편 $\dfrac{a}{b}$는 $\dfrac{(-)}{(+)}=(-)$
  → y절편은 음수

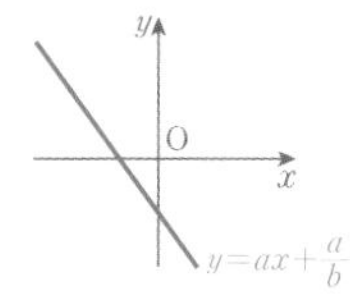

➡ 제1사분면을 지나지 않음

06 b는 음수, $\dfrac{a}{b}$는 양수이므로
$\dfrac{a}{(-)}=(+)$
→ a는 음수

$y=abx-a$의 그래프에서

- 기울기 ab
  $(-)\times(-)=(+)$
  → 기울기는 양수
- y절편 $-a$
  a는 음수이므로 $(-)\times(-)=(+)$
  → y절편은 양수

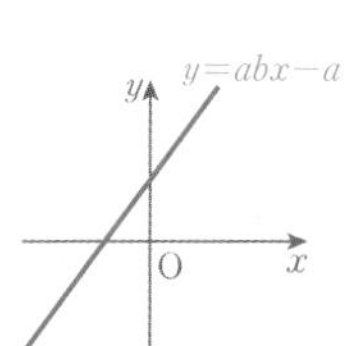

➡ 제1, 2, 3사분면을 지남

▸정답 및 해설 53쪽

개념 마무리 2
물음에 답하세요. (단, a, b는 0이 아닌 상수)

01 일차함수 $y=ax+b$의 그래프가 다음과 같을 때, 일차함수 $y=bx-a$의 그래프가 지나는 사분면을 모두 쓰세요. 답: 제1, 3, 4사분면

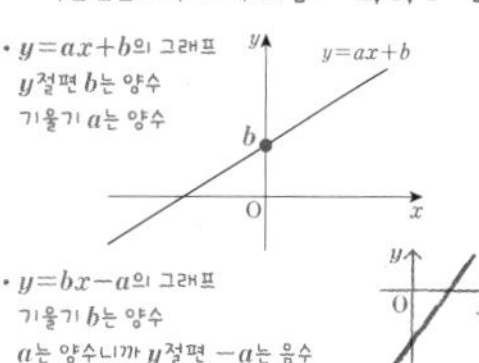

02 $a>0$, $b<0$일 때, 일차함수 $y=-ax-b$의 그래프가 지나는 사분면을 모두 쓰세요.

답: 제1, 2, 4사분면

03 일차함수 $y=ax+b$의 그래프가 다음과 같을 때, 일차함수 $y=ax-b$의 그래프가 지나는 사분면을 모두 쓰세요.

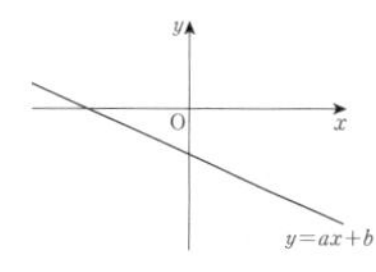

답: 제1, 2, 4사분면

04 $ab<0$, $b>0$일 때, 일차함수 $y=ax+\frac{a}{b}$의 그래프가 지나지 않는 사분면을 쓰세요.

답: 제1사분면

05 일차함수 $y=ax-b$의 그래프가 다음과 같을 때, 일차함수 $y=abx+b$의 그래프가 지나지 않는 사분면을 쓰세요.

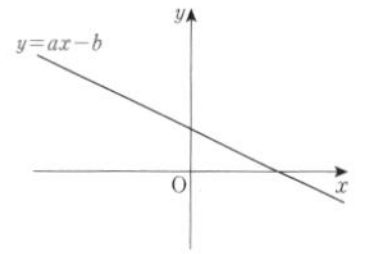

답: 제2사분면

06 $\frac{a}{b}>0$, $b<0$일 때, 일차함수 $y=abx-a$의 그래프가 지나는 사분면을 모두 쓰세요.

답: 제1, 2, 3사분면

05 $y=ax-b$의 그래프에서

- 기울기 a는 음수
- y절편 $-b$는 양수
  $(-)\times b=(+)$
  → b는 음수

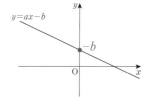

$y=abx+b$의 그래프에서

- 기울기 ab
  $(-)\times(-)=(+)$
  → 기울기는 양수
- y절편 b는 음수

➡ 제2사분면을 지나지 않음

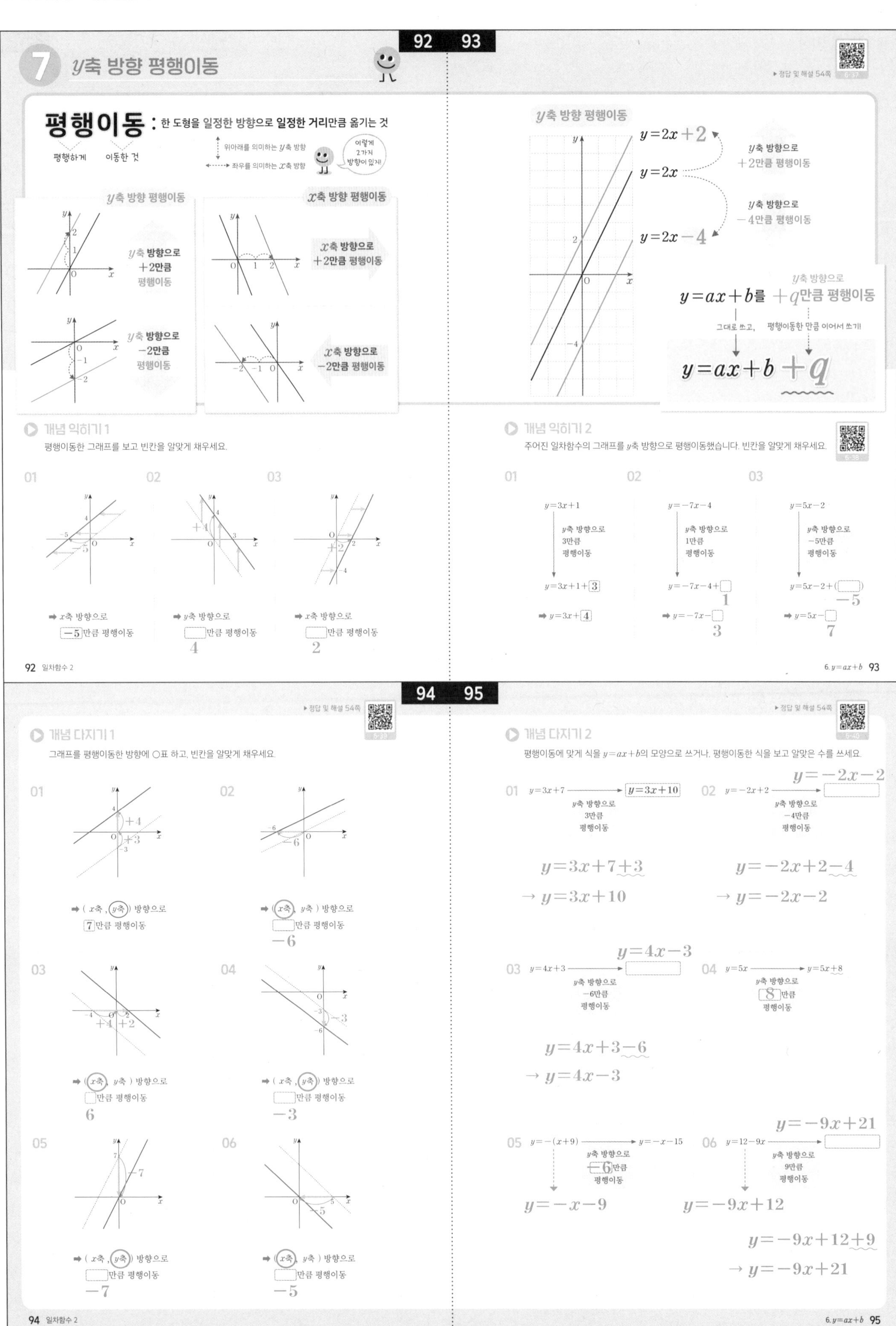

7 y축 방향 평행이동
평행이동 : 한 도형을 일정한 방향으로 일정한 거리만큼 옮기는 것
y축 방향 평행이동
x축 방향 평행이동
y = ax + b를 y축 방향으로 + q만큼 평행이동
y = ax + b + q
개념 익히기 1
평행이동한 그래프를 보고 빈칸을 알맞게 채우세요.
개념 익히기 2
주어진 일차함수의 그래프를 y축 방향으로 평행이동했습니다. 빈칸을 알맞게 채우세요.
개념 다지기 1
그래프를 평행이동한 방향에 ○표 하고, 빈칸을 알맞게 채우세요.
개념 다지기 2
평행이동에 맞게 식을 y=ax+b의 모양으로 쓰거나, 평행이동한 식을 보고 알맞은 수를 쓰세요.
y=3x+7+3
→ y=3x+10
y=−2x+2−4
→ y=−2x−2
y=4x+3−6
→ y=4x−3
y=−x−9
y=−9x+12
y=−9x+12+9
→ y=−9x+21

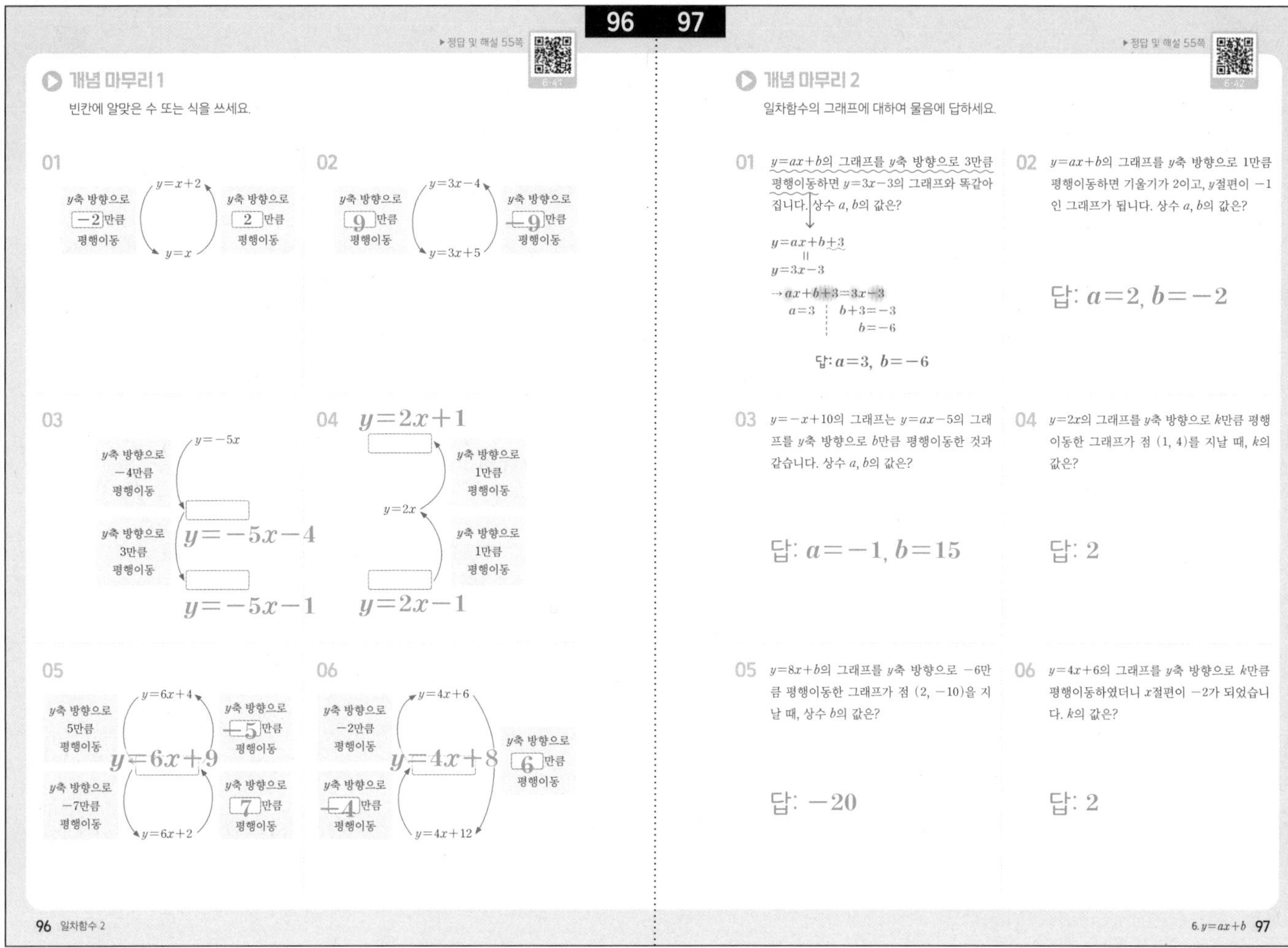

97쪽 풀이

02 $y=ax+b$의 그래프를 y축 방향으로 1만큼 평행이동
→ $y=ax+b+1$

이 그래프의 기울기가 2, y절편이 -1

$y=ax+b+1$ ($a=2$, $b+1=-1$)

$b+1=-1$

$b=-2$

답 $a=2$, $b=-2$

03 $y=ax-5$의 그래프를 y축 방향으로 b만큼 평행이동
→ $y=ax-5+b$

이 그래프와 $y=-x+10$의 그래프가 같음

$y=ax-5+b$
$y=-x+10$

$a=-1$, $-5+b=10$

$b=15$

답 $a=-1$, $b=15$

04 $y=2x$의 그래프를 y축 방향으로 k만큼 평행이동
→ $y=2x+k$

이 그래프가 점 $(1, 4)$를 지남
→ $y=2x+k$에 $(1, 4)$ 대입

$4=2\times1+k$

$4=2+k$

$k=2$

답 2

05 $y=8x+b$의 그래프를 y축 방향으로 -6만큼 평행이동
→ $y=8x+b-6$

이 그래프가 점 $(2, -10)$을 지남
→ $y=8x+b-6$에 $(2, -10)$ 대입

$(-10)=8\times2+b-6$

$-10=16+b-6$

$-10=10+b$

$b=-20$

답 -20

06 $y=4x+6$의 그래프를 y축 방향으로 k만큼 평행이동
→ $y=4x+6+k$

이 그래프의 x절편이 -2
→ 그래프가 점 $(-2, 0)$을 지남
→ $y=4x+6+k$에 $(-2, 0)$ 대입

$0=4\times(-2)+6+k$

$0=-8+6+k$

$0=-2+k$

$k=2$

답 2

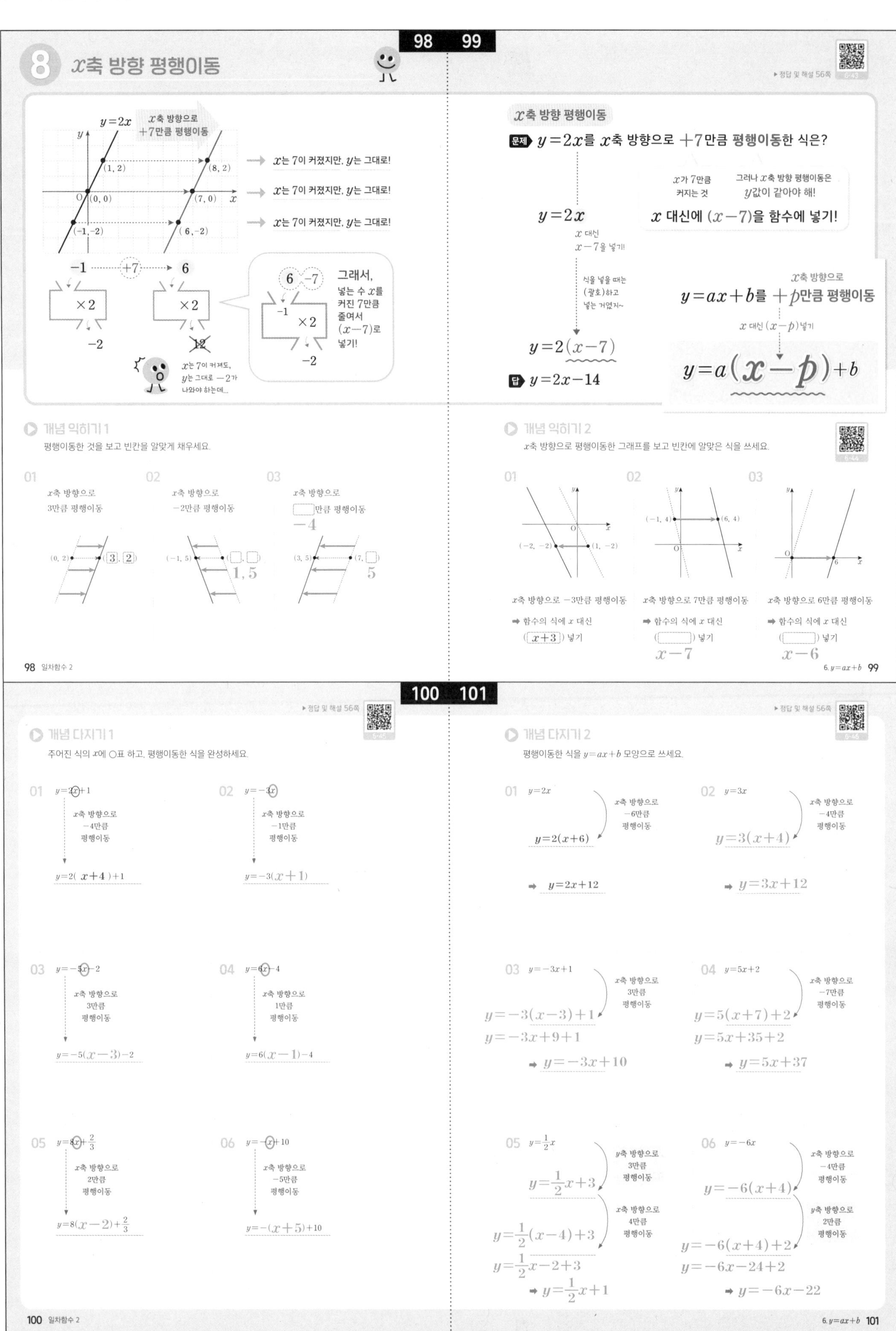
98 99
8 x축 방향 평행이동
x축 방향으로 +7만큼 평행이동
x는 7이 커졌지만, y는 그대로!
그래서, 넣는 수 x를 커진 7만큼 줄여서 (x−7)로 넣기!
x는 7이 커져도, y는 그대로 −2가 나와야 하는데...
x축 방향 평행이동
문제 y=2x를 x축 방향으로 +7만큼 평행이동한 식은?
x가 7만큼 커지는 것
그러나 x축 방향 평행이동은 y값이 같아야 해!
x 대신에 (x−7)을 함수에 넣기!
y=2(x−7)
답 y=2x−14
y=ax+b를 x축 방향으로 +p만큼 평행이동
y=a(x−p)+b
개념 익히기 1
평행이동한 것을 보고 빈칸을 알맞게 채우세요.
개념 익히기 2
x축 방향으로 평행이동한 그래프를 보고 빈칸에 알맞은 식을 쓰세요.
x축 방향으로 −3만큼 평행이동 ➡ 함수의 식에 x 대신 (x+3) 넣기
x축 방향으로 7만큼 평행이동 ➡ 함수의 식에 x 대신 ( ) 넣기 x−7
x축 방향으로 6만큼 평행이동 ➡ 함수의 식에 x 대신 ( ) 넣기 x−6
98 일차함수 2
6. y=ax+b 99
100 101
개념 다지기 1
주어진 식의 x에 ○표 하고, 평행이동한 식을 완성하세요.
01 y=2(x+4)+1
02 y=−3(x+1)
03 y=−5(x−3)−2
04 y=6(x−1)−4
05 y=8(x−2)+2/3
06 y=−(x+5)+10
개념 다지기 2
평행이동한 식을 y=ax+b 모양으로 쓰세요.
01 y=2(x+6) ➡ y=2x+12
02 y=3(x+4) ➡ y=3x+12
03 y=−3(x−3)+1 y=−3x+9+1 ➡ y=−3x+10
04 y=5(x+7)+2 y=5x+35+2 ➡ y=5x+37
05 y=1/2 x+3 y=1/2(x−4)+3 y=1/2 x−2+3 ➡ y=1/2 x+1
06 y=−6(x+4) y=−6(x+4)+2 y=−6x−24+2 ➡ y=−6x−22
100 일차함수 2
6. y=ax+b 101

102 103

▸ 정답 및 해설 57쪽

6-47

개념 마무리 1

일차함수의 그래프를 보고 빈칸에 알맞은 수를 쓰고, 함수의 식을 $y=ax+b$ 모양으로 나타내세요.

01

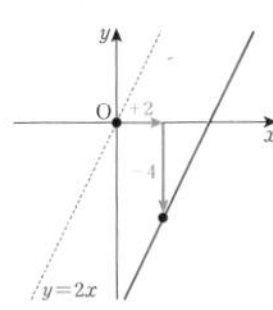

$y=2x$의 그래프를 x축 방향으로 [2]만큼, y축 방향으로 [−4]만큼 평행이동한 그래프

$y=2(x-2)-4$
$=2x-4-4$
$=2x-8$

답: $y=2x-8$

02

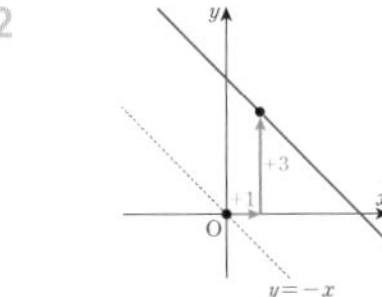

$y=-x$의 그래프를 x축 방향으로 [1]만큼, y축 방향으로 [3]만큼 평행이동한 그래프

$y=-(x-1)+3$
$=-x+1+3$
$=-x+4$

답: $y=-x+4$

03

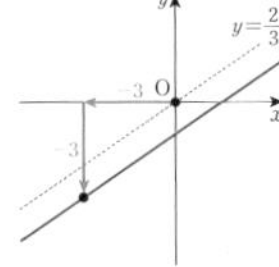

$y=\frac{2}{3}x$의 그래프를 x축 방향으로 [−3]만큼, y축 방향으로 [−3]만큼 평행이동한 그래프

$y=\frac{2}{3}(x+3)-3$
$=\frac{2}{3}x+2-3$
$=\frac{2}{3}x-1$

답: $y=\frac{2}{3}x-1$

04

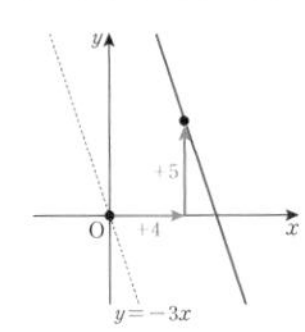

$y=-3x$의 그래프를 x축 방향으로 [4]만큼, y축 방향으로 [5]만큼 평행이동한 그래프

$y=-3(x-4)+5$
$=-3x+12+5$
$=-3x+17$

답: $y=-3x+17$

102

▸ 정답 및 해설 57쪽

6-48

개념 마무리 2

일차함수의 그래프에 대하여 물음에 답하세요.

01 $y=ax+b$의 그래프는 $y=4x$의 그래프를 x축 방향으로 2만큼, y축 방향으로 3만큼 평행이동한 것일 때, 상수 a, b의 값은?

$y=4(x-2)+3$
$\to y=4x-8+3$
$\to y=4x-5$
$\parallel$
$y=ax+b$

답: $a=4$, $b=-5$

02 $y=3x-5$의 그래프를 x축 방향으로 2만큼 평행이동한 그래프의 식이 $y=ax+b$일 때, 상수 a, b의 값은?

답: $a=3$, $b=-11$

03 $y=ax$의 그래프를 x축 방향으로 4만큼, y축 방향으로 b만큼 평행이동한 그래프의 식이 $y=3x+6$일 때, 상수 a, b의 값은?

답: $a=3$, $b=18$

04 $y=-6x+2$의 그래프를 x축 방향으로 -1만큼, y축 방향으로 -5만큼 평행이동한 그래프의 식이 $y=ax+b$일 때, 상수 a, b의 값은?

답: $a=-6$, $b=-9$

05 $y=-\frac{5}{2}x$의 그래프를 x축 방향으로 1만큼, y축 방향으로 2만큼 평행이동한 그래프가 점 $(1, k)$를 지날 때, k의 값은?

답: 2

06 $y=4x-3$의 그래프를 x축 방향으로 k만큼 평행이동한 그래프가 점 $(1, 5)$를 지날 때, k의 값은?

답: -1

6. $y=ax+b$ 103

103쪽 풀이

02 $y=3x-5$의 그래프를 x축 방향으로 2만큼 평행이동

$\to y=3(x-2)-5$
$\to y=3x-6-5$
$\to y=3x-11$
$\parallel$
$y=ax+b$

답 $a=3$, $b=-11$

03 $y=ax$의 그래프를 x축 방향으로 4, y축 방향으로 b만큼 평행이동

$\to y=a(x-4)+b$
$\to y=ax-4a+b$
$\parallel$
$y=3x+6$

$a=3$ $-4a+b=6$ (대입)

$(-4)\times 3+b=6$
$-12+b=6$
$b=18$

답 $a=3$, $b=18$

04 $y=-6x+2$의 그래프를 x축 방향으로 -1, y축 방향으로 -5만큼 평행이동

$\to y=-6(x+1)+2-5$
$\to y=-6x-6+2-5$
$\to y=-6x-9$
$\parallel$
$y=ax+b$

답 $a=-6$, $b=-9$

05 $y=-\frac{5}{2}x$의 그래프를 x축 방향으로 1, y축 방향으로 2만큼 평행이동

$\to y=-\frac{5}{2}(x-1)+2 \to y=-\frac{5}{2}x+\frac{5}{2}+2 \to y=-\frac{5}{2}x+\frac{9}{2}$

이 그래프가 점 $(1, k)$를 지남 $\to y=-\frac{5}{2}x+\frac{9}{2}$에 $(1, k)$ 대입

$k=\left(-\frac{5}{2}\right)\times 1+\frac{9}{2}$
$k=-\frac{5}{2}+\frac{9}{2}$
$k=\frac{4}{2}=2$

답 2

06 $y=4x-3$의 그래프를 x축 방향으로 k만큼 평행이동

$\to y=4(x-k)-3 \to y=4x-4k-3$

이 그래프가 점 $(1, 5)$를 지남 $\to y=4x-4k-3$에 $(1, 5)$ 대입

$5=4\times 1-4k-3$
$5=4-4k-3$
$5=1-4k$
$4=-4k$
$k=-1$

답 -1

104쪽 풀이

01 일차함수 $y=2x$의 그래프 위의 모든 점을 y축 방향으로 -2만큼 이동한 그래프의 식은? ④

① $y=2x$ ② $y=-2x$
③ $y=2x+2$ ④ $y=2x-2$
⑤ $y=-2x+2$

02 다음 일차함수의 그래프 중에서 다른 것과 평행하지 않은 것은? ③

① $y=5x+1$ ② $y=5x-10$
③ $y+5x=0$ ④ $y=2+5x$
⑤ $2y=10x+6$

03 일차함수 $y=-2x+4$의 그래프의 x절편과 y절편을 각각 구하시오.

x절편: 2
y절편: 4

04 기울기가 7이고 점 $\left(0, \frac{1}{7}\right)$을 지나는 직선을 그래프로 하는 일차함수의 식을 구하시오.

$y=7x+\frac{1}{7}$

05 일차함수 $y=ax+b$에 대하여 $a<0$, $b>0$일 때, 그래프의 대략적인 모양을 알맞게 그린 것은? ③

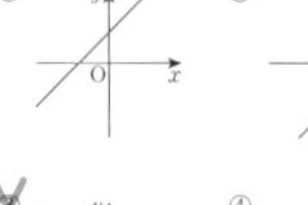

01 $y=2x$의 그래프 위의 모든 점을 y축 방향으로 -2만큼 이동
→ $y=2x-2$

답 ④

02 일차함수의 그래프가 평행하면 기울기가 같음
→ 기울기가 다른 것 하나를 찾으면 됨

① $y=5x+1$ → 기울기: 5	② $y=5x-10$ → 기울기: 5
③ $y+5x=0$, $y=-5x$ → 기울기: -5	④ $y=2+5x$ → 기울기: 5
⑤ $2y=10x+6$, $y=5x+3$ → 기울기: 5	

답 ③

03 • $y=-2x+4$의 y절편: 4

• $y=-2x+4$의 x절편
$y=0$일 때 x값

$0=-2x+4$
$2x=4$
$x=2$
→ x절편: 2

답 x절편: 2, y절편: 4

05 $y=ax+b$에서 $a<0$, $b>0$

• 기울기 a는 음수
→ 그래프는 ╲ 모양

• y절편 b는 양수
→ 그래프는 대략적으로 이런 모양

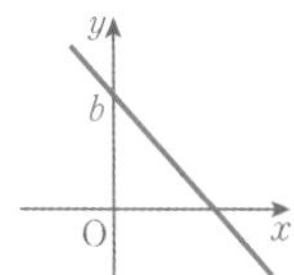

답 ③

04 기울기가 7, 점 $\left(0, \frac{1}{7}\right)$을 지나는 직선

직선의 식은 $y=7x+b$
y절편: $\frac{1}{7}$

→ 구하는 식은 $y=7x+\frac{1}{7}$

<다른 풀이>

기울기가 7, 점 $\left(0, \frac{1}{7}\right)$을 지나는 직선

직선의 식은 $y=7x+b$ ← 대입

$\frac{1}{7}=7\times0+b$
$\frac{1}{7}=0+b$
$b=\frac{1}{7}$

→ 구하는 식은 $y=7x+\frac{1}{7}$

답 $y=7x+\frac{1}{7}$

105쪽 풀이

06 x절편이 3, y절편이 9
→ 두 점 $(3, 0)$, $(0, 9)$를 지남

기울기: $\dfrac{0-9}{3-0}=\dfrac{-9}{3}=-3$

답 -3

07 • 그래프가 ／ 모양이므로
기울기 $-a$는 양수
$(-)\times a=(+)$
→ a는 음수

• y절편 $-b$는 음수
$(-)\times b=(-)$
→ b는 양수

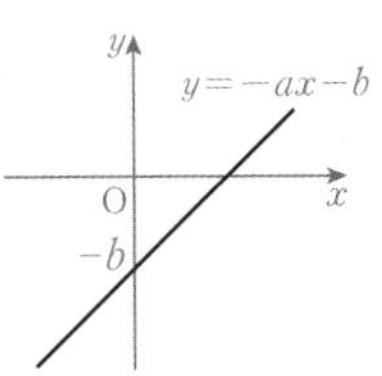

답 ③

08 • $y=-\dfrac{1}{3}x-2$의 y절편: -2

• $y=-\dfrac{1}{3}x-2$의 x절편
$y=0$일 때 x값

$0=-\dfrac{1}{3}x-2$

$\dfrac{1}{3}x=-2$

$x=-6$

→ x절편: -6

답

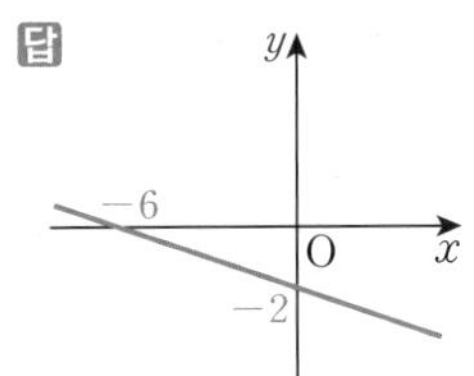

10 $y=-4x+1$의 그래프와 평행
→ 구하는 일차함수의 식: $y=-4x+b$

이 그래프가 점 $(-1, -1)$을 지남
→ $y=-4x+b$에 $(-1, -1)$을 대입
$(-1)=(-4)\times(-1)+b$
$-1=4+b$
$b=-5$

→ 일차함수의 식은 $y=-4x-5$

답 ④

▶ 정답 및 해설 58~60쪽 6-50

06 x절편이 3, y절편이 9인 직선의 기울기를 구하시오. -3

07 일차함수 $y=-ax-b$의 그래프를 보고 상수 a, b의 부호를 바르게 쓴 것은? ③

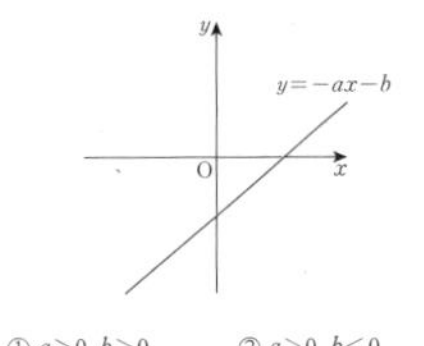

① $a>0$, $b>0$ ② $a>0$, $b<0$
③ $a<0$, $b>0$ ④ $a<0$, $b<0$
⑤ $a=0$, $b>0$

08 일차함수 $y=-\frac{1}{3}x-2$의 그래프의 x절편과 y절편을 표시하고, 그래프를 그리시오.

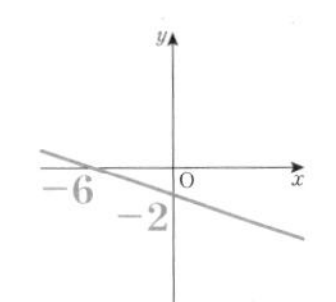

09 일차함수 $y=2x+4-a$의 그래프의 x절편이 3일 때, 상수 a의 값을 구하시오. 10

10 그래프가 점 $(-1, -1)$을 지나고, $y=-4x+1$의 그래프와 평행한 일차함수의 식은? ④

① $y=4x+3$ ② $y=4x+1$
③ $y=-4x-1$ ④ $y=-4x-5$
⑤ $y=x$

11 y절편이 -4인 일차함수의 그래프에 대한 설명으로 항상 옳은 것은? ②

① 기울기가 -4이다.
② $y=10x-4$와 y절편이 같다.
③ 점 $(4, -4)$를 지난다.
④ 점 $(-4, 0)$은 그래프 위에 있다.
⑤ x축과 만나는 점의 좌표는 $(0, -4)$이다.

09 $y=2x+4-a$의 x절편이 3
→ 이 그래프가 점 $(3, 0)$을 지남
→ $y=2x+4-a$에 $(3, 0)$을 대입
$0=2\times3+4-a$
$0=6+4-a$
$0=10-a$
$a=10$

답 10

105쪽 풀이

11 y절편이 -4인 일차함수의 그래프
→ 일차함수의 식: $y=ax-4$ $(a\neq0)$
y축과 점 $(0, -4)$에서 만남

① 기울기가 -4이다. (×)
→ 항상 그런 것이 아니므로 ×

예
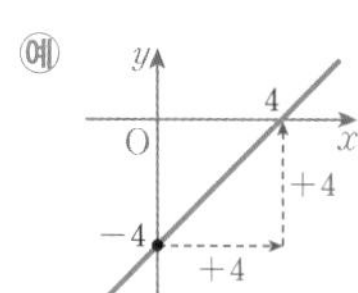

기울기: $\frac{+4}{+4}=1$
이렇게 기울기가 1일 수도 있음

② $y=10x-4$와 y절편이 같다. (○)
→ y절편: -4

③ 점 $(4, -4)$를 지난다. (×)
$y=ax-4$에 $(4, -4)$를 대입
→ $(-4)=a\times4-4$
$-4=4a-4$
$0=4a$
$a=0$
→ $a=0$이면 일차함수가 아님

④ 점 $(-4, 0)$은 그래프 위에 있다. (×)
→ 항상 그런 것이 아니므로 ×

예
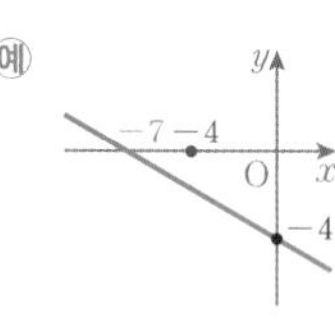

이렇게 $(-4, 0)$을 안 지날 수도 있음

⑤ x축과 만나는 점이 $(0, -4)$이다. (×)
→ y축과 만나는 점이 $(0, -4)$

답 ②

106쪽 풀이

12 $y=5x+1$의 그래프를 x축 방향으로 3만큼 평행이동
→ $y=5(x-3)+1$
→ $y=5x-15+1$
→ $y=5x-14$

답 ④

13
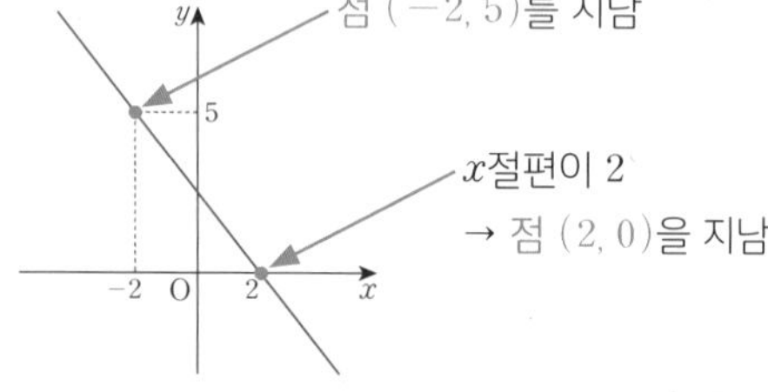

$y=ax+b$에서

• 기울기 a: $\frac{5-0}{-2-2}=\frac{5}{-4}=-\frac{5}{4}$
→ 구하는 일차함수의 식: $y=-\frac{5}{4}x+b$

• $y=-\frac{5}{4}x+b$에 $(2, 0)$을 대입

$0=\left(-\frac{5}{4}\right)\times2+b$

$0=-\frac{5}{2}+b$

$b=\frac{5}{2}$

* 두 점 중에서 아무 점이나 대입해도 됩니다.

→ $a=-\frac{5}{4}$, $b=\frac{5}{2}$

→ $a+b=-\frac{5}{4}+\frac{5}{2}$
$=-\frac{5}{4}+\frac{10}{4}$
$=\frac{5}{4}$

답 $\frac{5}{4}$

106

단원 마무리

12 일차함수 $y=5x+1$의 그래프를 x축 방향으로 3만큼 평행이동한 그래프의 식은? ④
① $y=5x+4$ ② $y=8x+1$ ③ $y=5x+16$ ④ $y=5x-14$ ⑤ $y=5x-2$

14 다음 중 그래프가 제4사분면을 지나지 않는 것은? ⑤
① $y=-x+10$ ② $y=4x-4$ ③ $y=-3x-9$ ④ $y=-\frac{1}{2}x$ ⑤ $y=\frac{1}{5}x+1$

13 주어진 직선을 그래프로 하는 일차함수가 $y=ax+b$일 때, $a+b$의 값을 구하시오. (단, a, b는 상수) $\frac{5}{4}$

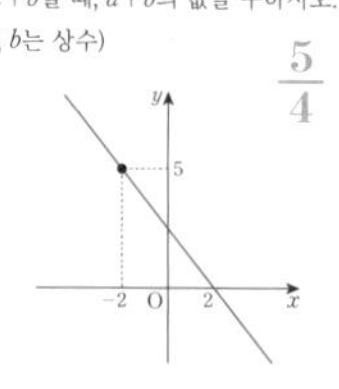

15 일차함수 $y=-6x+b$의 그래프를 y축 방향으로 3만큼 평행이동하면 $y=ax+3$의 그래프와 똑같아질 때, 상수 a, b의 값을 각각 구하시오. $a=-6$, $b=0$

16 $y=3x-4$의 그래프와 평행하고 y절편이 k인 일차함수의 그래프가 점 $(-3, 1)$을 지날 때, k의 값을 구하시오. 10

106 일차함수 2

106쪽 풀이

14 제4사분면을 지나지 않는 그래프 찾기

① $y=-x+10$

• y절편: 10

• 기울기가 음수니까
그래프 모양은 ＼

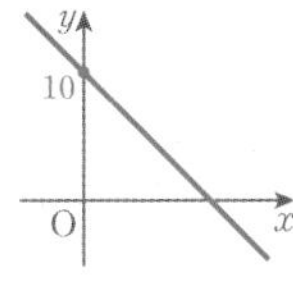

→ 제1, 2, 4사분면 지남

② $y=4x-4$

• y절편: -4

• 기울기가 양수니까
그래프 모양은 ／

→ 제1, 3, 4사분면 지남

③ $y=-3x-9$

• y절편: -9

• 기울기가 음수니까
그래프 모양은 ＼

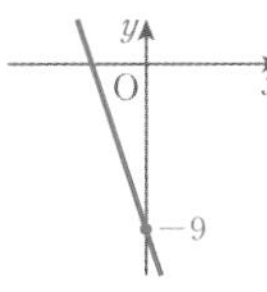

→ 제2, 3, 4사분면 지남

④ $y=-\frac{1}{2}x$

• 원점을 지남

• 기울기가 음수니까
그래프 모양은 ＼

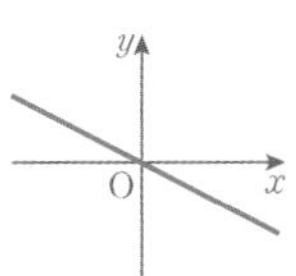

→ 제2, 4사분면 지남

⑤ $y=\frac{1}{5}x+1$

• y절편: 1

• 기울기가 양수니까
그래프 모양은 ／

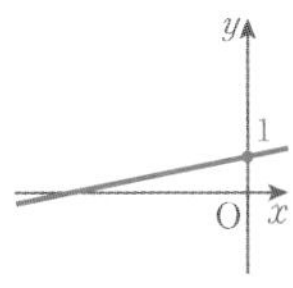

→ 제1, 2, 3사분면 지남

답 ⑤

15 $y=-6x+b$의 그래프를 y축 방향으로 3만큼 평행이동

→ $y=-6x+b+3$

||

$y=ax+3$

$a=-6$ | $b+3=3$, $b=0$

답 $a=-6$, $b=0$

16 • $y=3x-4$의 그래프와 평행
→ 기울기가 3

• y절편이 k
→ 구하는 일차함수의 식: $y=3x+k$

이 그래프가 점 $(-3, 1)$을 지남
→ $y=3x+k$에 $(-3, 1)$을 대입

$1=3\times(-3)+k$

$1=-9+k$

$k=10$

답 10

107쪽 풀이

17 제1, 3, 4사분면을 지나는 그래프는 대략적으로 이런 모양

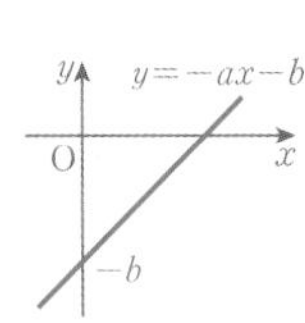

- 기울기 $-a$는 양수
  $(-)\times a=(+)$
  → **a는 음수**
- y절편 $-b$는 음수
  $(-)\times b=(-)$
  → **b는 양수**

$y=ax+\frac{a}{b}$의 그래프에서

- 기울기 a는 음수니까 그래프는 ╲ 모양
- y절편은 $\frac{a}{b}$인데, a는 음수, b는 양수
  $\frac{(-)}{(+)}=(-)$
  → y절편은 음수

$y=ax+\frac{a}{b}$의 그래프를 대략적으로 그리면

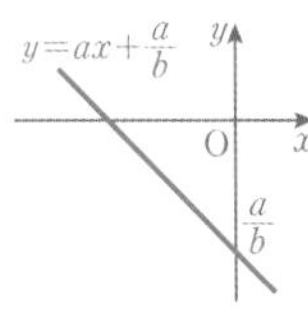

→ 제2, 3, 4사분면 지남

답 제2, 3, 4사분면

107

▸정답 및 해설 60~63쪽

17 일차함수 $y=-ax-b$의 그래프가 제1, 3, 4사분면을 지날 때, $y=ax+\frac{a}{b}$의 그래프가 지나는 사분면을 모두 쓰시오.

제2, 3, 4사분면

18 일차함수 $y=-2x-1$의 그래프를 x축 방향으로 2만큼 평행이동한 그래프와 y축 방향으로 k만큼 평행이동한 그래프가 서로 똑같을 때, k의 값을 구하시오. 4

19 일차함수 $y=-\frac{1}{2}x+2$의 그래프에 대한 설명으로 옳지 않은 것은? ⑤

① 점 (2, 1)을 지난다.
② x절편은 4, y절편은 2이다.
③ 제3사분면을 지나지 않는다.
④ $y=-\frac{1}{2}x$의 그래프를 y축 방향으로 2만큼 평행이동한 그래프이다.
⑤ $y=-\frac{1}{2}x$의 그래프를 x축 방향으로 -4만큼 평행이동한 그래프이다.

20 일차함수 $y=ax$의 그래프를 x축 방향으로 3만큼, y축 방향으로 2만큼 평행이동한 그래프의 x절편이 -1일 때, 상수 a의 값을 구하시오. $\frac{1}{2}$

6. $y=ax+b$ 107

18 $y=-2x-1$의 그래프를 x축 방향으로 2만큼 평행이동
→ $y=-2(x-2)-1$
→ $y=-2x+4-1$
→ $y=-2x+3$

그래프가 똑같음

$y=-2x-1$의 그래프를 y축 방향으로 k만큼 평행이동
→ $y=-2x-1+k$

두 식이 같음

$y=-2x+3$
||
$y=-2x-1+k$

$3=-1+k$
$k=4$

답 4

19 $y=-\frac{1}{2}x+2$의 그래프에 대하여 옳지 않은 설명 찾기

① 점 (2, 1)을 지난다.
→ $y=-\frac{1}{2}x+2$에 (2, 1)을 대입하여 성립하는지 확인하기

$1=\left(-\frac{1}{2}\right)\times 2+2$
$1=-1+2$
$1=1$

→ 옳음

② x절편은 4, y절편은 2

- x절편: $y=0$일 때 x의 값
  $y=-\frac{1}{2}x+2$
  $0=-\frac{1}{2}x+2$
  $\frac{1}{2}x=2$
  $x=4$
  → x절편: 4
- $y=-\frac{1}{2}x+2$
  → y절편: 2

→ 옳음

107쪽 풀이

③ 제3사분면을 지나지 않는다.

→ $y=-\frac{1}{2}x+2$의 그래프는 이런 모양

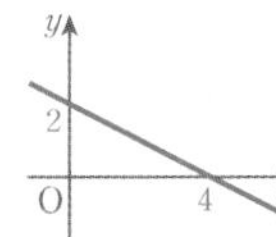

→ 제3사분면을 지나지 않음

➞ 옳음

④ $y=-\frac{1}{2}x$의 그래프를 y축 방향으로 2만큼 평행이동한 그래프

→ $y=-\frac{1}{2}x+2$ ➞ 옳음

⑤ $y=-\frac{1}{2}x$의 그래프를 x축 방향으로 -4만큼 평행이동한 그래프

→ $y=-\frac{1}{2}(x+4)$

→ $y=-\frac{1}{2}x-2 \neq -\frac{1}{2}x+2$ ➞ 옳지 않음

답 ⑤

20 $y=ax$의 그래프를 x축 방향으로 3만큼, y축 방향으로 2만큼 평행이동

→ $y=a(x-3)+2$

→ $y=ax-3a+2$

이 그래프의 x절편이 -1

→ 점 $(-1, 0)$을 지남

→ $y=ax-3a+2$에 $(-1, 0)$ 대입

$0=a\times(-1)-3a+2$

$0=-a-3a+2$

$0=-4a+2$

$4a=2$

$a=\frac{1}{2}$

답 $\frac{1}{2}$

108쪽 풀이

21 • y절편이 7

→ 구하는 일차함수의 식: $y=ax+7$

• 점 $(-4, -5)$를 지남

→ $y=ax+7$에 $(-4, -5)$를 대입

$(-5)=a\times(-4)+7$

$-5=-4a+7$

$-12=-4a$

$a=3$

답 $y=3x+7$

108

단원 마무리 ▶ 정답 및 해설 63~64쪽

21 y절편이 7이고 점 $(-4, -5)$를 지나는 직선을 그래프로 하는 일차함수의 식을 구하시오.

풀이

$y=3x+7$

22 ㉠ 그래프를 y축 방향으로 평행이동했더니 ㉡ 그래프가 되었습니다. 물음에 답하시오.

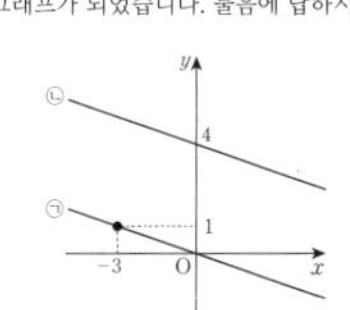

(1) ㉠의 식을 구하시오.

$y=-\frac{1}{3}x$

(2) ㉡의 식을 구하시오.

$y=-\frac{1}{3}x+4$

23 두 일차함수 $y=ax+b$와 $y=-x+3$의 그래프가 y축 위의 점 A에서 만납니다. 삼각형 ABC의 넓이가 3일 때, 상수 a, b의 값을 각각 구하시오. (단, $a<-1$)

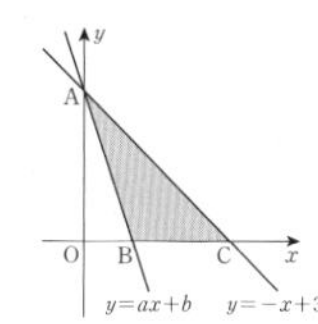

풀이

$a=-3, b=3$

108 일차함수 2

108쪽 풀이

22 (1) ㉠의 식 구하기

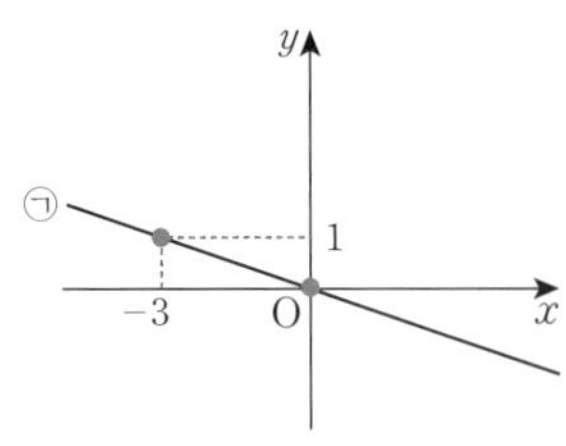

• 원점을 지나는 직선의 식

→ $y=ax$

• 점 $(0,\ 0)$, $(-3,\ 1)$을 지남

→ 직선의 기울기: $\dfrac{0-1}{0-(-3)}=\dfrac{-1}{0+(+3)}$

$=\dfrac{-1}{3}$

$=-\dfrac{1}{3}$

답 $y=-\dfrac{1}{3}x$

(2) ㉡의 식 구하기

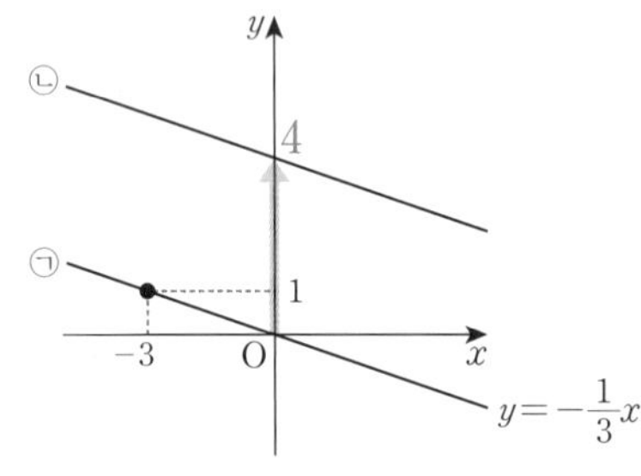

→ ㉡ 그래프는 ㉠ 그래프 $y=-\dfrac{1}{3}x$를 y축 방향으로 4만큼 평행이동한 것

→ $y=-\dfrac{1}{3}x+4$

답 $y=-\dfrac{1}{3}x+4$

23 ① $y=-x+3$의 절편 구하기

• $y=-x+3$의 y절편: 3

→ 점 A의 좌표는 $(0,\ 3)$

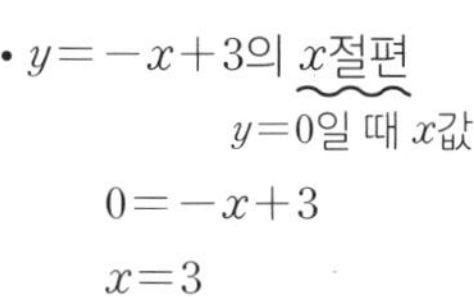

• $y=-x+3$의 x절편

$y=0$일 때 x값

$0=-x+3$

$x=3$

→ x절편: 3

→ 점 C의 좌표는 $(3,\ 0)$

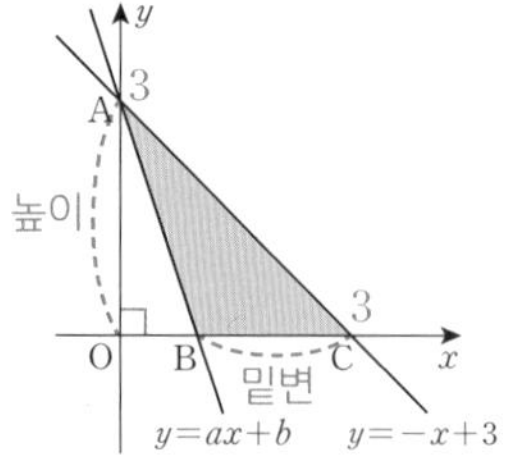

② 점 B의 좌표 구하기

삼각형 ABC의 넓이가 3이므로

(삼각형 넓이)=(밑변의 길이)×(높이)×$\dfrac{1}{2}$ (삼각형 넓이: 3, 높이: 3)

→ $3=$(밑변의 길이)$\times 3\times\dfrac{1}{2}$

$6=$(밑변의 길이)$\times 3$

(밑변의 길이)$=2$

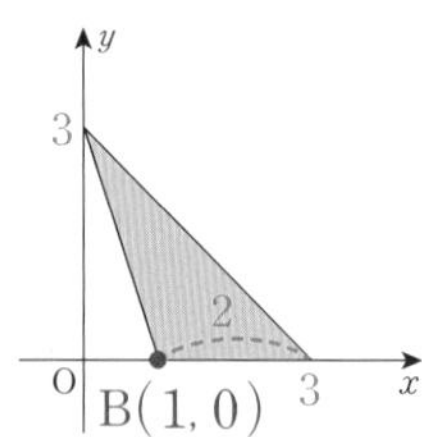

→ 점 B의 좌표는 $(1,\ 0)$

③ $y=ax+b$ 구하기

• $y=ax+b$의 y절편: 3

→ $b=3$

• $y=ax+3$의 x절편: 1

→ $y=ax+3$에 $(1,\ 0)$ 대입

$0=a\times 1+3$

$0=a+3$

$a=-3$

답 $a=-3,\ b=3$

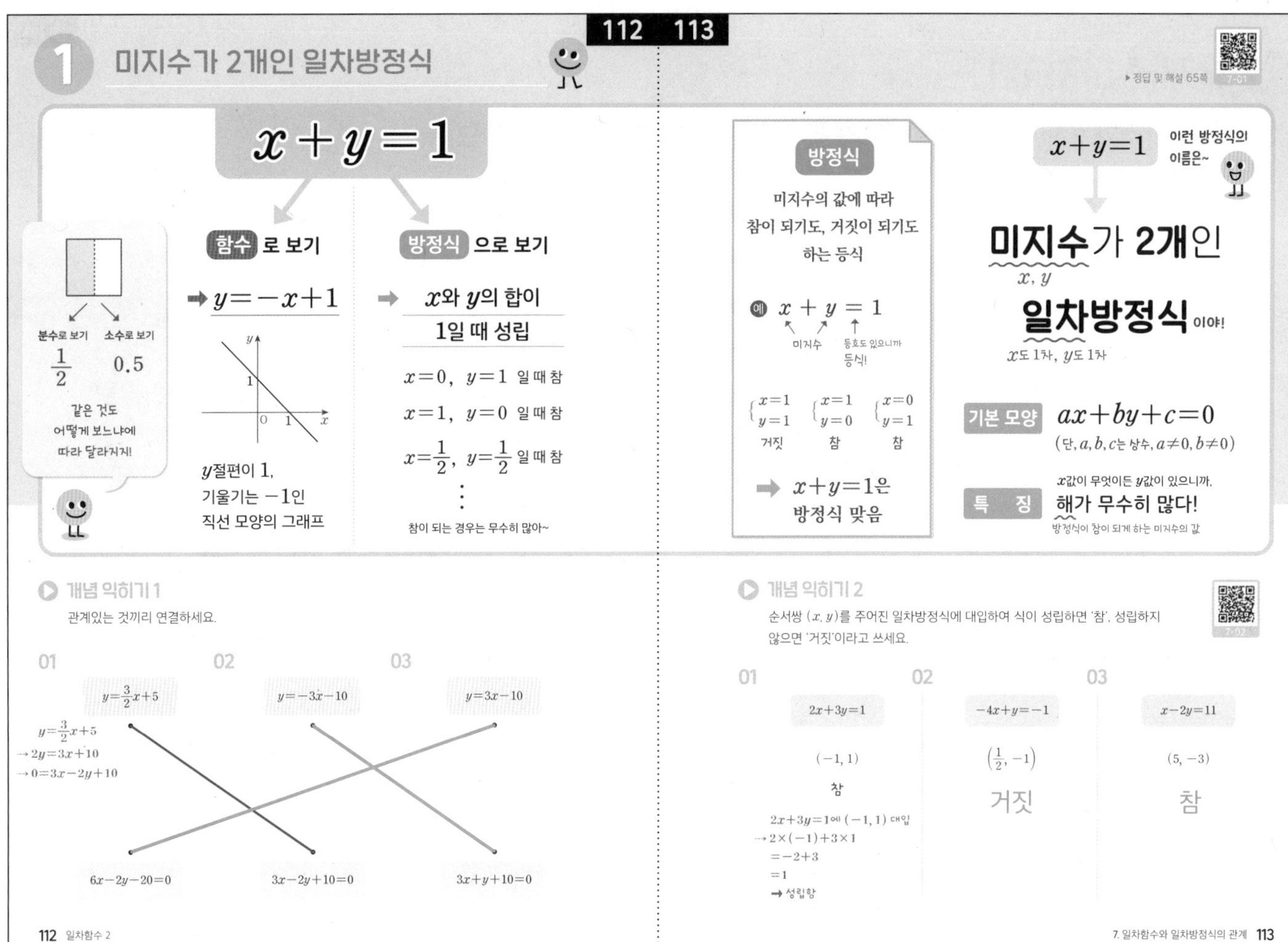

112쪽 풀이

02 $y=-3x-10$

$\rightarrow 3x+y+10=0$

03 $y=3x-10$

$\rightarrow 0=3x-y-10$

$\rightarrow 0=6x-2y-20$

113쪽 풀이

02 $-4x+y=-1$에 $\left(\frac{1}{2}, -1\right)$ 대입

$\rightarrow (-4)\times\frac{1}{2}+(-1)$

$=-2-1$

$=-3\neq-1$

➡ 성립 안 함

답 거짓

03 $x-2y=11$에 $(5, -3)$ 대입

$\rightarrow 5+(-2)\times(-3)$

$=5+6$

$=11$

➡ 성립함

답 참

114

개념 다지기 1

미지수가 2개인 일차방정식끼리 짝 지어진 것에 모두 ○표 하세요.

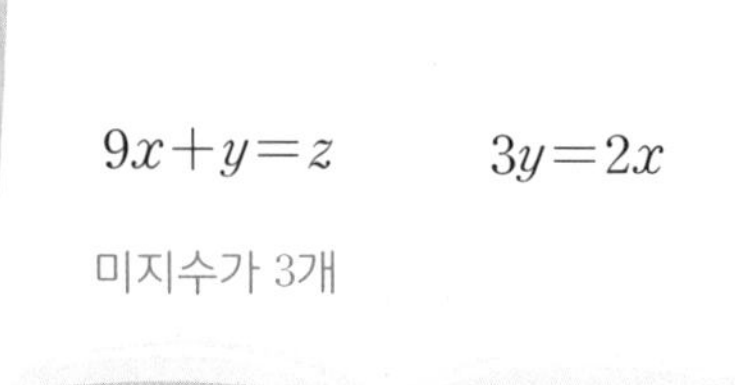

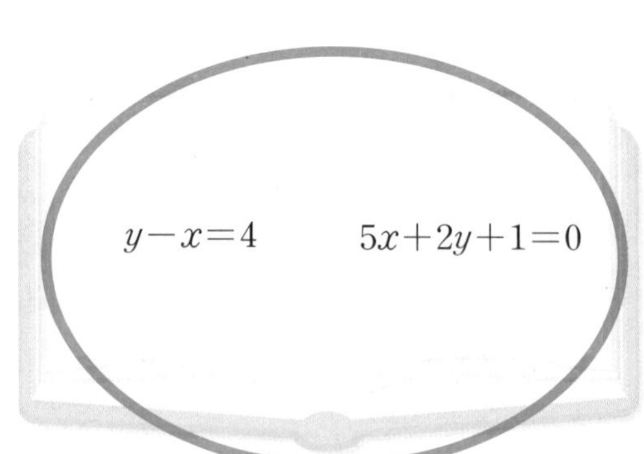

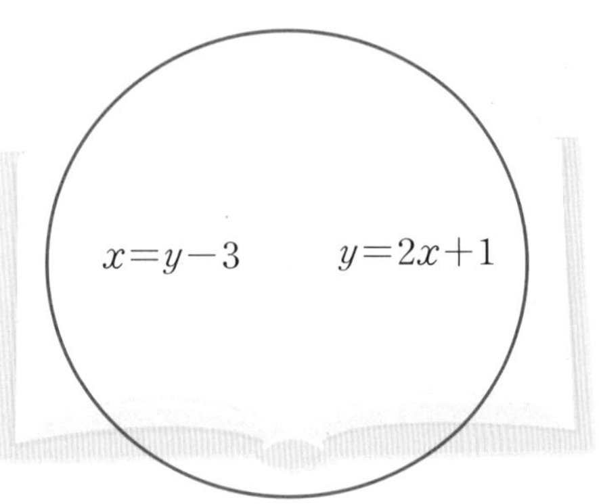

$4-y=1$ $3x-6y=10$

미지수가 1개

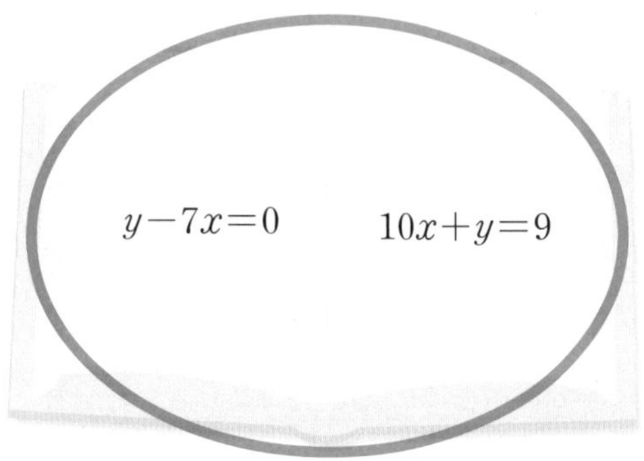

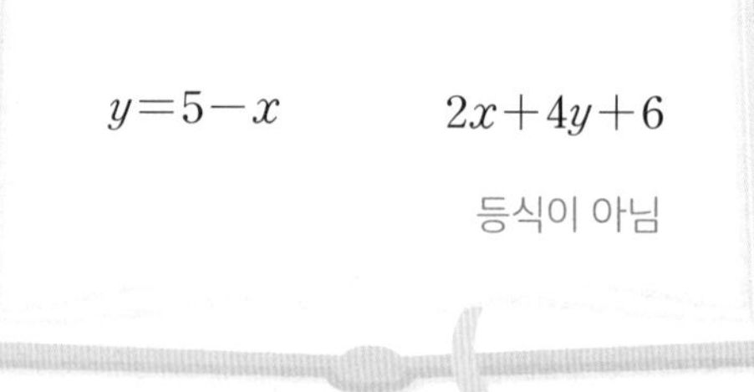

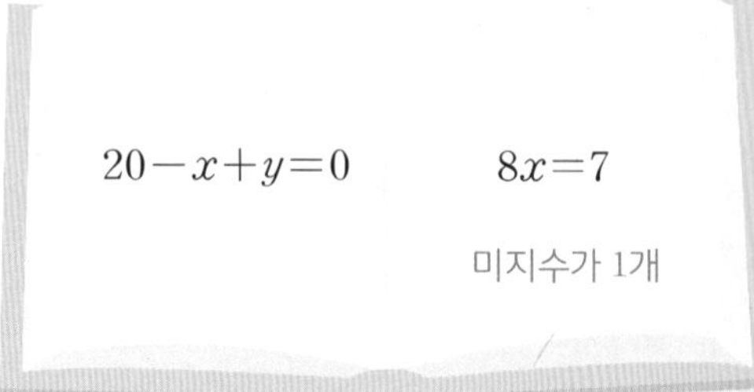

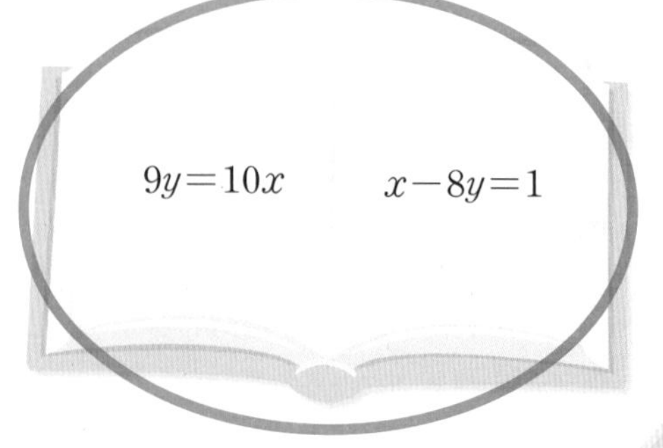

개념 다지기 2

주어진 함수의 식을 일차방정식 $ax+by+c=0$의 모양으로 나타내려고 합니다. 빈칸을 알맞게 채우세요.

01 $y=\frac{1}{2}x+11$

➡ x $\boxed{-2y+22}$ $=0$

$y=\frac{1}{2}x+11$

$2\times y=\left(\frac{1}{2}x+11\right)\times 2$

$\rightarrow 2y=x+22$

$\rightarrow 0=x-2y+22$

02 $y=-5x-4$

➡ $5x$ $\boxed{+y+4}$ $=0$

$y=-5x-4$

$\rightarrow 5x+y+4=0$

03 $x=3y+11$

➡ x $\boxed{-3y-11}$ $=0$

$x=3y+11$

$\rightarrow x-3y-11=0$

04 $-8=-4x+2y$

➡ $4x$ $\boxed{-2y-8}$ $=0$

$-8=-4x+2y$

$\rightarrow 4x-2y-8=0$

05 $y=\frac{1}{4}x+\frac{1}{2}$

➡ x $\boxed{-4y+2}$ $=0$

$y=\frac{1}{4}x+\frac{1}{2}$

$4\times y=\left(\frac{1}{4}x+\frac{1}{2}\right)\times 4$

$\rightarrow 4y=x+2$

$\rightarrow 0=x-4y+2$

06 $\frac{1}{6}y-1=x$

➡ $6x$ $\boxed{-y+6}$ $=0$

$\frac{1}{6}y-1=x$

$6\times\left(\frac{1}{6}y-1\right)=x\times 6$

$\rightarrow y-6=6x$

$\rightarrow 0=6x-y+6$

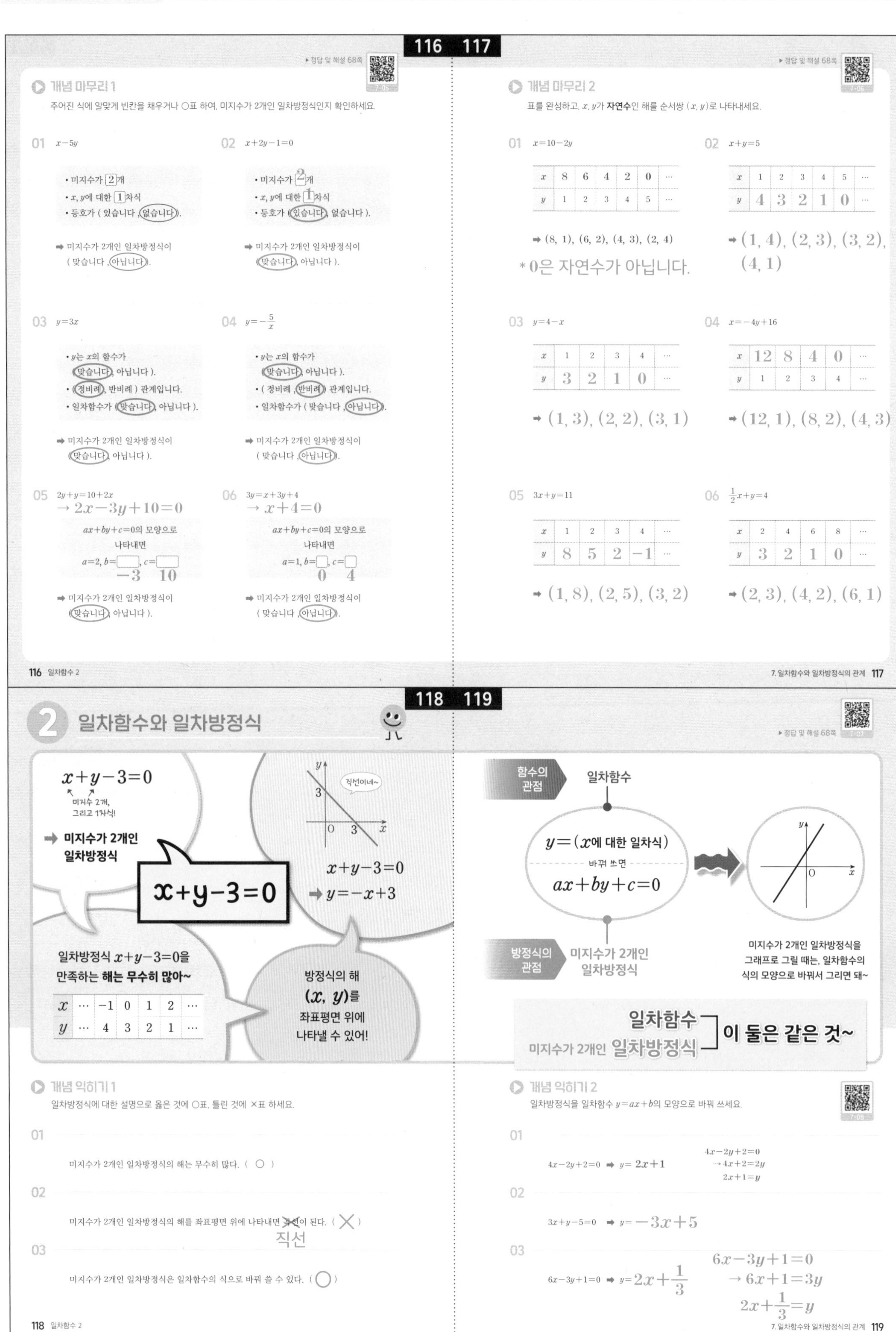

116 117

▶ 정답 및 해설 68쪽

개념 마무리 1

주어진 식에 알맞게 빈칸을 채우거나 ○표 하여, 미지수가 2개인 일차방정식인지 확인하세요.

01 $x-5y$
- 미지수가 2개
- x, y에 대한 1차식
- 등호가 (있습니다 , (없습니다)).

➡ 미지수가 2개인 일차방정식이 (맞습니다 , (아닙니다)).

02 $x+2y-1=0$
- 미지수가 2개
- x, y에 대한 1차식
- 등호가 ((있습니다), 없습니다).

➡ 미지수가 2개인 일차방정식이 ((맞습니다), 아닙니다).

03 $y=3x$
- y는 x의 함수가 ((맞습니다), 아닙니다).
- ((정비례), 반비례) 관계입니다.
- 일차함수가 ((맞습니다), 아닙니다).

➡ 미지수가 2개인 일차방정식이 ((맞습니다), 아닙니다).

04 $y=-\frac{5}{x}$
- y는 x의 함수가 ((맞습니다), 아닙니다).
- (정비례 , (반비례)) 관계입니다.
- 일차함수가 (맞습니다 , (아닙니다)).

➡ 미지수가 2개인 일차방정식이 (맞습니다 , (아닙니다)).

05 $2y+y=10+2x$
→ $2x-3y+10=0$

$ax+by+c=0$의 모양으로 나타내면 $a=2$, $b=-3$, $c=10$

➡ 미지수가 2개인 일차방정식이 ((맞습니다), 아닙니다).

06 $3y=x+3y+4$
→ $x+4=0$

$ax+by+c=0$의 모양으로 나타내면 $a=1$, $b=0$, $c=4$

➡ 미지수가 2개인 일차방정식이 (맞습니다 , (아닙니다)).

116 일차함수 2

▶ 정답 및 해설 68쪽

개념 마무리 2

표를 완성하고, x, y가 **자연수**인 해를 순서쌍 (x, y)로 나타내세요.

01 $x=10-2y$

x	8	6	4	2	0	…
y	1	2	3	4	5	…

➡ (8, 1), (6, 2), (4, 3), (2, 4)

*0은 자연수가 아닙니다.

02 $x+y=5$

x	1	2	3	4	5	…
y	4	3	2	1	0	…

➡ (1, 4), (2, 3), (3, 2), (4, 1)

03 $y=4-x$

x	1	2	3	4	…
y	3	2	1	0	…

➡ (1, 3), (2, 2), (3, 1)

04 $x=-4y+16$

x	12	8	4	0	…
y	1	2	3	4	…

➡ (12, 1), (8, 2), (4, 3)

05 $3x+y=11$

x	1	2	3	4	…
y	8	5	2	−1	…

➡ (1, 8), (2, 5), (3, 2)

06 $\frac{1}{2}x+y=4$

x	2	4	6	8	…
y	3	2	1	0	…

➡ (2, 3), (4, 2), (6, 1)

7. 일차함수와 일차방정식의 관계 117

118 119

2 일차함수와 일차방정식

▶ 정답 및 해설 68쪽

$x+y-3=0$
미지수 2개, 그리고 1차식!
➡ 미지수가 2개인 일차방정식
$x+y-3=0$
직선이네~
$x+y-3=0$
➡ $y=-x+3$
일차방정식 $x+y-3=0$을 만족하는 해는 무수히 많아~
방정식의 해 (x, y)를 좌표평면 위에 나타낼 수 있어!
함수의 관점
일차함수
$y=$(x에 대한 일차식)
바꿔 쓰면
$ax+by+c=0$
방정식의 관점
미지수가 2개인 일차방정식
미지수가 2개인 일차방정식을 그래프로 그릴 때는, 일차함수의 식의 모양으로 바꿔서 그리면 돼~
일차함수
미지수가 2개인 일차방정식
이 둘은 같은 것~

x	…	−1	0	1	2	…
y	…	4	3	2	1	…

개념 익히기 1

일차방정식에 대한 설명으로 옳은 것에 ○표, 틀린 것에 ×표 하세요.

01 미지수가 2개인 일차방정식의 해는 무수히 많다. (○)

02 미지수가 2개인 일차방정식의 해를 좌표평면 위에 나타내면 곡선이 된다. (×) 직선

03 미지수가 2개인 일차방정식은 일차함수의 식으로 바꿔 쓸 수 있다. (○)

118 일차함수 2

개념 익히기 2

일차방정식을 일차함수 $y=ax+b$의 모양으로 바꿔 쓰세요.

01 $4x-2y+2=0$ ➡ $y=2x+1$

$4x-2y+2=0$
→ $4x+2=2y$
$2x+1=y$

02 $3x+y-5=0$ ➡ $y=-3x+5$

03 $6x-3y+1=0$ ➡ $y=2x+\frac{1}{3}$

$6x-3y+1=0$
→ $6x+1=3y$
$2x+\frac{1}{3}=y$

7. 일차함수와 일차방정식의 관계 119

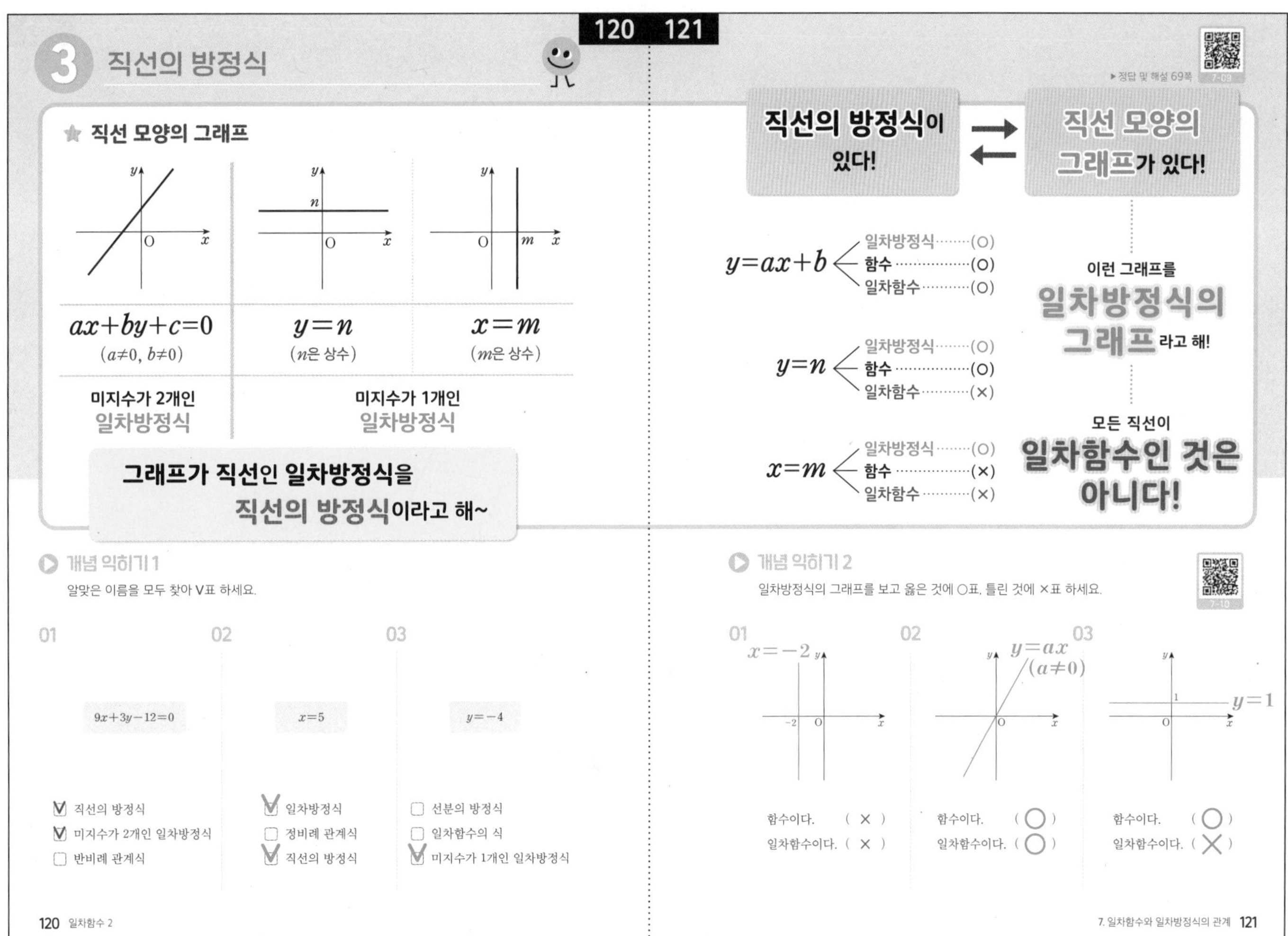

120 121

3 직선의 방정식

▸정답 및 해설 69쪽

★ 직선 모양의 그래프

$ax+by+c=0$ ($a\neq0$, $b\neq0$)	$y=n$ (n은 상수)	$x=m$ (m은 상수)
미지수가 2개인 일차방정식	미지수가 1개인 일차방정식	

그래프가 직선인 일차방정식을 직선의 방정식이라고 해~

직선의 방정식이 있다! ⇄ 직선 모양의 그래프가 있다!

$y=ax+b$ — 일차방정식 (O), 함수 (O), 일차함수 (O)

$y=n$ — 일차방정식 (O), 함수 (O), 일차함수 (×)

$x=m$ — 일차방정식 (O), 함수 (×), 일차함수 (×)

이런 그래프를 일차방정식의 그래프라고 해!

모든 직선이 일차함수인 것은 아니다!

개념 익히기 1

알맞은 이름을 모두 찾아 V표 하세요.

01 $9x+3y-12=0$

☑ 직선의 방정식
☑ 미지수가 2개인 일차방정식
☐ 반비례 관계식

02 $x=5$

☑ 일차방정식
☐ 정비례 관계식
☑ 직선의 방정식

03 $y=-4$

☐ 선분의 방정식
☐ 일차함수의 식
☑ 미지수가 1개인 일차방정식

개념 익히기 2

일차방정식의 그래프를 보고 옳은 것에 O표, 틀린 것에 ×표 하세요.

01 $x=-2$

함수이다. (×)
일차함수이다. (×)

02 $y=ax$ ($a\neq0$)

함수이다. (O)
일차함수이다. (O)

03 $y=1$

함수이다. (O)
일차함수이다. (×)

120 일차함수 2

7. 일차함수와 일차방정식의 관계 121

122쪽 풀이

02 $-x+3y-3=0$

(1) $-x+3y-3=0$

$\rightarrow 3y=x+3$

$y=\frac{1}{3}x+1$

(2) • $y=\frac{1}{3}x+\underbrace{1}_{y\text{절편}}$

• x절편 → $y=\frac{1}{3}x+1$에 $y=0$ 대입

$0=\frac{1}{3}x+1$

$-1=\frac{1}{3}x$

$x=-3$

→ x절편: -3

122

▸정답 및 해설 70쪽

개념 다지기 1

주어진 일차방정식을 보고 물음에 답하세요.

01 $2x+y-2=0$

(1) 일차방정식을 일차함수 $y=ax+b$의 모양으로 나타내세요.

$y=-2x+2$

(2) x절편과 y절편을 나타내어, 그래프를 그리세요.

• $y=-2x+\underbrace{2}_{y\text{절편}}$

• x절편

→ $y=-2x+2$에 $y=0$ 대입

$0=-2x+2$

$2x=2$

$x=1$

x절편: 1

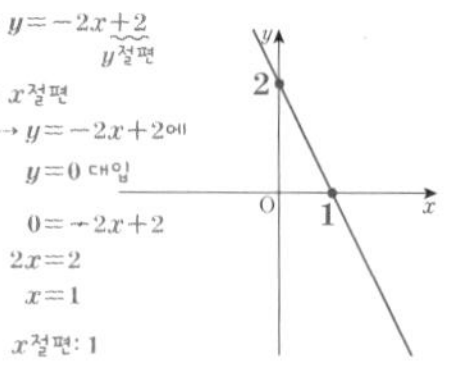

02 $-x+3y-3=0$

(1) 일차방정식을 일차함수 $y=ax+b$의 모양으로 나타내세요.

$y=\frac{1}{3}x+1$

(2) x절편과 y절편을 나타내어, 그래프를 그리세요.

03 $-2x+2y=4$

(1) 일차방정식을 일차함수 $y=ax+b$의 모양으로 나타내세요.

$y=x+2$

(2) x절편과 y절편을 나타내어, 그래프를 그리세요.

04 $2x+3y-6=0$

(1) 일차방정식을 일차함수 $y=ax+b$의 모양으로 나타내세요.

$y=-\frac{2}{3}x+2$

(2) x절편과 y절편을 나타내어, 그래프를 그리세요.

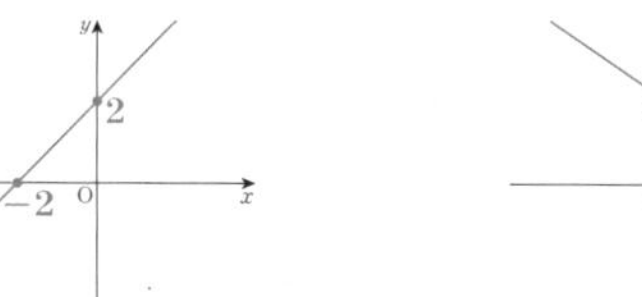

122 일차함수 2

03 $-2x+2y=4$

(1) $-2x+2y=4$

$\rightarrow 2y=2x+4$

$y=x+2$

(2) • $y=x+\underbrace{2}_{y\text{절편}}$

• x절편 → $y=x+2$에 $y=0$ 대입

$0=x+2$

$x=-2$

→ x절편: -2

04 $2x+3y-6=0$

(1) $2x+3y-6=0$

$\rightarrow 3y=-2x+6$

$y=-\frac{2}{3}x+2$

(2) • $y=-\frac{2}{3}x+\underbrace{2}_{y\text{절편}}$

• x절편 → $y=-\frac{2}{3}x+2$에 $y=0$ 대입

$0=-\frac{2}{3}x+2$

$\frac{2}{3}x=2$

$2x=6$

$x=3$

→ x절편: 3

123쪽 풀이

02

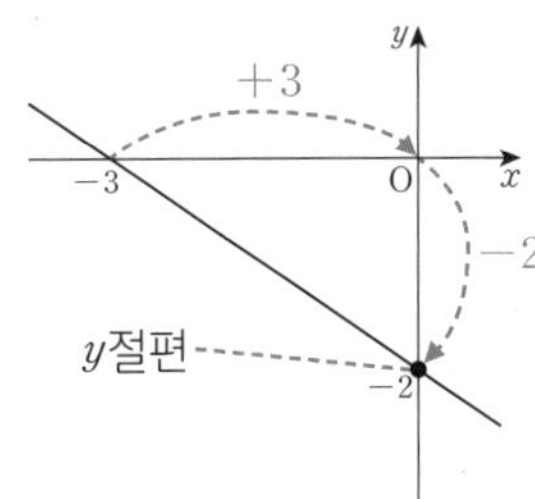

• 기울기: $\frac{-2}{+3}=-\frac{2}{3}$

• y절편: -2

따라서, 일차함수의 식은

$y=-\frac{2}{3}x-2$

→ $3y=-2x-6$

→ $2x+3y+6=0$

$\parallel$

$ax+3y-b=0$

$a=2$ $\quad -b=6$

$b=-6$

답 $a=2,\ b=-6$

03

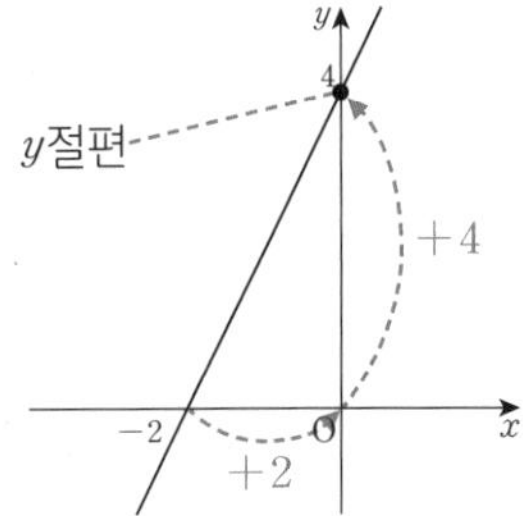

• 기울기: $\frac{+4}{+2}=\frac{4}{2}=2$

• y절편: 4

따라서, 일차함수의 식은

$y=2x+4$

→ $2x-1y+4=0$

$\parallel$

$ax+by+4=0$

$a=2$ $\quad b=-1$

답 $a=2,\ b=-1$

04

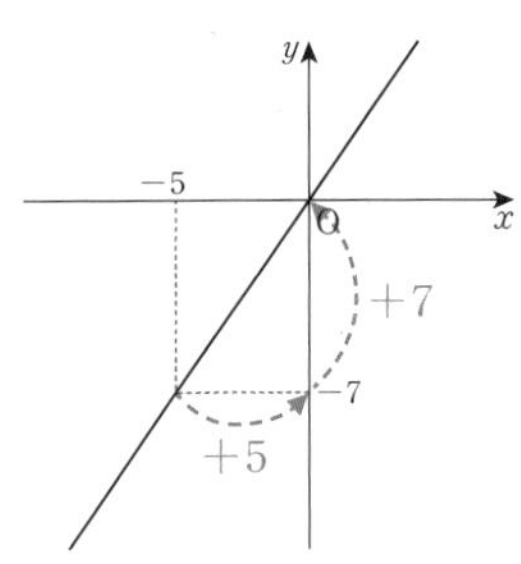

• 기울기: $\frac{+7}{+5}=\frac{7}{5}$

• y절편: 0

따라서, 일차함수의 식은

$y=\frac{7}{5}x$

→ $5y=7x$

→ $7x-5y+0=0$

$\parallel$

$7x+ay+b=0$

$a=-5$ $\quad b=0$

답 $a=-5,\ b=0$

06

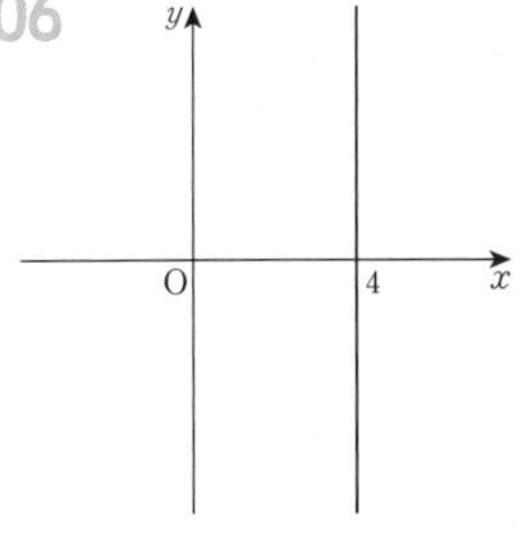

일차방정식은 $x=4$

→ $x-4=0$

→ $x+0y-4=0$

$\parallel$

$x+ay+b=0$

$a=0$ $\quad b=-4$

답 $a=0,\ b=-4$

123

▸정답 및 해설 71쪽

개념 다지기 2

주어진 일차방정식의 그래프를 보고, 상수 a, b의 값을 각각 구하세요.

01 $ax+y+b=0$

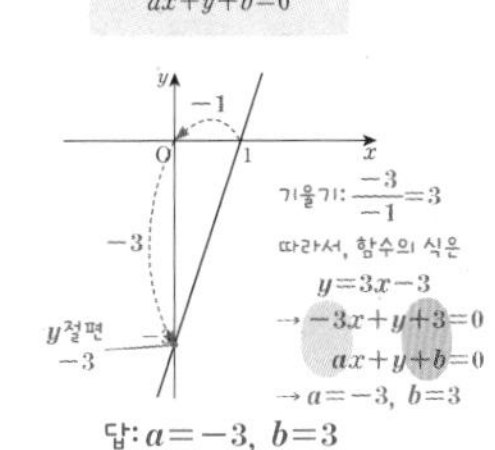

답: $a=-3,\ b=3$

02 $ax+3y-b=0$

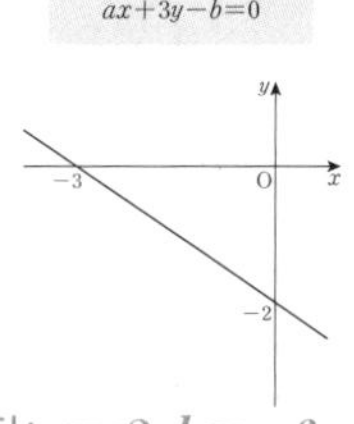

답: $a=2,\ b=-6$

03 $ax+by+4=0$

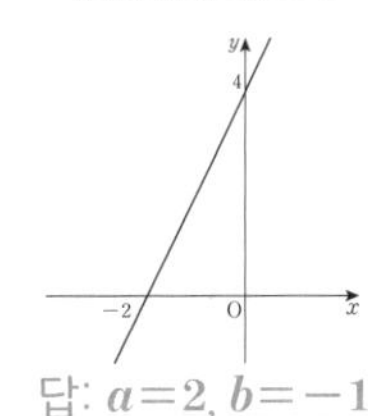

답: $a=2,\ b=-1$

04 $7x+ay+b=0$

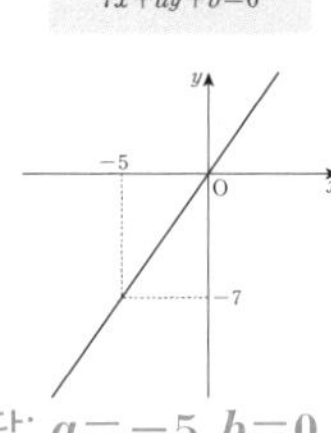

답: $a=-5,\ b=0$

05 $ax+2y+b=0$

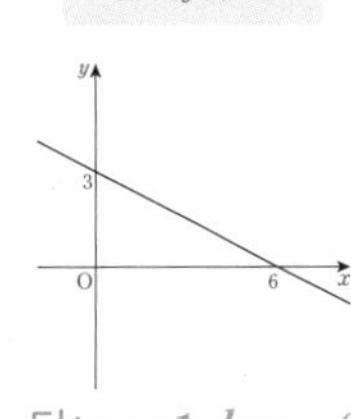

답: $a=1,\ b=-6$

06 $x+ay+b=0$

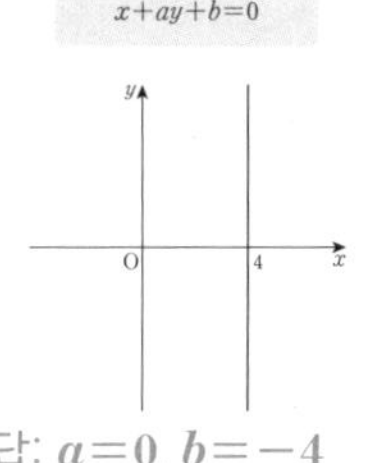

답: $a=0,\ b=-4$

7. 일차함수와 일차방정식의 관계 123

05

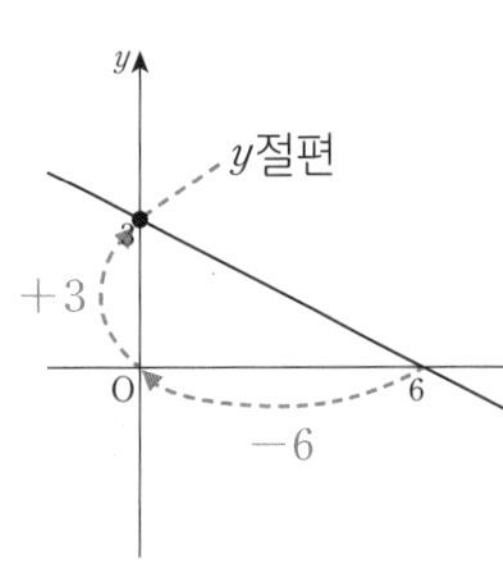

• 기울기: $\frac{+3}{-6}=-\frac{1}{2}$

• y절편: 3

따라서, 일차함수의 식은

$y=-\frac{1}{2}x+3$

→ $-2y=x-6$

→ $1x+2y-6=0$

$\parallel$

$ax+2y+b=0$

$a=1$ $\quad b=-6$

답 $a=1,\ b=-6$

124쪽 풀이

02

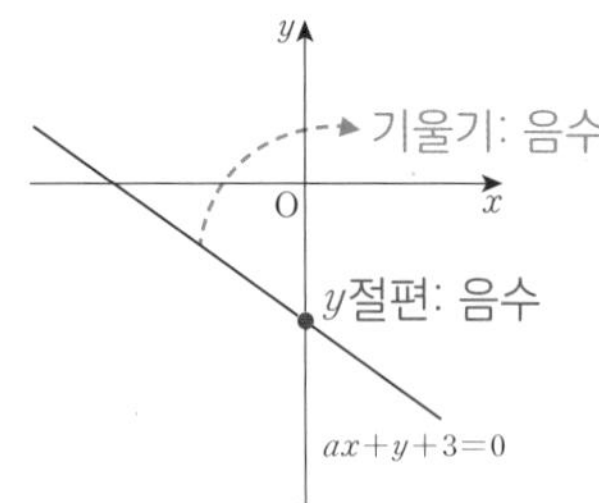

$ax+y+3=0$

$\rightarrow y=-ax-3$

기울기 y절편

기울기가 음수이므로 $-a$가 음수

$\rightarrow a$는 양수

답 $a>0$

03

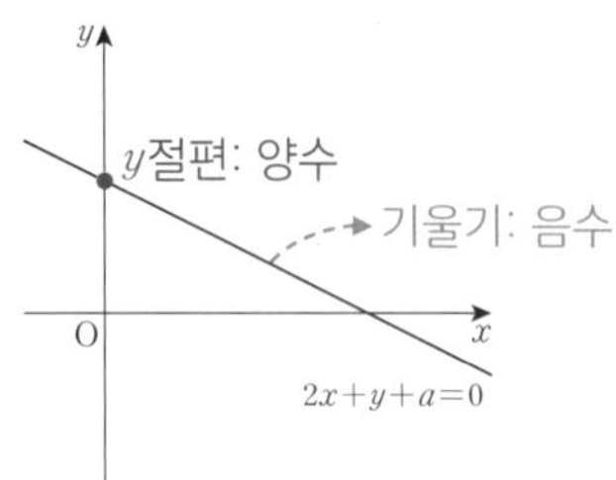

$2x+y+a=0$

$\rightarrow y=-2x-a$

기울기 y절편

y절편이 양수이므로 $-a$가 양수

$(-)\times a=(+)$

$\rightarrow a$는 음수

답 $a<0$

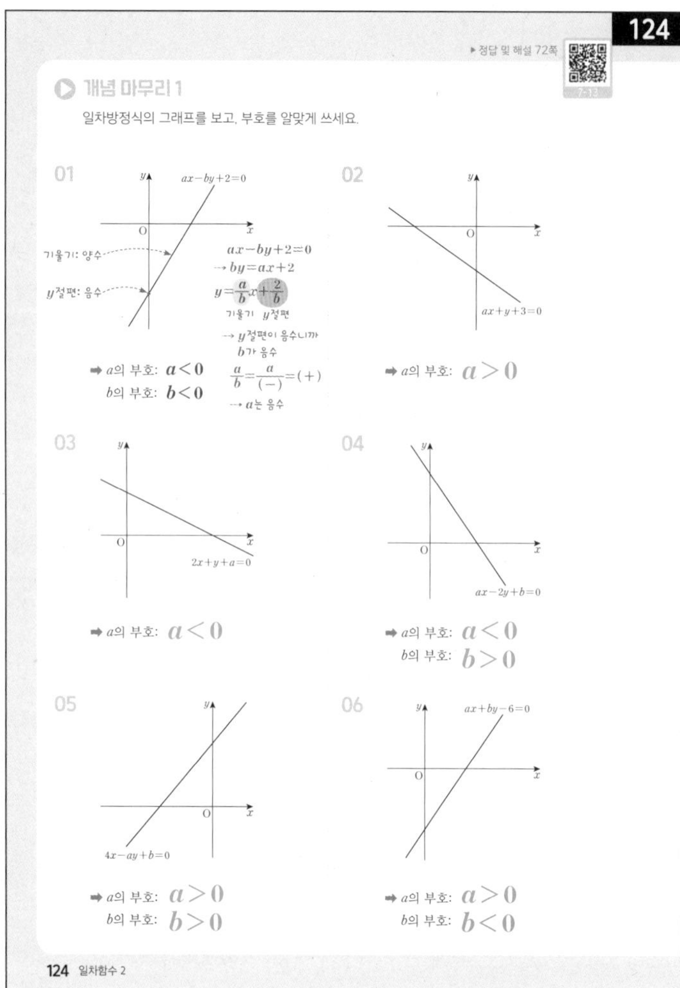

04

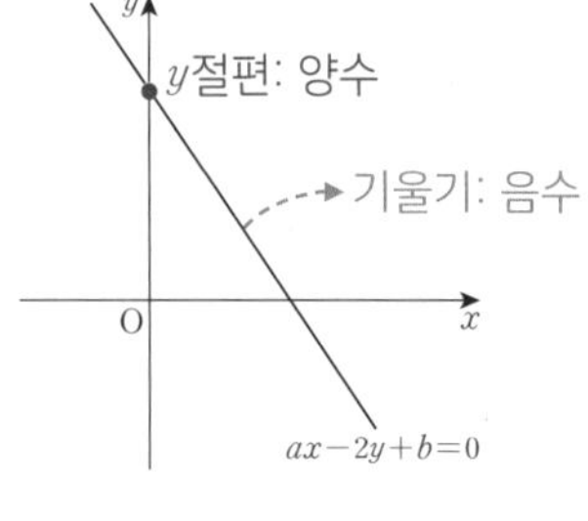

$ax-2y+b=0$

$\rightarrow 2y=ax+b$

$\rightarrow y=\frac{a}{2}x+\frac{b}{2}$

기울기 y절편

- 기울기가 음수이므로 $\frac{a}{2}$가 음수

$\rightarrow a$는 음수

- y절편이 양수이므로 $\frac{b}{2}$가 양수

$\rightarrow b$는 양수

답 $a<0$, $b>0$

06

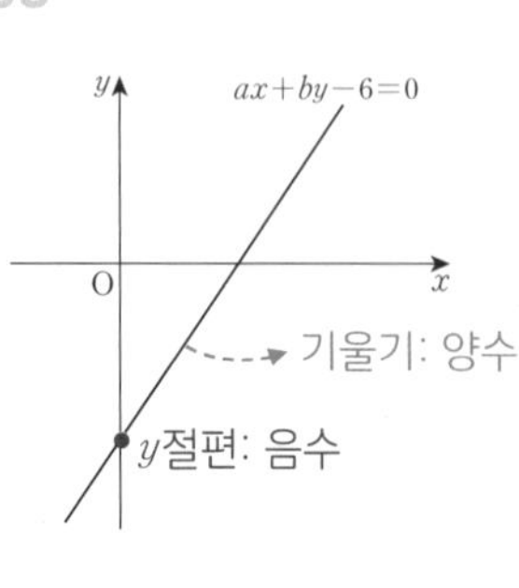

$ax+by-6=0$

$\rightarrow by=-ax+6$

$y=-\frac{a}{b}x+\frac{6}{b}$

기울기 y절편

- y절편이 음수이므로 $\frac{6}{b}$이 음수

$\rightarrow b$는 음수

- 기울기가 양수이므로 $-\frac{a}{b}$가 양수

$-\frac{a}{(-)}=(+)$

$\rightarrow a$는 양수

답 $a>0$, $b<0$

05

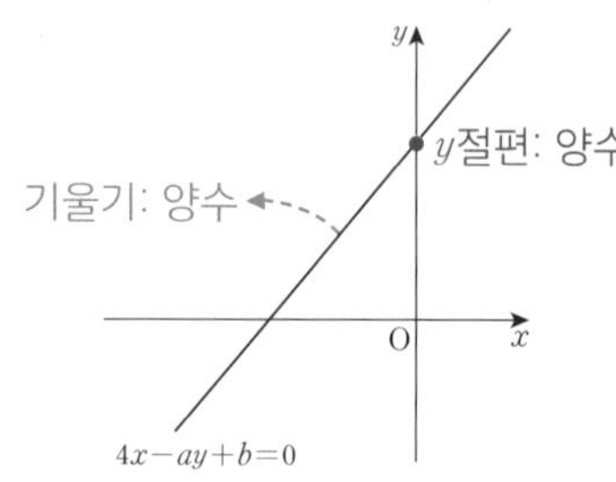

$4x-ay+b=0$

$\rightarrow ay=4x+b$

$y=\frac{4}{a}x+\frac{b}{a}$

기울기 y절편

- 기울기가 양수이므로 $\frac{4}{a}$가 양수

$\rightarrow a$는 양수

- y절편이 양수이므로 $\frac{b}{a}$가 양수

$\frac{b}{(+)}=(+)$

$\rightarrow b$는 양수

답 $a>0$, $b>0$

125쪽 풀이

125

▶정답 및 해설 73쪽

개념 마무리 2

물음에 답하세요.

01 일차방정식 $9x-3y-6=0$의 그래프의 기울기를 a, y절편을 b라고 할 때, ab의 값은?

$9x-3y-6=0$
$\rightarrow 3y=9x-6$
$y=\underbrace{3}_{a}x\underbrace{-2}_{b}$
$\rightarrow ab=3\times(-2)$
$=-6$

답: -6

02 일차방정식 $2x-y+b=0$의 그래프와 일차함수 $y=ax-5$의 그래프가 서로 같을 때, $a-b$의 값은? (단, a, b는 상수)

답: 7

03 일차방정식 $4x-2y+5=0$의 그래프와 평행하고 점 $(4, 1)$을 지나는 직선의 방정식이 $ax-y+b=0$일 때, 상수 a, b의 값은?

답: $a=2$, $b=-7$

04 기울기가 a, y절편이 4인 직선의 방정식이 $2x-3y+b=0$일 때, 상수 a, b의 값은?

답: $a=\frac{2}{3}$, $b=12$

05 일차방정식 $ax-y+2=0$의 그래프가 두 점 $(-1, 1)$, $(2, b)$를 지날 때, $a+b$의 값은? (단, a, b는 상수)

답: 5

06 점 $(2, 3)$을 지나고 기울기가 1인 직선의 방정식이 $x+ay+b=0$일 때, 상수 a, b의 값은?

답: $a=-1$, $b=1$

7. 일차함수와 일차방정식의 관계 125

---

02 $2x-y+b=0$과 $y=ax-5$는 같은 식

$y=ax-5$
$\rightarrow ax-y-5=0$
$\parallel$
$2x-y+b=0$

$a=2$ $\quad$ $b=-5$

$\rightarrow a-b=2-(-5)$
$=2+(+5)$
$=7$

답 7

03 $ax-y+b=0$
- ① $4x-2y+5=0$의 그래프와 평행함
  → 기울기가 같음
- ② 점 $(4, 1)$을 지남
  → $(4, 1)$을 대입하면 성립

$y=ax+b$ $\quad$ 기울기 a는 ①을 이용하여 구하기

$4x-2y+5=0$
$\rightarrow 2y=4x+5$
$y=2x+\frac{5}{2}$
→ 기울기 a는 2

$y=2x+b$ $\quad$ b는 ②를 이용하여 구하기

→ $y=2x+b$에 $(4, 1)$ 대입
$1=2\times4+b$
$1=8+b$
$b=-7$

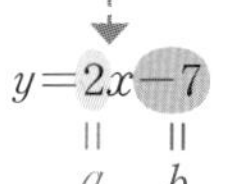

$y=2x-7$ ($a=2$, $b=-7$)

답 $a=2$, $b=-7$

04 $2x-3y+b=0$은 기울기가 a, y절편이 4인 직선의 방정식

$3y=2x+b$
$y=\frac{2}{3}x+\frac{b}{3}$

기울기 $\quad$ y절편
$a=\frac{2}{3}$ $\quad$ $\frac{b}{3}=4$
$b=12$

답 $a=\frac{2}{3}$, $b=12$

05 $ax-y+2=0$의 그래프가 $(-1, 1)$, $(2, b)$를 지남

- $ax-y+2=0$에 $(-1, 1)$ 대입
  $\rightarrow a\times(-1)-1+2=0$
  $-a+1=0$
  $a=1$
- $x-y+2=0$에 $(2, b)$ 대입
  $\rightarrow 2-b+2=0$
  $4-b=0$
  $b=4$

$\rightarrow a+b=1+4$
$=5$

답 5

06 $x+ay+b=0$은 점 $(2, 3)$을 지나고 기울기가 1인 직선의 방정식

→ 식을 $y=x+k$라 하고, $(2, 3)$을 대입
→ $3=2+k$
$k=1$

따라서, $x+ay+b=0$과 $y=x+1$은 같은 식
$\rightarrow x-y+1=0$

$x-1y+1=0$
$\parallel$
$x+ay+b=0$

$a=-1$ $\quad$ $b=1$

답 $a=-1$, $b=1$

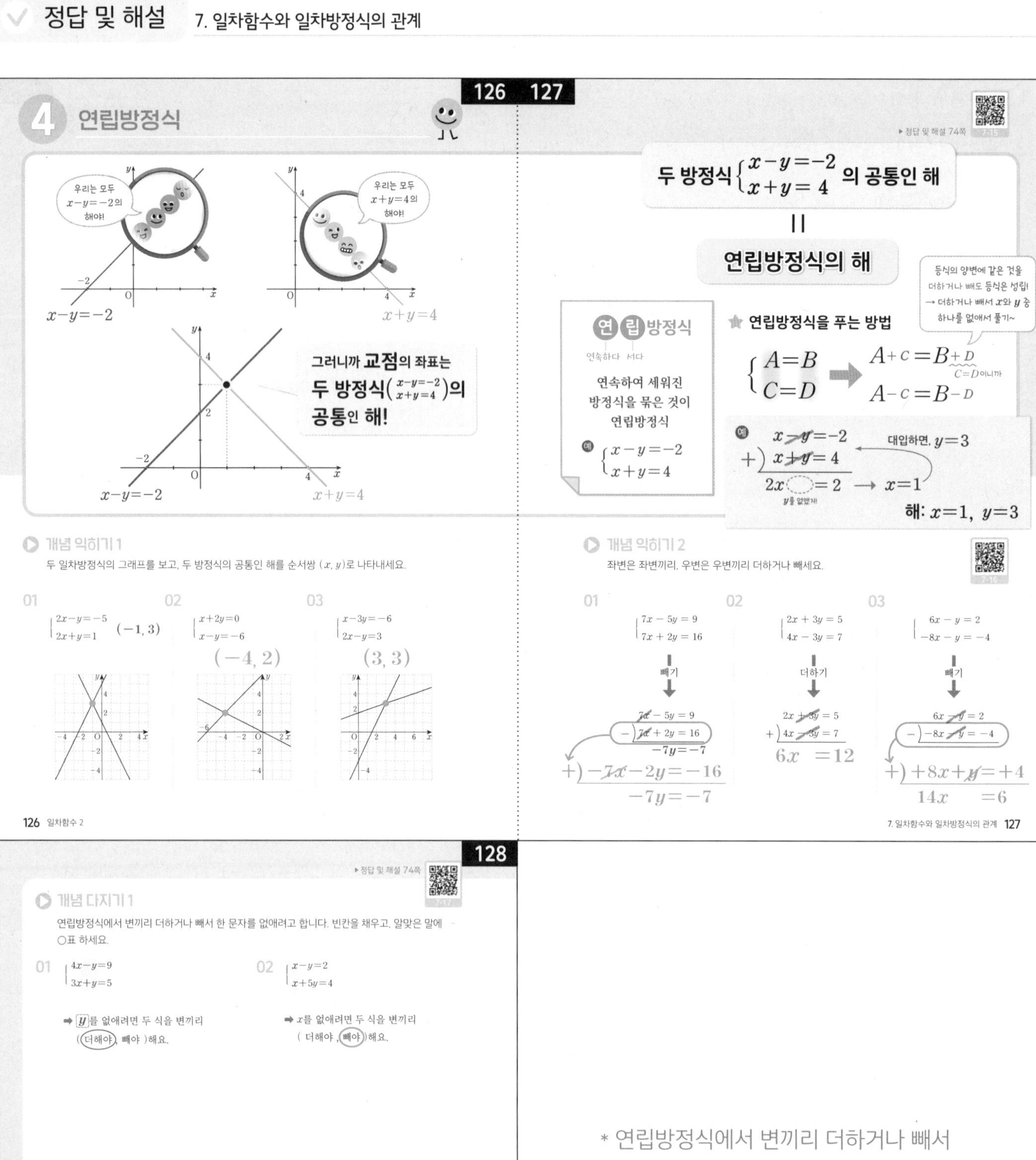

126 127

4 연립방정식

▶ 정답 및 해설 74쪽

두 방정식 $\begin{cases} x-y=-2 \\ x+y=4 \end{cases}$ 의 공통인 해

||

연립방정식의 해

연립방정식

연속하다 서다

연속하여 세워진 방정식을 묶은 것이 연립방정식

예 $\begin{cases} x-y=-2 \\ x+y=4 \end{cases}$

★ 연립방정식을 푸는 방법

등식의 양변에 같은 것을 더하거나 빼도 등식은 성립! → 더하거나 빼서 x와 y 중 하나를 없애서 풀기~

$\begin{cases} A=B \\ C=D \end{cases}$ ➡ $A+C=B+D$, $A-C=B-D$ ($C=D$이니까)

예 $x-y=-2$, $+)\ x+y=4$, $2x=2$ (y를 없앴어!) → $x=1$, 대입하면, $y=3$

해: $x=1$, $y=3$

개념 익히기 1

두 일차방정식의 그래프를 보고, 두 방정식의 공통인 해를 순서쌍 (x, y)로 나타내세요.

01 $\begin{cases} 2x-y=-5 \\ 2x+y=1 \end{cases}$ $(-1, 3)$

02 $\begin{cases} x+2y=0 \\ x-y=-6 \end{cases}$ $(-4, 2)$

03 $\begin{cases} x-3y=-6 \\ 2x-y=3 \end{cases}$ $(3, 3)$

개념 익히기 2

좌변은 좌변끼리, 우변은 우변끼리 더하거나 빼세요.

01 $\begin{cases} 7x-5y=9 \\ 7x+2y=16 \end{cases}$ 빼기 → $-7y=-7$

02 $\begin{cases} 2x+3y=5 \\ 4x-3y=7 \end{cases}$ 더하기 → $6x=12$

03 $\begin{cases} 6x-y=2 \\ -8x-y=-4 \end{cases}$ 빼기 → $14x=6$

126 일차함수 2 / 7. 일차함수와 일차방정식의 관계 127

128

▶ 정답 및 해설 74쪽

개념 다지기 1

연립방정식에서 변끼리 더하거나 빼서 한 문자를 없애려고 합니다. 빈칸을 채우고, 알맞은 말에 ○표 하세요.

01 $\begin{cases} 4x-y=9 \\ 3x+y=5 \end{cases}$

➡ y를 없애려면 두 식을 변끼리 ((더해야), 빼야)해요.

02 $\begin{cases} x-y=2 \\ x+5y=4 \end{cases}$

➡ x를 없애려면 두 식을 변끼리 (더해야 , (빼야))해요.

03 $\begin{cases} 5x+2y=-4 \\ -5x-3y=1 \end{cases}$

➡ x를 없애려면 두 식을 변끼리 ((더해야), 빼야)해요.

04 $\begin{cases} 9x+2y=13 \\ 6x-2y=-11 \end{cases}$

➡ y를 없애려면 두 식을 변끼리 ((더해야), 빼야)해요.

05 $\begin{cases} -4x+5y=13 \\ 4x-6y=-11 \end{cases}$

➡ x를 없애려면 두 식을 변끼리 ((더해야), 빼야)해요.

06 $\begin{cases} 2x+8y=7 \\ 7x+8y=3 \end{cases}$

➡ y를 없애려면 두 식을 변끼리 (더해야 , (빼야))해요.

128 일차함수 2

* 연립방정식에서 변끼리 더하거나 빼서 한 문자를 없애려면, 계수의 절댓값이 같은 문자를 찾으면 됩니다.
계수의 부호가 같을 때는 두 식을 빼고, 계수의 부호가 다를 때는 두 식을 더하면 됩니다.

개념 다지기 2

연립방정식의 해를 구하는 과정입니다. 물음에 답하세요.

01 $\begin{cases} 9x+6y=24 \\ 4x-6y=2 \end{cases}$ → y를 없앨 수 있음

(1) 변끼리 더하거나 뺀 식에서 값을 구할 수 있는 미지수는? x

(2) (1)의 미지수의 값을 구하세요. $x=2$

$$\begin{array}{rl} & 9x+6y=24 \\ +) & 4x-6y=\ 2 \\ \hline & 13x \quad\ \ =26 \end{array}$$

→ $x=2$

(3) (2)에서 구한 값을 연립방정식의 두 식 중 하나에 대입하여 남은 미지수의 값을 구하세요. $y=1$

$9x+6y=24$에 $x=2$ 대입

$9\times2+6y=24$

$18+6y=24$

$6y=6$

$y=1$

02 $\begin{cases} 6x+3y=15 \\ 6x-5y=-9 \end{cases}$ → x를 없앨 수 있음

(1) 변끼리 더하거나 뺀 식에서 값을 구할 수 있는 미지수는? y

(2) (1)의 미지수의 값을 구하세요. $y=3$

$$\begin{array}{rl} & 6x+3y=15 \\ -) & 6x-5y=-9 \\ \hline \end{array} \Rightarrow \begin{array}{rl} & 6x+3y=15 \\ +) & -6x+5y=+9 \\ \hline & 8y=24 \end{array}$$

→ $y=3$

(3) (2)에서 구한 값을 연립방정식의 두 식 중 하나에 대입하여 남은 미지수의 값을 구하세요. $x=1$

$6x+3y=15$에 $y=3$ 대입

→ $6x+3\times3=15$

$6x+9=15$

$6x-6$

$x=1$

03 $\begin{cases} -x+4y=11 \\ -x+y=-4 \end{cases}$ → x를 없앨 수 있음

(1) 변끼리 더하거나 뺀 식에서 값을 구할 수 있는 미지수는? y

(2) (1)의 미지수의 값을 구하세요. $y=5$

$$\begin{array}{rl} & -x+4y=11 \\ -) & -x+\ y=-4 \\ \hline \end{array} \Rightarrow \begin{array}{rl} & -x+4y=11 \\ +) & +x-\ y=+4 \\ \hline & 3y=15 \end{array}$$

→ $y=5$

(3) (2)에서 구한 값을 연립방정식의 두 식 중 하나에 대입하여 남은 미지수의 값을 구하세요. $x=9$

$-x+4y=11$에 $y=5$ 대입

→ $-x+4\times5=11$

$-x+20=11$

$-x=-9$

$x=9$

04 $\begin{cases} -2x+7y=-6 \\ 5x+7y=-34 \end{cases}$ → y를 없앨 수 있음

(1) 변끼리 더하거나 뺀 식에서 값을 구할 수 있는 미지수는? x

(2) (1)의 미지수의 값을 구하세요. $x=-4$

$$\begin{array}{rl} & -2x+7y=-6 \\ -) & 5x+7y=-34 \\ \hline \end{array} \Rightarrow \begin{array}{rl} & -2x+7y=-6 \\ +) & -5x-7y=+34 \\ \hline & -7x \quad =28 \end{array}$$

→ $x=-4$

(3) (2)에서 구한 값을 연립방정식의 두 식 중 하나에 대입하여 남은 미지수의 값을 구하세요. $y=-2$

$-2x+7y=-6$에 $x=-4$ 대입

→ $(-2)\times(-4)+7y=-6$

$8+7y=-6$

$7y=-14$

$y=-2$

130쪽 풀이

02 ① 문자 하나를 없애기

$$\begin{array}{rl} & x-y=1 \\ +) & x+y=3 \\ \hline & 2x\quad=4 \end{array}$$

$\rightarrow x=2$

② 다른 문자의 값 찾기

$x-y=1$에 $x=2$ 대입

$\rightarrow 2-y=1$

$-y=-1$

$y=1$

답 $(2,\ 1)$

03 ① 문자 하나를 없애기

$$\begin{array}{rl} & 4x+4y=0 \\ -) & -2x+4y=12 \\ \hline \end{array} \Rightarrow \begin{array}{rl} & 4x+4y=0 \\ +) & +2x-4y=-12 \\ \hline & 6x\quad=-12 \end{array}$$

$\rightarrow x=-2$

② 다른 문자의 값 찾기

$4x+4y=0$에 $x=-2$ 대입

$\rightarrow 4\times(-2)+4y=0$

$-8+4y=0$

$4y=8$

$y=2$

답 $(-2,\ 2)$

04 ① 문자 하나를 없애기

$$\begin{array}{rl} & 3x-\ y=9 \\ -) & 3x+6y=-12 \\ \hline \end{array} \Rightarrow \begin{array}{rl} & 3x-\ y=9 \\ +) & -3x-6y=+12 \\ \hline & -7y=21 \end{array}$$

$\rightarrow y=-3$

② 다른 문자의 값 찾기

$3x-y=9$에 $y=-3$ 대입

$\rightarrow 3x-(-3)=9$

$3x+(+3)=9$

$3x=6$

$x=2$

답 $(2,\ -3)$

06 ① 문자 하나를 없애기

$$\begin{array}{rl} & x+6y=3 \\ -) & -2x+6y=12 \\ \hline \end{array} \Rightarrow \begin{array}{rl} & x+6y=3 \\ +) & +2x-6y=-12 \\ \hline & 3x\quad=-9 \end{array}$$

$\rightarrow x=-3$

② 다른 문자의 값 찾기

$x+6y=3$에 $x=-3$ 대입

$\rightarrow (-3)+6y=3$

$6y=6$

$y=1$

답 $(-3,\ 1)$

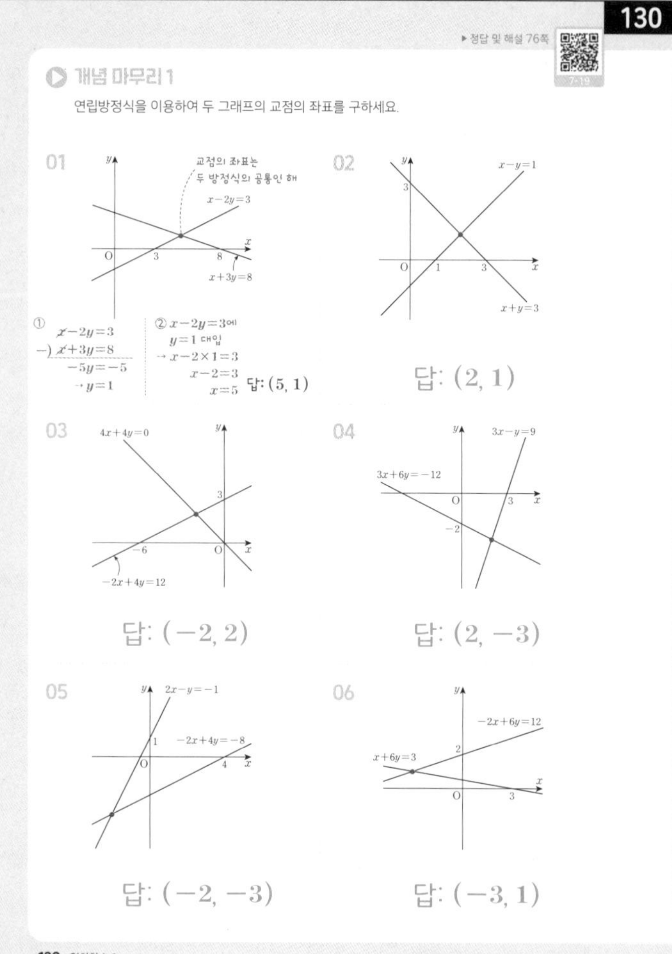

130

▸정답 및 해설 76쪽

개념 마무리 1

연립방정식을 이용하여 두 그래프의 교점의 좌표를 구하세요.

01 교점의 좌표는 두 방정식의 공통인 해 $x-2y=3$, $x+3y=8$

① $x-2y=3$, $-)\ x+3y=8$, $-5y=-5$, $\rightarrow y=1$

② $x-2y=3$에 $y=1$ 대입 $\rightarrow x-2\times1=3$, $x-2=3$, $x=5$ 답: $(5,\ 1)$

02 $x-y=1$, $x+y=3$ 답: $(2,\ 1)$

03 $4x+4y=0$, $-2x+4y=12$ 답: $(-2,\ 2)$

04 $3x-y=9$, $3x+6y=-12$ 답: $(2,\ -3)$

05 $2x-y=-1$, $-2x+4y=-8$ 답: $(-2,\ -3)$

06 $-2x+6y=12$, $x+6y=3$ 답: $(-3,\ 1)$

130 일차함수 2

05 ① 문자 하나를 없애기

$$\begin{array}{rl} & 2x-\ y=-1 \\ +) & -2x+4y=-8 \\ \hline & 3y=-9 \end{array}$$

$\rightarrow y=-3$

② 다른 문자의 값 찾기

$2x-y=-1$에 $y=-3$ 대입

$\rightarrow 2x-(-3)=-1$

$2x+(+3)=-1$

$2x=-4$

$x=-2$

답 $(-2,\ -3)$

131쪽 풀이

02 두 그래프의 교점의 좌표: $(-1, -4)$
→ 두 방정식의 공통인 해

① $-6x+4y=a$에 $(-1, -4)$ 대입
→ $(-6)\times(-1)+4\times(-4)=a$
$6-16=a$
$a=-10$

② $6x+5y=b$에 $(-1, -4)$ 대입
→ $6\times(-1)+5\times(-4)=b$
$-6-20=b$
$b=-26$

답 $a=-10$, $b=-26$

03 두 그래프의 교점의 좌표: $(3, -3)$
→ 두 방정식의 공통인 해

① $7x+ay=12$에 $(3, -3)$ 대입
→ $7\times3+a\times(-3)=12$
$21-3a=12$
$-3a=-9$
$a=3$

② $x-3y=b$에 $(3, -3)$ 대입
→ $3-3\times(-3)=b$
$3+(-3)\times(-3)=b$
$3+9=b$
$b=12$

답 $a=3$, $b=12$

04 두 그래프의 교점의 좌표: $(1, -2)$
→ 두 방정식의 공통인 해

① $ax-y=3$에 $(1, -2)$ 대입
→ $a\times1-(-2)=3$
$a+(+2)=3$
$a+2=3$
$a=1$

② $bx+y=2$에 $(1, -2)$ 대입
→ $b\times1+(-2)=2$
$b-2=2$
$b=4$

답 $a=1$, $b=4$

06 두 그래프의 교점의 좌표: $(4, 3)$
→ 두 방정식의 공통인 해

① $3x-ay=6$에 $(4, 3)$ 대입
→ $3\times4+(-a)\times3=6$
$12-3a=6$
$-3a=-6$
$a=2$

② $ax-6y=b$에서 $a=2$이므로 $2x-6y=b$

$2x-6y=b$에 $(4, 3)$ 대입
→ $2\times4+(-6)\times3=b$
$8-18=b$
$b=-10$

답 $a=2$, $b=-10$

131

▸ 정답 및 해설 77쪽

개념 마무리 2

연립방정식에서 두 일차방정식을 그래프로 나타냈습니다. 상수 a, b의 값을 각각 구하세요.

01 $\begin{cases} 3x+2y=a \\ 5x+by=1 \end{cases}$

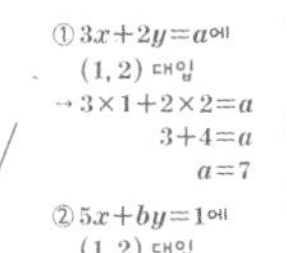

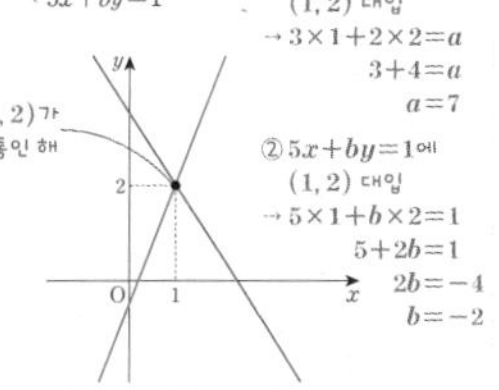

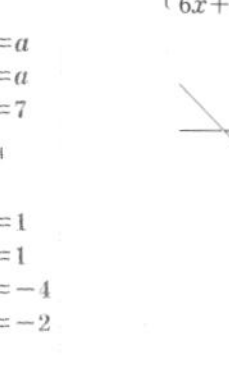

① $3x+2y=a$에 $(1, 2)$ 대입
→ $3\times1+2\times2=a$
$3+4=a$
$a=7$
② $5x+by=1$에 $(1, 2)$ 대입
→ $5\times1+b\times2=1$
$5+2b=1$
$2b=-4$
$b=-2$

답: $a=7$, $b=-2$

02 $\begin{cases} -6x+4y=a \\ 6x+5y=b \end{cases}$ 답: $a=-10$, $b=-26$

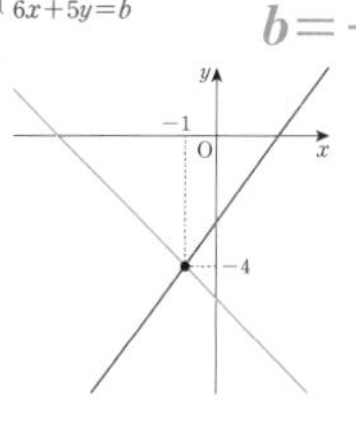

03 $\begin{cases} 7x+ay=12 \\ x-3y=b \end{cases}$ 답: $a=3$, $b=12$

04 $\begin{cases} ax-y=3 \\ bx+y=2 \end{cases}$ 답: $a=1$, $b=4$

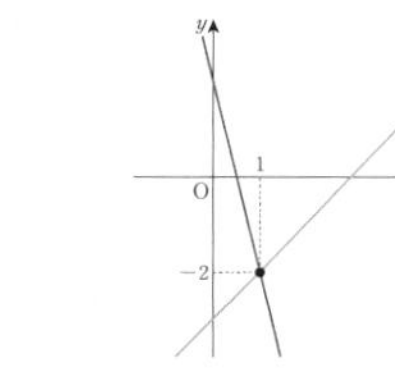

05 $\begin{cases} ax+5y=2 \\ -x-4y=b \end{cases}$ 답: $a=2$, $b=-4$

06 $\begin{cases} 3x-ay=6 \\ ax-6y=b \end{cases}$ 답: $a=2$, $b=-10$

7. 일차함수와 일차방정식의 관계 131

05 두 그래프의 교점의 좌표: $(-4, 2)$
→ 두 방정식의 공통인 해

① $ax+5y=2$에 $(-4, 2)$ 대입
→ $a\times(-4)+5\times2=2$
$-4a+10=2$
$-4a=-8$
$a=2$

② $-x-4y=b$에 $(-4, 2)$ 대입
→ $-(-4)+(-4)\times2=b$
$+(+4)-8=b$
$4-8=b$
$b=-4$

답 $a=2$, $b=-4$

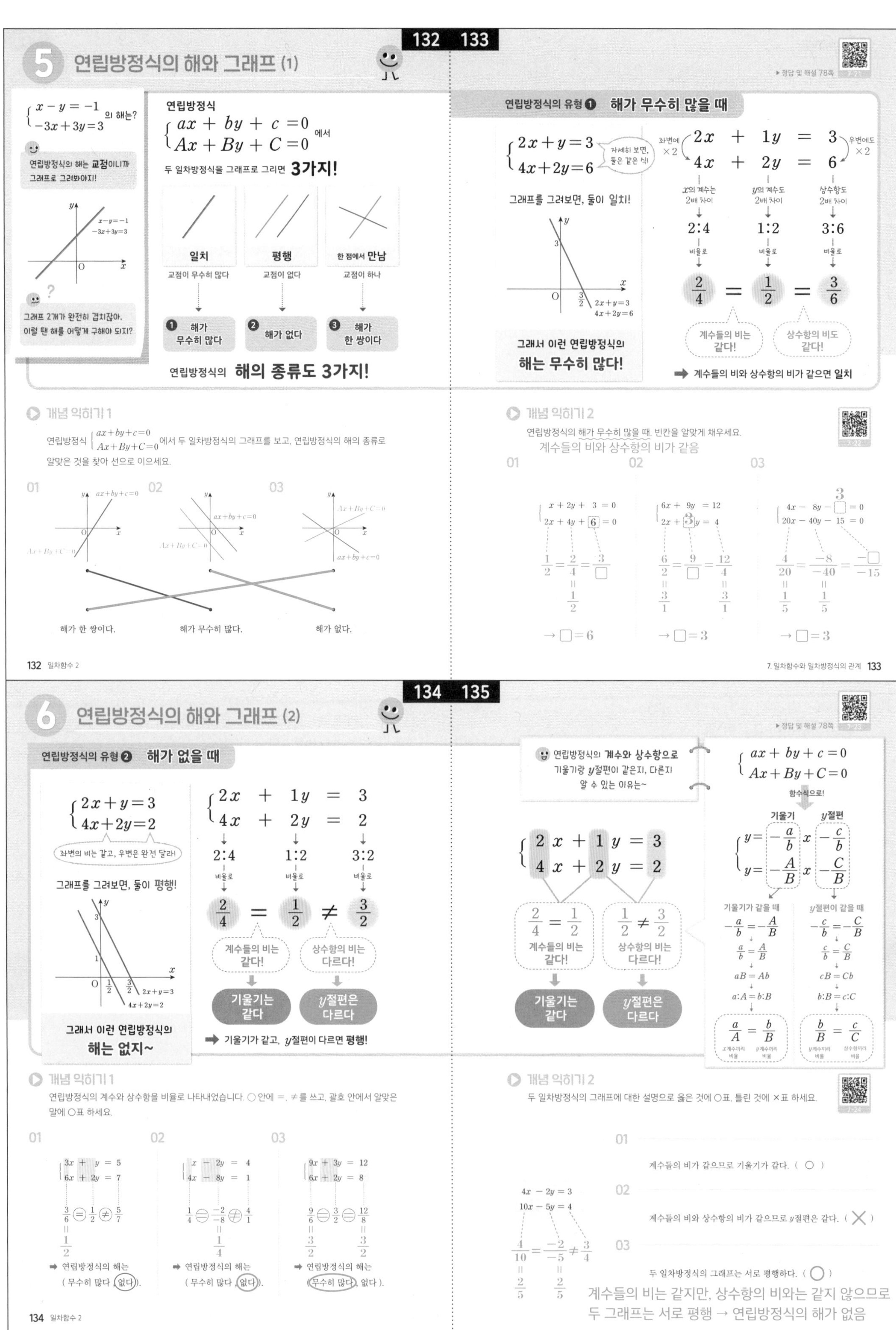

132 133
5 연립방정식의 해와 그래프 (1)
연립방정식의 해는 교점이니까 그래프로 그려봐야지!
그래프 2개가 완전히 겹치잖아. 이럴 땐 해를 어떻게 구해야 되지?
두 일차방정식을 그래프로 그리면 3가지!
일치 교점이 무수히 많다
평행 교점이 없다
한 점에서 만남 교점이 하나
❶ 해가 무수히 많다
❷ 해가 없다
❸ 해가 한 쌍이다
연립방정식의 해의 종류도 3가지!
연립방정식의 유형 ❶ 해가 무수히 많을 때
그래프를 그려보면, 둘이 일치!
그래서 이런 연립방정식의 해는 무수히 많다!
계수들의 비는 같다!
상수항의 비도 같다!
계수들의 비와 상수항의 비가 같으면 일치
개념 익히기 1
해가 한 쌍이다.
해가 무수히 많다.
해가 없다.
개념 익히기 2
계수들의 비와 상수항의 비가 같음
132 일차함수 2
7. 일차함수와 일차방정식의 관계 133
134 135
6 연립방정식의 해와 그래프 (2)
연립방정식의 유형 ❷ 해가 없을 때
좌변의 비는 같고, 우변은 완전 달라!
그래프를 그려보면, 둘이 평행!
그래서 이런 연립방정식의 해는 없지~
계수들의 비는 같다!
상수항의 비는 다르다!
기울기는 같다
y절편은 다르다
기울기가 같고, y절편이 다르면 평행!
개념 익히기 1
연립방정식의 해는 (무수히 많다, 없다).
개념 익히기 2
계수들의 비가 같으므로 기울기가 같다. (○)
계수들의 비와 상수항의 비가 같으므로 y절편은 같다. (×)
두 일차방정식의 그래프는 서로 평행하다. (○)
계수들의 비는 같지만, 상수항의 비와는 같지 않으므로 두 그래프는 서로 평행 → 연립방정식의 해가 없음
134 일차함수 2

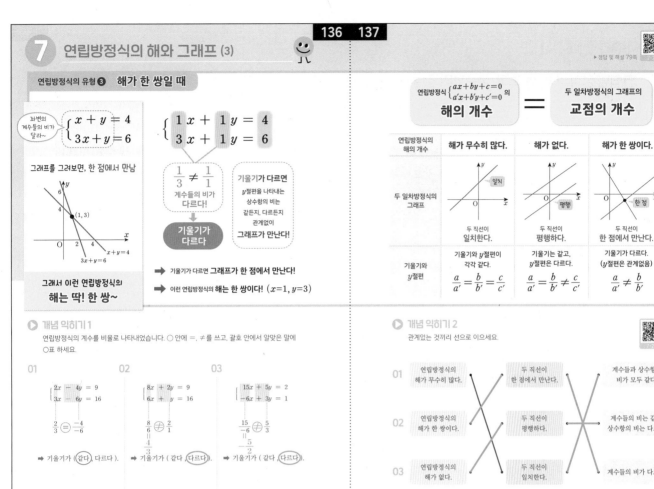

7 연립방정식의 해와 그래프 (3)

▶ 정답 및 해설 79쪽

연립방정식의 유형 ③ 해가 한 쌍일 때

좌변의 계수들의 비가 달라~

$\begin{cases} x+y=4 \\ 3x+y=6 \end{cases}$

그래프를 그려보면, 한 점에서 만남

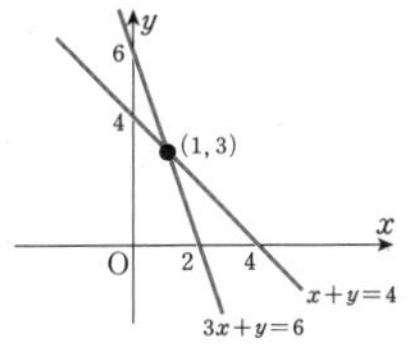

(그래프: $(1, 3)$, $x+y=4$, $3x+y=6$)

그래서 이런 연립방정식의 해는 딱! 한 쌍~

$\begin{cases} 1x+1y=4 \\ 3x+1y=6 \end{cases}$

$\frac{1}{3} \neq \frac{1}{1}$ 계수들의 비가 다르다! → 기울기가 다르다

기울기가 다르면 y절편을 나타내는 상수항의 비는 같든지, 다르든지 관계없이 그래프가 만난다!

➡ 기울기가 다르면 그래프가 한 점에서 만난다!

➡ 이런 연립방정식의 해는 한 쌍이다! $(x=1, y=3)$

연립방정식 $\begin{cases} ax+by+c=0 \\ a'x+b'y+c'=0 \end{cases}$의 해의 개수 = 두 일차방정식의 그래프의 교점의 개수

연립방정식의 해의 개수	해가 무수히 많다.	해가 없다.	해가 한 쌍이다.
두 일차방정식의 그래프	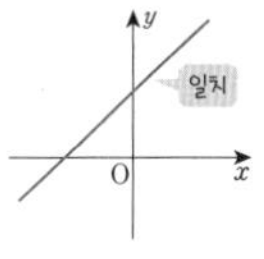 일치 두 직선이 일치한다.	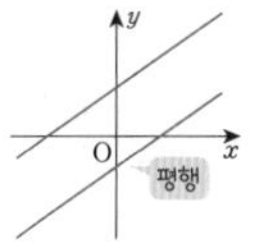 평행 두 직선이 평행하다.	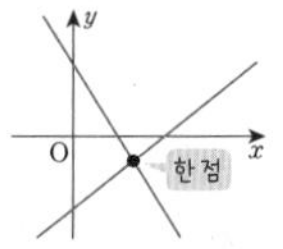 한 점 두 직선이 한 점에서 만난다.
기울기와 y절편	기울기와 y절편이 각각 같다. $\frac{a}{a'}=\frac{b}{b'}=\frac{c}{c'}$	기울기는 같고, y절편은 다르다. $\frac{a}{a'}=\frac{b}{b'}\neq\frac{c}{c'}$	기울기가 다르다. (y절편은 관계없음) $\frac{a}{a'}\neq\frac{b}{b'}$

개념 익히기 1

연립방정식의 계수를 비율로 나타내었습니다. ○ 안에 =, ≠를 쓰고, 괄호 안에서 알맞은 말에 ○표 하세요.

01 $\begin{cases} 2x-4y=9 \\ 3x-6y=16 \end{cases}$ $\frac{2}{3} = \frac{-4}{-6}$ ➡ 기울기가 (같다), 다르다).

02 $\begin{cases} 8x+2y=9 \\ 6x+y=16 \end{cases}$ $\frac{8}{6} \neq \frac{2}{1}$, $\frac{8}{6}=\frac{4}{3}$ ➡ 기울기가 (같다 , (다르다)).

03 $\begin{cases} 15x+5y=2 \\ -6x+3y=1 \end{cases}$ $\frac{15}{-6} \neq \frac{5}{3}$, $\frac{15}{-6}=-\frac{5}{2}$ ➡ 기울기가 (같다 , (다르다)).

개념 익히기 2

관계있는 것끼리 선으로 이으세요.

01 연립방정식의 해가 무수히 많다. — 두 직선이 일치한다. — 계수들과 상수항의 비가 모두 같다.

02 연립방정식의 해가 한 쌍이다. — 두 직선이 한 점에서 만난다. — 계수들의 비가 다르다.

03 연립방정식의 해가 없다. — 두 직선이 평행하다. — 계수들의 비는 같고, 상수항의 비는 다르다.

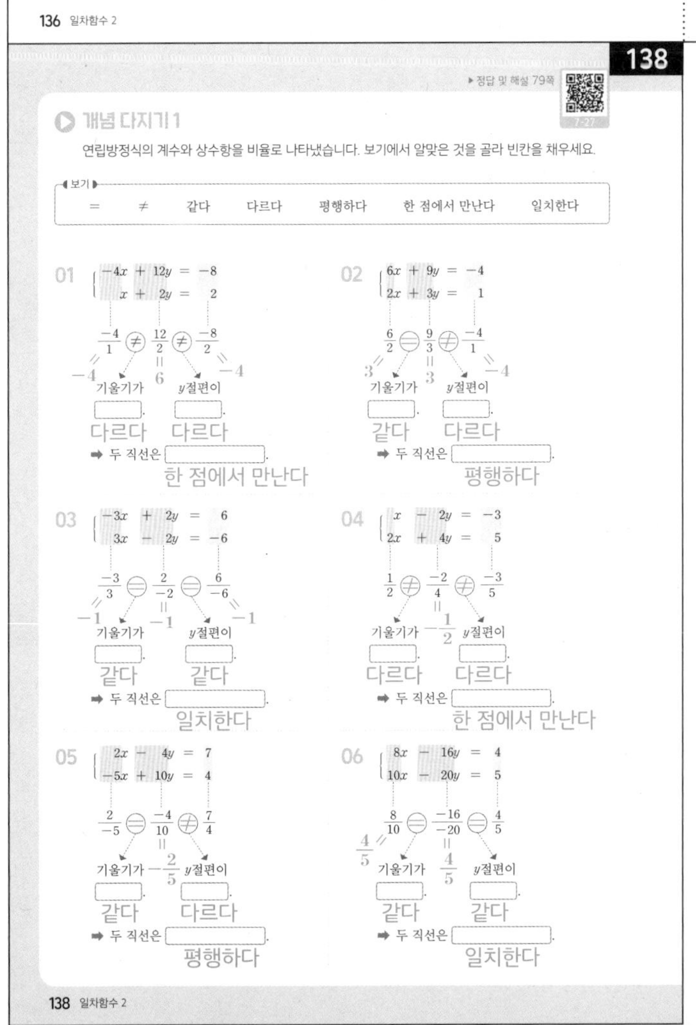

▶ 정답 및 해설 79쪽

개념 다지기 1

연립방정식의 계수와 상수항을 비율로 나타냈습니다. 보기에서 알맞은 것을 골라 빈칸을 채우세요.

보기: = ≠ 같다 다르다 평행하다 한 점에서 만난다 일치한다

01 $\begin{cases} -4x+12y=-8 \\ x+2y=2 \end{cases}$ $\frac{-4}{1} \neq \frac{12}{2} \neq \frac{-8}{2}$ (-4, 6, -4) 기울기가 다르다, y절편이 다르다 ➡ 두 직선은 한 점에서 만난다.

02 $\begin{cases} 6x+9y=-4 \\ 2x+3y=1 \end{cases}$ $\frac{6}{2} = \frac{9}{3} \neq \frac{-4}{1}$ (3, 3, -4) 기울기가 같다, y절편이 다르다 ➡ 두 직선은 평행하다.

03 $\begin{cases} -3x+2y=6 \\ 3x-2y=-6 \end{cases}$ $\frac{-3}{3} = \frac{2}{-2} = \frac{6}{-6}$ (-1, -1, -1) 기울기가 같다, y절편이 같다 ➡ 두 직선은 일치한다.

04 $\begin{cases} x-2y=-3 \\ 2x+4y=5 \end{cases}$ $\frac{1}{2} \neq \frac{-2}{4} \neq \frac{-3}{5}$ ($-\frac{1}{2}$) 기울기가 다르다, y절편이 다르다 ➡ 두 직선은 한 점에서 만난다.

05 $\begin{cases} 2x-4y=7 \\ -5x+10y=4 \end{cases}$ $\frac{2}{-5} = \frac{-4}{10} \neq \frac{7}{4}$ ($-\frac{2}{5}$) 기울기가 같다, y절편이 다르다 ➡ 두 직선은 평행하다.

06 $\begin{cases} 8x-16y=4 \\ 10x-20y=5 \end{cases}$ $\frac{8}{10} = \frac{-16}{-20} = \frac{4}{5}$ ($\frac{4}{5}$, $\frac{4}{5}$) 기울기가 같다, y절편이 같다 ➡ 두 직선은 일치한다.

139

개념 다지기 2

연립방정식의 해를 보고 상수 a의 값을 구하세요.

01 $\begin{cases} 3x+y=5 \\ 6x+2y=a \end{cases}$ ➡ 해가 무수히 많다.
→ 기울기가 같고, y절편도 같음

$\frac{3}{6}=\frac{1}{2}=\frac{5}{a}$

$\rightarrow \frac{1}{2}=\frac{5}{a}$

$\frac{a}{2}=5$

$a=10$

답: 10

02 $\begin{cases} -x+ay=5 \\ 3x+12y=-15 \end{cases}$ ➡ 해가 무수히 많다.
→ 기울기가 같고, y절편도 같음

$\frac{-1}{3}=\frac{a}{12}=\frac{5}{-15}=-\frac{1}{3}$

$\rightarrow \frac{a}{12}=-\frac{1}{3}$

$a=\left(-\frac{1}{3}\right)\times 12$

$a=-4$

답: -4

03 $\begin{cases} 5x-10y=25 \\ ax-8y=12 \end{cases}$ ➡ 해가 없다.
→ 기울기가 같고, y절편은 다름

$\frac{5}{a}=\frac{-10}{-8}\neq\frac{25}{12}$, $\frac{-10}{-8}=\frac{5}{4}$

$\rightarrow \frac{5}{a}=\frac{5}{4}$

$a=4$

답: 4

04 $\begin{cases} 2x-y=2 \\ -7x+3y=a \end{cases}$ ➡ 해가 $(3, 4)$

$-7x+3y=a$에 $(3, 4)$ 대입

$\rightarrow (-7)\times 3+3\times 4=a$

$-21+12=a$

$a=-9$

답: -9

05 $\begin{cases} ax-2y=1 \\ 9x-6y=3 \end{cases}$ ➡ 해가 무수히 많다.
→ 기울기가 같고, y절편도 같음

$\frac{a}{9}=\frac{-2}{-6}=\frac{1}{3}$, $\frac{-2}{-6}=\frac{1}{3}$

$\rightarrow \frac{a}{9}=\frac{1}{3}$

$a=\frac{1}{3}\times 9$

$a=3$

답: 3

06 $\begin{cases} ax+y=-8 \\ 4x-y=3 \end{cases}$ ➡ 해가 없다.
→ 기울기가 같고, y절편은 다름

$\frac{a}{4}=\frac{1}{-1}\neq\frac{-8}{3}$, $\frac{1}{-1}=-1$

$\rightarrow \frac{a}{4}=-1$

$a=-4$

답: -4

개념 마무리 1

물음에 답하세요.

01 두 일차방정식 $7x+y=a$, $bx-y=3$의 그래프의 교점이 하나일 때, 상수 a, b의 조건은?

→ 기울기가 다름, y절편은 같든 말든~

$7x+y=a$
$bx-y=3$

$\frac{7}{b} \neq \frac{1}{-1} \bigcirc \frac{a}{3}$, $\frac{1}{-1}=-1$

$\frac{7}{b}\neq-1$, $b\neq-7$

$\frac{a}{3}$는 -1이어도 되고, 아니어도 됨 → a는 모든 수

답: a는 모든 수, $b\neq-7$

02 두 일차방정식 $x-2y=a$, $bx+4y=5$의 그래프의 기울기는 같고 y절편이 다를 때, 상수 a, b의 조건은?

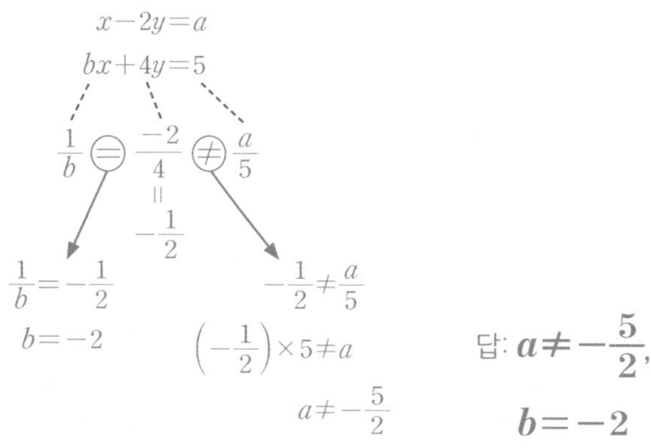

답: $a\neq-\frac{5}{2}$, $b=-2$

03 두 일차함수 $y=ax+5$, $y=4x+b$의 그래프가 한 점에서 만날 때, 상수 a, b의 조건은?

→ 기울기가 다름, y절편은 같든 말든~

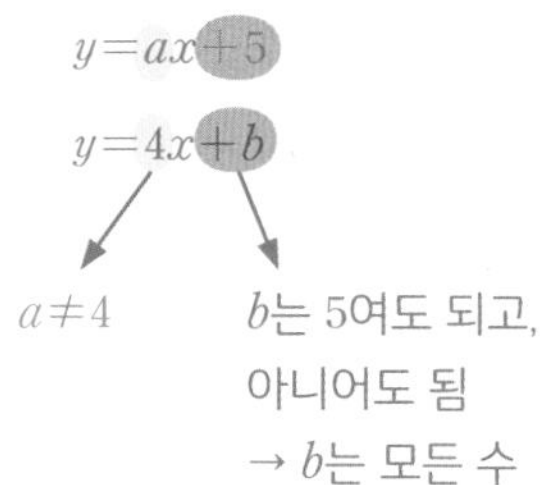

답: $a\neq4$, b는 모든 수

04 연립방정식 $\begin{cases}10x-ay=4\\bx+3y=2\end{cases}$에서 각 방정식의 그래프를 그렸더니 두 직선이 일치하였습니다. 상수 a, b의 조건은?

→ 기울기와 y절편이 모두 같음

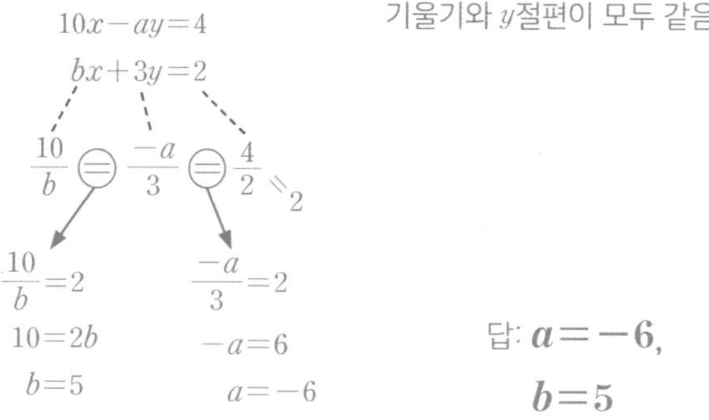

답: $a=-6$, $b=5$

05 두 일차함수 $y=-2x+a$, $y=bx+\frac{1}{2}$의 그래프의 교점이 무수히 많을 때, 상수 a, b의 조건은?

→ 기울기와 y절편이 모두 같음

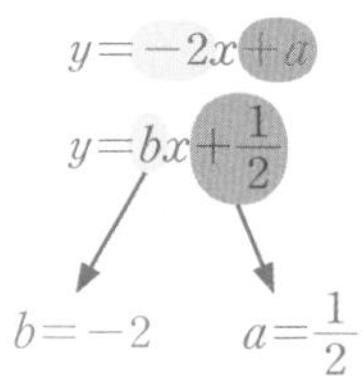

답: $a=\frac{1}{2}$, $b=-2$

06 두 일차방정식 $6x+ay=4$, $6x-12y=b$의 그래프가 서로 평행할 때, 상수 a, b의 조건은?

→ 기울기는 같고, y절편은 다름

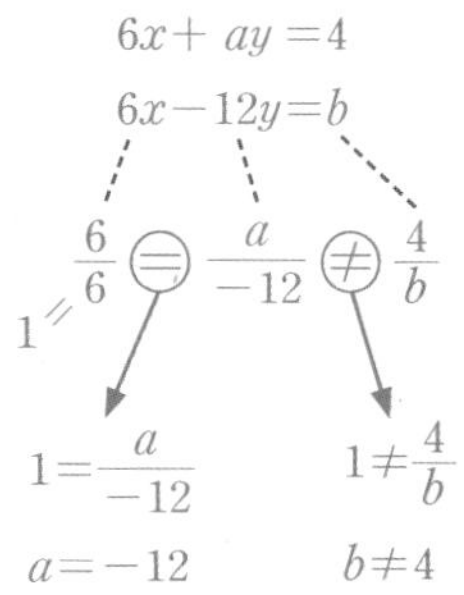

답: $a=-12$, $b\neq4$

141쪽 풀이

02 점 $(3, 4)$에서 만나는 두 직선
→ $(3, 4)$를 대입하여 성립하는 식을 찾기

㉡ $4x-2y-4=0$에 대입
→ $4\times3+(-2)\times4-4$
$=12-8-4$
$=0$
→ 성립함

㉥ $x-4y+13=0$에 대입
→ $3+(-4)\times4+13$
$=3-16+13$
$=0$
→ 성립함

답 ㉡, ㉥

03 두 직선의 교점이 무수히 많음
→ 두 직선이 일치함
→ 기울기와 y절편이 모두 같음

$-10x+2y+2=0$과 기울기와 y절편이 같은 식을 찾으면

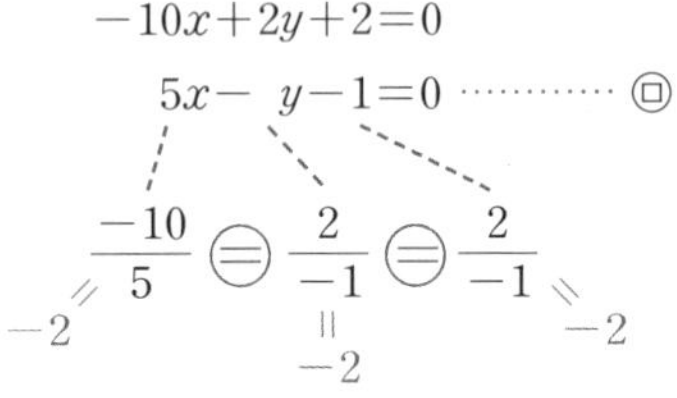

답 ㉤

04 두 직선의 교점이 없음
→ 두 직선이 평행함
→ 기울기가 같고, y절편은 다른 식 찾기

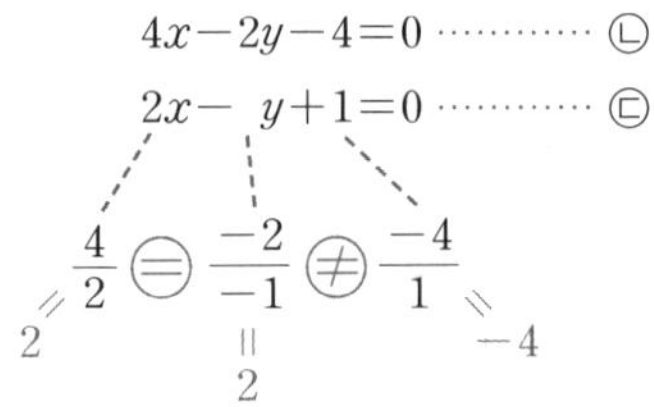

답 ㉡, ㉢

05 두 직선이 일치함
→ 기울기와 y절편이 모두 같음

$-3x+y+3=0$과 기울기와 y절편이 같은 식을 찾으면

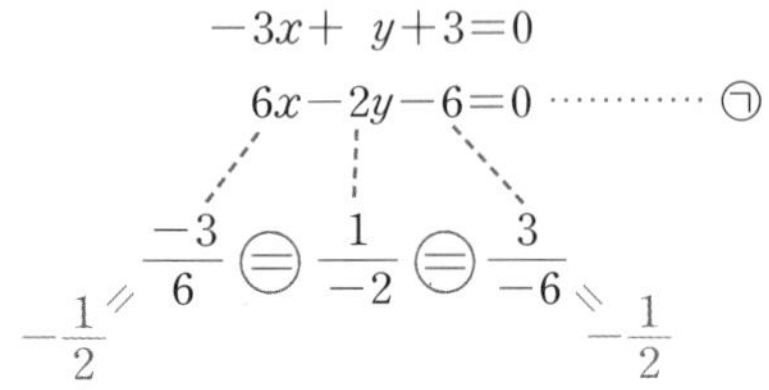

답 ㉠

141

▸정답 및 해설 82쪽

개념 마무리 2

설명에 알맞은 직선의 방정식을 보기에서 찾아 기호를 쓰세요.

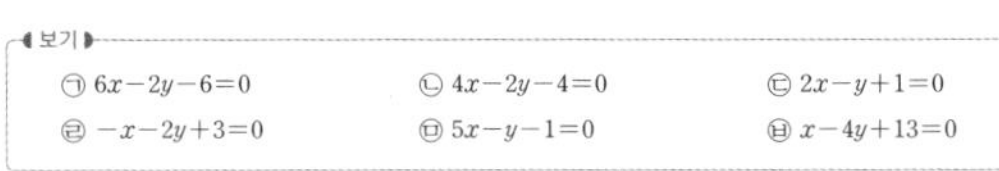
보기
㉠ $6x-2y-6=0$ ㉡ $4x-2y-4=0$ ㉢ $2x-y+1=0$
㉣ $-x-2y+3=0$ ㉤ $5x-y-1=0$ ㉥ $x-4y+13=0$

01 직선 $x+2y=-3$과 평행한 직선
기울기가 같고, y절편은 다름
㉠~㉥ 중 그런 식을 찾아보면
$x+2y=-3$
→ $x+2y+3=0$
㉣ $-x-2y+3=0$
$\frac{1}{-1}=\frac{2}{-2}\neq\frac{3}{3}$
-1 -1 1
답: ㉣

02 점 $(3, 4)$에서 만나는 두 직선
답: ㉡, ㉥

03 직선 $-10x+2y+2=0$과 교점이 무수히 많은 직선
답: ㉤

04 교점이 없는 두 직선
답: ㉡, ㉢

05 직선 $-3x+y+3=0$과 일치하는 직선
답: ㉠

06 직선 $4x+2y-12=0$과 x축에서 만나는 직선
답: ㉣

7. 일차함수와 일차방정식의 관계 141

06 직선 $4x+2y-12=0$과 x축에서 만남
→ 교점이 x축 위의 점이므로, y좌표가 0

• $4x+2y-12=0$에 $y=0$을 대입
→ $4x+2\times0-12=0$
$4x+0-12=0$
$4x-12=0$
$4x=12$
$x=3$

→ 교점의 좌표는 $(3, 0)$

• 점 $(3, 0)$을 지나는 직선의 방정식을 찾기

㉣ $-x-2y+3=0$에 $(3, 0)$을 대입
→ $-3+(-2)\times0+3$
$=-3+0+3$
$=0$
→ 성립함

답 ㉣

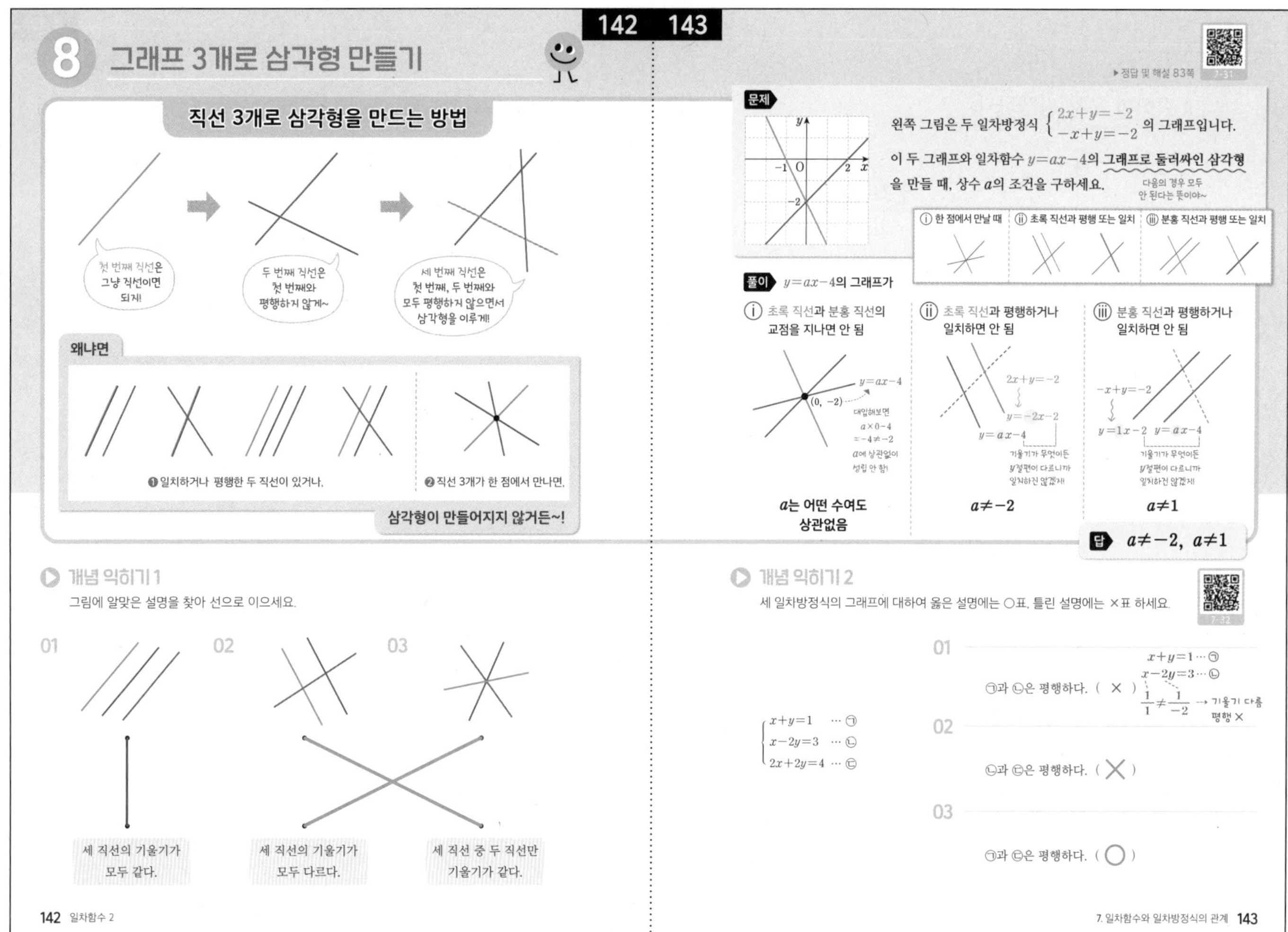

142 143

8 그래프 3개로 삼각형 만들기

▶정답 및 해설 83쪽

직선 3개로 삼각형을 만드는 방법

첫 번째 직선은 그냥 직선이면 되지!

두 번째 직선은 첫 번째와 평행하지 않게~

세 번째 직선은 첫 번째, 두 번째와 모두 평행하지 않으면서 삼각형을 이루게!

왜냐면

❶ 일치하거나 평행한 두 직선이 있거나,

❷ 직선 3개가 한 점에서 만나면,

삼각형이 만들어지지 않거든~!

문제

왼쪽 그림은 두 일차방정식 $\begin{cases} 2x+y=-2 \\ -x+y=-2 \end{cases}$ 의 그래프입니다.

이 두 그래프와 일차함수 $y=ax-4$의 그래프로 둘러싸인 삼각형을 만들 때, 상수 a의 조건을 구하세요.

다음의 경우 모두 안 된다는 뜻이야~

ⓘ 한 점에서 만날 때 | ⓘⓘ 초록 직선과 평행 또는 일치 | ⓘⓘⓘ 분홍 직선과 평행 또는 일치

풀이 $y=ax-4$의 그래프가

ⓘ 초록 직선과 분홍 직선의 교점을 지나면 안 됨

$(0, -2)$ 대입해보면 $a\times 0-4=-4\neq -2$ a에 상관없이 성립 안 함!

a는 어떤 수여도 상관없음

ⓘⓘ 초록 직선과 평행하거나 일치하면 안 됨

$2x+y=-2$ → $y=-2x-2$, $y=ax-4$ 기울기가 무엇이든 y절편이 다르니까 일치하진 않겠지!

$a\neq -2$

ⓘⓘⓘ 분홍 직선과 평행하거나 일치하면 안 됨

$-x+y=-2$ → $y=1x-2$, $y=ax-4$ 기울기가 무엇이든 y절편이 다르니까 일치하진 않겠지!

$a\neq 1$

답 $a\neq -2$, $a\neq 1$

개념 익히기 1

그림에 알맞은 설명을 찾아 선으로 이으세요.

01 02 03

세 직선의 기울기가 모두 같다. / 세 직선의 기울기가 모두 다르다. / 세 직선 중 두 직선만 기울기가 같다.

개념 익히기 2

세 일차방정식의 그래프에 대하여 옳은 설명에는 ○표, 틀린 설명에는 ×표 하세요.

$\begin{cases} x+y=1 & \cdots ㉠ \\ x-2y=3 & \cdots ㉡ \\ 2x+2y=4 & \cdots ㉢ \end{cases}$

01 ㉠과 ㉡은 평행하다. (×) $\frac{1}{1}\neq\frac{1}{-2}$ → 기울기 다름 평행 ×

02 ㉡과 ㉢은 평행하다. (×)

03 ㉠과 ㉢은 평행하다. (○)

142 일차함수 2 / 7. 일차함수와 일차방정식의 관계 143

143쪽 풀이 * 두 그래프가 평행하면 기울기는 같고, y절편은 다름

02 $x-2y=3$ ············ ㉡

$2x+2y=4$ ············ ㉢

$\frac{1}{2} \neq \frac{-2}{2} = -1$

기울기 다름 (y절편은 같든 말든)

→ 한 점에서 만남

→ 평행하지 않음

03 $x+y=1$ ············ ㉠

$2x+2y=4$ ············ ㉢

$\frac{1}{2} = \frac{1}{2} \neq \frac{1}{4}$

기울기는 같고, y절편은 다름

→ 서로 평행함

144쪽 풀이

02 세 직선이 모두 평행하다.

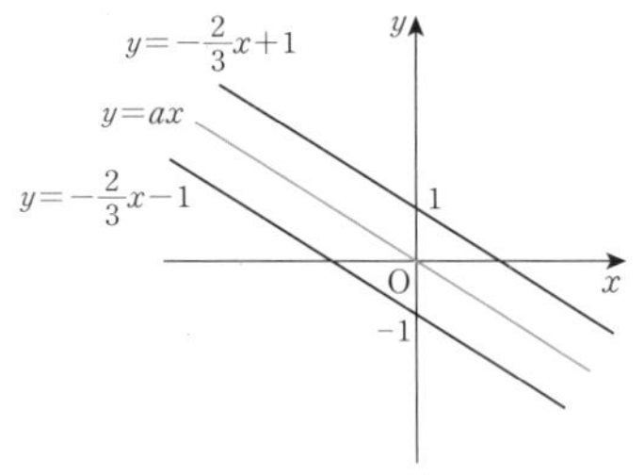

세 직선이 모두 평행
→ 기울기가 모두 같고,
y절편은 모두 다름

➡ $a=-\frac{2}{3}$

답 $-\frac{2}{3}$

03 두 직선만 평행하다.

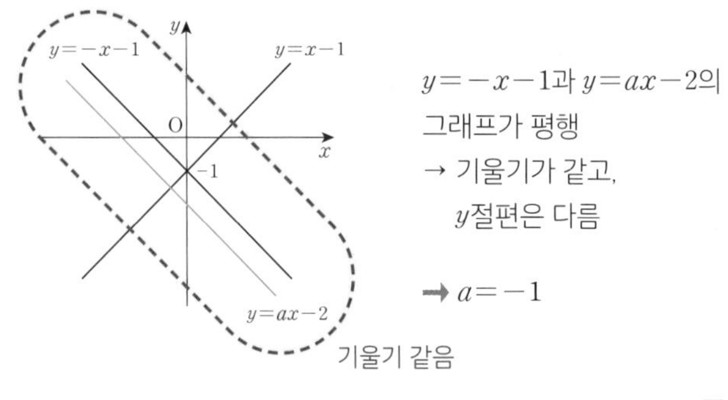

$y=-x-1$과 $y=ax-2$의
그래프가 평행
→ 기울기가 같고,
y절편은 다름

➡ $a=-1$

답 -1

04 세 직선이 한 점에서 만난다.

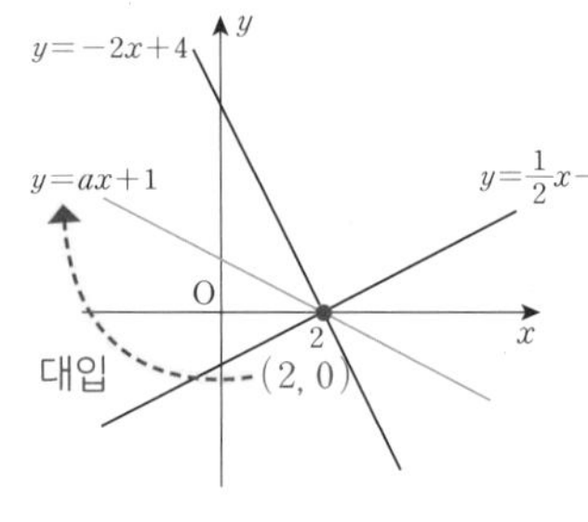

세 직선이
한 점 (2, 0)에서 만남
→ $y=ax+1$에 (2, 0) 대입
$0=a\times2+1$
$0=2a+1$
$-1=2a$
$a=-\frac{1}{2}$

답 $-\frac{1}{2}$

06 두 직선만 평행하다.

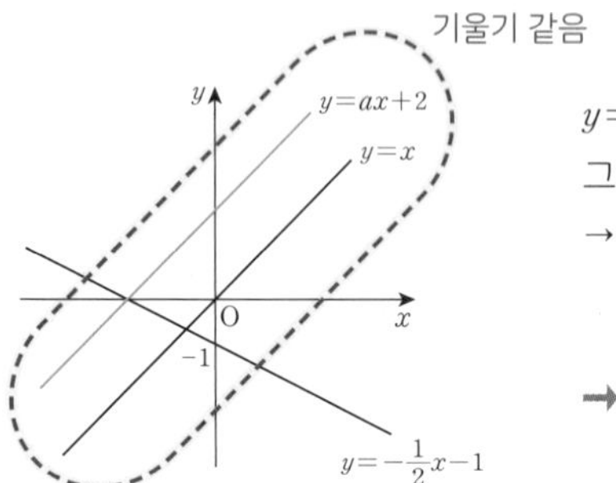

$y=ax+2$와 $y=x$의
그래프가 평행
→ 기울기가 같고,
y절편은 다름

➡ $a=1$

답 1

144

▶정답 및 해설 84쪽

개념 다지기 1

세 직선을 보고, 상수 a의 값을 구하세요.

01 세 직선이 한 점에서 만난다.

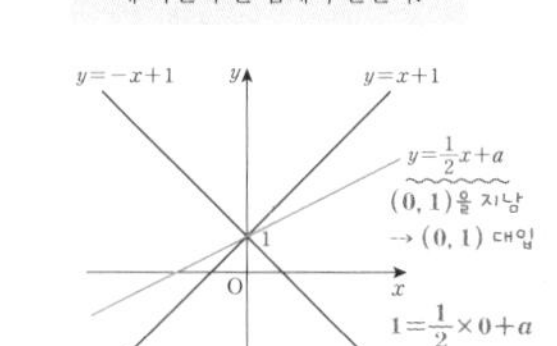

02 세 직선이 모두 평행하다.

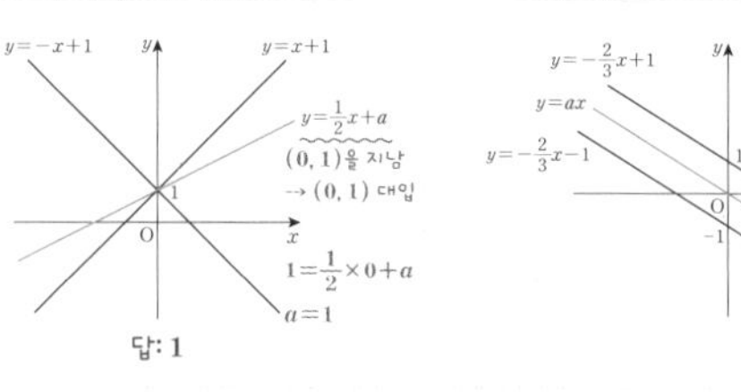

03 두 직선만 평행하다.

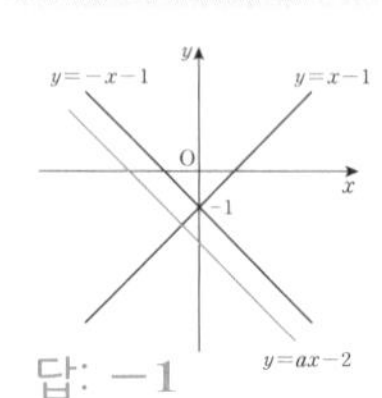

04 세 직선이 한 점에서 만난다.

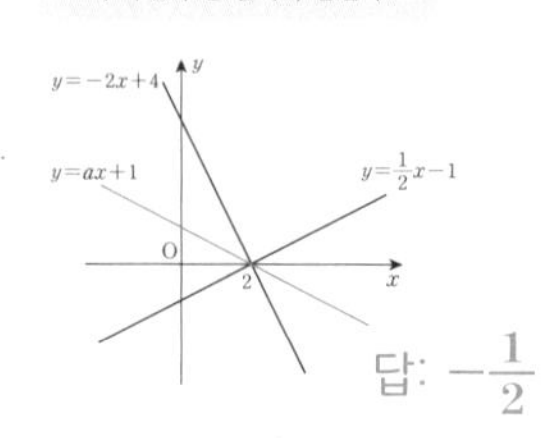

05 세 직선이 삼각형을 만든다.

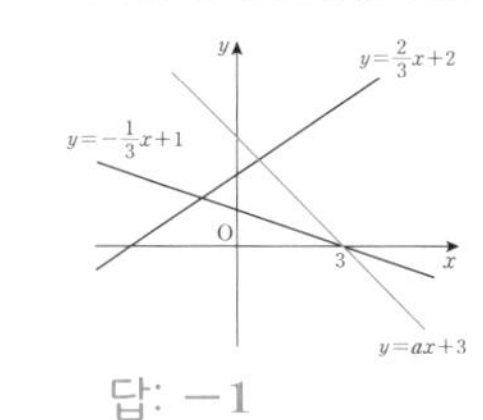

06 두 직선만 평행하다.

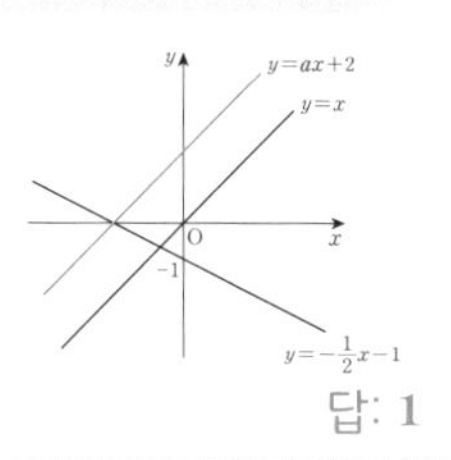

144 일차함수 2

05 세 직선이 삼각형을 만든다. → 기울기가 모두 다름

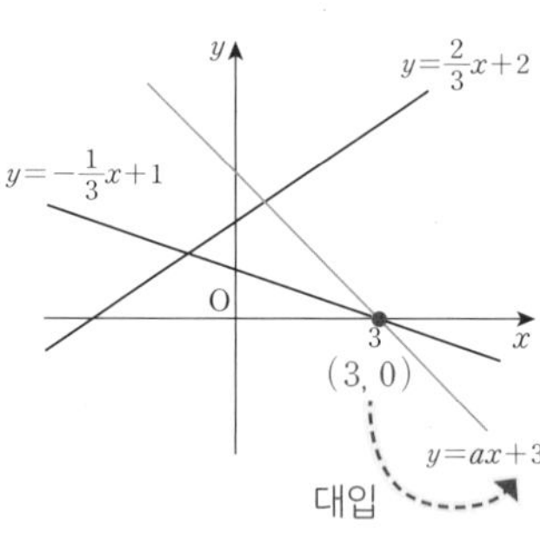

→ $y=-\frac{1}{3}x+1$과
$y=ax+3$의 그래프가
한 점에서 만남
→ 교점의 좌표가 (3, 0)

$y=ax+3$에 (3, 0) 대입
$0=a\times3+3$
$0=3a+3$
$-3a=3$
$a=-1$

답 -1

145쪽 풀이

02 ⓘ $2x-y=-3$
ⓘⓘ $6x+ay=4$ → **세 직선이 모두 평행**
ⓘⓘⓘ $4x-2y=5$ a가 있는 ⓘⓘ를 나머지 두 식과 각각 비교하기

ⓘ과 ⓘⓘ가 평행
→ 평행한 직선은 기울기가 같고, y절편은 다름

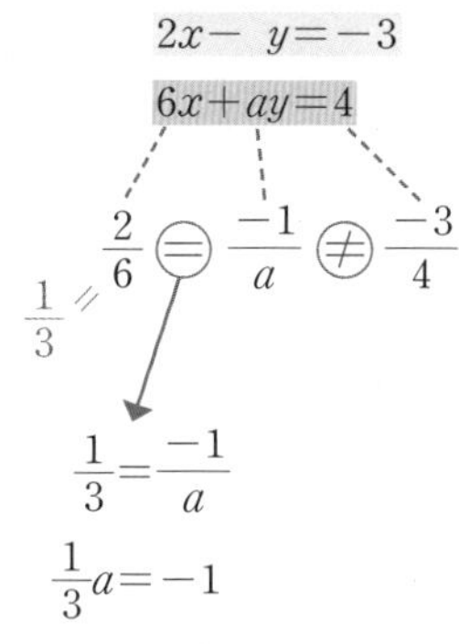

$\frac{1}{3}=\frac{-1}{a}$

$\frac{1}{3}a=-1$

$a=-3$

ⓘⓘ와 ⓘⓘⓘ이 평행
→ 평행한 직선은 기울기가 같고, y절편은 다름

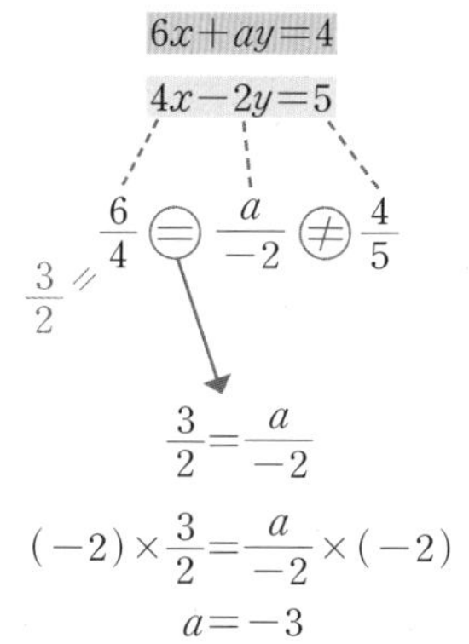

$\frac{3}{2}=\frac{a}{-2}$

$(-2)\times\frac{3}{2}=\frac{a}{-2}\times(-2)$

$a=-3$

답 -3

03 ⓘ $x+ay=4$
ⓘⓘ $4x+y=4$ → **두 직선만 평행**
ⓘⓘⓘ $2x+3y=1$ 평행한 두 직선끼리는 기울기가 같고 y절편은 다름

a가 없는
ⓘⓘ와 ⓘⓘⓘ을 먼저 비교

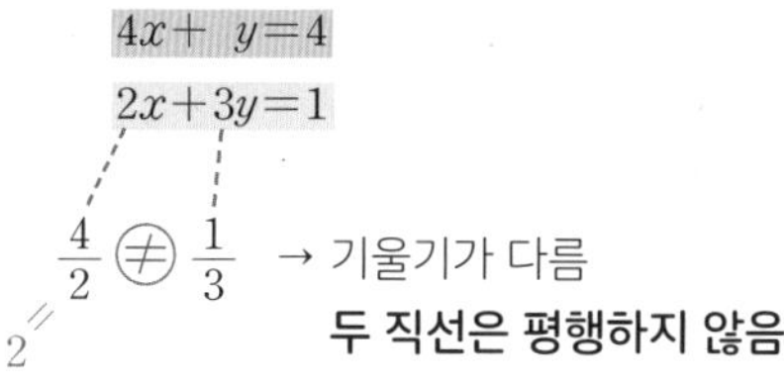

→ 기울기가 다름
두 직선은 평행하지 않음

따라서, 아래 둘 중에 하나여야 함

ⓘ과 ⓘⓘ가 평행

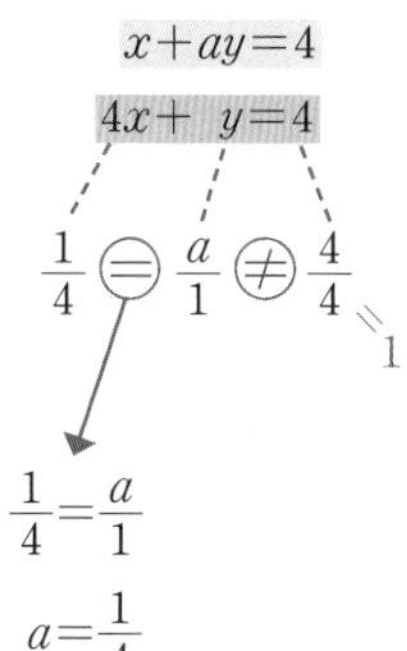

$\frac{1}{4}=\frac{a}{1}$

$a=\frac{1}{4}$

ⓘ과 ⓘⓘⓘ이 평행

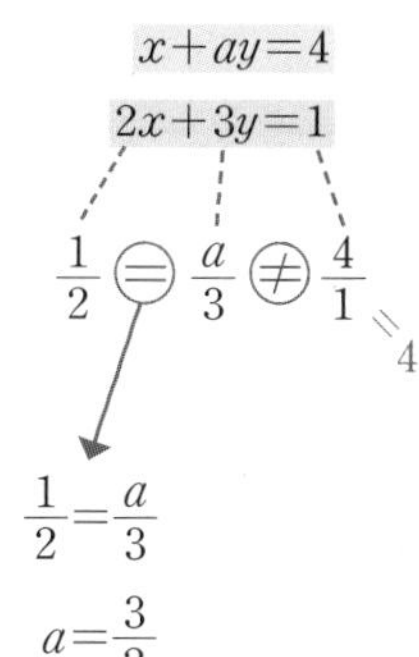

$\frac{1}{2}=\frac{a}{3}$

$a=\frac{3}{2}$

답 $\frac{1}{4}$ 또는 $\frac{3}{2}$

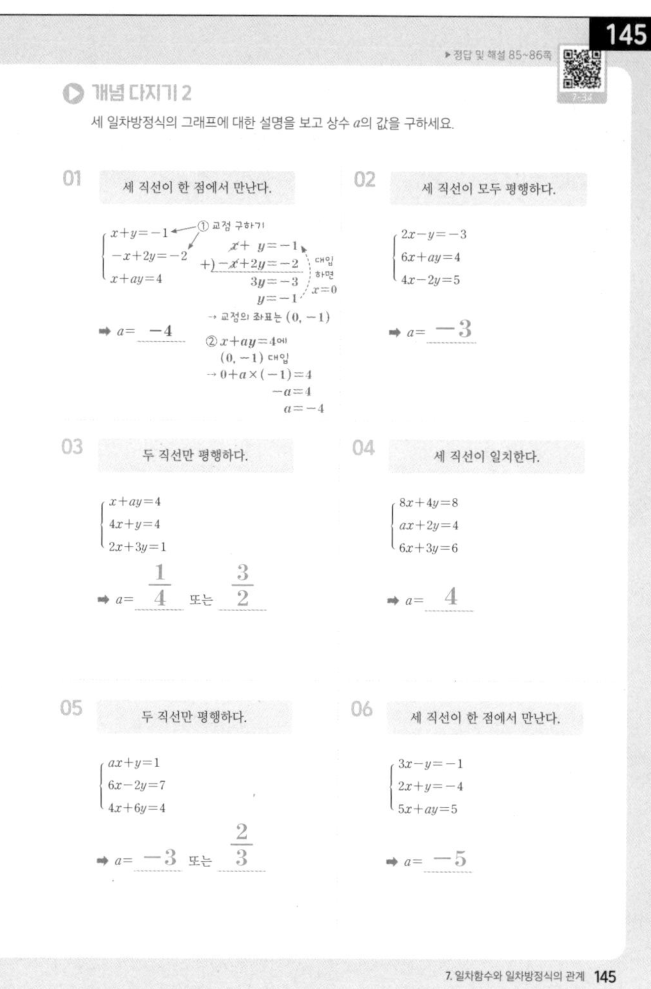

145
▶ 정답 및 해설 85~86쪽
개념 다지기 2
세 일차방정식의 그래프에 대한 설명을 보고 상수 a의 값을 구하세요.
01 세 직선이 한 점에서 만난다.
$x+y=-1$
$-x+2y=-2$
$x+ay=4$
➡ $a=-4$
02 세 직선이 모두 평행하다.
$2x-y=-3$
$6x+ay=4$
$4x-2y=5$
➡ $a=-3$
03 두 직선만 평행하다.
$x+ay=4$
$4x+y=4$
$2x+3y=1$
➡ $a=\frac{1}{4}$ 또는 $\frac{3}{2}$
04 세 직선이 일치한다.
$8x+4y=8$
$ax+2y=4$
$6x+3y=6$
➡ $a=4$
05 두 직선만 평행하다.
$ax+y=1$
$6x-2y=7$
$4x+6y=4$
➡ $a=-3$ 또는 $\frac{2}{3}$
06 세 직선이 한 점에서 만난다.
$3x-y=-1$
$2x+y=-4$
$5x+ay=5$
➡ $a=-5$
7. 일차함수와 일차방정식의 관계 145

04 ⓘ $8x+4y=8$
ⓘⓘ $ax+2y=4$ → **세 직선이 일치**
ⓘⓘⓘ $6x+3y=6$ a가 있는 ⓘⓘ를 나머지 두 식과 각각 비교하기

ⓘ과 ⓘⓘ가 일치
→ 일치하는 직선은 기울기가 같고, y절편도 같음

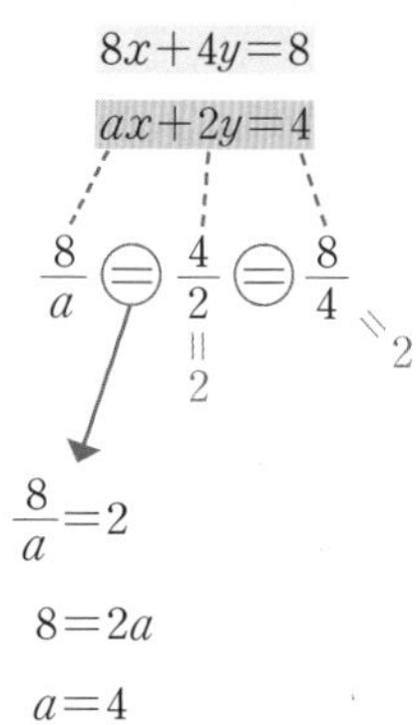

$\frac{8}{a}=2$

$8=2a$

$a=4$

ⓘⓘ와 ⓘⓘⓘ이 일치
→ 일치하는 직선은 기울기가 같고, y절편도 같음

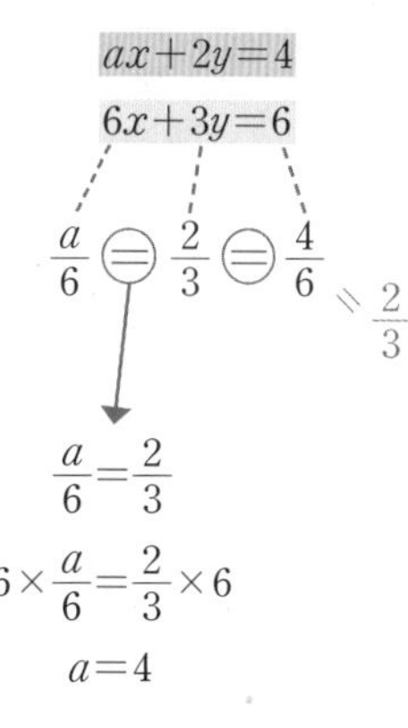

$\frac{a}{6}=\frac{2}{3}$

$6\times\frac{a}{6}=\frac{2}{3}\times6$

$a=4$

답 4

145쪽 풀이

05 ⓘ $ax+y=1$

ⓘⓘ $6x-2y=7$ → **두 직선만 평행**

ⓘⓘⓘ $4x+6y=4$ 평행한 두 직선끼리는 기울기가 같고 y절편은 다름

a가 없는

ⓘⓘ와 ⓘⓘⓘ을 먼저 비교

$6x-2y=7$

$4x+6y=4$

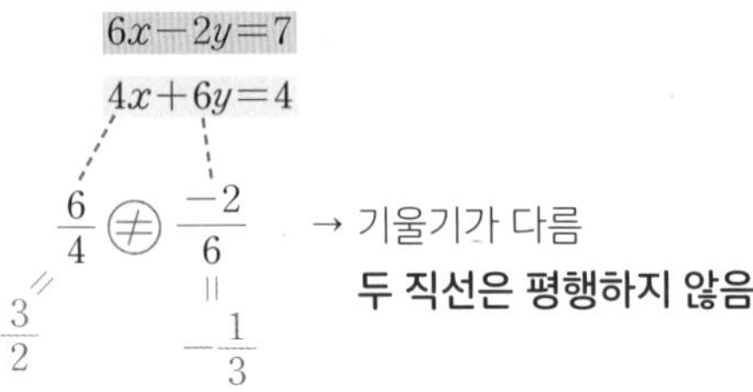

$\frac{6}{4} \neq \frac{-2}{6}$ → 기울기가 다름

$\frac{3}{2}$, $-\frac{1}{3}$

두 직선은 평행하지 않음

따라서, 아래 둘 중에 하나여야 함

ⓘ과 ⓘⓘ가 평행

$ax+\ y=1$

$6x-2y=7$

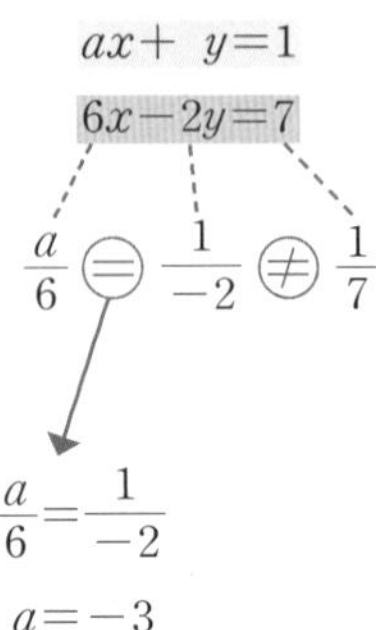

$\frac{a}{6} = \frac{1}{-2} \neq \frac{1}{7}$

$\frac{a}{6}=\frac{1}{-2}$

$a=-3$

ⓘ과 ⓘⓘⓘ이 평행

$ax+\ y=1$

$4x+6y=4$

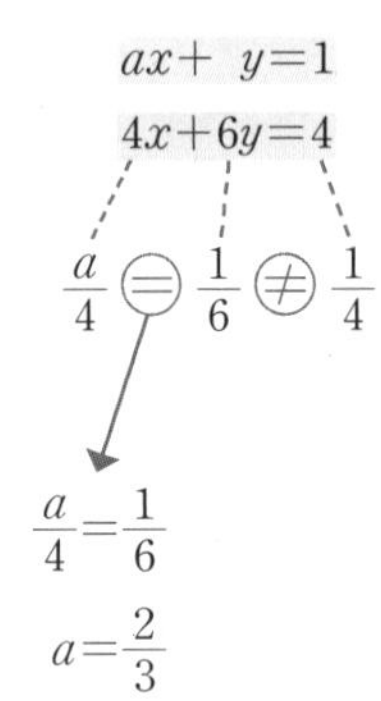

$\frac{a}{4} = \frac{1}{6} \neq \frac{1}{4}$

$\frac{a}{4}=\frac{1}{6}$

$a=\frac{2}{3}$

답 -3 또는 $\frac{2}{3}$

06 ⓘ $3x-y=-1$

ⓘⓘ $2x+y=-4$ → **세 직선이 한 점에서 만남**

ⓘⓘⓘ $5x+ay=5$ 두 직선의 교점을 나머지 한 직선이 지남

a가 없는

ⓘ과 ⓘⓘ의 교점 구하기

$$\begin{array}{rl} & 3x-y=-1 \\ +) & 2x+y=-4 \\ \hline & 5x \quad =-5 \end{array}$$

→ $x=-1$

$3x-y=-1$에 $x=-1$ 대입

→ $3\times(-1)-y=-1$

$-3-y=-1$

$-y=2$

$y=-2$

→ 교점의 좌표는 $(-1, -2)$

ⓘⓘⓘ도 교점을 지남

$5x+ay=5$의 그래프도 점 $(-1, -2)$를 지남

→ $5x+ay=5$에 $(-1, -2)$ 대입

$5\times(-1)+a\times(-2)=5$

$-5-2a=5$

$-2a=10$

$a=-5$

답 -5

146

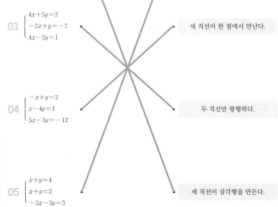

▸정답 및 해설 86~88쪽

개념 마무리 1

세 일차방정식의 그래프에 대한 설명으로 알맞은 것을 찾아 선으로 이으세요.

* 세 식을 2개씩 짝 지어 기울기와 y절편을 비교합니다.

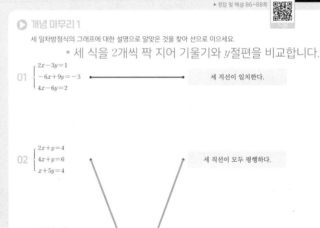

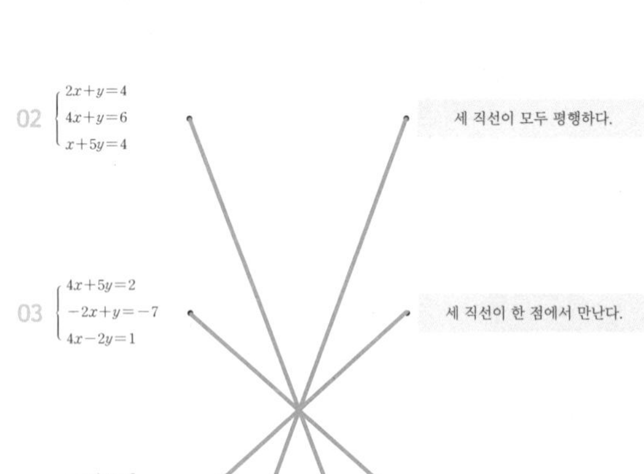

01 $2x-3y=1$, $-6x+9y=-3$, $4x-6y=2$
02 $2x+y=4$, $4x+y=6$, $x+5y=4$
03 $4x+5y=2$, $-2x+y=-7$, $4x-2y=1$
04 $-x+y=2$, $x-4y=1$, $5x-3y=-12$
05 $x+y=4$, $x+y=2$, $-3x-3y=3$
세 직선이 일치한다.
세 직선이 모두 평행하다.
세 직선이 한 점에서 만난다.
두 직선만 평행하다.
세 직선이 삼각형을 만든다.
146 일차함수 2

146쪽 풀이

01 ⓘ $2x-3y=1$

ⓘⓘ $-6x+9y=-3$

ⓘⓘⓘ $4x-6y=2$

ⓘ과 ⓘⓘ

$2x-3y=1$

$-6x+9y=-3$

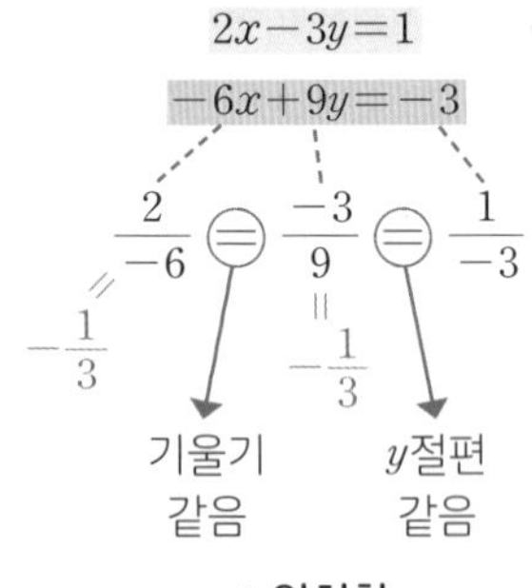

$\frac{2}{-6} = \frac{-3}{9} = \frac{1}{-3}$

$-\frac{1}{3}$, $-\frac{1}{3}$

기울기 같음, y절편 같음

→ **일치함**

ⓘⓘ와 ⓘⓘⓘ

$-6x+9y=-3$

$4x-6y=2$

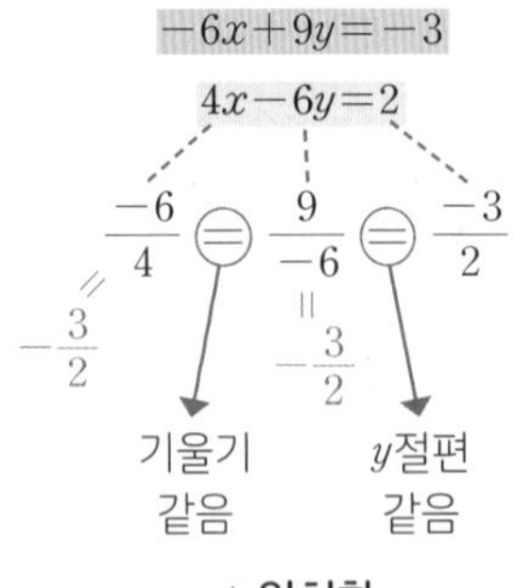

$\frac{-6}{4} = \frac{9}{-6} = \frac{-3}{2}$

$-\frac{3}{2}$, $-\frac{3}{2}$

기울기 같음, y절편 같음

→ **일치함**

ⓘ과 ⓘⓘ가 일치하고, ⓘⓘ와 ⓘⓘⓘ이 일치함

→ ⓘ과 ⓘⓘⓘ도 일치함

즉, 세 직선이 일치함

답 세 직선이 일치한다.

02 ⓘ $2x+y=4$
ⓘⓘ $4x+y=6$
ⓘⓘⓘ $x+5y=4$

ⓘ과 ⓘⓘ

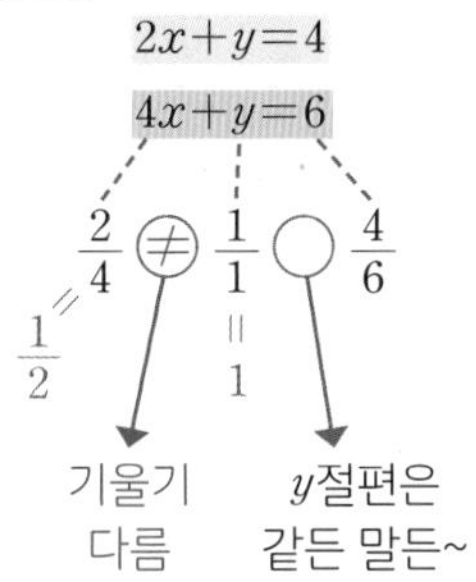

→ **한 점에서 만남**

ⓘⓘ와 ⓘⓘⓘ

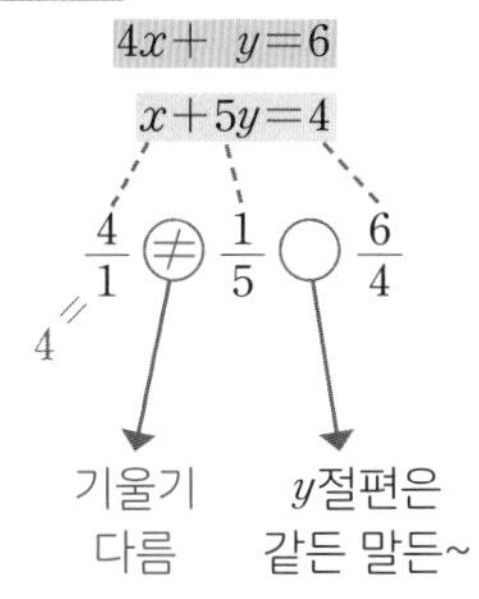

→ **한 점에서 만남**

ⓘ과 ⓘⓘⓘ

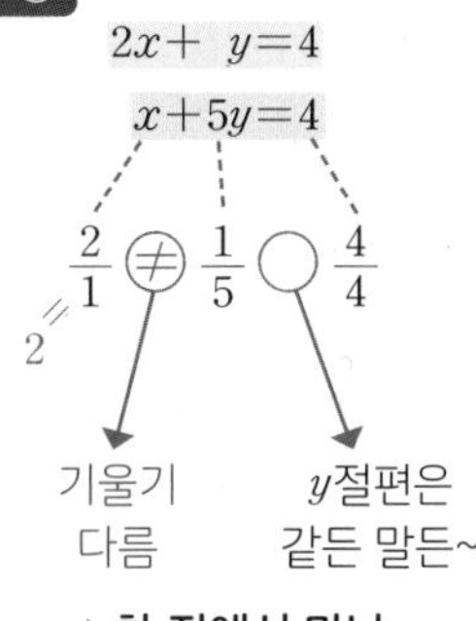

→ **한 점에서 만남**

→ 세 직선의 기울기가 모두 다름

세 직선의 기울기가 모두 다를 때

세 직선이 모두 한 점에서 만난다면 ✳ 모양,
그렇지 않다면 △ 삼각형 모양이 됨

→ 세 직선이 한 점에서 만나는지 확인하기
→ ⓘ과 ⓘⓘ의 교점을 ⓘⓘⓘ이 지나는지 안 지나는지 확인하기

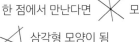

$$\begin{array}{r} 2x+y=4 \\ -)\ 4x+y=6 \\ \hline \end{array} \Rightarrow \begin{array}{r} 2x+\cancel{y}=4 \\ +)\ -4x-\cancel{y}=-6 \\ \hline -2x \quad =-2 \end{array}$$

$\rightarrow x=1$

$2x+y=4$에 $x=1$ 대입
$\rightarrow 2\times1+y=4$
$2+y=4$
$y=2$

→ ⓘ과 ⓘⓘ의 교점의 좌표는 $(1, 2)$

$x+5y=4$에 $(1, 2)$를 대입하여 성립하는지 확인
$\rightarrow 1+5\times2=1+10$
$=11\neq4$
→ 성립 안 함

→ ⓘⓘⓘ이 ⓘ과 ⓘⓘ의 교점을 지나지 않으므로, 세 직선이 삼각형 모양이 됨

답 세 직선이 삼각형을 만든다.

03 ⓘ $4x+5y=2$
ⓘⓘ $-2x+y=-7$
ⓘⓘⓘ $4x-2y=1$

ⓘ과 ⓘⓘ

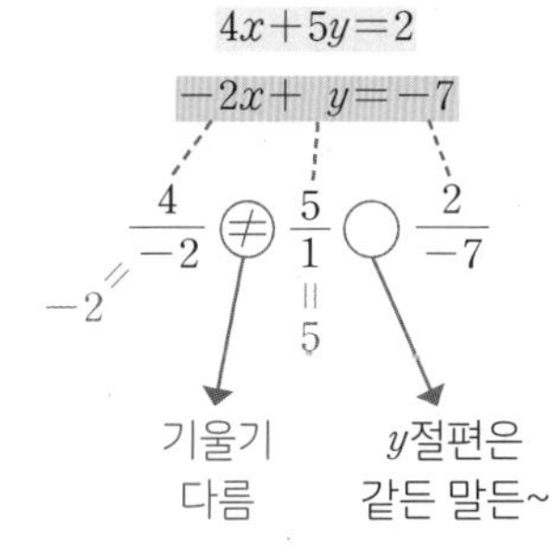

→ **한 점에서 만남**

ⓘⓘ와 ⓘⓘⓘ

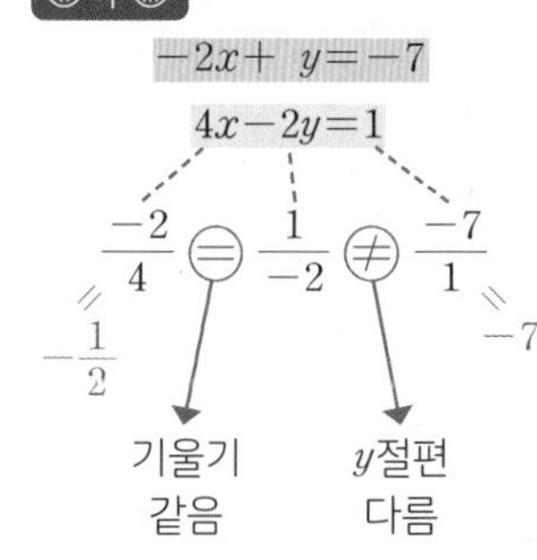

→ **평행함**

ⓘ과 ⓘⓘⓘ

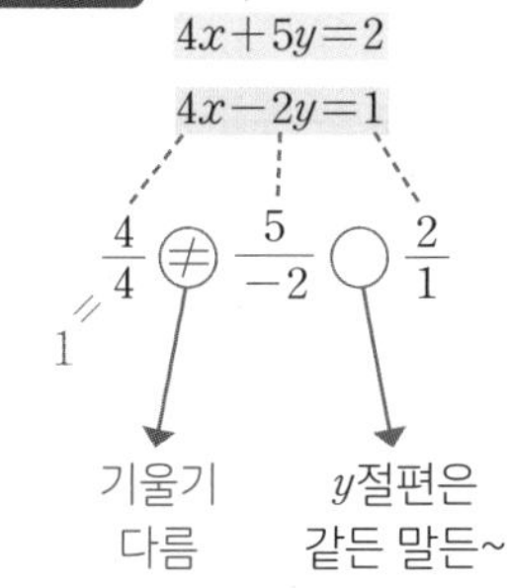

→ **한 점에서 만남**

→ 두 직선만 평행함
✗ 모양

답 두 직선만 평행하다.

146쪽 풀이

04 ⓘ $-x+y=2$
ⓘⓘ $x-4y=1$
ⓘⓘⓘ $5x-3y=-12$

ⓘ과 ⓘⓘ

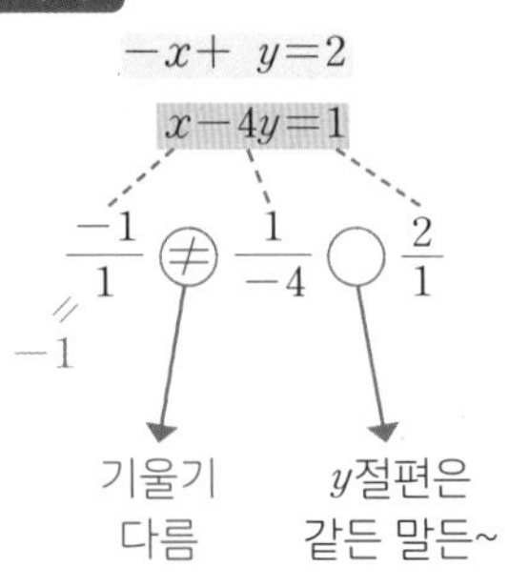

→ **한 점에서 만남**

ⓘⓘ와 ⓘⓘⓘ

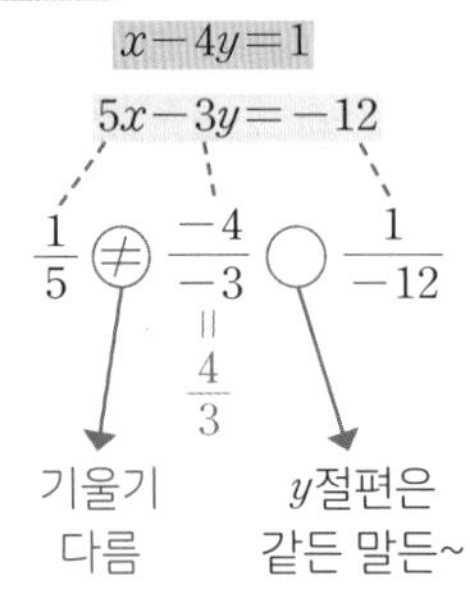

→ **한 점에서 만남**

ⓘ과 ⓘⓘⓘ

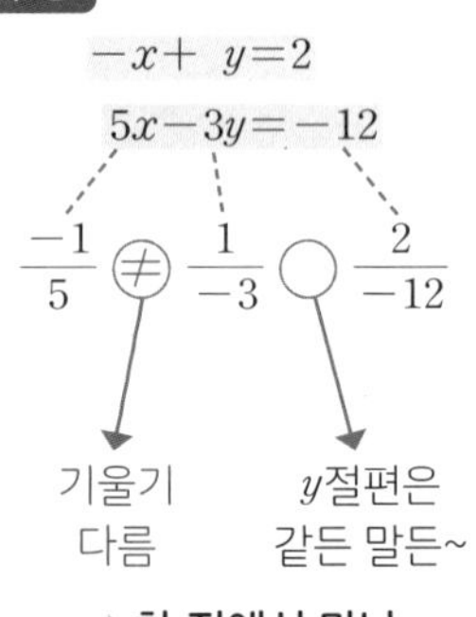

→ **한 점에서 만남**

→ 세 직선의 기울기가 모두 다름

세 직선의 기울기가 모두 다를 때

세 직선이 모두 한 점에서 만난다면 모양,
그렇지 않다면 삼각형 모양이 됨

→ 세 직선이 한 점에서 만나는지 확인하기

→ ⓘ과 ⓘⓘ의 교점을 ⓘⓘⓘ이 지나는지 안 지나는지 확인하기

$$\begin{array}{r} -x+\ y=2 \\ +)\ \ x-4y=1 \\ \hline -3y=3 \\ y=-1 \end{array}$$

$-x+y=2$에 $y=-1$ 대입
→ $-x+(-1)=2$
$-x-1=2$
$-x=3$
$x=-3$

→ ⓘ과 ⓘⓘ의 교점의 좌표는 $(-3,\ -1)$

$5x-3y=-12$에 $(-3,\ -1)$을 대입하여 성립하는지 확인
→ $5\times(-3)+(-3)\times(-1)=-15+3$
$=-12$
→ 성립함

→ ⓘⓘⓘ이 ⓘ과 ⓘⓘ의 교점을 지나므로,
세 직선이 한 점에서 만남

답 세 직선이 한 점에서 만난다.

05 ⓘ $x+y=4$
ⓘⓘ $x+y=2$
ⓘⓘⓘ $-3x-3y=3$

ⓘ과 ⓘⓘ

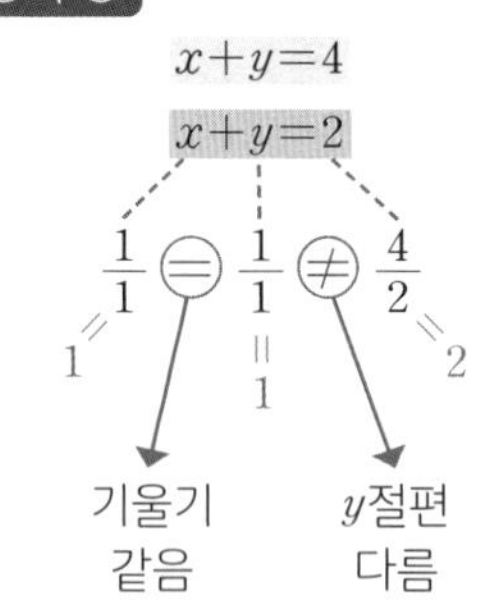

→ **평행함**

ⓘⓘ와 ⓘⓘⓘ

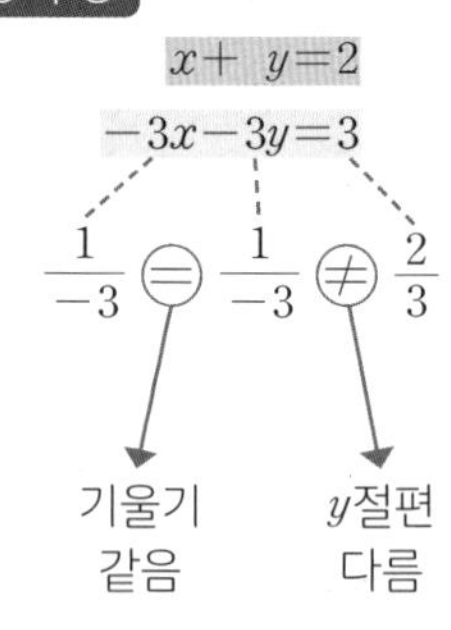

→ **평행함**

ⓘ과 ⓘⓘⓘ

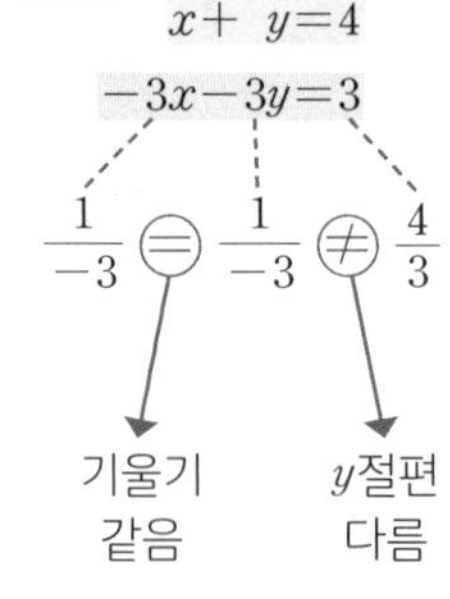

→ **평행함**

→ 세 직선이 모두 평행함
/// 모양

답 세 직선이 모두 평행하다.

147쪽 풀이

- **세 직선이 삼각형을 만들 때**
→ 세 직선의 기울기가 모두 다르고, 한 점에서 만나지 않음

- **세 직선이 삼각형을 만들지 못할 때**
→ ① 두 직선의 기울기가 같거나,
② 세 직선의 기울기가 모두 다르다면, 한 점에서 만남

02 ⓘ $6x+3y=0$
ⓘⓘ $-x+3y-7=0$ → 삼각형이 됨
ⓘⓘⓘ $ax+y-1=0$

삼각형을 만들 조건 ①
세 직선의 기울기가 모두 달라야 함

ⓘ과 ⓘⓘ

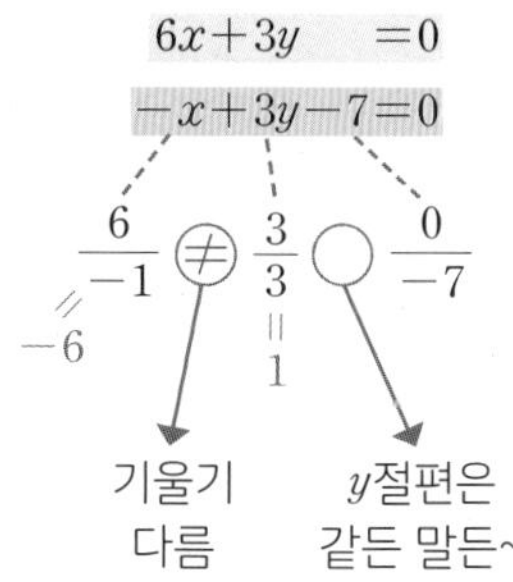

ⓘⓘ와 ⓘⓘⓘ

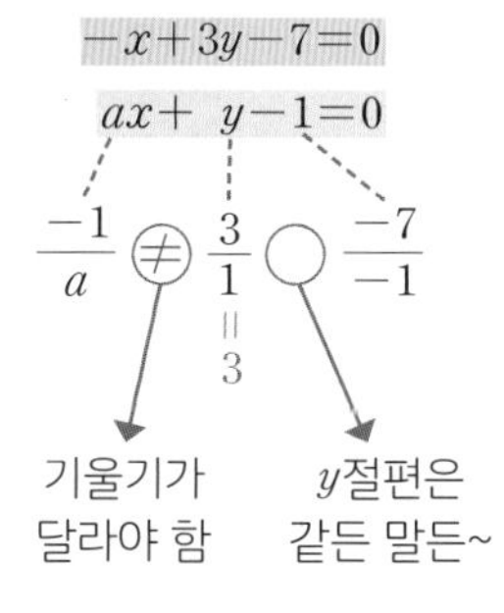

$-x+3y-7=0$
$ax+y-1=0$
$\frac{-1}{a}$ ≠ $\frac{3}{1}$ ○ $\frac{-7}{-1}$
3
기울기가 달라야 함
y절편은 같든 말든~

→ $\frac{-1}{a}\neq 3$
$-1\neq 3a$
$a\neq -\frac{1}{3}$

ⓘ과 ⓘⓘⓘ

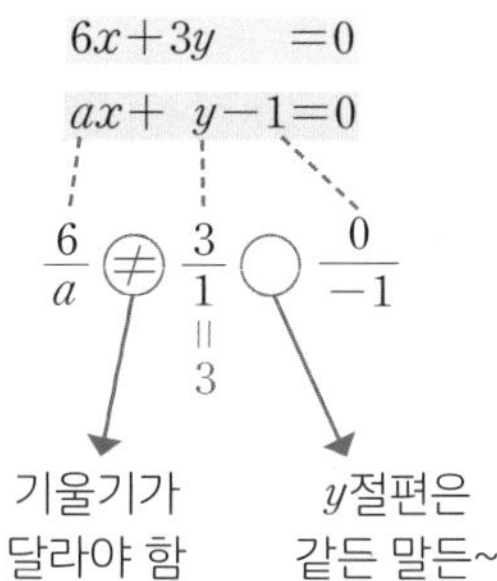

$6x+3y=0$
$ax+y-1=0$
$\frac{6}{a}$ ≠ $\frac{3}{1}$ ○ $\frac{0}{-1}$
3
기울기가 달라야 함
y절편은 같든 말든~

→ $\frac{6}{a}\neq 3$
$6\neq 3a$
$a\neq 2$

▸ 정답 및 해설 89~92쪽

개념 마무리 2

물음에 답하세요.

01 세 일차방정식의 그래프가 삼각형을 만들 때, 상수 a의 조건을 구하세요. (기울기가 모두 다르고, 한 점에서 만나지 않음)

$$\begin{cases} ax+y+4=0 \\ x-y-3=0 \\ 3x+y-5=0 \end{cases}$$

기울기 다름 → $\frac{a}{3}\neq\frac{1}{1}$, $a\neq 3$
기울기 다름 → $\frac{a}{1}\neq\frac{1}{-1}$, $a\neq -1$
기울기 다름 → $\frac{1}{3}\neq\frac{-1}{1}$

교점은,
$x-y-3=0$
$+)\ 3x+y-5=0$
$4x-8=0$, $x=2$ → 대입 $y=-1$

$ax+y+4=0$에 $(2, -1)$을 대입하면 성립 안 함
→ $a\times2+(-1)+4\neq0$
$2a+3\neq0$
$a\neq-\frac{3}{2}$

답: $a\neq3,\ a\neq-1,\ a\neq-\frac{3}{2}$

02 세 일차방정식의 그래프가 삼각형을 만들 때, 상수 a의 조건을 구하세요.

$$\begin{cases} 6x+3y=0 \\ -x+3y-7=0 \\ ax+y-1=0 \end{cases}$$

답: $a\neq-\frac{1}{3},\ a\neq2,\ a\neq1$

03 세 일차방정식의 그래프가 삼각형을 만들 때, 상수 a의 조건을 구하세요.

$$\begin{cases} ax-y=0 \\ -4x+y+12=0 \\ x+y-3=0 \end{cases}$$

답: $a\neq4,\ a\neq-1,\ a\neq0$

04 세 일차방정식의 그래프가 삼각형을 만들지 못할 때, 상수 a의 값을 모두 구하세요.

$$\begin{cases} ax+4y=0 \\ 4x-2y-12=0 \\ 3x+2y-16=0 \end{cases}$$

답: $a=-8,\ a=6,\ a=-2$

05 세 일차방정식의 그래프가 삼각형을 만들지 못할 때, 상수 a의 값을 모두 구하세요.

$$\begin{cases} 4x-y-2=0 \\ -x+y+5=0 \\ ax+y+1=0 \end{cases}$$

답: $a=-4,\ a=-1,\ a=-5$

06 세 일차방정식의 그래프가 삼각형을 만들지 못할 때, 상수 a의 값을 모두 구하세요.

$$\begin{cases} 2x-y-6=0 \\ 2x+y+2=0 \\ ax-y+1=0 \end{cases}$$

답: $a=2,\ a=-2,\ a=-5$

삼각형을 만들 조건 ②
세 직선이 한 점에서 만나면 안 됨

→ ⓘ과 ⓘⓘ의 교점을 ⓘⓘⓘ이 지나면 안 됨

- ⓘ, ⓘⓘ의 교점 구하기

$$\begin{array}{r} 6x+3y=0 \\ -)\ -x+3y-7=0 \\ \hline \end{array} \Rightarrow \begin{array}{r} 6x+3y=0 \\ +)\ +x-3y+7=0 \\ \hline 7x+7=0 \\ 7x=-7 \\ x=-1 \end{array}$$

$6x+3y=0$에 $x=-1$ 대입
→ $6\times(-1)+3y=0$
$-6+3y=0$
$3y=6$
$y=2$

→ ⓘ과 ⓘⓘ의 교점의 좌표는 $(-1, 2)$

- ⓘⓘⓘ에 교점의 좌표를 대입하기

$ax+y-1=0$에 $(-1, 2)$를 대입했을 때 성립하지 않아야 함
→ $a\times(-1)+2-1\neq0$
$-a+1\neq0$
$a\neq1$

답 $a\neq-\frac{1}{3},\ a\neq2,\ a\neq1$

147쪽 풀이

03 ⓘ $ax-y=0$
ⓘⓘ $-4x+y+12=0$ → 삼각형이 됨
ⓘⓘⓘ $x+y-3=0$

삼각형을 만들 조건 ①
세 직선의 기울기가 모두 달라야 함

ⓘ과 ⓘⓘ

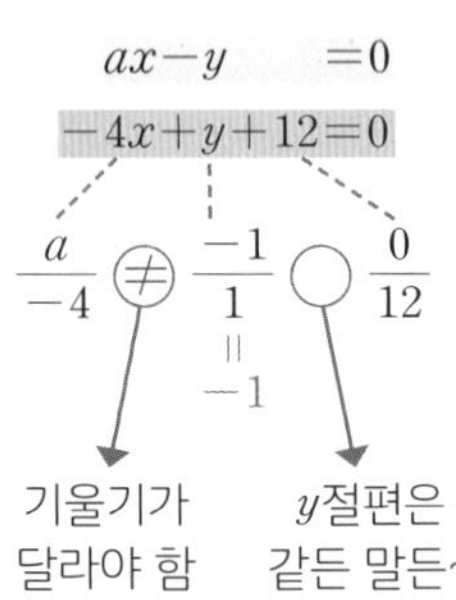

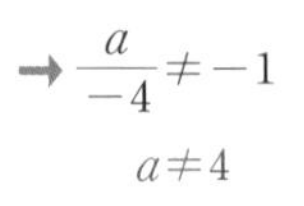

ⓘⓘ와 ⓘⓘⓘ

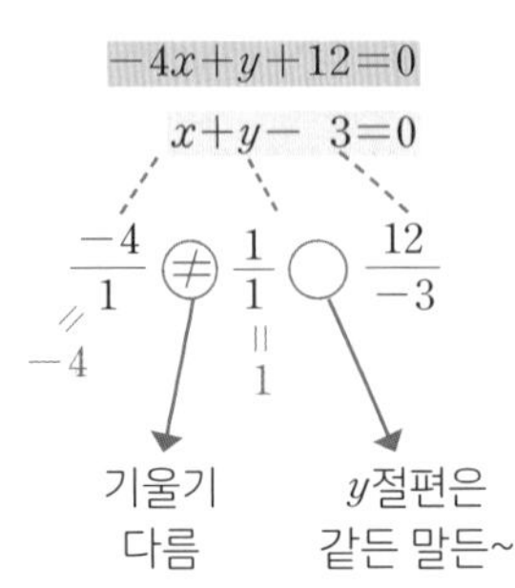

ⓘ과 ⓘⓘⓘ

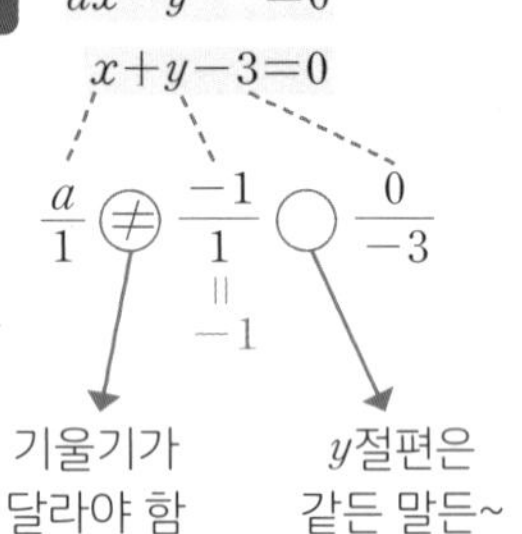

$ax-y=0$
$x+y-3=0$
$\frac{a}{1}$ ≠ $\frac{-1}{1}$ ○ $\frac{0}{-3}$
-1
기울기가 달라야 함
y절편은 같든 말든~

→ $\frac{a}{1}\neq-1$
$a\neq-1$

삼각형을 만들 조건 ②
세 직선이 한 점에서 만나면 안 됨

→ ⓘⓘ와 ⓘⓘⓘ의 교점을 ⓘ이 지나면 안 됨

• ⓘⓘ, ⓘⓘⓘ의 교점 구하기

$$\begin{array}{r} -4x+y+12=0 \\ -)\quad x+y-3=0 \\ \hline \end{array} \Rightarrow \begin{array}{r} -4x+y+12=0 \\ +)\quad -x-y+3=0 \\ \hline -5x+15=0 \\ -5x=-15 \\ x=3 \end{array}$$

$-4x+y+12=0$에 $x=3$ 대입
→ $(-4)\times3+y+12=0$
$-12+y+12=0$
$y=0$

→ ⓘⓘ와 ⓘⓘⓘ의 교점의 좌표는 $(3, 0)$

• ⓘ에 교점의 좌표를 대입하기
$ax-y=0$에 $(3, 0)$을 대입했을 때 성립하지 않아야 함
→ $a\times3-0\neq0$
$3a\neq0$
$a\neq0$

답 $a\neq4$, $a\neq-1$, $a\neq0$

04 ⓘ $ax+4y=0$
ⓘⓘ $4x-2y-12=0$ → 삼각형이 안 됨
ⓘⓘⓘ $3x+2y-16=0$

a가 없는 식 ⓘⓘ와 ⓘⓘⓘ을 비교해보면

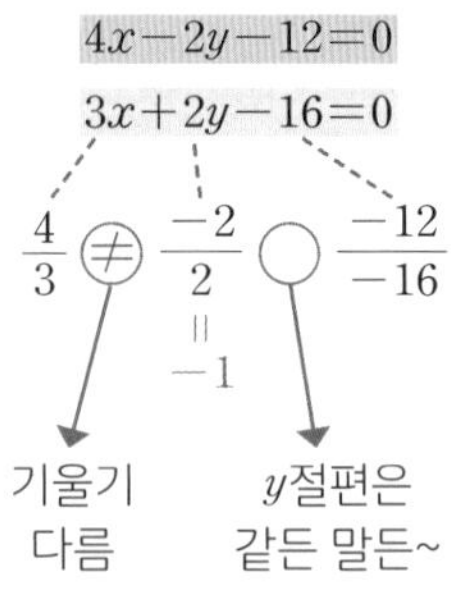

$4x-2y-12=0$
$3x+2y-16=0$
$\frac{4}{3}$ ≠ $\frac{-2}{2}$ ○ $\frac{-12}{-16}$
-1
기울기 다름
y절편은 같든 말든~

→ **한 점에서 만남**

삼각형을 만들지 못하는 경우 ①
ⓘ과 ⓘⓘ의 기울기가 같을 때

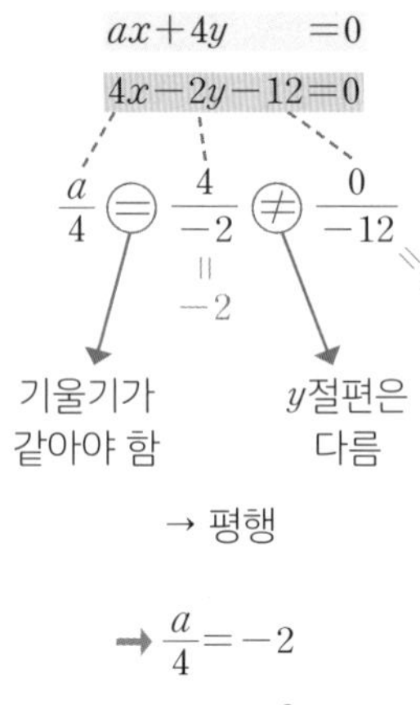

$ax+4y=0$
$4x-2y-12=0$
$\frac{a}{4}$ = $\frac{4}{-2}$ ≠ $\frac{0}{-12}$
-2
0
기울기가 같아야 함
y절편은 다름
→ 평행

→ $\frac{a}{4}=-2$
$a=-8$

또는

삼각형을 만들지 못하는 경우 ②
ⓘ과 ⓘⓘⓘ의 기울기가 같을 때

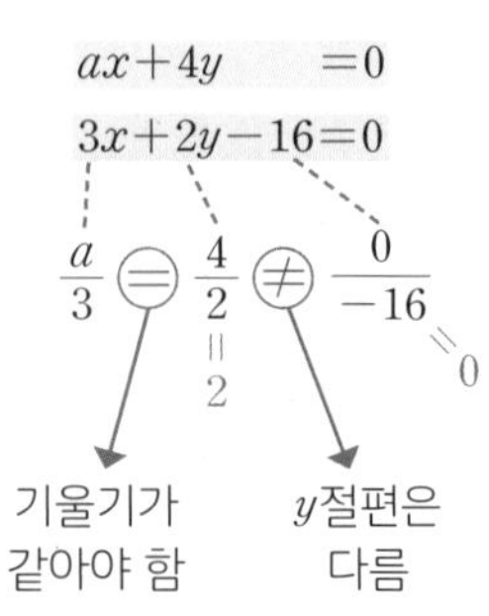

$ax+4y=0$
$3x+2y-16=0$
$\frac{a}{3}$ = $\frac{4}{2}$ ≠ $\frac{0}{-16}$
2
0
기울기가 같아야 함
y절편은 다름
→ 평행

→ $\frac{a}{3}=2$
$a=6$

147쪽 풀이

또는 **삼각형을 만들지 못하는 경우 ③**
세 직선이 한 점에서 만날 때

→ (ii)와 (iii)의 교점을 (i)이 지나야 함

• (ii), (iii)의 교점 구하기

$$\begin{array}{rl} & 4x-2y-12=0 \\ +) & 3x+2y-16=0 \\ \hline & 7x\quad -28=0 \end{array}$$

$7x=28$

$x=4$

$4x-2y-12=0$에 $x=4$ 대입

→ $4\times4-2y-12=0$

$16-2y-12=0$

$-2y+4=0$

$-2y=-4$

$y=2$

→ (ii)와 (iii)의 교점의 좌표는 $(4, 2)$

• (i)에 교점의 좌표를 대입하기

$ax+4y=0$에 $(4, 2)$를 대입했을 때 성립해야 함

→ $a\times4+4\times2=0$

$4a+8=0$

$4a=-8$

$a=-2$

답 $a=-8$, $a=6$, $a=-2$

05 (i) $4x-y-2=0$

(ii) $-x+y+5=0$ → 삼각형이 안 됨

(iii) $ax+y+1=0$

a가 없는 식 (i)과 (ii)를 비교해보면

$4x-y-2=0$

$-x+y+5=0$

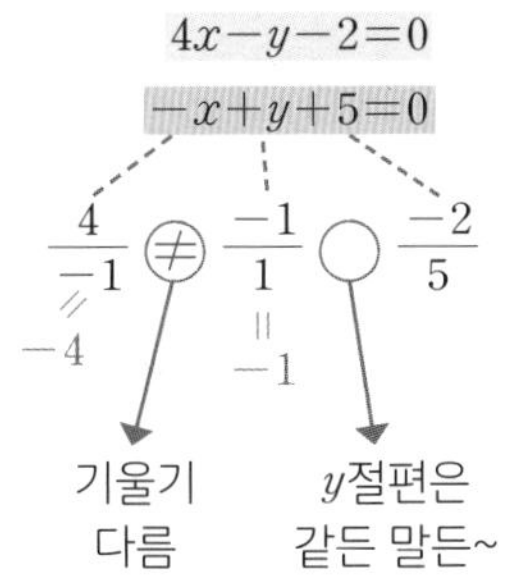

→ **한 점에서 만남**

삼각형을 만들지 못하는 경우 ①
(i)과 (iii)의 기울기가 같을 때

(평행) 또는 (일치)

$4x-y-2=0$

$ax+y+1=0$

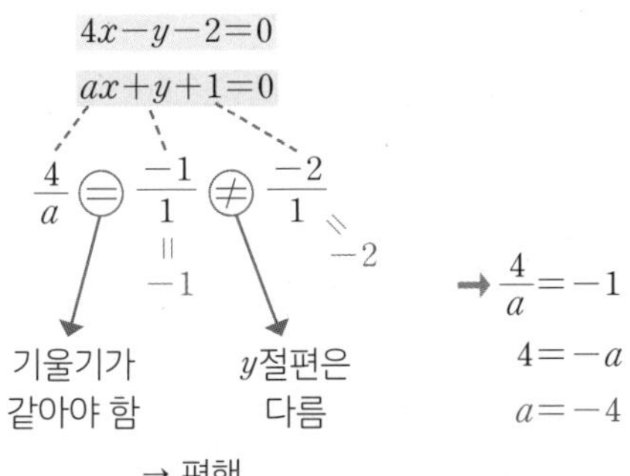

→ $\frac{4}{a}=-1$

$4=-a$

$a=-4$

또는 **삼각형을 만들지 못하는 경우 ②**
(ii)와 (iii)의 기울기가 같을 때

$-x+y+5=0$

$ax+y+1=0$

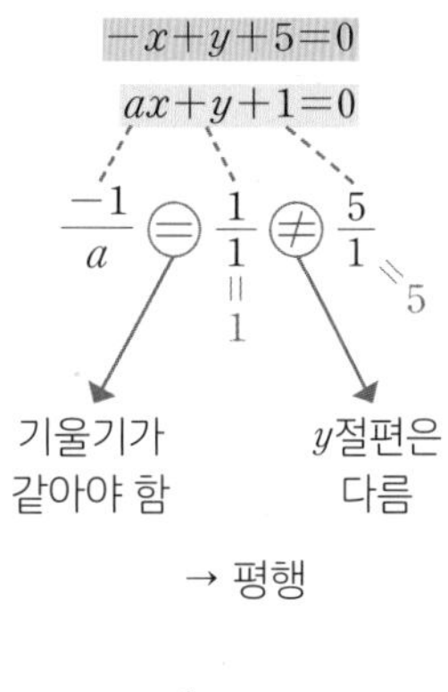

→ 평행

→ $\frac{-1}{a}=1$

$a=-1$

또는 **삼각형을 만들지 못하는 경우 ③**
세 직선이 한 점에서 만날 때

→ (i)과 (ii)의 교점을 (iii)이 지나야 함

• (i), (ii)의 교점 구하기

$$\begin{array}{rl} & 4x-y-2=0 \\ +) & -x+y+5=0 \\ \hline & 3x\quad +3=0 \end{array}$$

$3x=-3$

$x=-1$

$4x-y-2=0$에 $x=-1$ 대입

→ $4\times(-1)-y-2=0$

$-4-y-2=0$

$-6-y=0$

$y=-6$

→ (i)과 (ii)의 교점의 좌표는 $(-1, -6)$

• (iii)에 교점의 좌표를 대입하기

$ax+y+1=0$에 $(-1, -6)$을 대입했을 때 성립해야 함

→ $a\times(-1)+(-6)+1=0$

$-a-6+1=0$

$-a-5=0$

$a=-5$

답 $a=-4$, $a=-1$, $a=-5$

147쪽 풀이

06 ⅰ $2x-y-6=0$
ⅱ $2x+y+2=0$ → 삼각형이 안 됨
ⅲ $ax-y+1=0$

a가 없는 식 ⅰ과 ⅱ를 비교해보면

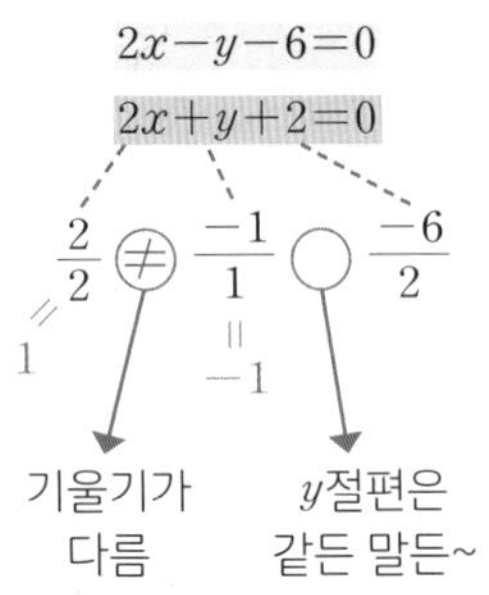

$2x-y-6=0$
$2x+y+2=0$
$\frac{2}{2}$ ≠ $\frac{-1}{1}$ ○ $\frac{-6}{2}$
1
−1
기울기가 다름
y절편은 같든 말든~

→ 한 점에서 만남

삼각형을 만들지 못하는 경우 ①
ⅰ과 ⅲ의 기울기가 같을 때

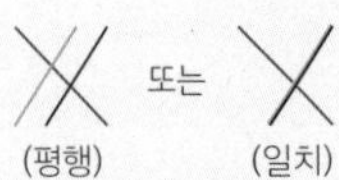

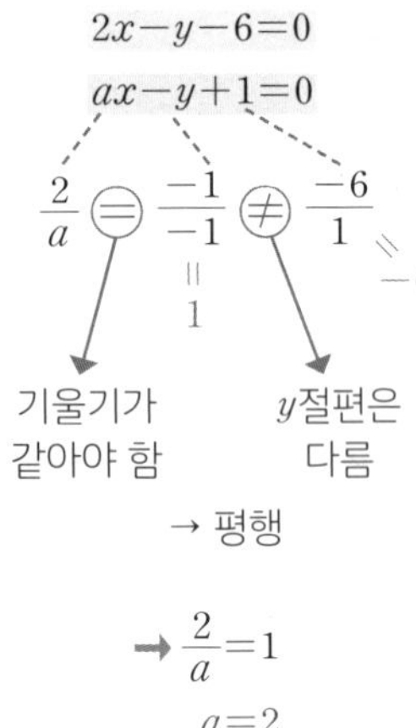

$2x-y-6=0$
$ax-y+1=0$
$\frac{2}{a}$ = $\frac{-1}{-1}$ ≠ $\frac{-6}{1}$
1
−6
기울기가 같아야 함
y절편은 다름

→ 평행

→ $\frac{2}{a}=1$
$a=2$

또는 삼각형을 만들지 못하는 경우 ②
ⅱ와 ⅲ의 기울기가 같을 때 (평행) 또는 (일치)

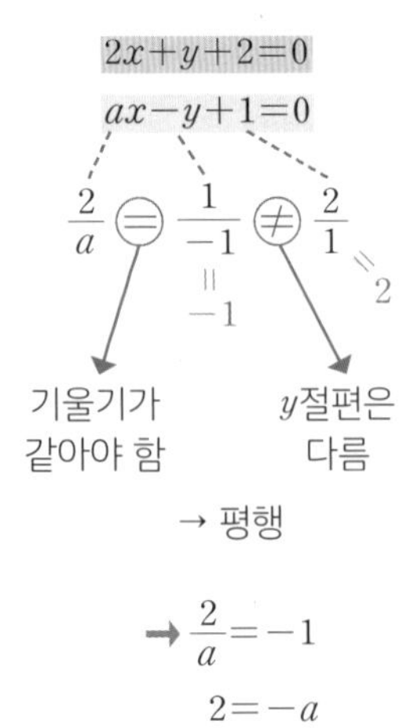

$2x+y+2=0$
$ax-y+1=0$
$\frac{2}{a}$ = $\frac{1}{-1}$ ≠ $\frac{2}{1}$
−1
2
기울기가 같아야 함
y절편은 다름

→ 평행

→ $\frac{2}{a}=-1$
$2=-a$
$a=-2$

또는 삼각형을 만들지 못하는 경우 ③
세 직선이 한 점에서 만날 때

→ ⅰ과 ⅱ의 교점을 ⅲ이 지나야 함

• ⅰ, ⅱ의 교점 구하기

$$\begin{array}{r} 2x-y-6=0 \\ +)\ 2x+y+2=0 \\ \hline 4x\quad -4=0 \end{array}$$
$4x=4$
$x=1$

$2x-y-6=0$에 $x=1$ 대입
→ $2\times1-y-6=0$
$2-y-6=0$
$-y-4=0$
$y=-4$

→ ⅰ과 ⅱ의 교점의 좌표는 $(1, -4)$

• ⅲ에 교점의 좌표를 대입하기
$ax-y+1=0$에 $(1, -4)$를 대입했을 때 성립해야 함
→ $a\times1-(-4)+1=0$
$a+(+4)+1=0$
$a+5=0$
$a=-5$

답 $a=2$, $a=-2$, $a=-5$

148쪽 풀이

01

① $4x-2=0$
→ 미지수가 1개

② $y=3$
→ 미지수가 1개

③ $y=\frac{-1}{x}$
→ 일차식이 아님

④ $2x-5y=3$
→ 미지수가 2개인 일차방정식

⑤ $x+y+2$
→ 등식이 아님

답 ④

148

7. 일차함수와 일차방정식의 관계 **단원 마무리**

01 다음 중 미지수가 2개인 일차방정식은? ④

① $4x-2=0$ ② $y=3$
③ $y=\frac{-1}{x}$ ④ $2x-5y=3$
⑤ $x+y+2$

02 다음 중 일차방정식 $3x+2y-10=0$의 그래프 위의 점이 아닌 것은? ①

① $(3, 0)$ ② $(0, 5)$
③ $(-2, 8)$ ④ $(2, 2)$
⑤ $(4, -1)$

03 일차방정식 $5x-y+10=0$의 그래프에 대한 설명으로 옳지 않은 것은? ③

① 기울기는 5이다.
② x절편은 -2이다.
③ 점 $(1, -5)$를 지난다.
④ 일차함수 $y=5x+10$의 그래프와 같다.
⑤ 제1사분면을 지난다.

04 일차방정식 $x+3y=-3$의 그래프가 지나는 두 점을 찾아 표시하고, 그래프를 완성하시오.

05 다음 연립방정식 중 변끼리 더하거나 뺐을 때, 없어지는 미지수가 다른 하나는? ②

① $\begin{cases} 2x+3y=1 \\ -2x+y=-1 \end{cases}$

② $\begin{cases} x-6y=0 \\ 2x+6y=2 \end{cases}$

③ $\begin{cases} 5x-4y=7 \\ 5x+2y=3 \end{cases}$

④ $\begin{cases} -3x+y=8 \\ -3x+6y=5 \end{cases}$

⑤ $\begin{cases} 7x-y=10 \\ -7x+8y=4 \end{cases}$

148 일차함수 2

02 $3x+2y-10=0$의 그래프 위의 점을 찾는 방법
→ $3x+2y-10=0$에 좌표를 대입하여 성립하는지 보기

① $3x+2y-10=0$에 $(3, 0)$ 대입
→ $3\times3+2\times0-10$
$=9+0-10$
$=-1\neq0$
성립 안 함

② $3x+2y-10=0$에 $(0, 5)$ 대입
→ $3\times0+2\times5-10$
$=0+10-10$
$=0$
성립함

③ $3x+2y-10=0$에 $(-2, 8)$ 대입
→ $3\times(-2)+2\times8-10$
$=-6+16-10$
$=0$
성립함

④ $3x+2y-10=0$에 $(2, 2)$ 대입
→ $3\times2+2\times2-10$
$=6+4-10$
$=0$
성립함

⑤ $3x+2y-10=0$에 $(4, -1)$ 대입
→ $3\times4+2\times(-1)-10$
$=12-2-10$
$=0$
성립함

답 ①

03 $5x-y+10=0$ → $y=5x+10$
(5: 기울기, 10: y절편)

① 기울기는 5이다. (○)

② x절편은 -2이다. (○)
→ $5x-y+10=0$에 $y=0$을 대입
$5x-0+10=0$
$5x+10=0$
$5x=-10$
$x=-2$

③ 점 $(1, -5)$를 지난다. (×)
→ $5x-y+10=0$에 $(1, -5)$를 대입해서 성립하는지 확인
$5\times1-(-5)+10$
$=5+(+5)+10$
$=20\neq0$ → 성립 안 함

④ 일차함수 $y=5x+10$의 그래프와 같다. (○)

⑤ 제1사분면을 지난다. (○)

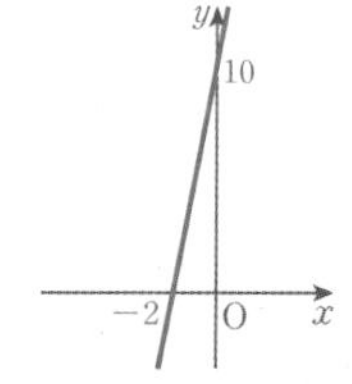

→ 제1, 2, 3사분면을 지남

답 ③

148쪽 풀이

04 $x+3y=-3$의 그래프의

• y절편

$x+3y=-3$

→ $3y=-x-3$

$y=-\frac{1}{3}x-1$

y절편: -1

• x절편

→ $x+3y=-3$에 $y=0$ 대입

$x+3\times0=-3$

$x+0=-3$

$x=-3$

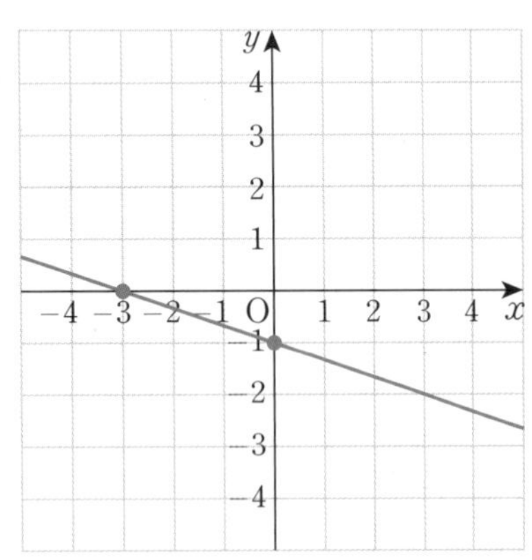

* x절편, y절편 이외에 다른 두 점을 찾아 표시해도 됩니다.

05 연립방정식에서 변끼리 더하거나 빼서 한 문자를 없애려면, 계수의 절댓값이 같은 문자를 찾으면 됩니다.

계수의 부호가 같을 때는 두 식을 빼고,
계수의 부호가 다를 때는 두 식을 더하면 됩니다.

① $\begin{cases}2x+3y=1\\-2x+y=-1\end{cases}$
→ 두 식을 더해서 x를 없앨 수 있음

② $\begin{cases}x-6y=0\\2x+6y=2\end{cases}$
→ 두 식을 더해서 y를 없앨 수 있음

③ $\begin{cases}5x-4y=7\\5x+2y=3\end{cases}$
→ 두 식을 빼서 x를 없앨 수 있음

④ $\begin{cases}-3x+y=8\\-3x+6y=5\end{cases}$
→ 두 식을 빼서 x를 없앨 수 있음

⑤ $\begin{cases}7x-y=10\\-7x+8y=4\end{cases}$
→ 두 식을 더해서 x를 없앨 수 있음

답 ②

149쪽 풀이

06

$$\begin{array}{rl} & 4x-2y=4 \\ +) & 3x+2y=17 \\ \hline & 7x \qquad =21 \\ & x=3 \end{array}$$

$4x-2y=4$에 $x=3$ 대입

→ $4\times3-2y=4$

$12-2y=4$

$-2y=-8$

$y=4$

답 $x=3$, $y=4$

07 $3x+by+1=0$의 그래프가 점 $(-1, 2)$를 지남

→ $3x+by+1=0$에 $(-1, 2)$를 대입하면 성립함

$3\times(-1)+b\times2+1=0$

$-3+2b+1=0$

$2b-2=0$

$2b=2$

$b=1$

→ 일차방정식은 $3x+y+1=0$

이 식을 일차함수 $y=ax+b$의 모양으로 바꿔 쓰면

$y=-3x-1$

기울기

답 -3

149

▸ 정답 및 해설 93~95쪽 7-38

06 연립방정식 $\begin{cases}4x-2y=4\\3x+2y=17\end{cases}$의 해를 구하시오.

$x=3$, $y=4$

07 일차방정식 $3x+by+1=0$의 그래프가 점 $(-1, 2)$를 지날 때, 이 그래프의 기울기를 구하시오. (단, b는 상수)

-3

08 일차방정식 $ax+by+10=0$의 그래프가 다음과 같을 때, 상수 a, b의 값을 각각 구하시오.

$a=-2$, $b=-1$

09 주어진 그래프를 이용하여 연립방정식의 해를 구하시오.

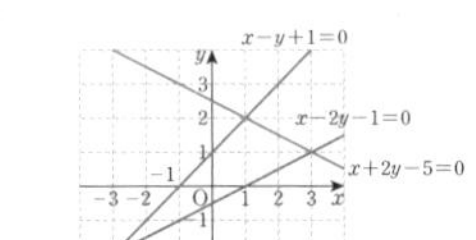

(1) $\begin{cases}x-y+1=0\\x-2y-1=0\end{cases}$ $x=-3$, $y=-2$

(2) $\begin{cases}x-2y-1=0\\x+2y-5=0\end{cases}$ $x=3$, $y=1$

10 일차방정식 $ax-by+3=0$의 그래프가 다음과 같을 때, 상수 a, b의 부호를 구하시오.

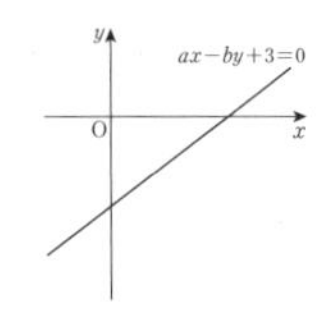

$a<0$, $b<0$

7. 일차함수와 일차방정식의 관계 149

149쪽 풀이

08

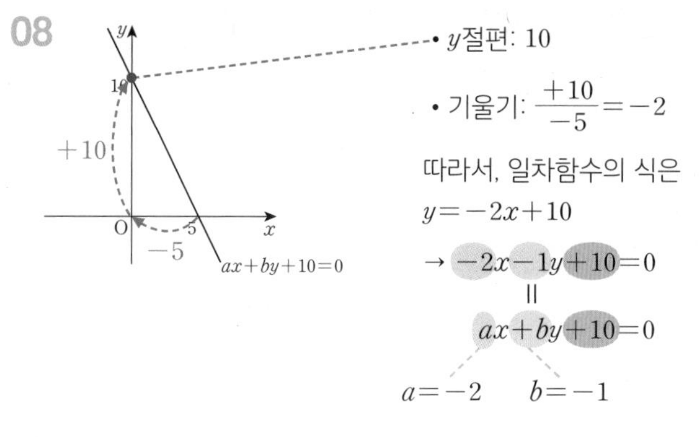

- y절편: 10
- 기울기: $\dfrac{+10}{-5}=-2$

따라서, 일차함수의 식은

$y=-2x+10$

$\rightarrow -2x-1y+10=0$

$\qquad ax+by+10=0$

$a=-2 \quad b=-1$

답 $a=-2,\ b=-1$

10

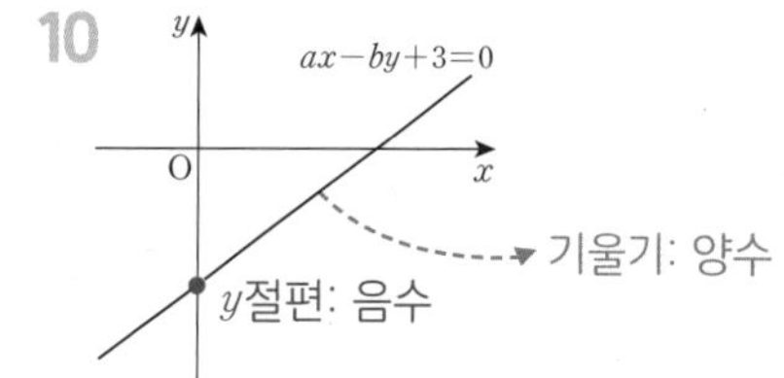

$ax-by+3=0$

$\rightarrow by=ax+3$

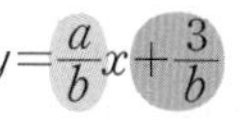

$y=\dfrac{a}{b}x+\dfrac{3}{b}$

기울기 y절편

- y절편이 음수이므로
  $\dfrac{3}{b}$이 음수
  $\rightarrow b$는 음수
- 기울기가 양수이므로
  $\dfrac{a}{b}$가 양수
  $\dfrac{a}{(-)}=(+)$
  $\rightarrow a$는 음수

답 $a<0,\ b<0$

09 연립방정식의 해
→ 두 일차방정식 그래프의 **교점 좌표**

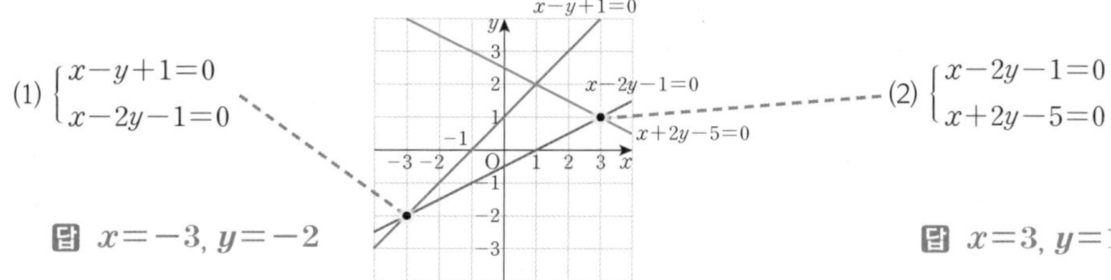

(1) $\begin{cases} x-y+1=0 \\ x-2y-1=0 \end{cases}$

답 $x=-3,\ y=-2$

(2) $\begin{cases} x-2y-1=0 \\ x+2y-5=0 \end{cases}$

답 $x=3,\ y=1$

150쪽 풀이

11 두 일차방정식 그래프의 교점의 좌표
→ 연립방정식의 해

$$\begin{array}{rl} 3x+4y & =0 \\ -)\ x+4y-8 & =0 \end{array} \Rightarrow \begin{array}{rl} 3x+4y & =0 \\ +)\ -x-4y+8 & =0 \\ \hline 2x\quad +8 & =0 \\ 2x & =-8 \\ x & =-4 \end{array}$$

$3x+4y=0$에 $x=-4$ 대입

$\rightarrow 3\times(-4)+4y=0$

$-12+4y=0$

$4y=12$

$y=3$

답 $(-4,\ 3)$

150

단원 마무리

11 두 일차방정식 $3x+4y=0$과 $x+4y-8=0$의 그래프의 교점의 좌표를 구하시오.

$3x+4y=0$, $x+4y-8=0$, 2, O, x, y

$(-4,\ 3)$

12 연립방정식 $\begin{cases} 2x+ay=-4 \\ 3x+9y=b \end{cases}$에서 각 방정식의 그래프를 그렸더니 두 직선이 서로 평행합니다. 이때, 상수 a, b의 조건은? ②

① $a=6,\ b=-6$ ② $a=6,\ b\neq-6$
③ $a\neq6,\ b=-6$ ④ $a=-6,\ b=6$
⑤ $a=6,\ b\neq6$

13 다음 연립방정식 중 해가 한 쌍인 것은? ④

① $\begin{cases} -x+2y=-1 \\ x-2y=1 \end{cases}$

② $\begin{cases} 4x+3y=2 \\ 8x+6y=1 \end{cases}$

③ $\begin{cases} 6x-12y=10 \\ -3x+6y=-5 \end{cases}$

④ $\begin{cases} 5x-4y=2 \\ 4x+5y=-1 \end{cases}$

⑤ $\begin{cases} 2x-7y=-4 \\ 4x-14y=8 \end{cases}$

14 다음 세 직선 중 두 직선만 평행할 때, 가능한 상수 a의 값의 합을 구하시오. -1

$\begin{cases} 3x+y-4=0 \\ 2x-y-1=0 \\ 6x+ay-5=0 \end{cases}$

15 연립방정식 $\begin{cases} ax+5y=-7 \\ 4x+by=14 \end{cases}$의 해가 무수히 많을 때, $a+b$의 값을 구하시오.
(단, a, b는 상수) -12

150 일차함수 2

150쪽 풀이

12 두 직선이 서로 평행
→ 기울기는 같고, y절편은 달라야 함

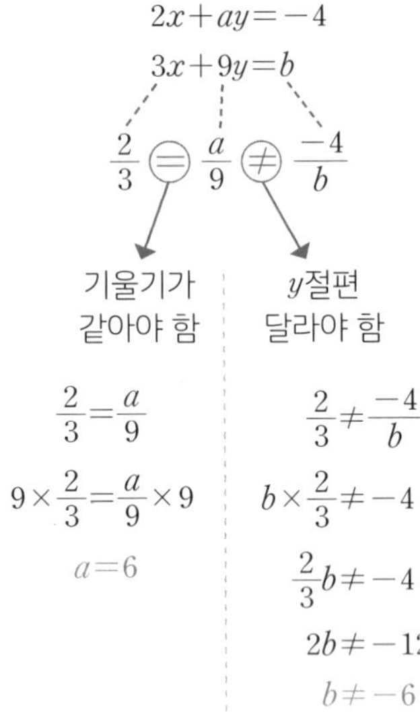

$\frac{2}{3}=\frac{a}{9}$

$9\times\frac{2}{3}=\frac{a}{9}\times 9$

$a=6$

$\frac{2}{3}\neq\frac{-4}{b}$

$b\times\frac{2}{3}\neq -4$

$\frac{2}{3}b\neq -4$

$2b\neq -12$

$b\neq -6$

답 ②

13 연립방정식의 해가 한 쌍
→ 두 일차방정식의 그래프가 한 점에서 만남
→ 두 그래프의 **기울기가 다름**

① $-x+2y=-1$, $x-2y=1$

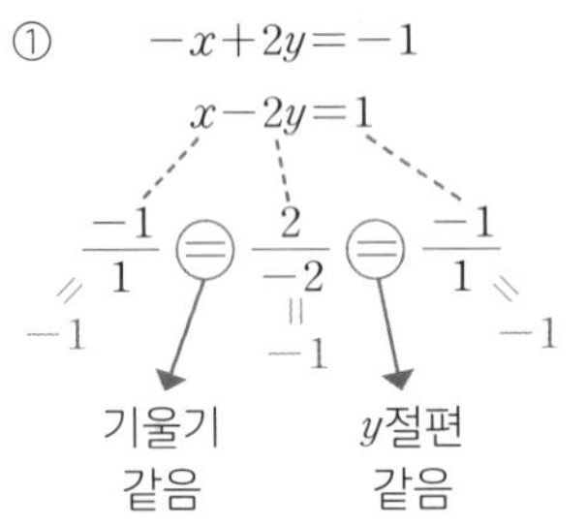

→ **두 직선이 일치함**

② $4x+3y=2$, $8x+6y=1$

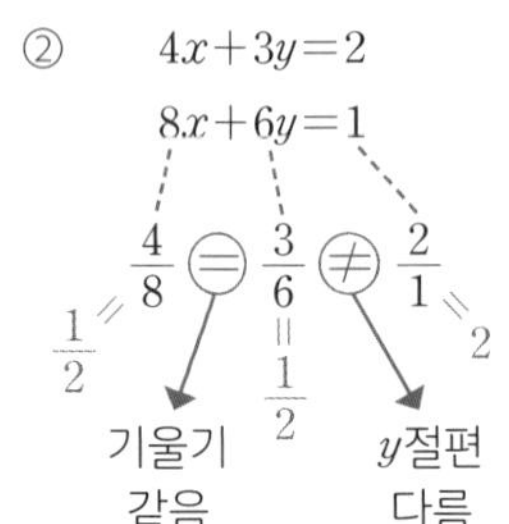

→ **두 직선이 평행함**

③ $6x-12y=10$, $-3x+6y=-5$

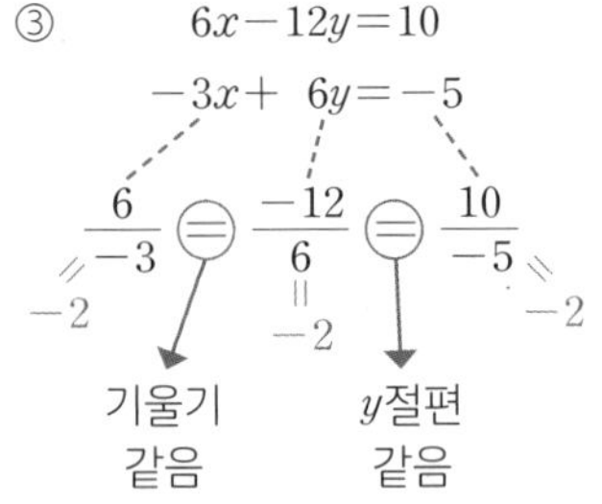

→ **두 직선이 일치함**

④ $5x-4y=2$, $4x+5y=-1$

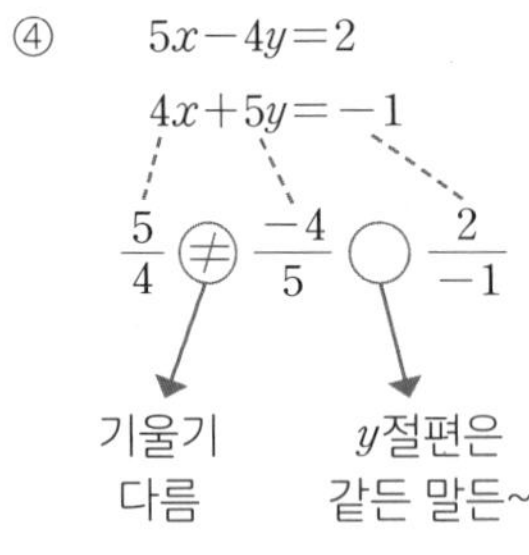

→ **두 직선이 한 점에서 만남**

⑤ $2x-7y=-4$, $4x-14y=8$

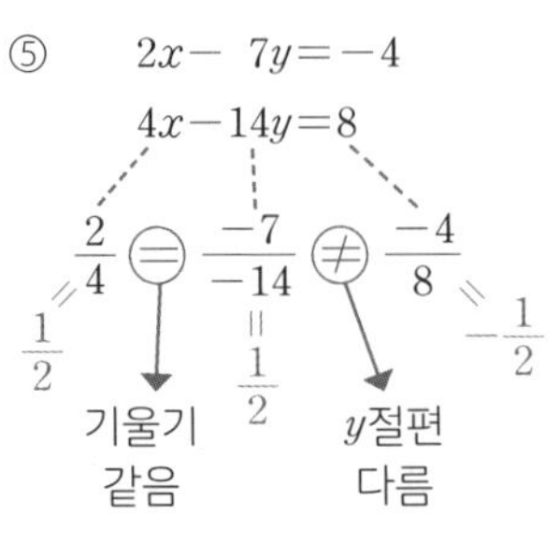

→ **두 직선이 평행함**

답 ④

14 ⅰ $3x+y-4=0$
ⅱ $2x-y-1=0$
ⅲ $6x+ay-5=0$

→ **두 직선만 평행**
평행한 두 직선끼리는
기울기가 같고 y절편은 다름

a가 없는
ⅰ과 ⅱ를 먼저 비교

$3x+y-4=0$
$2x-y-1=0$

$\frac{3}{2}\neq\frac{1}{-1}=-1$

→ 기울기가 다름
두 직선은 평행하지 않음

따라서, 아래 둘 중에 하나여야 함

ⅰ과 ⅲ이 평행

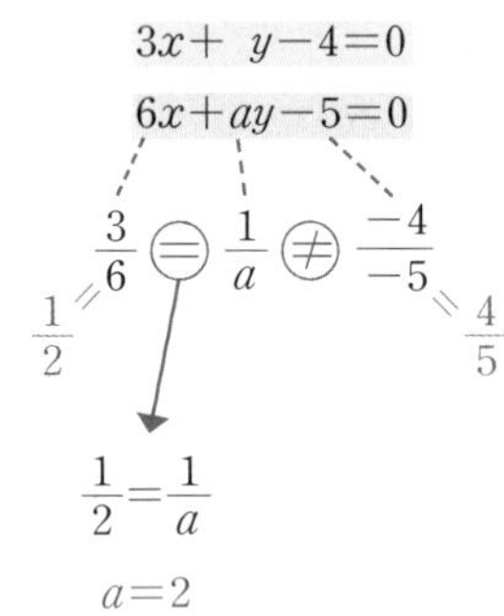

$\frac{1}{2}=\frac{1}{a}$

$a=2$

ⅱ와 ⅲ이 평행

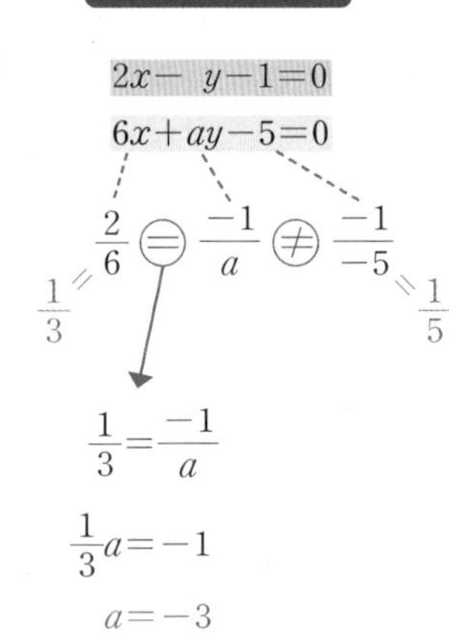

$\frac{1}{3}=\frac{-1}{a}$

$\frac{1}{3}a=-1$

$a=-3$

따라서, 상수 a의 값의 합은 $2+(-3)=2-3=-1$

답 -1

15 연립방정식의 해가 무수히 많음
→ 두 일차방정식의 그래프가 일치함
→ 두 그래프의 기울기와 y절편이 모두 같음

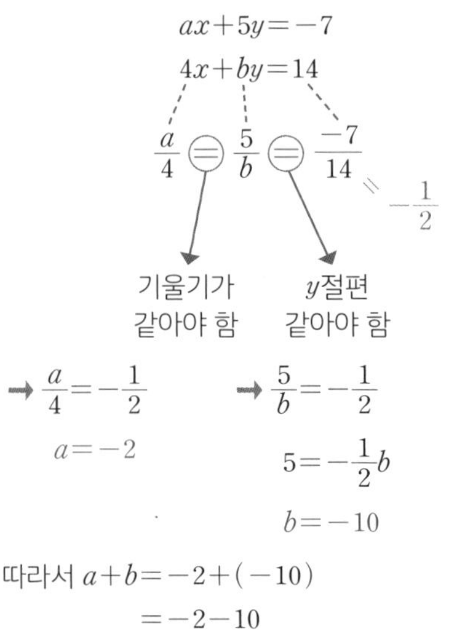

→ $\frac{a}{4}=-\frac{1}{2}$

$a=-2$

→ $\frac{5}{b}=-\frac{1}{2}$

$5=-\frac{1}{2}b$

$b=-10$

따라서 $a+b=-2+(-10)$
$=-2-10$
$=-12$

답 -12

151쪽 풀이

16 ① 두 직선이 평행하면 연립방정식의 해는 무수히 많다. (×)

평행하면 **교점**이 **없음**
→ 연립방정식의 **해**도 **없음**

② 두 직선이 일치하면 연립방정식의 해는 없다. (×)

일치하면 **교점**이 **무수히 많음**
→ 연립방정식의 **해**도 **무수히 많음**

③ 두 직선이 기울기가 같고, y절편이 다르면 연립방정식의 해는 무수히 많다. (×)

평행

평행하면 **교점**이 **없음**
→ 연립방정식의 **해**도 **없음**

④ 연립방정식의 해가 없으면, 두 직선의 기울기와 y절편은 각각 같다. (×)

→ 해가 없으려면 두 직선이 평행해야 함
기울기는 같고, y절편은 다름

⑤ 두 직선이 기울기가 다르고, y절편이 같으면 연립방정식의 해는 한 쌍이다. (○)

y절편이 같든 말든 한 점에서 만남

한 점에서 만나면 **교점**이 **하나**
→ 연립방정식의 **해**도 **한 쌍**

답 ⑤

151

▸정답 및 해설 95~98쪽

16 연립방정식에서 두 일차방정식과 그 그래프에 대한 설명으로 옳은 것은? ⑤

① 두 직선이 평행하면 연립방정식의 해는 무수히 많다.
② 두 직선이 일치하면 연립방정식의 해는 없다.
③ 두 직선이 기울기가 같고, y절편이 다르면 연립방정식의 해는 무수히 많다.
④ 연립방정식의 해가 없으면, 두 직선의 기울기와 y절편은 각각 같다.
⑤ 두 직선이 기울기가 다르고, y절편이 같으면 연립방정식의 해는 한 쌍이다.

19 두 일차방정식 $4x-7y=-6$, $2x+7y=-24$의 그래프의 교점을 지나고, 기울기가 1인 직선의 방정식을 구하여 $ax+by+c=0$의 모양으로 나타내시오.

$x-y+3=0$
(또는 $-x+y-3=0$)

17 연립방정식 $\begin{cases}5x-by=-9\\ax+3y=4\end{cases}$에서 두 일차방정식의 그래프의 교점의 좌표가 $(-1, 1)$일 때, 상수 a, b의 값을 각각 구하시오.

$a=-1$, $b=4$

20 세 일차방정식 $3x+2y-20=0$, $x-2y+4=0$, $ax-4y-12=0$의 그래프가 삼각형을 만들지 못할 때, 상수 a의 값을 모두 구하시오.

$a=-6$, $a=2$, $a=7$

18 $a>0$, $b>0$, $c<0$일 때, 일차방정식 $ax+by+c=0$의 그래프가 지나지 않는 사분면을 구하시오.

제3사분면

7. 일차함수와 일차방정식의 관계 151

---

17 두 일차방정식 그래프의 교점의 좌표가 $(-1, 1)$
→ 두 식에 $(-1, 1)$을 각각 대입하면 성립함

• $5x-by=-9$에 $(-1, 1)$ 대입
→ $5\times(-1)+(-b)\times1=-9$
$-5-b=-9$
$-b=-4$
$b=4$

• $ax+3y=4$에 $(-1, 1)$ 대입
→ $a\times(-1)+3\times1=4$
$-a+3=4$
$-a=1$
$a=-1$

답 $a=-1$, $b=4$

18 $ax+by+c=0$ $(a>0, b>0, c<0)$
→ $by=-ax-c$

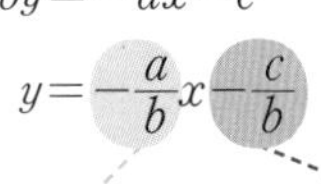

기울기: a, b 모두 $(+)$
→ $-\frac{a}{b}=-\frac{(+)}{(+)}=(-)$

y절편: b는 $(+)$, c는 $(-)$
→ $-\frac{c}{b}=-\frac{(-)}{(+)}=-(-)=(+)$

따라서, 그래프를 그리면 이런 모양

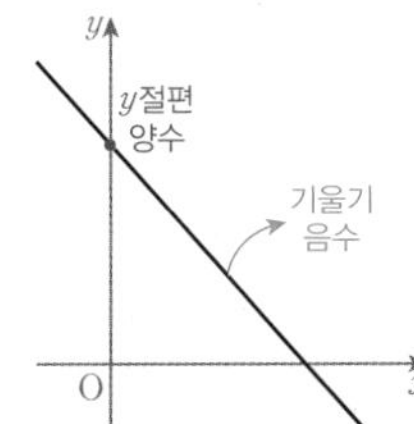

→ 지나지 않는 사분면은 제3사분면

답 제3사분면

19 $4x-7y=-6$, $2x+7y=-24$의 그래프의 교점을 지나고, 기울기가 1인 직선의 방정식은?

① $4x-7y=-6$, $2x+7y=-24$의 그래프의 교점 구하기

$$\begin{array}{rl} & 4x-7y=-6\\ +) & 2x+7y=-24\\ \hline & 6x=-30\\ & x=-5\end{array}$$

$4x-7y=-6$에 $x=-5$ 대입
→ $4\times(-5)-7y=-6$
$-20-7y=-6$
$-7y=14$
$y=-2$

→ 교점의 좌표는 $(-5, -2)$

② $(-5, -2)$를 지나고 기울기가 1인 직선의 방정식 구하기

식을 $y=x+k$라 하고, $(-5, -2)$를 대입
→ $(-2)=(-5)+k$
$-2=-5+k$
$k=3$
→ $y=x+3$

이 식을 일차방정식 $ax+by+c=0$의 모양으로 나타내면,
$y=x+3$
→ $x-y+3=0$

답 $x-y+3=0$ (또는 $-x+y-3=0$)

151쪽 풀이

20 ⓘ $3x+2y-20=0$
ⓘⓘ $x-2y+4=0$ → 삼각형이 안 됨
ⓘⓘⓘ $ax-4y-12=0$

a가 없는 식 ⓘ과 ⓘⓘ를 비교해보면

$3x+2y-20=0$
$x-2y+4=0$

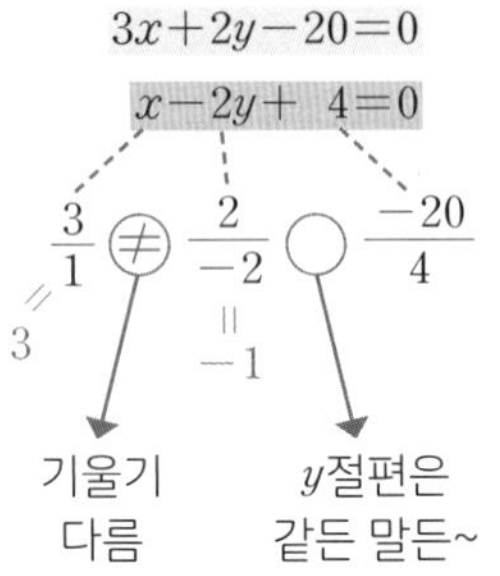

→ 한 점에서 만남

삼각형을 만들지 못하는 경우 ①
ⓘ과 ⓘⓘⓘ의 기울기가 같을 때

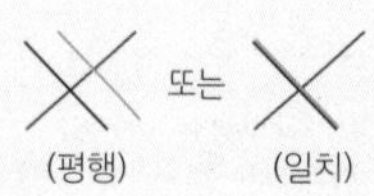

$3x+2y-20=0$
$ax-4y-12=0$

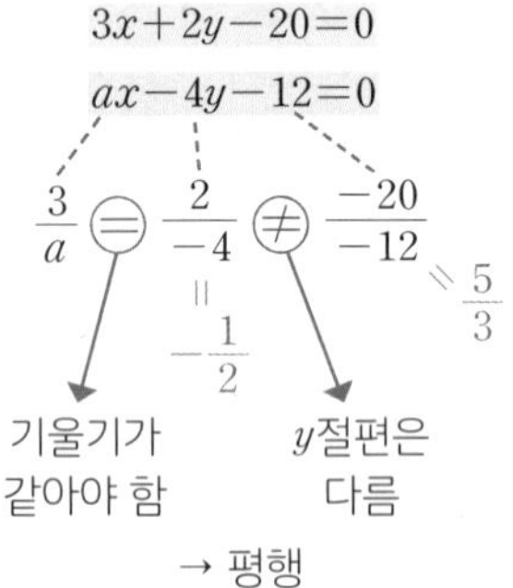

→ 평행

$$\rightarrow \frac{3}{a}=-\frac{1}{2}$$
$$3=-\frac{1}{2}a$$
$$a=-6$$

또는 삼각형을 만들지 못하는 경우 ②
ⓘⓘ와 ⓘⓘⓘ의 기울기가 같을 때

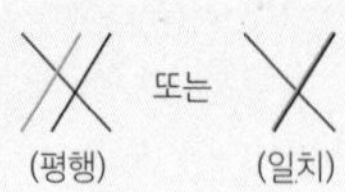

$x-2y+4=0$
$ax-4y-12=0$

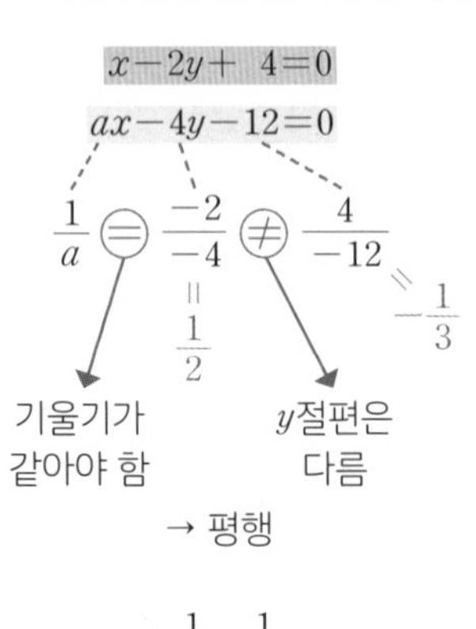

→ 평행

$$\rightarrow \frac{1}{a}=\frac{1}{2}$$
$$a=2$$

또는 삼각형을 만들지 못하는 경우 ③
세 직선이 한 점에서 만날 때

→ ⓘ과 ⓘⓘ의 교점을 ⓘⓘⓘ이 지나야 함

• ⓘ, ⓘⓘ의 교점 구하기

$$\begin{array}{rl} & 3x+2y-20=0 \\ +) & x-2y+4=0 \\ \hline & 4x-16=0 \\ & 4x=16 \\ & x=4 \end{array}$$

$3x+2y-20=0$에 $x=4$ 대입

$\rightarrow 3\times4+2y-20=0$
$12+2y-20=0$
$2y-8=0$
$2y=8$
$y=4$

→ ⓘ과 ⓘⓘ의 교점의 좌표는 $(4, 4)$

• ⓘⓘⓘ에 교점의 좌표를 대입하기
$ax-4y-12=0$에 $(4, 4)$를 대입했을 때 성립해야 함
$\rightarrow a\times4+(-4)\times4-12=0$
$4a-16-12=0$
$4a-28=0$
$4a=28$
$a=7$

답 $a=-6$, $a=2$, $a=7$

152쪽 풀이

21 $5x+3y-4=0$의 그래프가 점 $(a, 4-a)$를 지남

→ $5x+3y-4=0$에 $(a, 4-a)$를 대입

$$5\times a+3\times(4-a)-4=0$$
$$5a+12-3a-4=0$$
$$2a+8=0$$
$$2a=-8$$
$$a=-4$$

답 -4

---

22 $y=\frac{1}{2}x+1$의 그래프와 평행하므로 직선의 기울기는 $\frac{1}{2}$

→ 구하려는 식을 $y=\frac{1}{2}x+k$라 하고,

$(3, 4)$를 대입하면

$$4=\frac{1}{2}\times3+k$$
$$4=\frac{3}{2}+k$$
$$k=\frac{5}{2}$$

따라서, 구하는 식은 $y=\frac{1}{2}x+\frac{5}{2}$

이 식을 일차방정식의 모양으로 바꾸면

→ $2y=x+5$

→ $-x+2y-5=0$

$-x+2y-5=0$과 $ax+2y+b=0$이 같으므로,

$a=-1$, $b=-5$

→ $ab=(-1)\times(-5)$

$=5$

답 5

---

23 (1) $x+y-1=0$, $x-2y+5=0$의 교점의 좌표

$$\begin{array}{r} x+\ y-1=0 \\ -)\ x-2y+5=0 \end{array} \Rightarrow \begin{array}{r} x+\ y-1=0 \\ +)\ -x+2y-5=0 \\ \hline 3y-6=0 \\ 3y=6 \\ y=2 \end{array}$$

$x+y-1=0$에 $y=2$ 대입

→ $x+2-1=0$

$x+1=0$

$x=-1$

답 $(-1, 2)$

---

(2) ㉠ $x+y-1=0$의 x절편

→ $x+y-1=0$에 $y=0$ 대입

$x+0-1=0$

$x-1=0$

$x=1$

㉡ $x-2y+5=0$의 x절편

→ $x-2y+5=0$에 $y=0$ 대입

$x+(-2)\times0+5=0$

$x+5=0$

$x=-5$

답 직선 ㉠의 x절편: 1

직선 ㉡의 x절편: -5

152

단원 마무리 ▸정답 및 해설 99쪽

서술형 문제

21 일차방정식 $5x+3y-4=0$의 그래프가 점 $(a, 4-a)$를 지날 때, a의 값을 구하시오.

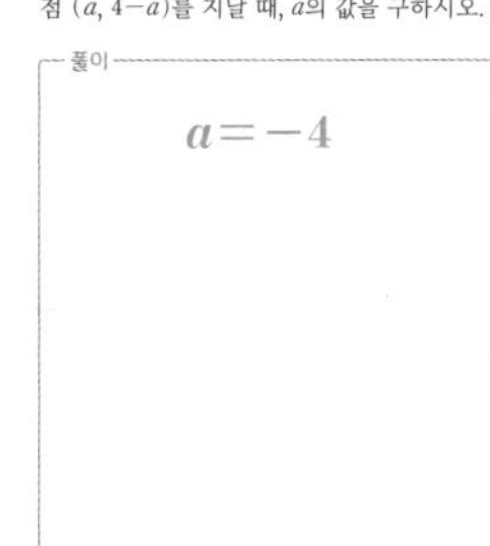

서술형 문제

22 일차함수 $y=\frac{1}{2}x+1$의 그래프와 평행하고 점 $(3, 4)$를 지나는 직선의 방정식이 $ax+2y+b=0$일 때, 상수 a, b에 대하여 ab의 값을 구하시오.

서술형 문제

23 다음 그림과 같이 직선 ㉠, ㉡과 x축으로 둘러싸인 도형의 넓이를 구하려고 합니다. 물음에 답하시오.

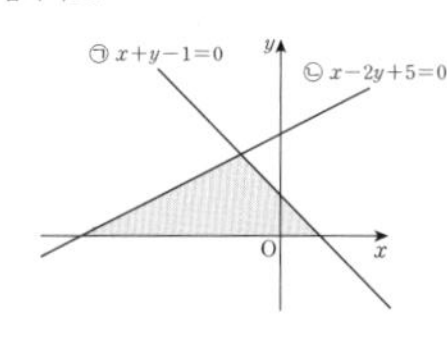

(1) 두 직선의 교점의 좌표를 구하시오.

$(-1, 2)$

(2) 두 직선의 x절편을 각각 구하시오.

직선 ㉠의 x절편: 1

직선 ㉡의 x절편: -5

(3) 직선 ㉠, ㉡과 x축으로 둘러싸인 도형의 넓이를 구하시오.

6

152 일차함수 2

---

(3) 둘러싸인 도형의 넓이?

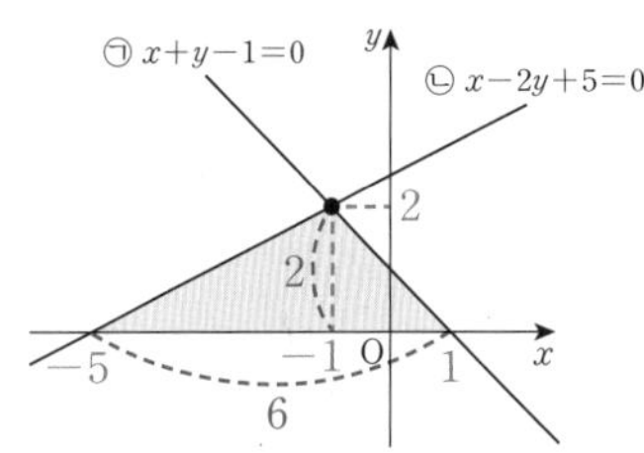

삼각형의 밑변의 길이는 6, 높이는 2이므로

(삼각형의 넓이)$=6\times2\times\frac{1}{2}$

$=6$

답 6

154쪽 풀이

01 $f(-2)$의 뜻: $f(x)$에서 x 대신에 -2를 넣어서 나온 값

$f(x)=-2x+3$

$\rightarrow f(-2)=(-2)\times(-2)+3$

$=4+3$

$=7$

답 7

03 각 점을 좌표평면에 나타내면

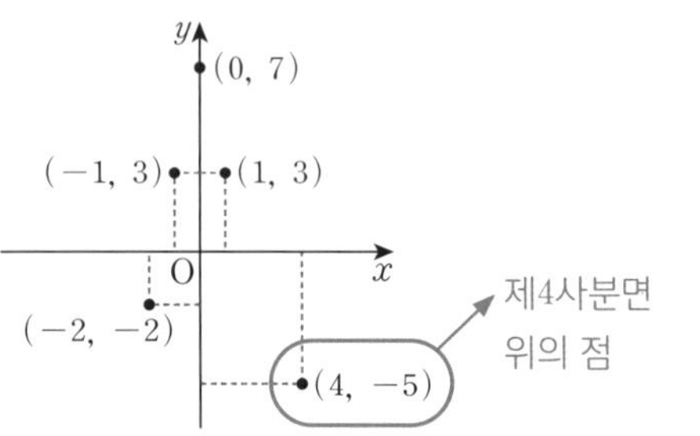

답 ⑤

154

총정리 문제

* 일차함수 1, 2권에 대한 총정리 문제입니다.

01 함수 $f(x)=-2x+3$에 대하여 $f(-2)$의 값을 구하시오. 7

02 다음 중 정비례 관계식이 아닌 것은? ④

① $y=2x$　② $y=-5x$　③ $y=\frac{1}{2}x$　④ $y=\frac{2}{x}$ 반비례　⑤ $y=\frac{x}{4}$

* 정비례 관계식은 $y=ax$ 모양 $(a\neq0)$
반비례 관계식은 $y=\frac{a}{x}$ 모양 $(a\neq0)$

03 다음 중 제4사분면 위의 점인 것은? ⑤

① (1, 3)　② (−1, 3)　③ (−2, −2)　④ (0, 7)　⑤ (4, −5)

04 다음 중 y가 x의 함수가 아닌 것은? ③

① 한 자루에 1000원 하는 연필 x자루의 가격 y원
② 넓이가 20 cm^2인 삼각형의 밑변의 길이가 x cm, 높이가 y cm
③ 절댓값이 x인 수 y
④ 시속 x km로 3시간 동안 이동한 거리 y km
⑤ 한 변의 길이가 x cm인 정사각형의 둘레 y cm

05 y가 x에 정비례하고, $x=2$일 때 $y=-4$입니다. x와 y 사이의 관계식을 구하시오.

$y=-2x$

154 일차함수 2

04 ① 한 자루에 1000원 하는 연필 x자루의 가격 y원

x	1	2	3	4	⋯
y	1000	2000	3000	4000	⋯

→ x 하나에 y가 하나이므로 함수 맞음

② 넓이가 20 cm^2인 삼각형의 밑변의 길이가 x cm, 높이가 y cm

→ (삼각형 넓이)=(밑변의 길이)×(높이)×$\frac{1}{2}$

x	1	2	4	5	⋯
y	40	20	10	8	⋯

→ x 하나에 y가 하나이므로 함수 맞음

③ 절댓값이 x인 수 y → $|y|=x$

x	0	1	2	3	⋯
y	0	1, −1	2, −2	3, −3	⋯

→ x 하나에 y가 여러 개이므로 함수 아님

④

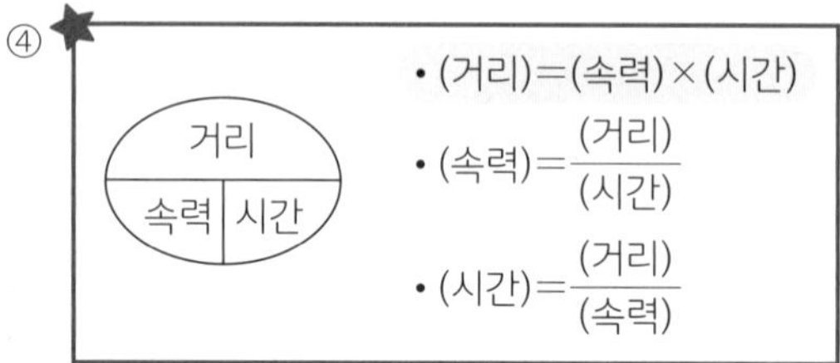

시속 x km로 3시간 동안 이동한 거리 y km → $y=3x$

속력: x　시간: 3　거리: y

x	1	2	3	4	⋯
y	3	6	9	12	⋯

→ x 하나에 y가 하나이므로 함수 맞음

⑤ 한 변의 길이가 x cm인 정사각형의 둘레 y cm

→ (정사각형의 둘레)=(한 변의 길이)×4

x	1	2	3	4	⋯
y	4	8	12	16	⋯

→ x 하나에 y가 하나이므로 함수 맞음

답 ③

154쪽 풀이

05 y가 x에 정비례하고, $x=2$일 때 $y=-4$

↓

$y=ax$에 $x=2$, $y=-4$ 대입

→ $-4=a\times2$

$-4=2a$

$a=-2$

답 $y=-2x$

155쪽 풀이

06 $(\text{기울기})=\dfrac{(y\text{의 증가량})}{(x\text{의 증가량})}$

$(2, 5)$ ↓ ↓ $(-1, 8)$

$$(\text{기울기})=\frac{5-8}{2-(-1)}=\frac{-3}{2+(+1)}=\frac{-3}{3}=-1$$

답 -1

07 y가 x에 반비례하고, $x=-2$일 때 $y=6$

↓

$y=\dfrac{a}{x}$에 $x=-2$, $y=6$ 대입

→ $6=\dfrac{a}{-2}$

$a=-12$

→ 반비례 관계식은 $y=-\dfrac{12}{x}$

$y=-\dfrac{12}{x}$에 $x=4$ 대입

→ $y=-\dfrac{12}{4}$

$y=-3$

답 -3

155

▸정답 및 해설 100~102쪽

06 두 점 $(2, 5)$, $(-1, 8)$을 지나는 직선의 기울기를 구하시오.

-1

07 y가 x에 반비례하고, $x=-2$일 때, $y=6$입니다. $x=4$일 때, y의 값을 구하시오.

-3

08 x축에 평행한 직선이 점 $(-2, 5)$와 점 $(3, -4k+1)$을 지날 때, k의 값을 구하시오.

-1

09 다음 그래프에 알맞은 관계식은? ③

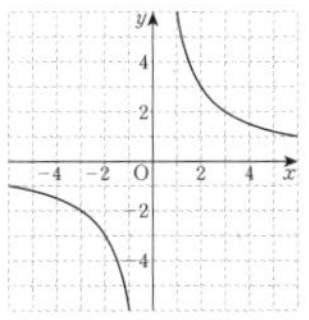

① $y=\frac{2}{x}$ ② $y=\frac{4}{x}$ ③ $y=\frac{6}{x}$ ④ $y=\frac{x}{4}$ ⑤ $y=\frac{x}{6}$

10 다음 중 두 점이 원점 대칭인 것은? ②

① $(3, 2)$, $(-3, 2)$
② $(-4, -7)$, $(4, 7)$
③ $(5, -3)$, $(-3, 5)$
④ $(-1, 1)$, $(-1, -1)$
⑤ $(9, -6)$, $(-9, -6)$

총정리 문제 155

08 x축에 평행한 직선이 점 $(-2, 5)$를 지남

↓

$y=a$가 점 $(-2, 5)$를 지남 → $a=5$

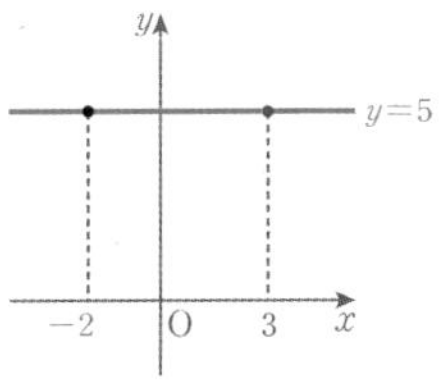

점 $(3, -4k+1)$도 $y=5$ 위의 점이므로

$-4k+1=5$

$-4k=4$

$k=-1$

답 -1

155쪽 풀이

09

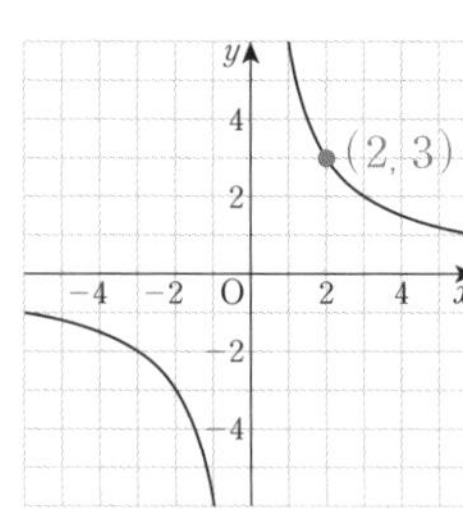

• 반비례 그래프

→ 함수의 식 모양은 $y=\frac{a}{x}$

• $y=\frac{a}{x}$에 (2, 3) 대입

→ $3=\frac{a}{2}$

$a=6$

→ 반비례 관계식은 $y=\frac{6}{x}$

답 ③

10

x축 대칭	y축 대칭	원점 대칭
(a, b) ↕ y좌표만 부호 반대 $(a, -b)$	(a, b) ↕ x좌표만 부호 반대 $(-a, b)$	(a, b) ↕ 두 좌표 모두 부호 반대 $(-a, -b)$

① (3, 2) → (−3, 2): x좌표 부호 반대, y좌표 같음

→ y축 대칭

② (−4, −7) → (4, 7): 두 좌표 모두 부호 반대

→ 원점 대칭

③ (5, −3) → (−3, 5)

→ x축, y축, 원점 대칭 어느 것도 아님

④ (−1, 1) → (−1, −1): x좌표 같음, y좌표 부호 반대

→ x축 대칭

⑤ (9, −6) → (−9, −6): x좌표 부호 반대, y좌표 같음

→ y축 대칭

답 ②

156쪽 풀이

11

그래프의 x절편이 3, y절편이 5인 식

→ 점 (3, 0), (0, 5)를 지남

• 기울기: $\frac{0-5}{3-0}=\frac{-5}{3}=-\frac{5}{3}$

→ 구하는 일차함수의 식: $y=-\frac{5}{3}x+b$

• y절편이 5이므로

$y=-\frac{5}{3}x+b$에서 $b=5$

→ 구하는 식은 $y=-\frac{5}{3}x+5$

→ $3y=-5x+15$

→ $5x+3y-15=0$

답 ④

156

총정리 문제

11 다음 중 그래프의 x절편이 3, y절편이 5인 일차함수의 식은? ④

① $y=3x+5$ ② $x=3$
③ $y=\frac{15}{x}$ ④ $5x+3y-15=0$
⑤ $3x+5y=1$

12 정비례 관계 $y=-2x$의 그래프에 대한 설명으로 옳은 것은? ③

① 그래프는 오른쪽 위로 향한다.
② x가 증가할 때, y도 증가한다.
③ x가 양수일 때, y는 음수이다.
④ 그래프는 제1, 3사분면을 지난다.
⑤ 점 (−2, −4)를 지난다.

13 $-2\le x\le 6$일 때, 함수 $y=-\frac{1}{2}x+2$의 최댓값과 최솟값을 각각 구하시오.

($x=-2$일 때) 최댓값 3
($x=6$일 때) 최솟값 −1

14 두 그래프의 교점의 좌표를 연립방정식을 이용하여 구하시오.

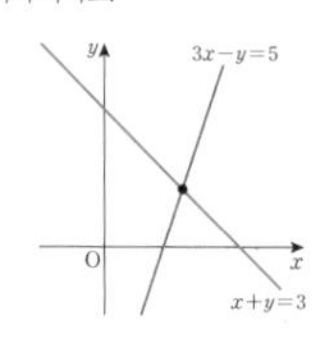

(2, 1)

15 점 (4, −1)을 지나고 기울기가 $\frac{1}{2}$인 직선의 방정식이 $x+ay+b=0$일 때, 상수 a, b의 값은? ①

① $a=-2$, $b=-6$ ② $a=2$, $b=6$
③ $a=2$, $b=3$ ④ $a=-2$, $b=-3$
⑤ $a=-3$, $b=6$

156 일차함수 2

156쪽 풀이

12

정비례 관계 $y=-2x$

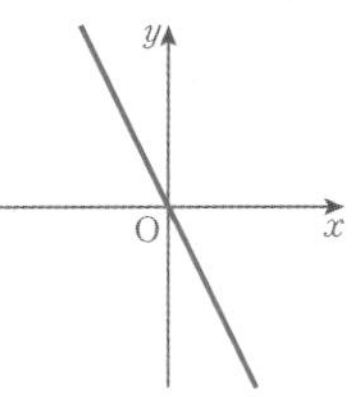

① 그래프는 오른쪽 위로 향한다. (×)

→ 기울기가 음수이므로, 그래프는 ╲ 모양

② x가 증가할 때, y도 증가한다. (×)

→ x가 증가할 때 y는 감소함

③ x가 양수일 때, y는 음수이다. (○)

④ 그래프는 제1, 3사분면을 지난다. (×)

→ 제2, 4사분면을 지남

⑤ 점 $(-2,\ -4)$를 지난다. (×)

→ $y=-2x$에 $(-2,\ -4)$ 대입

$(-4)\neq(-2)\times(-2)$

$\qquad\qquad\quad\ \ 4$

→ 성립 안 함

답 ③

13 $-2\le x\le 6$일 때, $y=-\frac{1}{2}x+2$

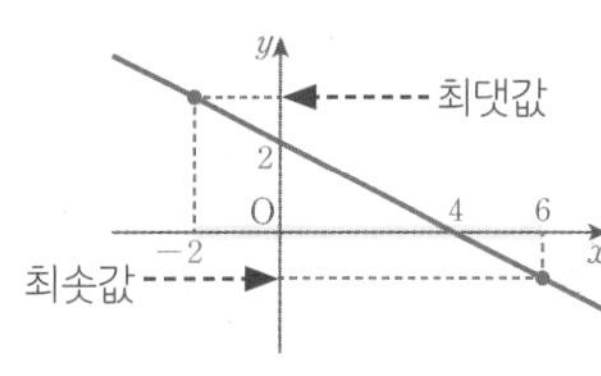

• $y=-\frac{1}{2}x+2$의 y절편: 2

• $y=-\frac{1}{2}x+2$의 x절편

→ $y=-\frac{1}{2}x+2$에 $y=0$ 대입

$0=-\frac{1}{2}x+2$

$\frac{1}{2}x=2$

$x=4$

• 최댓값은 $x=-2$일 때의 y값

→ $y=\left(-\frac{1}{2}\right)\times(-2)+2$

$=1+2$

$=3$

• 최솟값은 $x=6$일 때의 y값

→ $y=\left(-\frac{1}{2}\right)\times 6+2$

$=-3+2$

$=-1$

답 ($x=-2$일 때) 최댓값 3
($x=6$일 때) 최솟값 -1

14

두 직선의 그래프의 교점 좌표 → 두 일차방정식의 공통인 해

$$\begin{array}{rl} & 3x-y=5 \\ +) & x+y=3 \\ \hline & 4x\quad\ =8 \\ & \quad x=2 \end{array}$$

$3x-y=5$에 $x=2$ 대입

→ $3\times2-y=5$

$6-y=5$

$-y=-1$

$y=1$

→ 교점의 좌표는 $(2,\ 1)$

답 $(2,\ 1)$

15 점 $(4,\ -1)$을 지나고 기울기가 $\frac{1}{2}$인 직선의 방정식

→ $y=\frac{1}{2}x+k$에 $(4,\ -1)$ 대입

$(-1)=\frac{1}{2}\times4+k$

$-1=2+k$

$k=-3$

→ 구하는 식은 $y=\frac{1}{2}x-3$

이 식을 일차방정식의 모양으로 나타내면

$y=\frac{1}{2}x-3$

→ $2y=x-6$

→ $x-2y-6=0$

$\qquad\ \ \|$

$\quad x+ay+b=0$

$a=-2\quad b=-6$

답 ①

157쪽 풀이

16 점 $P(-a, b)$가 제3사분면

$(-)$ $(-)$

$-a=(-)$

$a=(+)$

→ a는 $(+)$, b는 $(-)$

$Q(b, a-b)$

$(-)$ $(+)-(-)$

$=(+)+(+)$

$=(+)$

→ $Q(-, +)$

답 제2사분면

157

▸정답 및 해설 102~105쪽

16 점 $P(-a, b)$가 제3사분면 위의 점일 때, 점 $Q(b, a-b)$는 어느 사분면 위의 점인지 구하시오.

제2사분면

18 $a<0$, $b>0$일 때, 일차방정식 $ax-by-1=0$의 그래프가 지나는 사분면을 모두 쓰시오. (단, a, b는 상수)

제2, 3, 4사분면

17 반비례 관계 $y=\frac{2}{x}$의 그래프에 대한 설명으로 옳은 것을 보기에서 모두 찾아 기호를 쓰시오.

보기
㉠ x와 y의 곱은 항상 1로 일정하다.
㉡ 원점을 지나는 한 쌍의 곡선이다.
㉢ 점 $(1, 2)$를 지난다.
㉣ 제1사분면과 제3사분면을 지난다.

㉢, ㉣

19 다음 연립방정식 중 해가 없는 것은? ⑤

① $\begin{cases} x+2y=4 \\ x-2y=-4 \end{cases}$ ② $\begin{cases} -3x+3y=6 \\ 2x-2y=-4 \end{cases}$

③ $\begin{cases} 4x+y=0 \\ x+4y=4 \end{cases}$ ④ $\begin{cases} 5x=10 \\ x-y=2 \end{cases}$

⑤ $\begin{cases} x-3y=5 \\ 2x-6y=5 \end{cases}$

총정리 문제 157

17 $y=\frac{2}{x}$

㉠ x와 y의 곱은 항상 1로 일정하다. (✕)

$y=\frac{2}{x}$ → $xy=2$

x와 y의 곱은 항상 2

㉡ 원점을 지나는 한 쌍의 곡선이다. (✕)

→ 원점을 지나지 않는 한 쌍의 곡선이다.

㉢ 점 $(1, 2)$를 지난다. (○)

→ $y=\frac{2}{x}$에 $(1, 2)$를 대입

$2=\frac{2}{1}$

→ 성립함

㉣ 제1사분면과 제3사분면을 지난다. (○)

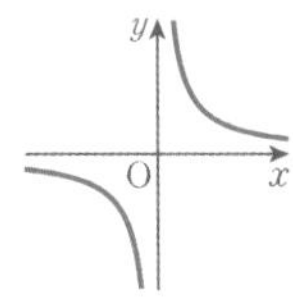

답 ㉢, ㉣

18 a는 음수, b는 양수

$ax-by-1=0$

→ $by=ax-1$

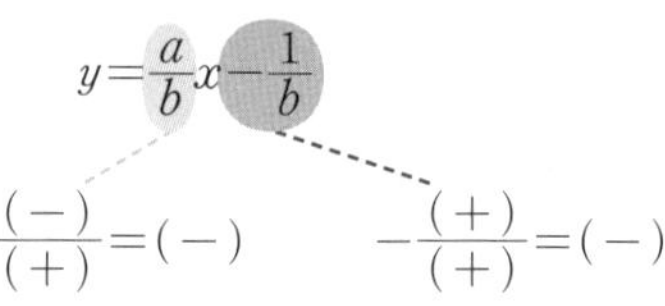

→ 기울기가 음수, y절편도 음수이므로

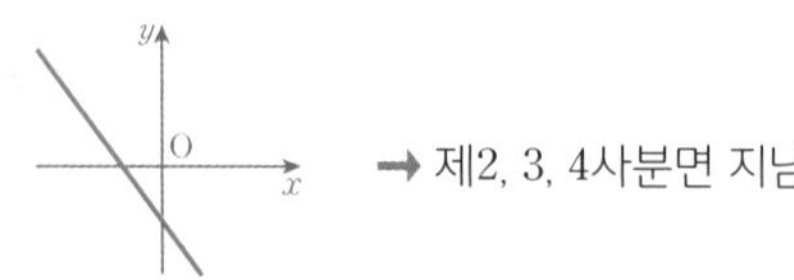

답 제2, 3, 4사분면

157쪽 풀이

19 연립방정식의 **해가 없으려면,**
두 일차방정식의 그래프의 **기울기는 같고, y절편은 다름**

① $x+2y=4$, $x-2y=-4$

$\frac{1}{1} \neq \frac{2}{-2} \bigcirc \frac{4}{-4}$ ($\frac{1}{1}=1$, $\frac{2}{-2}=-1$)

기울기 다름, y절편은 같든 말든~

→ **해가 한 쌍**
(두 그래프가 한 점에서 만남)

② $-3x+3y=6$, $2x-2y=-4$

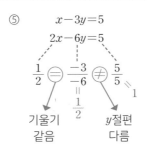

$\frac{-3}{2} = \frac{3}{-2} = \frac{6}{-4}$ ($\frac{6}{-4}=-\frac{3}{2}$)

기울기 같음, y절편 같음

→ **해가 무수히 많음**
(두 그래프가 일치함)

③ $4x+\ y=0$, $x+4y=4$

$\frac{4}{1} \neq \frac{1}{4} \bigcirc \frac{0}{4}$ ($\frac{4}{1}=4$)

기울기 다름, y절편은 같든 말든~

→ **해가 한 쌍**
(두 그래프가 한 점에서 만남)

④ $5x\quad=10$, $x-y=2$

$\frac{5}{1} \neq \frac{0}{-1} \bigcirc \frac{10}{2}$ ($\frac{5}{1}=5$)

기울기 다름, y절편은 같든 말든~

→ **해가 한 쌍**
(두 그래프가 한 점에서 만남)

⑤ $x-3y=5$, $2x-6y=5$

$\frac{1}{2} = \frac{-3}{-6} \neq \frac{5}{5}$ ($\frac{-3}{-6}=\frac{1}{2}$, $\frac{5}{5}=1$)

기울기 같음, y절편 다름

→ **해가 없음**
(두 그래프가 평행함)

 ⑤

158쪽 풀이

20 $y=-2x$, $x=3$, $y=0$으로 둘러싸인 도형의 넓이

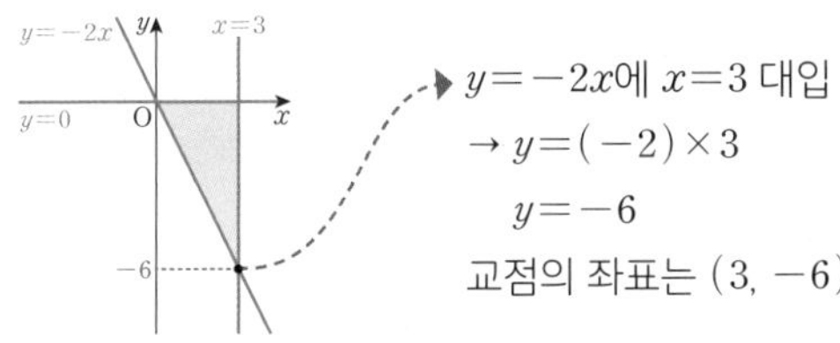

$y=-2x$에 $x=3$ 대입
→ $y=(-2)\times3$
$y=-6$
교점의 좌표는 $(3, -6)$

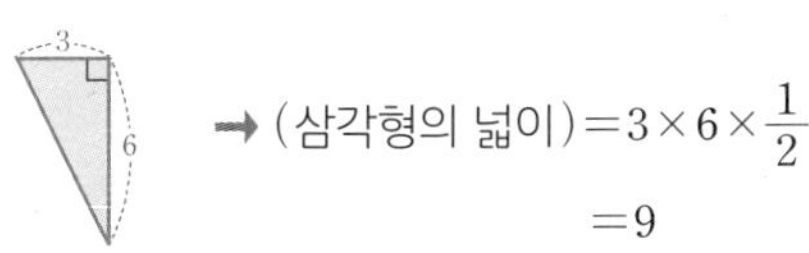

→ (삼각형의 넓이)$=3\times6\times\frac{1}{2}$
$=9$

답 9

158

총정리 문제

20 세 직선 $y=-2x$, $x=3$, $y=0$으로 둘러싸인 도형의 넓이를 구하시오.

9

21 두 점 $(0, 5)$, $(-1, 3)$을 지나는 직선이 점 $(k, -3)$을 지날 때, k의 값을 구하시오.

-4

22 일차함수 $y=mx+5$의 그래프는 일차함수 $y=2x$의 그래프를 x축 방향으로 a만큼, y축 방향으로 1만큼 평행이동한 그래프입니다. 상수 m, a에 대하여 $m+a$의 값을 구하시오.

0

23 세 일차방정식 $4x-6y+10=0$, $6x+ay=0$, $4x+7y-29=0$의 그래프가 한 점에서 만날 때, 상수 a의 값을 구하시오.

-4

158 일차함수 2

158쪽 풀이

21 두 점 $(0, 5)$, $(-1, 3)$을 지나는 직선이 점 $(k, -3)$을 지남

① 점 $(0, 5)$, $(-1, 3)$을 지나는 직선 구하기

• $(\text{기울기})=\frac{5-3}{0-(-1)}$
$=\frac{5-3}{0+(+1)}$
$=\frac{2}{1}$
$=2$

→ 직선의 식을 $y=2x+b$라 하고 (0, 5)를 대입
$5=2\times0+b$
$5=0+b$
$b=5$

➡ 직선의 식은 $y=2x+5$

② k값 구하기
$y=2x+5$에 $(k, -3)$ 대입
→ $(-3)=2\times k+5$
$-3=2k+5$
$-8=2k$
$k=-4$

답 -4

22 일차함수 $y=2x$의 그래프를 x축 방향으로 a만큼, y축 방향으로 1만큼 평행이동

→ $y=2(x-a)+1$
→ $y=2x-2a+1$
$\qquad$ ||
$y=mx+5$

$m=2$ $\qquad$ $-2a+1=5$
$-2a=4$
$a=-2$

➡ $m+a=2+(-2)$
$=0$

답 0

23 ⓘ $4x-6y+10=0$
ⓘⓘ $6x+ay=0$ → 한 점에서 만남
ⓘⓘⓘ $4x+7y-29=0$

→ ⓘ과 ⓘⓘⓘ의 교점을 ⓘⓘ가 지나야 함

• ⓘ, ⓘⓘⓘ의 교점 구하기

$4x-6y+10=0$
$-)\ 4x+7y-29=0$
➡
$4x-6y+10=0$
$+)\ -4x-7y+29=0$
$-13y+39=0$
$-13y=-39$
$y=3$

$4x-6y+10=0$에 $y=3$ 대입
→ $4x-6\times3+10=0$
$4x-18+10=0$
$4x-8=0$
$4x=8$
$x=2$

➡ ⓘ, ⓘⓘⓘ의 교점의 좌표는 $(2, 3)$

• ⓘⓘ에 교점의 좌표를 대입하기
$6x+ay=0$에 $(2, 3)$ 대입
→ $6\times2+a\times3=0$
$12+3a=0$
$3a=-12$
$a=-4$

답 -4

159쪽 풀이

24

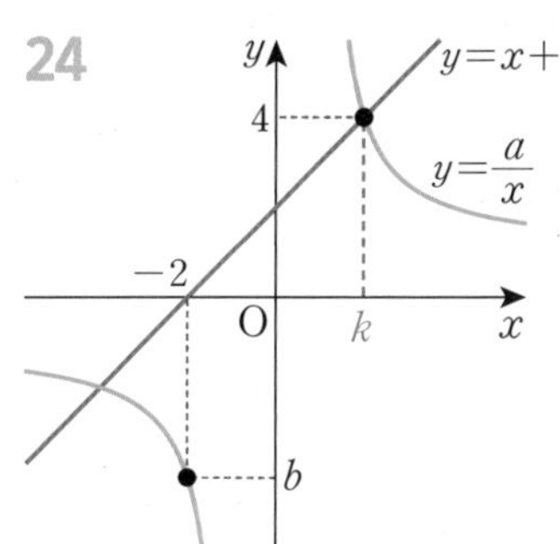

① 교점 좌표 구하기

$y=x+2$에 $(k, 4)$ 대입

$\rightarrow 4=k+2$

$k=2$

➡ 교점 좌표는 $(2, 4)$

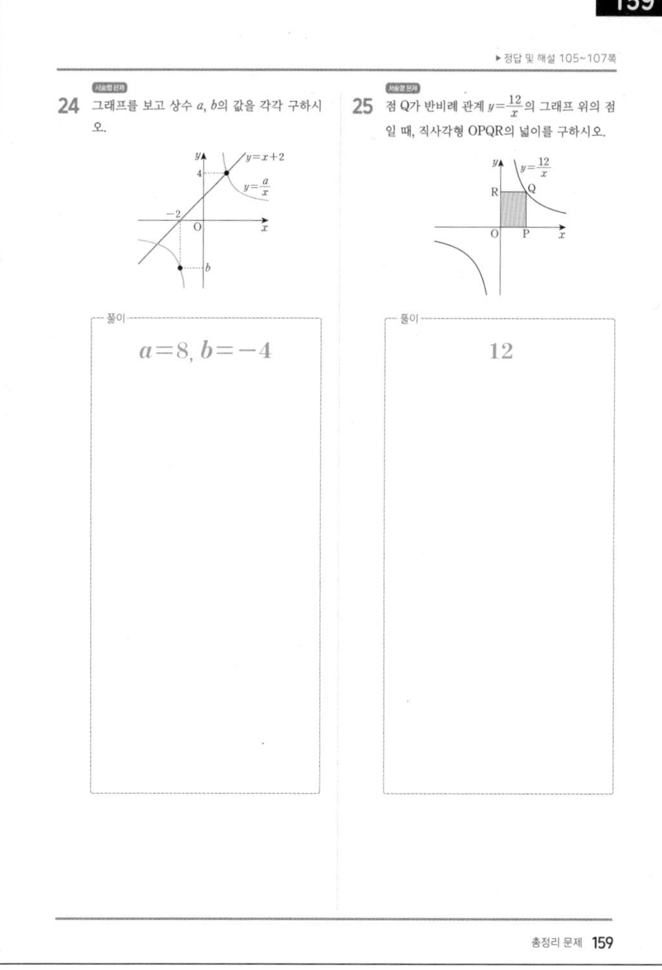

159

▸ 정답 및 해설 105~107쪽

서술형 문제

24 그래프를 보고 상수 a, b의 값을 각각 구하시오.

풀이 $a=8$, $b=-4$

서술형 문제

25 점 Q가 반비례 관계 $y=\frac{12}{x}$의 그래프 위의 점일 때, 직사각형 OPQR의 넓이를 구하시오.

풀이 12

총정리 문제 159

② 교점 좌표를 대입하여 다른 함수의 식 구하기

연두색 그래프의 식 $y=\frac{a}{x}$에 $(2, 4)$ 대입

$\rightarrow 4=\frac{a}{2}$

$a=8$

➡ 구하는 함수의 식은 $y=\frac{8}{x}$

③ b 구하기

$y=\frac{8}{x}$에 $(-2, b)$ 대입

$\rightarrow b=\frac{8}{(-2)}$

$b=-4$

답 $a=8$, $b=-4$

25

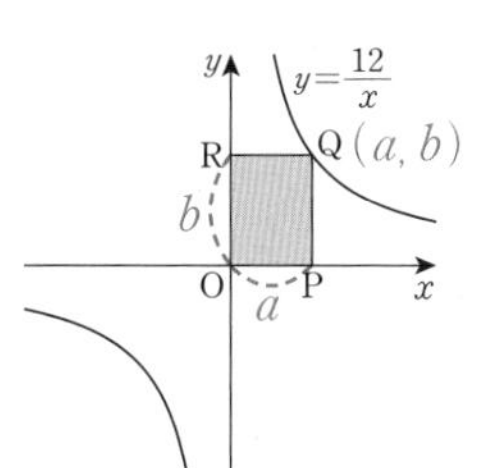

점 Q의 좌표를 (a, b)라고 하면,

점 Q는 $y=\frac{12}{x}$ 위의 점이므로

$b=\frac{12}{a} \rightarrow ab=12$

직사각형 OPQR의 가로는 a, 세로는 b이므로

넓이는 $a\times b=12$

답 12

MEMO

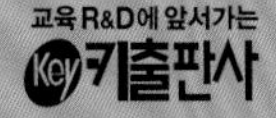
교육 R&D에 앞서가는
Key 키출판사